网络空间安全技术丛书

DevSecOps
原理、核心技术与实战

钱君生　章亮◎编著

本书以 DevSecOps 体系架构为基础，围绕 GitOps 开源生态，重点介绍 DevSecOps 平台建设和技术实现细节，从黄金管道、安全工具链、周边生态系统三个方面入手，为读者介绍各种安全工具与黄金管道的集成，以及基于黄金管道之上的安全自动化与安全运营。通过阅读本书，读者可以全面了解 DevSecOps 技术的全貌，同时，熟悉开展 DevSecOps 实践和管理运营所需的知识体系，是一本普适性的、基于容器化和云原生技术的 DevSecOps 实践指南。

本书为读者提供了全部案例源代码下载和高清学习视频，读者可以直接扫描二维码观看。

本书适用于网络安全人员、DevOps/DevSecOps 布道师、软件开发人员、系统架构师、基础架构运维工程师、质量工程师，以及高等院校对 DevSecOps 安全感兴趣的学生和研究人员。

图书在版编目（CIP）数据

DevSecOps 原理、核心技术与实战 / 钱君生，章亮编著 .—北京：机械工业出版社，2023. 5
（网络空间安全技术丛书）
ISBN 978-7-111-72712-5

Ⅰ. ①D…　Ⅱ. ①钱…②章…　Ⅲ. ①软件开发　Ⅳ. ①TP311. 52

中国国家版本馆 CIP 数据核字（2023）第 036024 号

机械工业出版社（北京市百万庄大街 22 号　邮政编码 100037）
策划编辑：李培培　　　　责任编辑：李培培
责任校对：薄萌钰　梁　静　　责任印制：张　博
保定市中画美凯印刷有限公司印刷
2023 年 5 月第 1 版第 1 次印刷
184mm×260mm · 16. 75 印张 · 415 千字
标准书号：ISBN 978-7-111-72712-5
定价：109. 00 元

电话服务　　　　　网络服务
客服电话：010-88361066　机　工　官　网：www. cmpbook. com
　　　　　010-88379833　机　工　官　博：weibo. com/cmp1952
　　　　　010-68326294　金　书　网：www. golden-book. com
　机工教育服务网：www. cmpedu. com

序

安全是产品的默认属性。

几十年以来，全球信息技术和信息工业的发展突飞猛进。人工智能、量子信息、机器学习、大数据、区块链等新兴技术的发展加快了新兴技术在各个产业的落地，催生出智慧政务、智慧教育、智慧医疗、智慧出行、智慧民生等诸多新产业和新产品。通过电商平台，我们可以购买千里之外的商品；通过直播平台，我们可以看到世界各个角落正在发生的事情；通过出行软件，我们可以导航、预定酒店、预定门票。越来越多、越来越快的产业数字化进程彻底改变了人们的衣食住行和生产、生活方式，时至今日，科技发展已经完成了人类"地球村"的梦想构建，正朝着"元宇宙"迈进，信息科技拓展了人类对时间、空间的认知，使得人类正在进入一个人机物万物智能互联的新时代。

身处其中的我们在享受着科技发展红利的同时，也饱受信息安全与数据隐私的困扰。没有数据，我们无法享受新科技带来的便利；提供数据后，信息安全与隐私保护令我们担忧。作为数字化时代的消费者，我们期待着数字化时代的生产者们（大中型企业、开发者等）能解决好这些问题，制造出让用户既省心又放心的好产品。

在数字化产品极大丰富和数字化变革日新月异的今天，企业的首席信息官（Chief Information Officer，CIO）正在被期望成为"首席创新官"（Chief Innovation Officer），而在创新发展的道路上，尤其是《中华人民共和国网络安全法》《中华人民共和国数据安全法》《中华人民共和国个人信息保护法》出台之后，众多"既要""也要"的问题常常令 CIO 们夜不能寐、寝食难安，既要开拓公司业务，又要保护信息资产；既要开展用户运营，又要保护用户隐私；既要实现业务增长，又要依法合规。

如何才能研发出信息安全、应用可靠、用户放心的产品？

DevSecOps 即是业界解决上述问题的工程化实践，它在产品研发过程中内置原生安全，贯穿整个产品研发的生命周期，从而保证产品制造的最终安全质量。

本书的两位作者和我共事多年，在信息安全领域有充分的理论研究和丰富的应用实践经验，他们以 DevSecOps 技术支撑平台为主线，分析业界头部企业的实践现状，讲述在平台的基础上，如何完成安全工作的自动化、数字化、智能化的演进。这在当前网络监管高强度、网络安全高要求的背景下，具有积极的意义，为大中型企业信息安全工作的落地实践提供指导性的参考样本。

企业通过 DevSecOps 体系建设和落地实践，构建安全自动化管道，为产品的生产制造赋能。依托持续集成与持续交付，嵌入威胁建模、安全设计、测试验证、安全评审等关键活动，强化产品原生安全能力，达成产品发布后的可持续安全运营。打破安全、研发、运维、测试等不同角色的边界，在数字化平台之上构建安全生态，用数字驱动安全自动化、安全智能化的迭代更新，以快速应对内外部安全风险，高效完成应急响应，缩短风险处置时间，提高业务的连续性。

安全是产品密不可分的一部分，无论是从用户使用角度，还是政府监管、生产制造商角度出发，都必须躬身入局，肩负网络安全的责任，积极思索和探讨最佳安全实践，学习优秀的网络安全建设经验，加强安全自动化，提升产品安全生产和管理水平。

——科大讯飞股份有限公司首席信息官　王宏星

前 言

这是一本介绍 DevSecOps 平台技术原理及技术实现的书。

在过去的几十年里，互联网行业发生了翻天覆地的变化，这种变化给人们的日常生活带来巨大改变的同时，也带来了互联网行业自身生产方式的变革。尤其是在 IT 信息化系统的生产模式上，研发生产从最初的瀑布模型，到后来的敏捷开发模型，直到今天为业界所提倡的 DevOps 模型。研发模型在市场和技术的双重影响下，不断地发展，以适应时代的变化。近些年随着网络空间安全越来越受到各个行业的重视，基于 DevOps 模型之上的 DevSecOps 模型也逐渐发展起来。

关于 DevSecOps 市面上介绍的资料很多，大多数从 DevSecOps 理论的角度阐述 DevSecOps 的概念，或者从工具销售、推广的角度去阐述如何单点地集成安全工具。本书主要基于 Git+GitLab+Jekins 等开源生态系统，围绕软件研发生命周期的各个环节，从需求、开发、构建、部署及发布，形成自动化构建、自动化部署的作业流水线，并结合自动化运维、基础设施代码化和容器化技术，如 Chef、Ansible、Docker、K8s 等，介绍安全技术与研发自动化流水线的融合细节，帮助读者快速构建 DevSecOps 技术在企业的应用与落地。

本书的主要内容和特色：

本书以 DevSecOps 从业人员的必备能力为基础，结合实际工作中 DevSecOps 实践所依赖的技术、方法论、工具，综合性地介绍 DevSecOps 平台技术与运营实践要点，是一本普适性的、基于容器化和云原生技术的 DevSecOps 实践指南。

全书共分为 3 个部分：

第 1 部分：DevSecOps 体系概要（第 1～2 章），主要介绍 DevSecOps 发展历史、基本模型、概念、成熟度分级，以及整个 DevSecOps 视图中重要的组件构成。通过概要性的内容介绍，让读者迅速理解 DevSecOps 的全貌，把握重点，加深读者对 DevSecOps 知识体系的理解。

第 2 部分：DevSecOps 平台架构及其组件（第 3～6 章），以 DevSecOps 平台架构为基础，分别介绍架构组件中的 CI/CD、安全工具链构成，对 DevSecOps 平台架构中的各个组件详细地展开讲述，揭秘其技术架构细节。

第 3 部分：DevSecOps 流水线及落地实践（第 7～12 章），基于 DevSecOps 平台架构，从代码安全、组件安全、自动化安全检测、容器安全、安全运营、移动 App 隐私合规等方面，综合介绍 DevSecOps 的实践与运营。

本书读者对象：

本书适用于网络安全人员、DevOps/DevSecOps 布道师、系统架构师、基础架构运维工程师、质量工程师以及高等院校对 DevSecOps 安全感兴趣的学生和研究人员。

- 网络安全人员，主要是从事 SDL 体系建设、应用安全、DevSecOps 安全架构等相关人员，帮助此类人员快速建立 DevSecOps 知识脉络和技术框架。
- DevOps/DevSecOps 布道师，主要是从事 DevOps/DevSecOps 布道师专业岗位人员，在企业内部运用平台工具、教育宣导、赋能实践等方式开展安全实践。
- 系统架构师，主要是致力于提高系统安全性的架构师，帮助架构师从安全视角，审视系统架构、研发过程管理的安全治理策略。
- 基础架构运维工程师，帮助此类人员了解运维与安全如何融合，尤其是运维自动化和 IaC 的未来趋势以及演进方向。
- 质量工程师，帮助质量工程师从质量管理的视角，理解安全在 DevOps 流程中如何融合研发体系，如何利用平台能力提升整体效能。
- 高校学生和其他人员，了解 DevSecOps 知识体系及前期环境下的主流技术实现，快速熟悉 DevSecOps 从业人员的必备技能等。

感谢我们的家人，因编写本书少了很多陪伴他们的时间，感谢你们的理解和支持！

由于个人能力有限，错漏之处在所难免，欢迎广大读者朋友批评指正！

作　者

目 录

第2部分 DevSecOps平台架构及其组件

第3部分 DevSecOps 流水线及落地实践

第1部分

DevSecOps体系概要

本部分主要为读者讲述DevSecOps发展历史、研发模型、成熟度模型等概念，通过概要性描述，加深读者对DevSecOps体系全貌的理解，为后续章节的DevSecOps平台建设做铺垫。

第 1 章　什么是真正的DevSecOps

随着互联网行业的高速发展，尤其是近十年，行业格局的快速变革和软件技术的不断升级，整体的企业形态已经发生了翻天覆地的变化，尤其是在“互联网+”“产业互联网”“车联网”等概念的影响下，很多的传统企业正在逐步互联网化，成为新形势下的互联网企业。

互联网企业与传统企业根本性的区别在于企业的业务是否互联网化，是否在线。而在线后的业务模式将对企业内部原有的生产模式产生巨大的影响，如生产流水线上各个环节的调整或改为在线销售。这种影响在过去的 20 年里推动了互联网企业生产模式的迭代更新，催生了瀑布开发、敏捷开发、迭代开发等模式。到今天，众多的互联网企业正在采用更为先进的 DevOps 模式来开发和维护业务系统，这也为本书重点讨论的 DevSecOps 的出现奠定了坚实的基础。

1.1　DevSecOps 定义

网络空间安全是近几十年才逐渐兴起的行业，在行业发展的过程中，随着内外部安全环境的变化和从业人员对网络空间安全理解的加深，先后出现了不同类型的安全治理框架，它们在不同的安全领域发挥着独特的作用，例如，大多数企业在信息安全管理中所选择的 ISO 27001 信息安全管理体系，被广泛应用于软件开发领域的微软 SDL 模型，关注安全管理和安全技术实践应用的《美国国家安全体系黄金标准》CGS2.0 标准框架等。这些框架或标准模型在指导安全从业人员开展安全改进工作中起到了关键的作用。DevSecOps 也是这样一个模型或框架，它是过去十几年，各大互联网企业在不断的安全实践中，总结失败经验，寻找成功路径，逐步形成的一套被业界所认可的契合互联网企业业务模式的安全工程实践。

1.1.1　DevSecOps 的基本概念

DevSecOps 是在 DevOps 的基础上逐渐发展起来的，在业界，虽然不同国家的媒体、世界知名互联网企业、全球公益性组织都在讨论 DevSecOps，但关于 DevSecOps 的定义至今仍没有统一的说法。这里，我们不妨在美国国家标准与技术研究院（NIST）对 DevOps 定义的基础上，综合信息安全管理体系的定义格式，对 DevSecOps 做一个概念性描述：

DevSecOps 是企业在软件工程领域开展的一项安全工程实践，它的核心在于依托平台和工具构建安全自动化能力，打破软件开发到发布过程中涉及的开发、安全和运维等不同角色或组织之间的协作壁垒，使安全自动化贯穿软件开发、软件交付、基础设施和线上运维等环节，提升软件开发过程中的整体安全效能。

上述的这一段文字里，对 DevSecOps 概念有 4 个层次的基本界定。

首先，DevSecOps 是一项安全工程实践。和其他的安全框架与模型不同的是，DevSecOps 更注重于工程实践，虽然它也包含理论概念、过程文档、操作指南，但它更看重工程化的安全实践，解决实际问题，不只是停留在理论表面。

其次，DevSecOps 是软件工程领域的安全实践。它关注的重点是软件工程领域的内容，而不是涵盖所有的 IT 领域。在实践过程中，如果用它来解决非软件工程领域的问题，往往会南辕北辙，达不到预期的效果。

再次，DevSecOps 旨在将安全（Security）融入软件开发（Development）和 IT 运维（Operations）中，通过安全与开发、运维的融合，提倡内生安全，让安全实践贯穿业务信息系统的全生命周期，提升安全效能的同时，解决业界所熟知的“安全与业务两张皮”的痛点问题。

最后，DevSecOps 是依赖安全平台、工具和安全自动化能力，解决组织协同和安全效能问题的。不是简单的组织和流程上的捏合，而是通过平台工具和安全自动化能力，打造软件工程安全生产流水线，贯穿各个组织的日常生产活动和软件生命周期。

用一张图来表示 DevSecOps 给安全工程实践带来的这种变化，如图 1-1 所示。

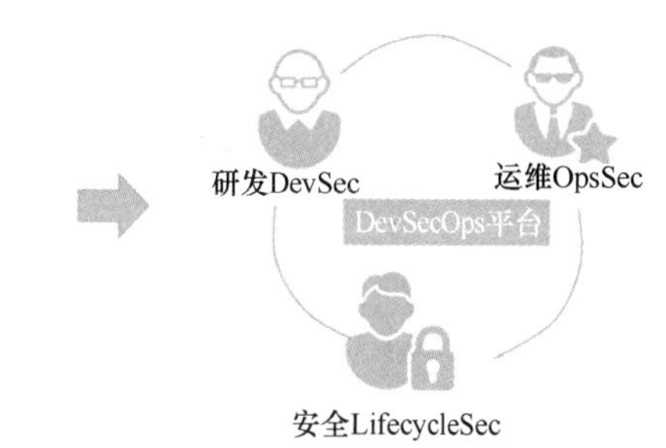

图 1-1　DevSecOps 给安全工程实践带来的变化

从图 1-1 我们可以看到，在 DevSecOps 环境下，安全的职责由各个不同的角色来共同承担，参与软件工程中的开发、测试、部署、运维、质量等角色，依托 DevSecOps 平台开展安全工作，并对安全结果负责。

1.1.2　DevSecOps 的核心理念

了解 DevSecOps 的基本概念之后，接下来看看 DevSecOps 的核心理念。

DevSecOps 是在 DevOps 基础上发展起来的。在 DevSecOps 发展的不同阶段，在不同的资料中，先后曾出现过 SecDevOps、DevSecOps、DevOpsSec、Secure DevOps、DevOps Security 等名词，直至近来业界逐渐统一使用 DevSecOps。无论是使用哪种称谓，它们的内容均指以下 4 个方面。

- 把与安全相关的人员、组织或安全事项作为一个整体融入 DevOps 中去。
- 强调安全融入 DevOps 文化或者在 DevOps 中增加安全文化。
- 加强 Dev、Ops、Sec 三类岗位人员之间的相互融合、互动及信任。
- 突显安全工具在 DevOps 流程中的作用，强调工具在流程中的融合。

这 4 个方面的内容，也是 DevSecOps 的核心理念。在业界，公认的 DevSecOps 的核心理念主要有如下几个方面。

1. 安全左移

与传统的安全工程实践相比，DevSecOps 更注重于安全能力的左移。在传统的软件开发中，安全常常作为测试验证的一部分，在软件交付前，通过安全检测来保障软件开发的质量。安全在整个软件开发生命周期中的位置如图 1-2 所示。

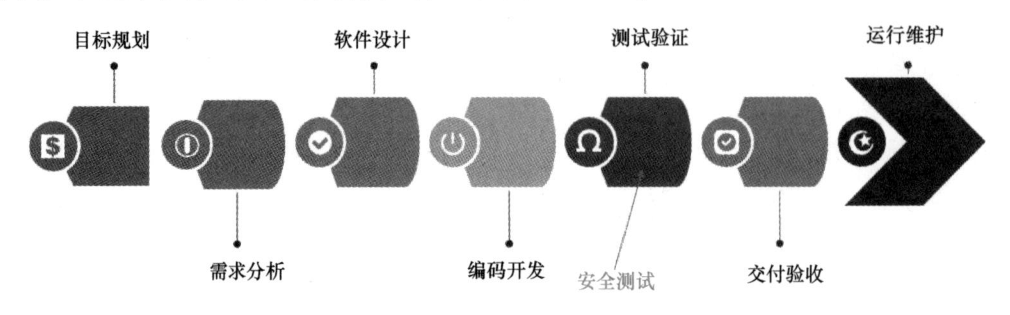

● 图 1-2　传统软件开发中的安全实践

在 DevSecOps 理念中，继续秉承了 SDL 模型中安全左移的理念，且对安全左移落地实施的贯彻更为彻底。SDL 自微软提出之后，在国内鲜有成功实践的企业。企业安全管理的 CSO 们虽然知道 SDL 中安全左移的含义，却难以在企业安全实践中落地，其根本原因是在开展安全左移的过程中，缺少贯穿左移流程的安全工具的支撑。

所以在 DevSecOps 中，安全左移的表现形式与传统的安全工程实践相比，既有大量安全工作的前置，也有安全工具的支撑。如果继续用图 1-2 来对照，其示意图如图 1-3 所示。

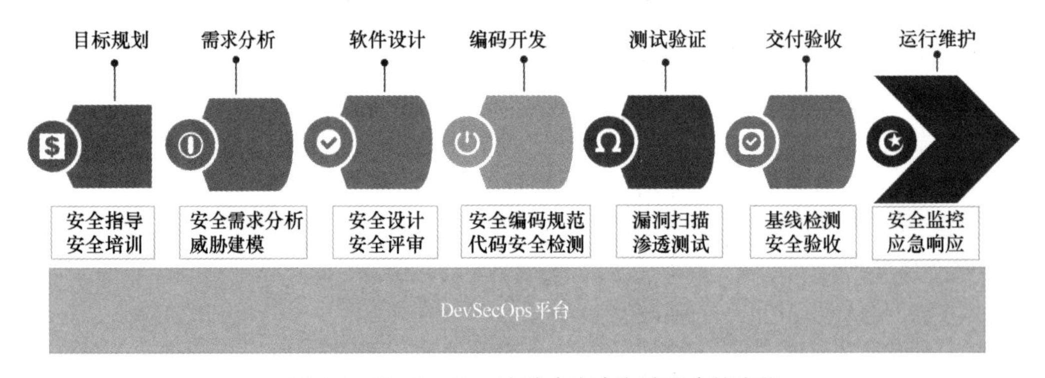

● 图 1-3　DevSecOps 实践中安全左移理念的变化

在图 1-3 中，安全工作前置到目标规划、需求分析、软件设计、编码开发等阶段，通过安全左移的介入，尽可能在项目早期发现安全风险，制定改进策略，减少安全修复带来的成本投入。同时，底层的 DevSecOps 平台为各阶段安全工作的开展提供能力支撑，降低安全左移工作的落地难度。

2. 安全文化

安全文化作为 DevSecOps 理念中的重要组成部分，一直贯穿 DevSecOps 的始终。在介绍 DevSecOps 的基本概念时，我们提及 DevSecOps 旨在将安全融入软件开发和 IT 运维中，在不同的角色之间共担安全责任，让安全实践贯穿业务信息系统的全生命周期，这一点与传统的安全实践中组织、岗位、人力模型等设计是相悖的。在没有全员对 DevSecOps 安全文化理念认同的情况下，DevSecOps 工作难以开展。

在传统的安全实践中，企业通常设置专门的安全岗位，招聘安全人员承担相应的安全工作。在管理期望上，企业希望安全人员能承担所有的安全工作，对安全结果负责。而实际情况是，在安全工作落地时，往往达不到预期的效果。读者不妨设想一下，如果一名安全人员负责某个软件的全生命周期安全，则需要这名安全人员在需求分析阶段了解产品需求，熟悉业务流程，参与产品的安全需求分析与需求设计；在设计阶段，将安全需求转化为安全功能、系统流程设计及部署架构；在编码阶段，要跟编码开发人员一起，写出安全的代码或做安全代码 review 等。这种岗位和职责现状就会导致对这名安全人员的职业能力要求非常之高，既要懂需求分析，又要懂系统设计，还要懂安全。光有这些能力还不够，还需要有很好的身体素质，需要不停地跟着需求分析人员、系统设计人员、编码开发人员一起做各项安全工作。看到这里，想必读者也明白这样的岗位设置是不合理的，也是不现实的。

比较好的设置是需求分析人员把安全需求一并做了，系统设计人员把安全设计一并做了，编码开发人员保证代码编写的安全。这种不同角色负责各自的安全模块，共同为整体的安全承担职责，即是 DevSecOps 的安全理念。为了保障上述安全理念的落地，DevSecOps 尤其强调安全文化的重要性，意在通过组织和文化建设，统一安全观念，建立激励和考核机制，对齐安全目标，加强组织协同，以达到不同角色共担安全责任的目的。

3. 安全管道

为了 DevSecOps 安全文化的贯彻和落地，DevSecOps 的核心理念吸取了其他安全模型落地困难的教训，尤其强调安全工作的管道化，即安全平台在 DevSecOps 落地中的作用。这部分技术内容也将是本书的重点内容。

在企业内部，信息安全工作涉及企业生产活动的方方面面，这些工作具体落到 DevSecOps 中也是涉及多个方面。如何将这些多个方面的、无序的安全工作有机地组合在一起，按照一定的流程规范去执行跟踪，这是在 DevSecOps 中强调构建安全管道的根本原因。

DevSecOps 安全管道一般依附于 DevOps 管道去构建，又被称为黄金管道。DevOps 管道包含如下不同的阶段：计划、代码、构建、测试、发布、部署、操作和监控。DevSecOps 安全管道嵌入这些阶段中，DevOps 保持不变，在此基础之上构建管道化的 DevSecOps 平台能力。

与传统的安全实践或者 SDL 相比，DevSecOps 安全管道更强调的是安全工作的自动化，通过安全管道的流程化控制，达到安全工作持续、稳定、高效地运行。例如，依托 CI/CD 平台，采用 Jenkins 完成代码编译、构建、测试的自动化编排，在编译时，自动检查安全编译参数的设置是否正确；在构建时，自动化对需要发布的制品进行数字签名；在测试过程中，自动调用安全测试工具对制品进行安全检测。在传统安全实践中，这些工作通常是在开发人员的本地计算机上完成的，或者说需要不同的角色在本地计算机上共同合作完成的。在 DevSecOps 安全管道中，这些操作均在平台上完成，按照既定的模板或剧本进行自动化调度，以完成这些安全工作。如图 1-4 所示。

在图 1-4 所示的工作方式下，各个不同的角色均使用黄金管道，这样的好处是：一方面降低了开发人员、测试人员使用的技术门槛，释放了开发人员、测试人员的精力，使其将更多的精力投入到业务中去；另一方面，通过标准化、自动化的流程，将安全工作管控起来，从而解决因个人技术能力差异带来的质量水平参差不齐的问题，保证了研发过程整体输出产

● 图 1-4 DevSecOps 黄金管道使用示意图

物的质量。

除了上述三个 DevSecOps 核心理念外，还有默认安全、基础设施即代码、持续集成与交付等，在后续章节中，我们将在对应的内容中展开叙述。

1.1.3 DevSecOps 的重要组成

通过对 DevSecOps 核心理念的了解，读者对 DevSecOps 所包含的内容有了初步的印象。那么，当我们谈论 DevSecOps 时，它具体包含哪些内容或组成部分呢？这将是本节讨论的内容。

从前文中读者了解到，DevSecOps 和其他安全模型一样是一个安全工程实践框架。作为一个框架或体系，在其落地过程中，通常由如下内容构成，如图 1-5 所示。

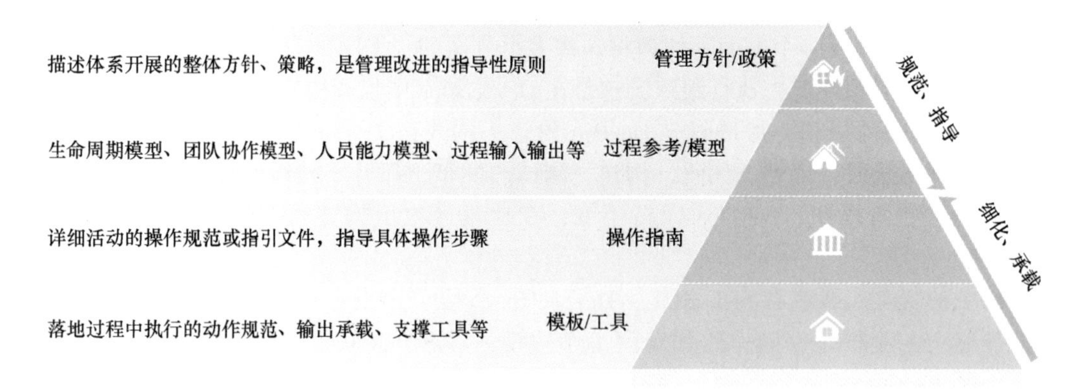

● 图 1-5 体系构成示意图

一个框架或体系的落地，其基本构成一般包含管理方针/政策、过程参考/模型、操作指南、模板/工具 4 个部分，DevSecOps 的体系落地自然也不例外。不同的是，在构建这些体系能力时，DevSecOps 依托已有的 DevOps 体系来构建，将安全融入其中。下面，我们为 DevSecOps 在这 4 个部分中所承载的内容，做简单的说明。

- 管理方针/政策。管理方针是 DevSecOps 工作开展的实施总纲，需要明确 DevSecOps 的适用范围、总体目标、运转模型、关键岗位与职责、风险准则、组织保障等，为整个 DevSecOps 工作的开展提供原则性指导纲领，一般由《DevSecOps 管理办法》

和《DevSecOps 管理手册》组成。

- 过程参考/模型。过程参考是 DevSecOps 顶级程序文件，用于定义 DevSecOps 的生命周期模型、模型中各个流程的输入输出、关键活动、度量指标，以及保障其落地相匹配的组织运转模式、人力模型等。一般由《DevSecOps 规范》《DevSecOps 基本要求》《DevSecOps 实施指南》等文件构成，在部分大型集团企业中，对于过程参考，也会划分成两级文件，即顶级过程参考文件、专项过程参考文件。
- 操作指南。操作指南是 DevSecOps 体系落地过程中，被各参与方使用最多的文件类型，主要由 DevSecOps 总体参考设计和专项参考设计指南构成，如《DevSecOps 总体参考设计指南》《安全架构设计指引》《云原生安全操作手册》等，是指导 DevSecOps 工作的各个参与方开展规范操作的作业指导手册。
- 模板/工具。模板/工具在 DevSecOps 中主要起到两方面作用：一方面是为了保障 DevSecOps 中各个关键活动及其输入输出的规范性而提供的标准模板文件，来定义输出产物的一致性；另一方面是为了提高 DevSecOps 的执行效率，统一建立工具平台支撑，加快 DevSecOps 落地。

从以上 4 个部分的构成我们可以看出，DevSecOps 是一项体系性的工作，其组成部分包含管理制度、操作流程、组织保障等，涵盖了管理、技术、人员三方面的关键要素，这与其他管理体系是一致的。

在实际落地中，很多企业会根据自身的实际情况，对上述 4 个构成部分进行裁剪。或者说对上述 4 个构成部分之间的关系不做严格的拆分，而是从落地保障层面构建 DevSecOps 体系的组成。如图 1-6 所示。

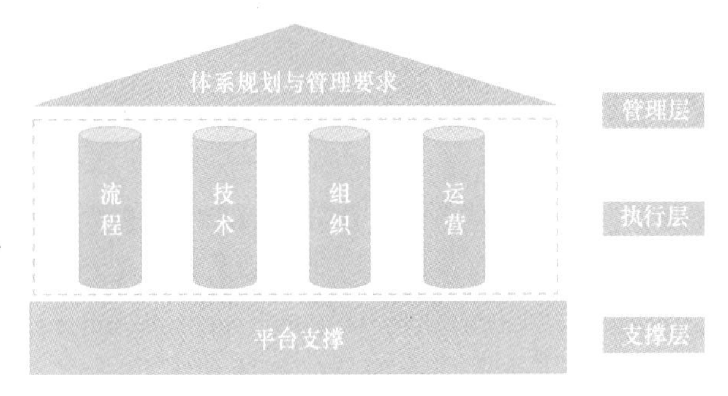

图 1-6 DevSecOps 体系落地构成示意图

图 1-6 中，把 DevSecOps 体系文件和管理要求相关的内容放在第一层，把 DevSecOps 过程执行和落地运营放在第二层，把平台工具的支撑放在第三层。突显执行过程和平台支撑的重要性，并把流程管理、技术规范、组织运转等融入平台中去，通过平台之上的 DevSecOps 运营，推动整个 DevSecOps 体系的落地。

1.2 DevSecOps 发展历史

DevSecOps 概念在业界的提出已经有些年头，但一直不温不火，直到近些年云原生技术和自动化运维技术的发展，才使得 DevSecOps 变得火热起来。下面我们一起来看看

DevSecOps 的发展历程。

1.2.1 DevSecOps 发展关键里程碑

DevSecOps 最早是 Gartner 在 2012 年提出来的概念，当时被称为 DevOpsSec，其官网上至今仍保留着当时的议题记录，该页面截图如图 1-7 所示。

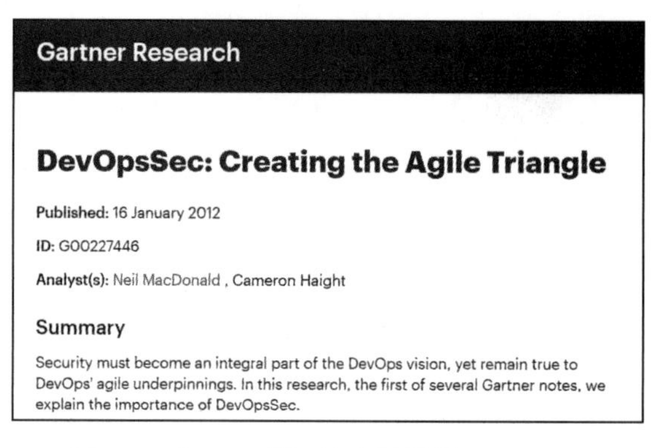
Gartner Research

DevOpsSec: Creating the Agile Triangle

Published: 16 January 2012

ID: G00227446

Analyst(s): Neil MacDonald , Cameron Haight

Summary

Security must become an integral part of the DevOps vision, yet remain true to DevOps' agile underpinnings. In this research, the first of several Gartner notes, we explain the importance of DevOpsSec.

● 图 1-7　Gartner 第一次公开提倡 DevSecOps

在这次议题分享中，演讲嘉宾第一次旗帜鲜明地呼吁：安全在 DevOps 流程中的重要性，作为整个流程中不可或缺的一部分，安全应该融入敏捷开发的流程中去。

在 Gartner 提出此概念 3 年之后，2015 年 6 月香农利茨（Shannon Lietz）在 DevSecOps 官网发表文章 “What is DevSecOps”，公开阐述 DevSecOps 的基本概念。在文中，他提及：

随着 DevOps、敏捷和公有云服务业务需求的增加，传统安全流程已经制约安全缺陷的消除。大多数安全策略经常被业务领导者否决，并且在发生事件或违规行为时受到质疑。DevSecOps 作为一种新型的安全治理模式，有助于加强安全、业务之间的变革与合作。将安全性添加到所有业务流程中，创建一个专门的 DevSecOps 团队来建立对业务的理解，建设和运营缺陷工具，以持续测试及预测，避免因安全问题给系统带来严重损害。

2016 年 9 月，Gartner 发布的 “DevSecOps：How to Seamlessly Integrate Security Into DevOps” 议题报告，对 DevSecOps 模型做了更深层次的分析和落地实践指导。在报告中，Gartner 解释了为什么名称拼写由 DevOpsSec 调整为 DevSecOps，提出了安全控制代码化自动化、安全运营工具化、贯穿整个生命周期的安全底线管控等理念，并对部分安全工具的选择给出了指导意见。在这份议题报告中，Gartner 描述 DevSecOps 模型图第一次形成。如图 1-8 所示。

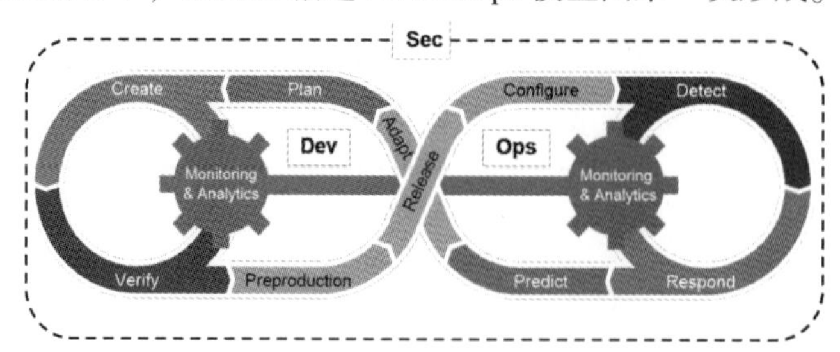

● 图 1-8　Gartner DevSecOps 模型图（来源于 Gartner 官网）

2017 年，美国 RSAC 大会首次开辟了 DevSecOps 专题，并设置了前置研讨会。这次大会上，明确安全融入现有研发流程、安全需求导入至统一需求管理、安全测试工作与持续集成/部署平台打通等 DevSecOps 核心实践内容，提出安全左移前置的思想。为 DevSecOps 的进一步发展奠定了基础，同时也完成了理论到实践的蜕变。

2018 年，美国 RSAC 大会上，参会者提出了“Golden Pipeline”（即黄金管道）的概念，通过一套持续稳定的自动化管道，使得安全进入应用开发的 CI/CD 软件流水线体系，加快 DevSecOps 的快速落地。会上，对 DevSecOps 中的关键安全活动进行了明确，如应用安全测试 SAST、第三方组件成分安全分析 SCA、运行时应用自我保护 RASP 等。

2019 年，Gartner 发布了 DevSecOps 模型安全工具链，将 DevSecOps 落地推进到实践运营阶段。同年，在美国 RSAC 大会上的 DevSecOps 专题中，与会专家聚焦 DevSecOps 文化融合与实践效果度量，提出了 9 个 DevSecOps 关键实践点和 7 个 DevSecOps 文化融合阶段，以帮助企业正确评估安全开发能力和 DevSecOps 发展状态，为后续持续改进夯实了基础。

至此，DevSecOps 在全球范围内正式进入大范围实践和落地阶段。

在实践方面，美国国防部积极推动 DevSecOps 的落地，发布了一系列的 DoD 企业 DevSecOps 实施指南和规范，并深入开展实践。全球知名互联网公网也纷纷参与 DevSecOps 实践，如谷歌、微软、小米、腾讯等，将 DevSecOps 的发展推向高潮。

在技术规范方面，美国国家标准与技术研究院（NIST）于 2020 年正式创建了 DevSecOps 工作组，编制 DevSecOps 技术规范，指导各企业开展 DevSecOps 实践，如图 1-9 所示。

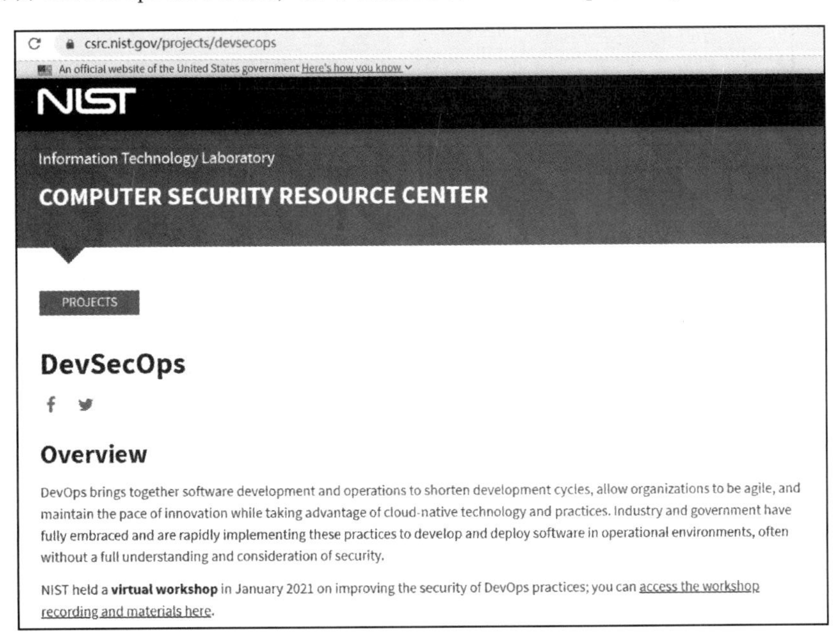

● 图 1-9 美国国家标准与技术研究院（NIST）DevSecOps 项目页

1.2.2 影响 DevSecOps 发展的关键因素

从 2012 年 DevSecOps 概念的提出，到 2022 年 DevSecOps 在全球范围内开始广泛实践，整整经历了十年时间。这其中，诸多因素影响着 DevSecOps 的发展，主要有以下三个方面。

1. 从安全体系/模型来看

在业界普遍的认知里是把 DevSecOps 放在应用安全的范畴。在应用安全领域，最早的企业是微软，它推出了业界广为人知的 SDL 模型，可以说，在应用安全方向乃至整个网络安全领域，微软是为业界做出杰出贡献的企业。在很长一段时间内，软件工程的开发模型是以瀑布模型为主，当 SDL 在国内企业真正落地的时候，通常会碰到很多问题。例如，整个体系太复杂、笨重；威胁建模很少有企业真正做起来。所以当敏捷开发模型发展起来之后，微软又发布了 SDL 的敏捷版本，以适应开发模式由瀑布模型向敏捷的转变。

在这个过程中，对于软件安全也出现了一些其他模型，如 Open SAMM、BISMM，这两个模型可以用于指导应用安全的开展，但它们更偏重于评估软件安全的成熟度。从上述这些模型的出现和模型的适应范围，读者可以明白安全模型的使用是与研发模型相关的，所以当 DevOps 发展起来后，与之相适应的 DevSecOps 模型也随之发展起来就比较好理解了。

2. 从产业发展来看

整个 IT 产业的发展也就是最近 60 年的事情，从 IT 产业一开始的发展到今天的全面互联网化，走的是两条路。如果把互联网比作城市，传统行业比作农村，一条路是从城市走向农村，另一条路是从农村走向城市。

从城市走向农村，是指互联网行业向传统行业渗透的过程，是主动的。例如，互联网早期的产品主要是邮箱、BBS、搜索引擎、新闻网站等，这种形态下的产品研发参与人员主要是互联网技术公司。到电商行业做到全国皆知时，其产品研发人员主要集中在电商行业。到后来的金融、保险、打车、外卖等行业，这段时期，国内的互联网一直在高速增长，在慢慢进入传统行业的地盘。在快速增长、行业渗透的背景下，出现了第二条路，从农村走向城市。

从农村走向城市是指传统行业的互联网化，这条路被动且增长很慢。当社会发展到“互联网+”时期之后，从农村走向城市这条路开始发力，并高速增长。在我们身边，越来越多的传统企业在互联网化，从最开始的家电行业，到现在很多关乎民生的行业，如教育、医疗、汽车等。这些传统企业在业务演进过程中，纷纷建立了自己的软件研发中心，开始变得跟互联网企业一样。当这两条路走到交叉点时，是生产模式的拐点，整个互联网增速变缓，所有的人都开始向内部要增量，这时候提出的 DevSecOps 理念更契合企业管理者的诉求，依托 DevSecOps 的发展，同时解决既要安全又要增量的问题。

3. 从技术发展来看

在技术发展上，现在的互联网人并不比以前的人更聪明，现在能想到的东西，在很早之前就已经有人想到了，只是那个时候在技术上不适合做 DevSecOps。技术发展到了今天，再提出 DevSecOps 则更容易落地。

首先是研发能力成熟度。从瀑布模型→敏捷开发→DevOps 的发展路径，是业务发展不断改进、不断优化选择的结果。如果是在瀑布模型的开发模式下提倡 DevOps 的一套理念，则很难落地。

其次是研发管道的成熟。早期从事软件开发时，使用的代码管理软件仅仅是 SVN+ Harvest，很多流程化的管理是依赖人去操作的；后来慢慢变成了 Git+Hudson，这时候已经有了自动化构建、自动化部署的雏形，现在使用 Git+GitLab+Jekins，周边生态的成熟使得整个开发、构建的 CI/CD 流程打通了，这是 DevSecOps 得以发展的重要一点。

最后是自动化运维技术的发展，尤其是虚拟化和容器化等运维技术成熟。例如，OpenStack、Docker、K8s 这些基础设施虚拟化、容器化及编排软件的产生，使得自动化运维的门槛变得更低，进一步利于 DevSecOps 的落地。

正是这三方面的原因在过去很长一段时间内，影响和制约着 DevSecOps 的发展。现在，对于大型企业来说，通过研发管道和云基础设施，可以顺利完成 DevSecOps 的落地；对于小公司来说，依赖于公有云（如 AWS、Azure、阿里云），通过平台能力和公开 API，也可以快速地完成 DevSecOps 的落地。

1.2.3 DevSecOps 未来的发展趋势

分析完了影响 DevSecOps 发展的关键因素，下面再来看看 DevSecOps 未来的发展趋势。

1. 国家政策对 DevSecOps 发展趋势的影响

在前文中，我们提及在 DevSecOps 发展过程中，美国的咨询公司 Gartner、国防部，以及国家标准与技术研究院（NIST）都对 DevSecOps 的发展起到了很好的促进作用。

在国内，DevSecOps 的发展主要以实践为主，相关政策、技术标准仍未出台，还有很大的发展空间。随着《中华人民共和国网络安全法》（以下简称《网络安全法》）《中华人民共和国数据安全法》（以下简称《数据安全法》）《中华人民共和国个人信息保护法》（以下简称《个人信息保护法》）的落地实施，要深入解决数据安全问题、个人信息保护问题，必须深入研发过程，开展全生命周期的安全治理，DevSecOps 作为当前首选的研发安全治理模型，必将在其中发挥着关键作用。

从过去几年国家政策对网络安全的重视程度来看，随着工业互联网信息安全标准、安全运营技术标准、安全服务技术标准的颁布，研发安全的技术标准也将逐步出台，以帮助企业规范、全面地开展研发安全活动，提升研发安全水平。

2. 技术革新对 DevSecOps 发展趋势的影响

环境改变下的产业升级倒逼业务模式升级，业务模式的升级带动技术形态的变化。在人工成本越来越高、人工智能越来越普及的大趋势下，提倡安全工具化、安全自动化的 DevSecOps 安全治理模型将会越来越受到企业管理者的青睐。

产业的发展，互联网向传统行业渗透，出现了个人平板计算机、移动办公设备、智能终端、移动 App、H5 应用、小程序等。新技术的应用为 DevSecOps 在产品安全方面的应用带来巨大挑战的同时，也提供了广阔的空间。只有从生产的源头解决产品安全的问题，才能更好地解决运营与运维的安全问题。

而研发管道化软件、自动化运维工具的成熟，安全工具集成的易用性提升，以及人工智能辅助水平的提高，更为 DevSecOps 的落地提供了良好的土壤。

在未来，技术的发展将会带动 DevSecOps 的发展，使得当前的 DevSecOps 体系更加丰满，适应性更强，覆盖面更广。

3. 市场环境对 DevSecOps 发展趋势的影响

在网络安全市场上，DevSecOps 市场占有的份额很小。这除了与 DevSecOps 发展时间短有关之外，还有一个很大的因素是客户对 DevSecOps 的认知。

在过去几年里，安全从业人员能明显地感受到客户群体对 DevSecOps 态度的变化，从开始的不理解、不关注，到现在的主动学习和强势引入，将研发安全纳入合同交付的一部分，这为 DevSecOps 的发展，提供了业务创新的源头。

在 DevSecOps 市场上，一部分是从事 DevSecOps 平台开发和技术服务的人员，一部分是甲方公司实施 DevSecOps 体系落地的人员。他们对 DevSecOps 的需求都很强烈，不同的是，当前阶段乙方公司提供的 DevSecOps 平台和技术服务难以满足甲方公司管理的诉求，因此，很多甲方公司都在依托云服务能力，自己构建 DevSecOps 平台和技术落地。

在公司内部，熟悉 DevSecOps 的人才也尤其紧缺，DevSecOps 培训和技术训练成为一项市场急需的技术服务。国内 DevSecOps 培训市场才刚刚起步，需要更多的政策引导和有安全担当的公司参与进去，促进行业的发展。

1.3 DevSecOps 参考模型

在 DevSecOps 的发展过程中，从 DevSecOps 理论的出现，到如今 DevSecOps 大量实践的落地，先后产生了一系列与 DevSecOps 有关的模型，这其中比较有代表性的模型分别是：DevOps 组织型模型、Gartner 普适性模型、DoD 实践型模型。

1.3.1 DevOps 组织型模型

DevSecOps 起源于 DevOps，熟悉 DevOps 模型有助于读者理解组织运转、周边协同、流程设置在 DevSecOps 中的作用。

1. DevOps 关键特性

DevOps 作为 DevSecOps 的基础，其本身具有如图 1-10 所示的 4 个关键特性，这些特性在 DevSecOps 落地过程中，为安全活动的执行提供了流程保障和组织保障。

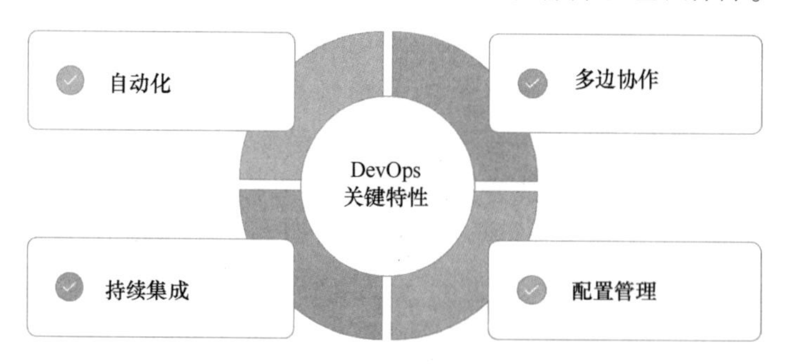

• 图 1-10　DevOps 关键特性

- 自动化。自动化在 DevOps 模型中是指研发流程的自动化，尤其是在测试和部署阶段，使用自动化测试工具完成测试，并通过自动化构建、自动化发布加快生产部署的过程，提升整体研发效能。
- 多边协作。多边协作是 DevOps 模型中倡导的协同文化，促进开发人员和运维人员的合作与整合，责任共担，减少因沟通和信息传递带来的损耗，从而提升生产效率，缩短交付周期。

- 持续集成。持续集成是指在 DevOps 中以 IT 自动化，以及持续集成（CI）、持续部署（CD）为基础，构建程序化的开发、测试、运维等管道化能力，以帮助企业在人工很少干预的情况下，向客户交付应用的效率更高、时间更短，并通过持续的产品质量改进，增加服务功能，实现精益发展。
- 配置管理。配置管理是指在 DevOps 中使用配置文件，管理代码、测试环境、生产环境，保证应用程序与资源交互的正确性。在更小、更频繁的版本迭代中，降低变更风险，以应用程序为中心来理解基础设施，管理基础设施。

从 DevOps 关键特性可以看出，无论是组织层面的多边协作、拉通，管道化的持续集成能力，还是配置管理的自动化能力，都为 DevSecOps 的落地打下了良好的基础。

2. DevOps 生命周期

在 DevOps 中，研发过程共划分为 8 个组成部分，如图 1-11 所示。

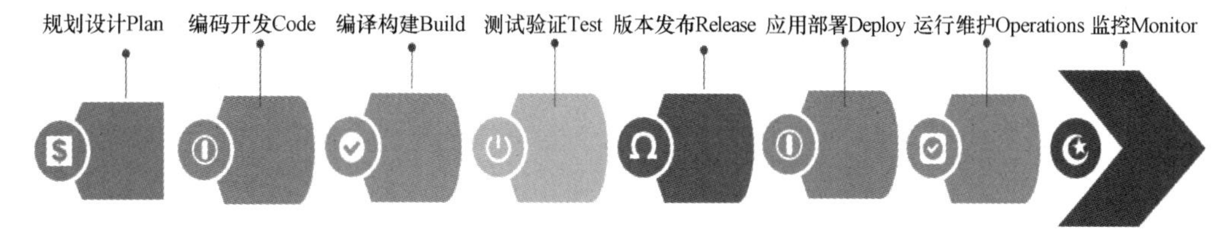

图 1-11　DevOps 研发过程中的 8 个组成部分

这 8 个组成部分在 DevOps 生命周期中，根据包含组成部分的不同，又可以划分为不同的 DevOps 阶段。这些阶段之中，主要的有持续集成、持续交付、持续部署，它们之间的区别如图 1-12 所示。

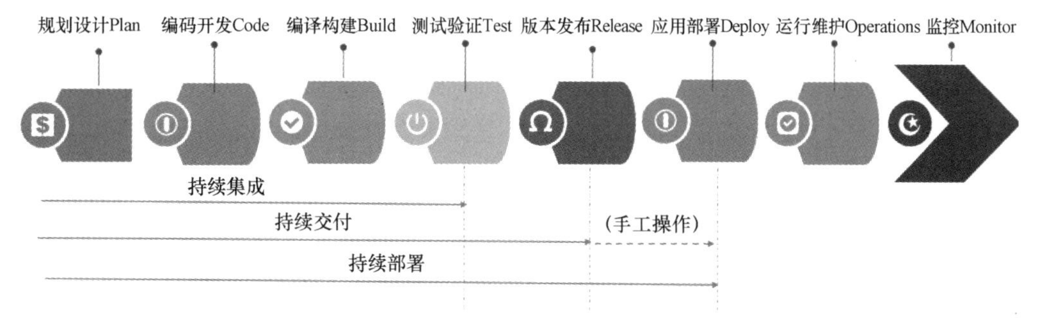

图 1-12　DevOps 中持续集成、持续交付、持续部署示意图

- 持续集成是指持续地将所有开发者的代码合并到源码仓库主干上，确保代码合并后的集成测试通过。业界通常称为 CI，即 Continuous Integration 的缩写。
- 持续交付是指持续地输出可交付产物，与持续集成的不同在于输出产物达到了可交付条件，保证产物在生产环境可用。而可交付产物部署到生产环境，往往通过手工操作完成。业界通常称为 CD，即 Continuous Delivery 的缩写。
- 持续部署是指通过自动化手段，将持续交付阶段输出的产物自动化部署到生产环境。业界通常称为 CD，即 Continuous Deploy 的缩写。

3. DevOps 管道与流程

在 DevOps 中强调自动化的重要性，而自动化工作的完成主要依赖 DevOps 管道及其相关工具。一个典型的 DevOps 管道操作流程如图 1-13 所示。

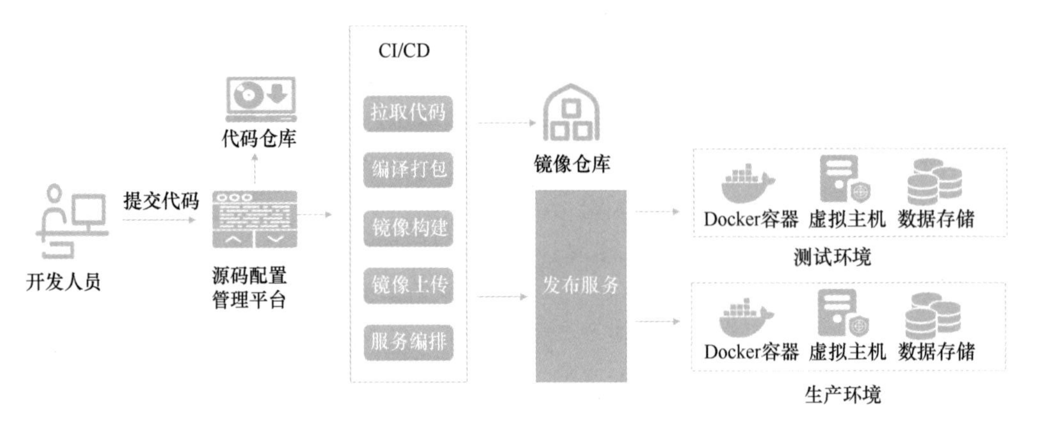

● 图 1-13　DevOps 管道操作流程示意图

从图 1-13 可以看出，研发过程中的关键活动在 DevOps 管道上有相应的信息化系统承载，如代码管理对应源码配置管理平台，构建测试调度对应 CI/CD 等。通过 DevOps 管道的流水线作业，将需开发求、编码测试、镜像管理、部署等环节串联了起来，各个不同的角色和岗位人员参与其中，共同推动交付过程。

从上文对 DevOps 关键特性、DevOps 生命周期、DevOps 管道与流程的介绍，读者对 DevOps模型有了基本的了解。同时，细心的读者也会发现，在 DevOps 模型中，安全在生命周期中的参与很少，仅靠 DevOps 管道中当前对安全能力的引入无法真正解决实际所需的安全问题，这也是为什么后面业界提出 DevSecOps 的原因。但作为 DevSecOps 从业人员，必须了解 DevOps，它是 DevSecOps 的基础。只有了解了 DevOps 的关键特性、生命周期、流程管道，在后续的 DevSecOps 实践中，才能更好地制定既符合组织发展，又兼顾多方利益的、可以落地的安全措施。

1.3.2　Gartner 普适性模型

在 DevSecOps 发展的过程中，一直有着 Gartner 频频闪现的身影，甚至在关键时间节点上，Gartner 的推波助澜才使得 DevSecOps 真正发展起来。

Gartner 对 DevSecOps 的贡献主要有两个：一是在业界首先提出了 DevSecOps 的概念并加以倡导和细化，使之更易于落地；另一个是在 DevSecOps 架构的基础上提出安全工具链指引模型，从普适性层面解决了大多数企业落地中切入点的难题（这也是为什么称它为普适性模型的原因）。

前文中曾提到，DevOps 模型对 DevSecOps 更偏向于组织保障，缺少从安全视角对研发过程的深入理解。Gartner 给出 DevSecOps 安全工具链的指引恰好弥补了这个缺陷，让广大企业管理者、安全从业人员能从安全的视角，全面地看清安全在 DevOps 中的实现方式。

1. Gartner 安全工具链参考模型

Gartner 给出的 DevSecOps 安全工具链模型如图 1-14 所示。

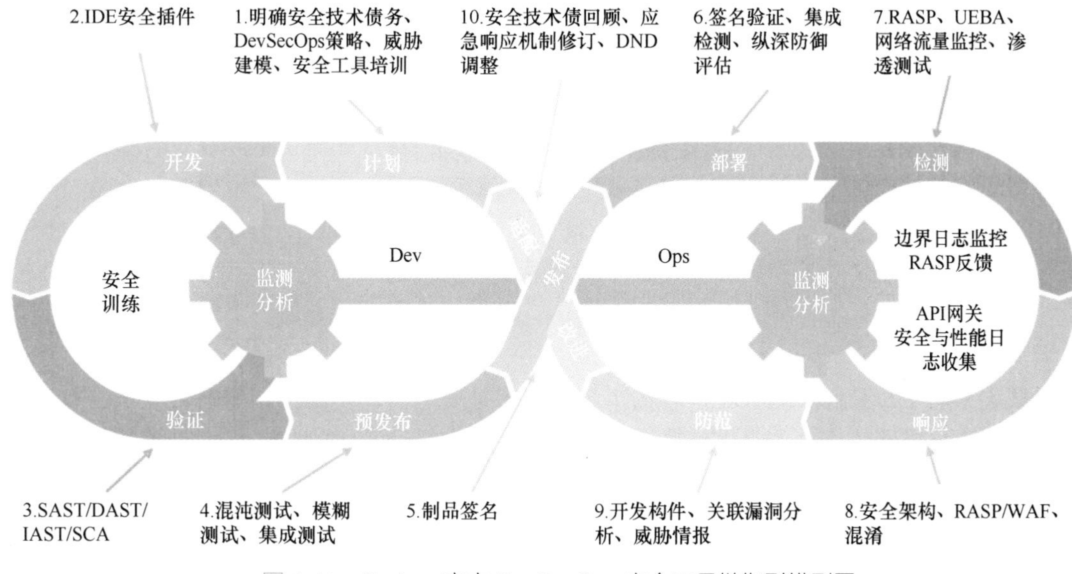

图 1-14 Gartner 官方 DevSecOps 安全工具链指引模型图

在谈及 DevSecOps 落地的场景时经常会用到此图。从图 1-14 可以看出，Gartner 对 DevSecOps 有着自己的理解，而不是完成对应 DevOps，主要体现在以下几点。

- 阶段划分。在介绍 DevOps 时，曾提及把研发过程划分为 8 个组成部分。在图 1-14 中，Gartner 把研发过程按照安全的视角一共划分了 10 个组成部分，并且在开发阶段和运维阶段都添加了安全监控与分析。同时，对每一个组成部分的命名也是从安全视角出发的，如检测（Detect）、响应（Response）。从这一点上说，Gartner 认为安全需要融入 DevOps 流程，但并不完全一致，而是从安全管理的要求出发，将其中的组成部分拆分出更细粒度的组成模块。
- 全程贯穿。DevOps 模型中对安全能力的引入通常更多的是指安全测试验证，而 Gartner 在设计此模型时，将安全能力分散到不同的研发活动中去，这与安全左移、责任共担、多边协作的理念是一致的。
- 工具支撑。这个模型图中，很大一部分内容被各种安全工具所占据。从另一个侧面也表明，Gartner 认可安全工具在整个 DevSecOps 工作的关键作用。将安全工具对应到 DevOps 管道和流程上，更易于与既有流程和平台的整合，加速 DevSecOps 的本地化落地。

2. Gartner 推荐的安全工具

在图 1-14 的模型图中，Gartner 推荐了诸多的安全工具。需要读者注意的是，这里的工具不是仅仅指具体的某个软件产品，而是指解决安全问题的方式或手段，类似于项目管理中提及的工具的概念。如果将图 1-14 按照表格的形式进行呈现，则如表 1-1 所示。

表 1-1　Gartner 推荐的 DevSecOps 安全活动或工具链

序号	所属阶段	推荐的安全活动或工具链
1	计划（Plan）	明确安全技术债务、DevSecOps 策略、威胁建模、安全工具培训
2	开发（Create）	IDE 安全插件
3	验证（Verify）	SAST/DAST/IAST/SCA
4	预发布（Preprod）	混沌测试、模糊测试、集成测试
5	发布（Release）	制品签名
6	部署（Configure）	签名验证、集成检测、纵深防御评估
7	检测（Detect）	RASP、UEBA、网络流量监控、渗透测试
8	响应（Response）	安全架构、RASP/WAF、混淆
9	防范（Predict）	开发构件、关联漏洞分析、威胁情报
10	适配改进（Adapt）	安全技术债回顾、应急响应机制修订、DND 调整

从表 1-1 可以看出，Gartner 推荐的工具链很多是安全活动实践，在当前市场上，有一部分已被标准化成网络安全产品，有些还停留在人工安全活动实践阶段。它们更多的是想说明在不同的研发阶段采用什么样的实践方式解决当前阶段的安全问题。同时，表 1-1 也给初次了解 DevSecOps 的读者提供了一种很好的技术实践指引，知道不同的安全活动或工具适合在研发过程的哪个阶段引入，如何通过安全左移达到安全治理的目的。

1.3.3　DoD 实践型模型

DoD 是美国国防部英文名称 Department of Defense 的缩写，2019 年美国国防部为了推动国防部企业 DevSecOps 的落地，发布了一系列的 DevSecOps 实践规范。因为它是一套独立的、成体系化的指导 DevSecOps 落地的文件，所以在这里把它归类为 DevSecOps 的实践型参考模型。

1. DoD DevSecOps 体系文件构成

在美国国防部的官网上，对外公开了其 DevSecOps 体系文件的目录，从这份目录来看一下其文件构成，如图 1-15 所示。

从图 1-15 的目录结构可以看出，整个体系文件由 DevSecOps V2.1 规范说明、DevSecOps 实施指南、DevSecOps 参考设计、云原生接入、开源软件安全 5 个部分组成，每一个部分又分别包含不同的文件。从体系文件管理上来看，DevSecOps V2.1 规范说明属于一级文件，定义了 DevSecOps 总体方针、策略和基本操作要求；DevSecOps 实施指南属于二级文件，主要定义了 DevSecOps 中的关键活动、工具及操作指导；DevSecOps 设计参考、云原生

Modern Software Practices

- DevSecOps Volume 2.1
  - DoD Enterprise DevSecOps Strategy Guide
  - DoD Enterprise DevSecOps Fundamentals
  - Change Log
  - Source Diagrams
- DSO Guides and Playbook
  - DevSecOps Fundamentals Guidebook: DevSecOps Tools & Activities
  - DevSecOps Fundamentals Playbook
- DSO Reference Designs
  - Pathway to Reference Design
  - DoD Enterprise DevSecOps Reference Design: CNCF Kubernetes
  - DRAFT: DOD Multicluster Kubernetes
  - DRAFT: DOD AWS Managed Service
- Cloud Access
  - DoD Cloud Native Access Point (CNAP) Reference Design (RD)
- Open Source Software
  - 2021 Software Development and Open Source Software Memorandum

图 1-15　DoD DevSecOps 体系文件目录

接入、开源软件安全均属于三级文件，为具体的安全设计提供参考指引。

从当前业界已公开的 DevSecOps 资料来看，DoD DevSecOps 体系文件具有很高的实践参考价值，可以作为大多数企业开展 DevSecOps 工作的首选指导书。

2. DoD DevSecOps 实践价值

美国国防部为了能够更迅速地应对安全战争与威胁，让新功能快速进场，通过内嵌安全到应用程序来解决此类问题，决定使用 DevSecOps 模型。意图通过 DevSecOps 文化，改变国防部 IT 部门中各个不同组织之间的协作流程、生产制造和运营维护，统一标准和要求，以加快从需求分析到成品交付的过程。

这套文件的技术栈是为美国国防部定制的，从图 1-15 公开的文件目录中包含云原生接入点、K8s、AWS 等也可以看出，此技术栈不是面向公众全员的，仅是面向美国国防部企业的。但这份文件中涉及的技术概念、DevSecOps 能力构成、落地保障措施等都将对 DevSecOps 的大范围应用产生深远的影响。

文件中首次对 DevSecOps 生态系统做了更具体的解释，除了包含一直被业界推崇的黄金管道之外，还有软件工厂、安全工具链及周边支持生态系统，如图 1-16 所示。

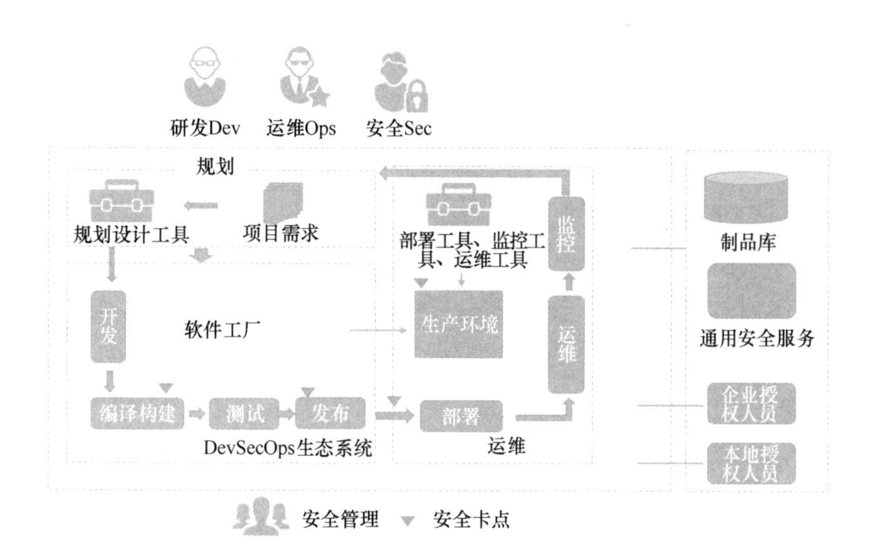

● 图 1-16 DoD DevSecOps 生态系统

在工具链方面，文件中直接用 DevSecOps 替代 DevOps，或者说在这份文件里认为，DevOps的未来就是 DevSecOps。它给出更大范围的活动与工具选择的概览，以及活动的输入、输出、活动收益等，涵盖计划、开发、构建、测试、发布、交付、部署、操作和监控的每个阶段。在实践保障方面，文件中阐述了组织、流程、技术和治理为 DoD DevSecOps 的四大支柱，如图 1-17 所示。

在持续改进方面，文件定义了 DoD DevSecOps 的成熟度模型，对 DevSecOps 的能力一共划分为 9 个层级，如图 1-18 所示。

总之，作为第一份业界公开的 DevSecOps 落地实践资料，DoD DevSecOps 实践型模型为业界提供了详细的参考资料，并从文件体系构建、技术路线选择、DevSecOps 平台选型等多个方面为业界提供最佳实践参考样例。

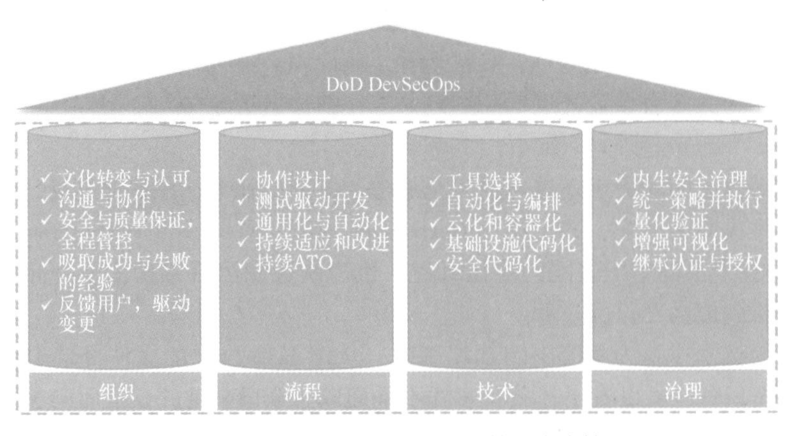

图 1-17 DoD DevSecOps 的四大支柱

图 1-18 DoD DevSecOps 成熟度模型

1.4 DevSecOps 核心流程

在前文讨论 DevOps 时介绍了 DevOps 的管道和流程，不同的是前文仅仅从 DevOps 角度阐述。这里，再次从 DevSecOps 的角度，为读者讲述 DevSecOps 的核心流程。

1.4.1 DevSecOps 核心流程基本组成

在 DevSecOps 中，根据软件研发生命周期的不同阶段将整体划分为规划、开发、构建、测试、发布、部署、运维、监控 8 个部分。并根据其包含部分的不同，分为持续开发、持续构建、持续集成、持续交付、持续部署、持续运维、持续监控 7 个流程。如图 1-19 所示。

图 1-19 DevSecOps 核心流程

如图 1-19 所示的 7 个流程，基本覆盖了研发活动的各个方面，并分别在不同的场景下被不同的角色使用，推动软件的规划到交付上线，它们共同组成了 DevSecOps 的生命周期。

关于各个子流程的含义，其中持续集成、持续交付和持续部署在讨论 DevOps 模型时已介绍，这里对其他的几个流程再做简要的说明。

- 持续开发主要涉及软件“规划”和“编码”阶段，在规划阶段确定项目目标后，开发人员着手应用程序编码开发。开发人员使用版本控制工具对代码进行维护。
- 持续构建是指开发人员需要更频繁地提交对源代码的更改，可以是每天或每周。对于提交的代码，构建系统可以及早发现问题。构建时不仅涉及代码编译，还包括代码审查、单元测试、打包制品等。
- 持续运维是指通过配置管理和自动化手段，持续地为线上应用提供高效率、高成功率的自动化运维，如快速扩容、快速升级。通过效率优化、变更管理、紧急事务处理等，保证系统的稳定运行，达成 SLA 目标。
- 持续监控是整个生命周期中非常关键的阶段，此阶段持续监控应用程序在线上的运行情况，检查应用程序的正确功能，通过监控工具，保障线上应用程序的健康性。

1.4.2 DevSecOps 核心流程典型场景

在 DevSecOps 中其核心流程最终都会落地到系统承载上。在业界，DevSecOps 系统的建设通常有自建和依托公有云厂商服务搭建两种方式。通用而经典的 DevSecOps 流程应用场景如图 1-20 所示。

在图 1-20 中其关键操作步骤说明如下。

1）开发代码主要托管在源码管理平台，当开发人员访问源码管理平台时，源码管理平台将其调用用户身份认证服务完成用户登录的身份认证。

2）代码编辑器 IDE 作为联机开发环境，是开发人员日常工作的重点工作空间，开发人员完成代码编写后，继续托管在源码管理平台上。

3）当开发人员提交代码、代码编译、代码构建时，流程调度引擎通过 CI/CD 流水线触发安全检查，调研安全工具链执行检查操作。

4）当有新的代码提交时，流程调度引擎触发代码构建和自动化测试。

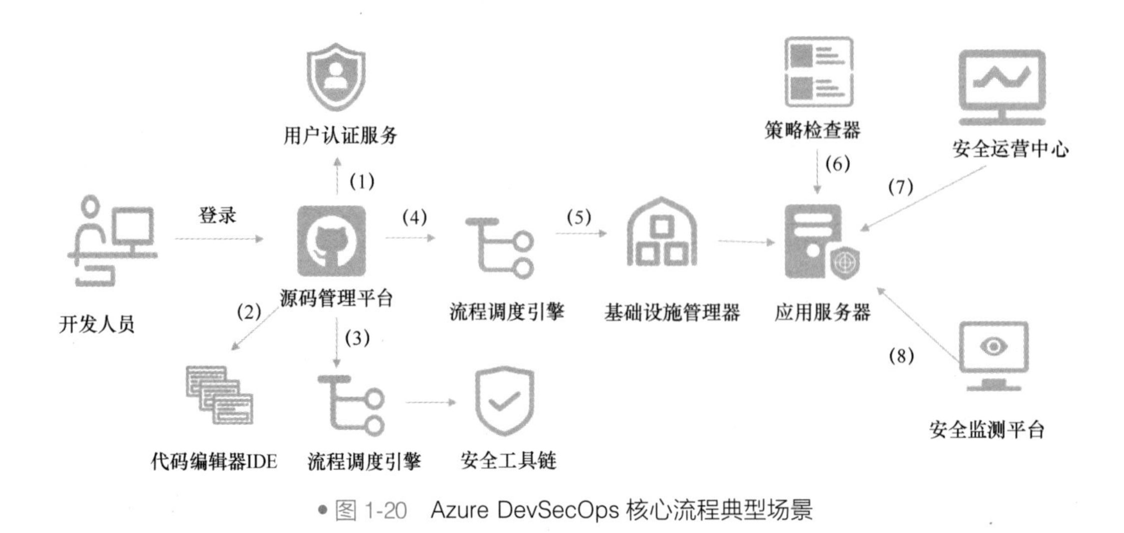

● 图 1-20　Azure DevSecOps 核心流程典型场景

5）流程调度引擎将上一步构建的制品部署到基础设施上，通过基础设施管理器调用和分配其他基础设施资源。

6）策略检查器管理基础设施上的安全策略配置，评估部署过程中策略的变更是否满足安全合规要求。

7）安全运营中心为线上已部署的应用程序进行持续安全防护，阻断攻击行为。

8）安全监测平台对线上已部署的应用程序持续开展跟踪和评估，分析应用日志，输出监控报告或监控告警。

这 8 个操作步骤中，步骤 1）和步骤 2）对应于持续开发流程，步骤 2）和步骤 3）对应于持续构建流程，步骤 1）~4）对应于持续集成流程，步骤 1）~6）对应于持续部署流程，步骤 1）~7）对应于持续运维流程，步骤 1）~8）对应于持续监控流程。虽然将上述 8 个步骤划分到不同的 DevSecOps 流程中有点牵强，但通过这样的划分，能让读者理解 DevSecOps 核心流程和典型应用场景，回顾读者已有的研发背景知识，结合日常工作环境，帮助读者来理解 DevSecOps 的流程。

1.5　小结

本章从 DevSecOps 的基本概念谈起，向读者介绍了 DevSecOps 的核心理念、重要组成部分。并围绕 DevSecOps 的发展历程，重点讨论了 DevSecOps 的关键理念在什么时间段产生的，以及其给 DevSecOps 发展带来的影响是什么。接着通过对 DevOps 组织型模型、Gartner 普适性模型、DoD 实践型模型的简要描述，使得读者能对 DevSecOps 所关注的内容，以及所需的背景知识有大致的了解。最后，结合微软 Azure 云的 DevSecOps 流程图，详细讲解了日常工作场景下的关键事项与 DevSecOps 流程的对应关系，加速读者对 DevSecOps 的理解。

当前阶段，DevSecOps 已经走过理论期，众多企业正在开展广泛的实践，呈现良好的发展势头，未来 DevSecOps 将取代 DevOps 成为企业的首选。在本书的后续章节中，笔者将和大家继续讨论 DevSecOps 体系的落地实施该如何规划，从业人员需要掌握哪些 DevSecOps 知识等内容。

第 2 章 DevSecOps体系管理

上一章为读者介绍了 DevSecOps 体系的基本概念和重要组成部分，也了解到 DevSecOps 从规划到落地是一项体系化的工作。那么，在企业安全人员开展 DevSecOps 工作时，如何做 DevSecOps 的规划和管理呢？在 DevSecOps 落地过程中，需要关注哪些数据来判断和推动 DevSecOps 整体工作的持续改进呢？这些，将是本章需要重点讲述的内容。

本章主要为读者讲述 DevSecOps 成熟度模型和评价指标、DevSecOps 平台的运营指标，以及不同规模的企业如何规划 DevSecOps 体系落地工作。下面我们一起先来看看 DevSecOps 的成熟度模型。

2.1 DevSecOps 成熟度模型

成熟度模型通常被用来评估一个组织或系统实现持续改进的能力，通过创建评估机制，收集各类数据加以分析，以评估当前流程、技术及体系运转的有效性，借鉴成熟度模型的分层，确定当前建设水平，规划未来的改进方向，以促进体系运转的不断迭代和自我更新。在 DevSecOps 体系建设过程中，DevSecOps 成熟度模型通常和体系参考模型一样，被用来规划和指导后续 DevSecOps 工作的开展。

在业界，DevSecOps 的成熟度模型除了前文提及的 DoD 的成熟度模型外，还有美国总务管理局 GSA 提供的 DevSecOps 平台成熟度模型和全球开源网络安全组织 OWASP 的 DSOMM 成熟度模型，下面就带着读者一起来学习其中的相关内容。

2.1.1 GSA DevSecOps 成熟度模型

在美国总务管理局的技术网站上，提供了一份《DevSecOps 指南》的文档，该文档中从 DevSecOps 平台能力建设的角度，对 DevSecOps 成熟度给出了参考指引，如图 2-1 所示。

文中根据能力建设的成熟度和相关因素的不同，对 DevSecOps 平台能力建设划分 3 个成熟度等级，它们分别为：

- Ⅰ级成熟度。DevSecOps 平台不可用，缺少基本的管理流程和管控措施。
- Ⅱ级成熟度。主要管理流程已具备，DevSecOps 黄金管道已常态化运营，但关键环节的流程仍未打通，手工操作或人工干预较多。
- Ⅲ级成熟度。体系管理规范，有明确的定义与标准，安全自动化普及，人工参与只出现在特定的场景。

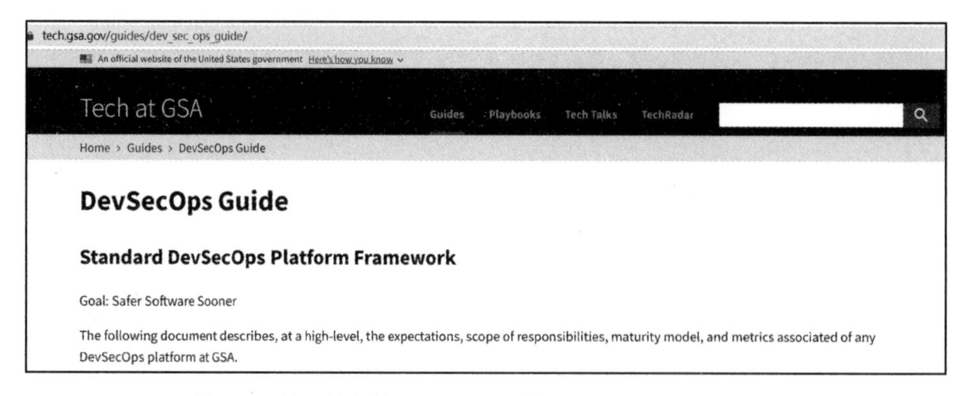

• 图 2-1 美国总务管理局 GSA 网站上 DevSecOps 指南页面

此文档中，GSA 对 DevSecOps 平台能力建设涉及的 14 个责任领域按照成熟度进行拆分，详细地明确了每一个责任领域不同成熟度之间的差异。对其归纳整理后，如表 2-1 所示。

表 2-1 美国总务管理局 GSA 网站 DevSecOps 成熟度划分

序号	责任领域	Ⅰ级成熟度	Ⅱ级成熟度	Ⅲ级成熟度
1	DevSecOps 平台	手动操作，工作状态不透明，跨团队协作无标准，不同项目之间存在异构配置	有一个基础的管道化作业环境，但平台还经常需要人工干预，部署、运维工作需要手工操作	平台统一，有标准的自助入口，可自动化完成部署、基础设施管理及安全检查
2	镜像管理	无标准镜像或需要从零开始构建镜像	有标准的 OS 层镜像管理，并且镜像包含必要的其他服务	有标准 OS 层镜像和组件级镜像，并且镜像通过检测，由安全团队批准使用
3	监控审计	无健康监控，未记录或平台不可用	平台所有者了解平台健康状况，但应用程序团队必须创建自己的健康管理方法	具有企业级应用程序日志记录和监控系统，应用程序团队可以灵活使用自己的监控和告警
4	补丁管理	手工修复，也没有做强制要求	应用程序团队有责任了解这些补丁并去修复，当有新的安全相关补丁时，应用程序所有者自动收到修复通知和应用程序版本信息	平台自动测试运行环境应用程序的新补丁，如果达到决策点，则通知相关方，无需停机进行修补
5	平台变更管理	平台升级、变更不透明，不向用户公开	平台升级、变更有既定的流程，但大多数工作需要人工操作	平台升级、变更有严格的流程定义和标准，可以快速变更和自动化升级
6	应用程序变更管理	没有版本控制或与版本控制相关标准	应用程序团队有版本控制，但版本控制没有线上化，不在平台里	版本控制是管理应用程序生命周期的关键方法，具有明确定义的使用标准，便于平台用户操作

（续）

序号	责任领域	Ⅰ级成熟度	Ⅱ级成熟度	Ⅲ级成熟度
7	应用开发、测试	开发环境和测试环境不同，需要手动管理和发布软件。测试未作为发布的基本要求	应用程序团队有一套工具或平台用于开发和测试，开发和测试环境可能不同，运维操作都记录在案	开发环境和测试环境可以自动化建立和拆除，所有操作记录在案。必要的测试，包括安全测试都作为部署条件的基本组成
8	应用部署	部署是手动的，需要大量协作才能完成发布	部署需要很少的手动步骤，使用平台加快部署和合规性验证	部署唯一需要手工操作的步骤是确认是否满足业务需求
9	应用账号管理	用户管理是手动的，密钥、密码之类的信息被硬编码到配置文件或代码中	用户管理是自动化的，密钥、密码之类的信息通过安全方法存储/传递，仅需要的人可以看到	用户管理是具有安全控制的自助服务，密钥、密码之类的信息在平台创建或共享，无需人工干预
10	系统可用性和性能	没有明确的可用性定义，应用程序所有者不了解其应用程序的性能和健康状况，也无管理工具支撑	平台有可用性定义，故障时通知用户。应用程序所有者可以通过工具了解应用程序的运行状况和性能，但必须设计自己的架构以支持高可用性	平台根据应用程序需求通过自动化管理应用程序的可用性，应用程序在托管区域/区域之间无缝迁移，以响应灾难恢复或威胁活动
11	网络管理	每个应用程序定义和管理自己的网络结构	平台管理应用程序的网络基础设施，应用部署和开发时要频繁更新网络配置	平台管理应用程序的网络基础设施，应用部署仅做有限更改，对新的应用程序部署有合规性检查
12	授权发布管理	交付流程与部署动作分离，系统安全评估是手工的	交付流程与 sprint 保持一致，需要手动触发交付流程时，部署管道也支持	交付流程高度自动化，合规的代码和流程被多个团队复用，过程有连续监控和测量，特定风险才会触发中断部署
13	数据备份	手动管理数据为主，工具很少	自动化管理备份，几乎不需要应用程序所有者的干预	整个数据生命周期由平台自动化完成
14	成本管理	没有明确的成本模型，支出跟踪是手动的	成本模型已定义，定期有支出报告，以确保在预算范围内	应用程序所有者可以随时了解支出情况，并通过相关设置，管理支出成本

从表 2-1 可以看出，美国总务管理局对 DevSecOps 体系建设的理解是基于平台之上的，强调平台在整个 DevSecOps 体系建设的巨大作用。没有统一标准、多组织复用的平台工具，其 DevSecOps 成熟度是初级的。DevSecOps 平台和应用程序管理在 DevSecOps 中是同样重要的，拥有 DevSecOps 平台也是 DevSecOps 成熟度向上迈步的基础。由初级成熟度迈向中级成熟度，标准流程、管道化作业环境、平台可用性、流程自动化是必不可少的条件。而高成熟

度的 DevSecOps 建设水平，自动化能力既是基础，也是需要全面覆盖的技术前提，它包含平台、应用开发、测试、运维、运营及项目管理的多个方面。

美国总务管理局对 DevSecOps 成熟度进行三个等级划分，虽然划分层级过于粗粒度，没能很好地展现每一个层级的精细化差异，但其拥有众多可区分的责任领域，仍是一份很好的 DevSecOps 建设和评估指引，为不同类型的组织开展 DevSecOps 规划和持续改进指明下一步方向。

2.1.2 OWASP DevSecOps 成熟度模型

OWASP DevSecOps 成熟度模型又简称 DSOMM，它是一个开源的 DevSecOps 成熟度评估模型，从 5 个维度，18 个子维度将 DevSecOps 的成熟度划分为 4 个等级，用于指导被评估企业如何开展 DevSecOps 实践。为了更好地了解这个模型，先一起来看看它的基本结构，如表 2-2 所示。

表 2-2 OWASP DSOMM 模型维度划分

序号	一级维度	二级维度
1	组织文化	管理流程
2		培训指导
3		系统设计
4	系统实现	开发与版本控制
5		应用安全基线
6		基础设施安全基线
7	构建与部署	编译构建
8		部署发布
9		补丁管理
10	测试验证	应用安全测试
11		问题改进
12		应用安全动态检测深度
13		基础设施安全动态检测深度
14		应用安全静态检测深度
15		基础设施安全静态检测深度
16		应用安全测试强度
17	日志监控	安全日志
18		安全监控

在 DSOMM 模型中，先从组织文化、系统实现、构建与部署、测试验证、日志监控 5 个维度对软件开发过程做概要的阶段划分，并在每一个阶段继续划分更细的二级维度，最后定义每一个二级维度下开展的安全活动评估项。通过对具体活动项的评估，来综合评估企业 DevSecOps 整体建设的成熟度。例如，日志监控维度下的二级维度安全日志，其安全活动项

包含内容如表 2-3 所示。

表 2-3 OWASP DSOMM 模型安全日志维度与安全活动项

一级维度	二级维度	安全活动项
日志监控	安全日志	中心化管理应用安全日志
		中心化管理系统安全日志
		安全事件日志的正确关联性
		安全事件日志是否被记录
		个人敏感信息是否满足合规要求
		日志可视化

当读者使用 DSOMM 时，通过对 18 个二级维度所包含的安全活动项的评估，最终会形成 Level 1~4 的等级划分，如图 2-2 所示。

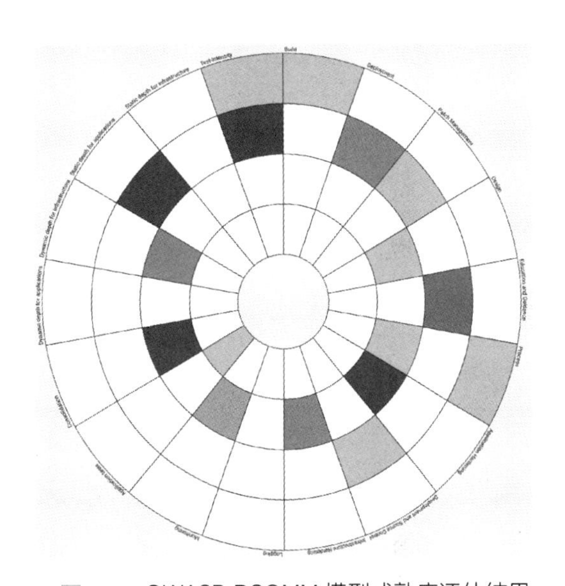

图 2-2 OWASP DSOMM 模型成熟度评估结果

在图 2-2 中，越往外圆表示该维度的成熟度等级越高，而对于那些低于 Level 4 的安全活动，即是将要改进的方向。DevSecOps 管理者可以根据企业的实际情况选择未来的改进重点在哪些维度上。

从 DSOMM 的整体评估过程和评估项上看，和 Open SAMM 模型非常相似，它更注重于 DevSecOps 实践的落地效果，评估项的设计也比较简洁，便于大多数安全从业人员上手操作。当然，也正是因为如此，DSOMM 对 DevSecOps 平台建设的度量指标上没有精细的设计，更多的是管理和执行方面的要求或措施。

2.2 DevSecOps 度量指标

介绍完 DevSecOps 成熟度模型，接下来来了解一下 DevSecOps 的度量指标。任何一家企业，当开始规划 DevSecOps，推动 DevSecOps 在企业落地时，一定是通过管理流程和组织承载让 DevSecOps 相关的具体任务与管理指标保持一致，以运营管理的方式跟踪任务进度，以促进目标的达成。这其中，就需要用到 DevSecOps 度量指标。

2.2.1 指标概览

DevSecOps 的度量指标主要包含必选指标和可选指标两类，它们覆盖 DevSecOps 体系落地时涉及的组织、流程、技术等方面。通过指标的拟定和过程跟踪可以持续地推进企业

DevSecOps 体系建设水平的提升。

DevSecOps 体系建设覆盖企业研发的方方面面，所以在制定指标时，既包含 DevSecOps 平台建设的指标，也包含 DevSecOps 体系落地的指标。平台建设的指标主要面向 DevSecOps 管理组织内部，用于支撑体系落地，为参与 DevSecOps 体系建设中的非安全角色提供平台赋能；体系落地的指标更多的是面向研发组织，用于管理研发组织的各个角色是否将 DevSecOps 管理策略落实到软件项目研发过程中去。

为了便于描述，这里将整个 DevSecOps 体系建设看作一个项目，软件研发过程管理和 DevSecOps 平台建设是这个项目的业务需求。此时，其总体流程和涉及的指标则如图 2-3 所示。

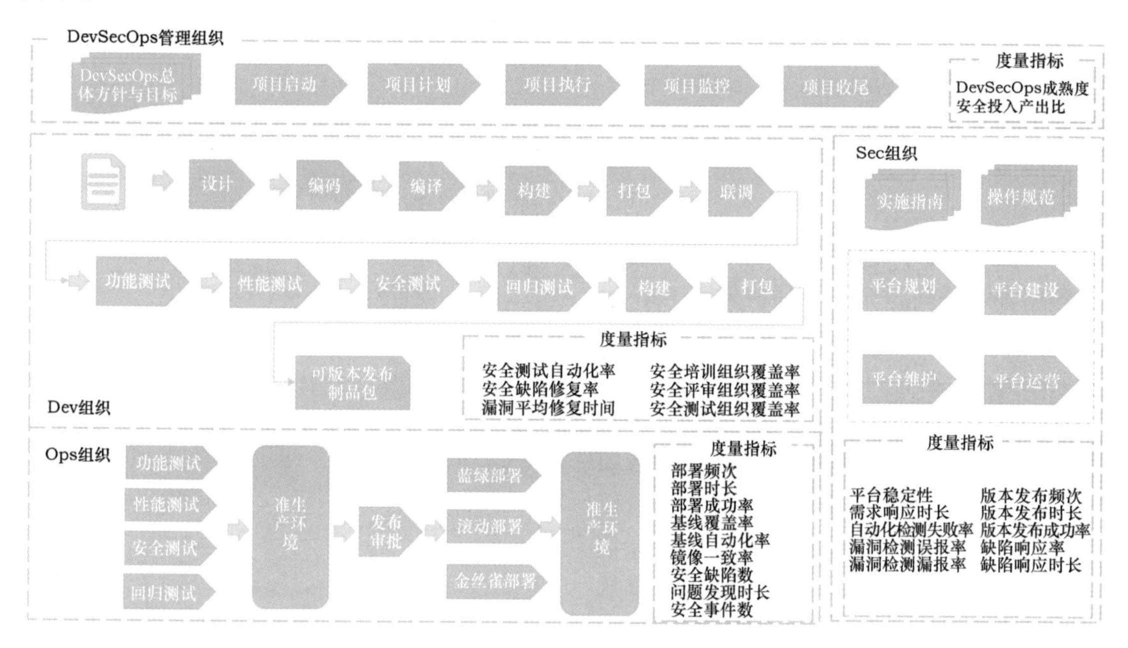

图 2-3 DevSecOps 度量指标概览

从图 2-3 可以看出，每一个不同的组织或角色，关注的指标是不尽相同的。DevSecOps 管理组织由企业中高层人员组成，他们的安全目标是关注于 DevSecOps 体系建设的整体情况，如 DevSecOps 成熟度、DevSecOps 组织覆盖率、安全成本下降率、安全效率提升率等；研发组织是 DevSecOps 体系落地的主要执行单元，他们主要关注的有漏洞发现时长、漏洞修复时长、一次性测试通过率、自动化率、缺陷率、修复率等；运维组织主要关注于上线发布和线上运维相关的指标，如部署成功率、部署耗时时长、线上问题发现平均时长、线上问题闭环率、线上问题平均修复时间等；而 DevSecOps 平台建设的安全组织更关注于平台的本身，如平台 SLA 可用性承诺（是 99.9%还是 99.99%）、扫描失败率、平均故障恢复时间 MTTR 等。这些不同的指标，一起构成了 DevSecOps 度量指标的全部。

2.2.2 必选指标

这里必选指标的含义是指在 DevSecOps 体系建设过程中，强烈建议企业管理者采纳这些指标，而不是指必须选择的指标，毕竟对每一个企业来说，企业内部的实际情况不一样，DevSecOps 体系建设的成熟度水平也不一样，也就无法强制所有的企业制定同样的指标。

就必选指标而言，主要如表 2-4 所示。

表 2-4 DevSecOps 度量必选指标

序号	所属组织	指标名称	指标描述
1	研发组织	安全培训组织覆盖率	安全培训覆盖哪些组织或角色
2	研发组织	安全评审组织覆盖率	安全评审在哪些组织内部已经常态化开展
3	研发组织	安全测试组织覆盖率	安全测试在哪些组织内部已经常态化开展
4	研发组织	安全测试自动化率	安全测试在哪些组织内部已经以自动化方式开展
5	研发组织	安全测试完备率	在开展安全测试时，测试范围和测试方式是否完备，如测试范围覆盖终端、后端应用程序、基础设施；测试方式覆盖代码检测、静态检测、动态扫描等
6	研发组织	安全缺陷修复率	发现的安全缺陷，已被修复数量在总数中的占比
7	研发组织	安全基线组织覆盖率	安全基线在哪些组织内部已经常态化开展
8	运维组织	安全基线自动化率	安全基线在哪些组织内部已经以自动化方式开展
9	运维组织	自动化部署率	在哪些组织内部已经使用 CI/CD 自动化部署
10	运维组织	自动化部署成功率	使用 CI/CD 自动化部署的成功比例
11	运维组织	问题平均发现时间	线上安全问题的产生到主动发现的平均时长
12	DevSecOps 平台建设	平台可用性	DevSecOps 平台的稳定性指标，对应于给平台用户的 SLA 承诺
13	DevSecOps 平台建设	自动化故障率	所有的自动化操作中，发生故障的流程占比
14	DevSecOps 管理组织	DevSecOps 组织覆盖率	DevSecOps 流程在哪些组织内部已经常态化开展
15	DevSecOps 管理组织	DevSecOps 成熟度	DevSecOps 成熟度程度当前在什么水平

以上指标从研发组织、运维组织、DevSecOps 平台建设、DevSecOps 管理组织四种角色简要地归纳了强烈推荐的度量指标。在实际使用中，建议读者根据企业的自身情况，明确指标的定义，且和相关干系人达成一致后开始实施。

2.2.3 可选指标

之所以定义可选指标，是因为某些指标是随着 DevSecOps 体系建设的成熟度不断变化的，或者说某些指标只是在其中某一个阶段存在，只是作为可选项。

与必选指标相比，常用的可选指标要多且复杂，如表 2-5 所示。

表 2-5 DevSecOps 度量可选指标

序号	所属组织	指标名称	指标描述
1	研发组织	需求响应时间	使用 DevSecOps 平台之前与使用 DevSecOps 平台之后，从需求到交付平均缩短时间的提升比例
2	研发组织	交付效率提升率	使用 DevSecOps 平台之前与使用 DevSecOps 平台之后，单位时间内，需求完成的数量提升比

（续）

序号	所属组织	指标名称	指标描述
3	研发组织	构建失败次数	因安全卡点导致的构建失败次数
4	研发组织/运维组织	漏洞平均修复时间	从发现漏洞到漏洞被修复的平均时长
5	研发组织/运维组织	高危漏洞占比	高危漏洞在所有发现漏洞中的占比
6	研发组织/运维组织	发布频率	使用 DevSecOps 平台后，单位时间内版本发布的频率
7	研发组织	SAST 检测数量	使用 SAST 检测的项目数量
8	研发组织	DAST 检测数量	使用 DAST 检测的项目数量
9	研发组织	SCA 检测数量	使用 SCA 检测的项目数量
10	研发组织	镜像合规率	镜像文件满足安全合规要求所占的比例
11	运维组织	安全基线自动化适配率	为不同资产的安全基线操作提供适配脚本，能满足自动化要求的比例
12	运维组织	线上安全问题平均响应时间	对线上发现的安全问题，平均做出响应的时长
13	DevSecOps 平台建设	核心流程满足率	对于 DevSecOps 核心流程中的需求，平台功能的满足情况
14	DevSecOps 平台建设	漏洞误报率	对于自动化安全检测，漏洞误报数在总数中的占比
15	DevSecOps 平台建设	版本更新失败率	版本发布操作失败次数的占比
16	DevSecOps 管理组织	安全事件总数	使用 DevSecOps 平台之前与使用 DevSecOps 平台之后，安全事件总数的变化
17	DevSecOps 管理组织	投入产出比	安全成本投入与产出的比率

这些指标在一定程度上，反映出某个组织在某个阶段或 DevSecOps 活动的运营情况，通过定义正向的指标，也可以定义一些反向的指标，一同来审视 DevSecOps 体系建设开展的健康状态，以便及时纠偏，持续改进。

当然，这些指标的名称和含义，读者在使用中也需根据企业的实际情况拟定所需要的指标。同时，需要注意的是指标与指标之间有一定的相关性，防止指标冲突带来的考核结果的偏差。例如，对安全检测工具来说，是希望在应用程序发布前尽可能地发现安全缺陷，则发现的安全缺陷总数可以作为一个考核指标。如果同时增加了安全培训的指标，当开发人员通过安全培训后编码能力获得了提升，应用程序中漏洞下降明显。这时候，还是用发现的安全缺陷总数来衡量安全检测工具的可靠性显然是不合理的。这是读者在设计指标时需要关注的点。

2.3 DevSecOps 建设规划

了解完 DevSecOps 基本概念、参考模型、成熟度模型之后，接下来来看看 DevSecOps 建设规划。一份细致的、做过详实调研后制定出来的建设规划才是切实可行的、务实的。

2.3.1 实际可达的演化路径

在开展 DevSecOps 规划之前，首先需要判断当前所在的企业是否真的需要开展 DevSecOps

体系建设。

1. 评判企业是否适合做 DevSecOps

在前文曾提到 DevSecOps 是一个体系，作为体系它有它所包含的内容。所以，判断一家企业是否适合去做 DevSecOps 时，也可以参考 DevSecOps 体系所包含的内容去判断。这里，主要包含以下 4 个方面，如图 2-4 所示。

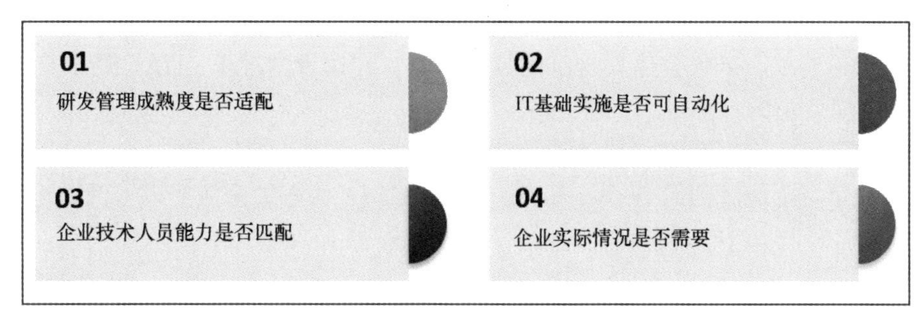

• 图 2-4 企业是否适合开展 DevSecOps 建设的 4 个评判要点

下面，就从图 2-4 所包含的 4 个方面来讨论如何评判一家企业是否适合开展 DevSecOps 体系建设。

（1）研发管理成熟度是否适配

在 DevSecOps 中，强调了企业文化的重要性，即 DevSecOps 管理文化的重要性。大多数情况下，DevSecOps 是从 DevOps 研发型组织转变而来的，或者说从 SDL 研发模型转化为 DevSecOps。这些都是 DevSecOps 在开始之前已具备的组织运转层面的协作基础。如果一个企业的研发管理还停留在瀑布模型开发模式，这个时候强制去做 DevSecOps 可能不合适。所以，就研发管理成熟度而言，企业规模、管理流程、分工协作这三个方面成为我们判断是否合适开展 DevSecOps 的一个因素。若企业规模过小、组织协同混乱、管理无序，这将使得 DevSecOps 体系建设工作中途流产。比较适合的条件是，在现有的管理流程基础之上嵌入 DevSecOps 的关键卡点，来构建 DevSecOps 的落地实践。

（2）IT 基础实施是否可自动化

在 DevSecOps 理念中，黄金管道是很重要的一点，即 DevSecOps 流水线，其目的是通过 DevSecOps 的黄金管道，将软件工程或信息系统的生命周期管理变成流水线作业，通过自动化流程在保障原生安全的基础上降本增效。如果黄金管道没有构建、基础设施不能 API 化管理，还停留在人工安装操作系统、人工配置网络接口的层面，则强行推广 DevSecOps 为时尚早。理想的状态是，在 IT 基础实施运维自动化的基础上构建 DevSecOps 能力。如果没有黄金管道，难度上要增加一个数量级，规划建设者要做好从黄金管道搭建开始构建 DevSecOps 体系的心理准备。

（3）企业技术人员能力是否匹配

在 DevSecOps 理念中，强调的是人人都对安全负责，研发人员具备安全编码能力，架构人员具备安全架构设计能力，运维人员具备自动化运维安全编码能力。如果企业中的人员不具备这些能力，则需要开展相应的赋能，如培训赋能、工具赋能。若人员能力相差太大，如大多数都是非 IT 技术人员，即使通过赋能培训也达不到基本的人员素质要求，则 DevSecOps 将变得不可行。这里面，尤其是具备与 DevSecOps 流水线技术栈管理相匹配的能力、基础设施技术栈管理相匹配的能力非常重要。

（4）企业实际情况是否需要

企业是否真的需要 DevSecOps 依赖于企业 IT 信息化的现状和未来规划。例如，一家企业没有研发中心，所有的信息系统都是外部采购，平时都是厂商维护人员在维护，企业自身连基本的代码仓库、代码编译构建过程都没有，这时开始 DevSecOps 建设是不合适的，或者说，仅可以建设 DevSecOps 管道中的一段流程。比较好的情况是，企业有自己的研发中心，企业业务在快速迭代，未来会建立自己的数据中心，在这种情况下，为了提升 IT 效能，采用 DevSecOps 是合适的。

2. 制定切实可行的规划和分步建设策略

当前阶段市场上能看到的 DevSecOps 落地实践案例，大多数来源于以下两条途径。

- DevOps 研发型组织发起安全实践，开展 DevSecOps 落地工作。
- 裁剪版的 SDL 安全实践，通过黄金管道，逐步转化为 DevSecOps 落地实践。

这两条成功的实践途径，可以作为企业开展 DevSecOps 落地实践时体系规划的参考样例。

从 DevSecOps 建设的进程来说，大体可以遵循如下几个关键策略。

（1）同步规划，分步建设

“同步规划，分步建设”策略是 DevSecOps 建设的总体策略。所谓“同步规划”是指站在企业全貌的角度，系统性地规划 DevSecOps 体系建设未来的可达成路径；而“分步建设”是指对于规划出来的工作事项，不是立即投入，而是分步骤、分批次投入资源去建设，逐步达到 DevSecOps 体系建设的最终目标。

从企业 IT 信息建设的角度去看，这条策略是务实且实际的。“同步规划”保障了未来一段时间内，所奔赴的方向是正确的；企业在安全方面的投入都是逐年、逐步的，在看不清可达成路径或成效的前提下，很少有企业一股脑地投入大笔资金建设 DevSecOps，“分步建设”有利于看到阶段性成果，也有利于及时修正当前规划中存在的问题，便于更快地达成目标。

典型的“同步规划，分步建设”方案如图 2-5 所示。

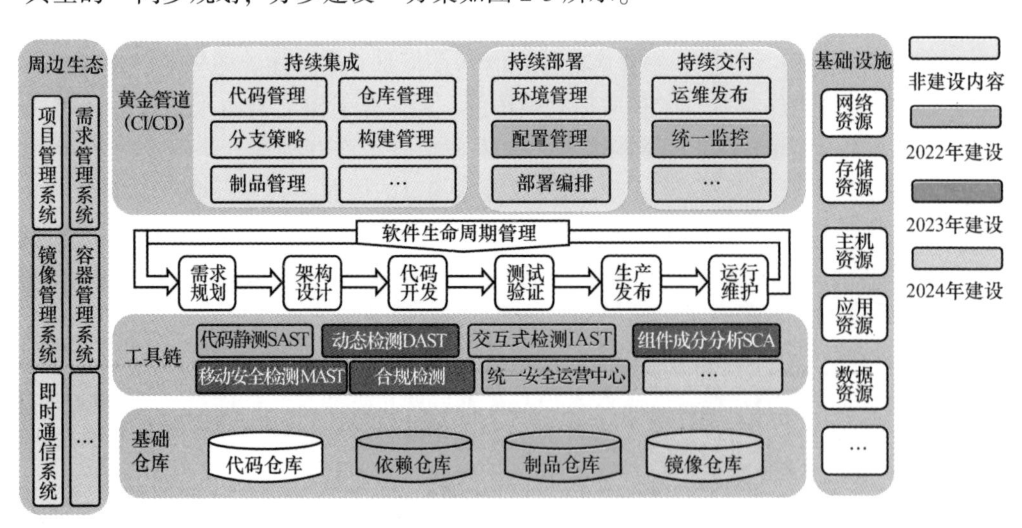

● 图 2-5 DevSecOps 同步规划，分步建设示意图

如图 2-5 所示为 DevSecOps 总体规划的概览图，在图中需要建设的各个模块用不同的颜色来区分，表示哪些是当前规划需要做的事项，哪些是下一个年度规划需要做的事项，哪些是未来规划需要做的事项。

(2) 先分段建设，再全线贯穿

对于 DevSecOps 黄金管道建设和安全左移，要遵循“先分段建设，再全线贯穿”的基本策略。其原理与建设公路的道理是一样的，当资源投入不足以全线开工时，可以划分多个标段，分段建设，最后全线通车。DevSecOps 建设的这个策略也是如此。

熟悉研发过程的读者想必都知道，对安全诉求最强烈、与安全组织协同最好的是运维部门。所以，基础性的安全工作在运维侧要先做起来。而研发侧的安全工作又是 DevSecOps 的基础，所以，开始建设时，可以先从研发段和运维段分别建设，然后逐步连接，最后安全左移到项目规划与需求分析段，如图 2-6 所示。

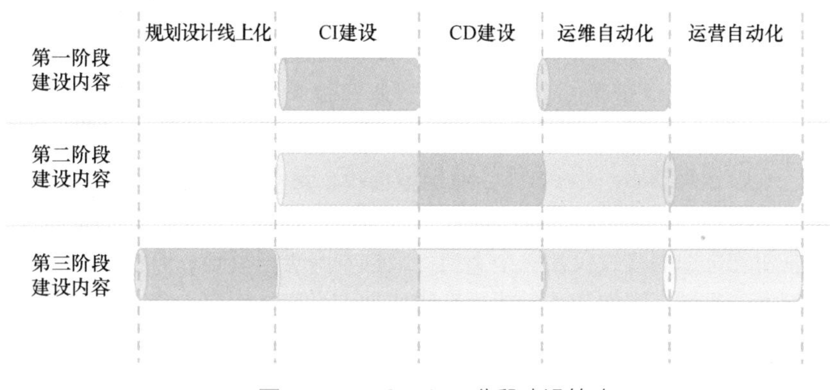

• 图 2-6　DevSecOps 分段建设策略

第一阶段首先开展持续集成与运维自动化建设，以持续集成段的自动化为目标，理清管理协作流程和边界，确定安全卡点和质量目标，解决可交付制品的安全性问题，以运维自动化为切入点，理清基础设施架构和资产，统一技术路线选型，完成代码或脚本化适配，重点解决运维侧安全压力；第二阶段开展持续交付与持续部署的流程打通，完善基础设施基线和管道流程的自动化能力，缩短编码开发到上线交付的周期，提升应急响应速度，深入安全运营与 DevSecOps 管理的集成，逐步达到安全编排，安全自动化；第三阶段重点解决安全需求、安全设计层面的自动化，在第一阶段管理手段的基础上，完善线上流程和数据归集，通过全流程数据分析，持续优化 DevSecOps 自动化能力。

(3) 先固化，再工具化，最后自动化、数据化、智能化

这个策略是针对 DevSecOps 体系水平的动态演进而言的，如果说上一个策略是将 DevSecOps 黄金管道纵向截取后分段建设，则此策略是从横切面去看总体能力的逐步演进。

固化阶段类似于安全实践的初级阶段，这个阶段重点关注的是流程和文化。在当前的流程之上，设置安全卡点。例如，安全从业人员提及最多的安全评审、上线前渗透测试、线上周期性安全巡检。通过关键流程和卡点，粗线条地把整体安全风险控制在可控范围之内。这个阶段，通过流程规范的发布、宣传、领导站台、培训、趣味活动等，打造 DevSecOps 文化氛围。与各个部门、各个角色之间横向拉通信息和目标对齐，保障安全卡点的执行，而具体的动作（如渗透测试、安全巡检工作），可以先人工操作工具，把流程运转起来，要在整个

组织内，搭建这种氛围，推行这样的安全意识规范和执行流程。这个阶段，若有领导站台，有横向拉通部门，一般操作起来不难。难度在于要考虑流程设计的合理性和可执行性，通过流程规范和文化氛围，真的能将组织、技术、人员糅合在一起，做成 DevSecOps 这件事情。

工具化阶段是整个 DevSecOps 体系建设过程中最难的一段。在固化阶段很多事情是人工做的，为了工作更好地开展，使用工具替代人工是必需的选择。工具化阶段最重要的 DevSecOps 黄金管道和安全工具链建设，黄金管道是帮助研发人员、测试人员、运维人员通过平台去管理软件研发过程的。例如，在编码开发到持续构建、持续发布、持续部署、持续监控、持续运维这个管道里，当开发人员编码完之后，只需要在 DevSecOps 平台上手动单击按钮，提交的代码则通过流水线自动部署到业务的生产环境，操作简单、便捷。但背后涉及的各种编程语言、测试工具、安全工具、部署工具等的支持，都需要 DevSecOps 建设者去构建。特别是安全工具链中的各种安全检测工具，如 SAST、DAST、IAST 等。这些工具需要由 DevSecOps 平台开发人员利用 API 接口、脚本、页面集成等方式把这些安全能力原子化，放到 DevSecOps 黄金管道的作业编排模板中，供开发人员选用。这些编排模板通常是根据企业自身的业务形态去适配、构建通过多种不同的作业模板满足研发侧的需要。基于这些模板，当研发人员开发一个 Java 应用程序时，直接选择 Java 流水线作业模板即可；开发一个 Node.js 应用程序时，直接选择 Node.js 流水线作业模板即可。这些模板和原子化安全能力的构建是需要安全人员对 DevSecOps 和编码开发都具有深入理解的基础上才能完成的。以安全加固基线为例，在很多企业安全加固基线仅是一个文档，文档本身难以落地；有些企业会针对加固文档编写交互性的脚本，通过交互性脚本的执行来完成加固操作；还有一些企业，将需要安全加固的软件做成加固后的镜像，镜像通过自动化部署实例化后，自动具备了安全加固的属性。这三种方式都是安全加固，但落地的成效是不一样的，执行效率也是不一样的。在实际应用中具体选择哪一种方式是工具化阶段建设时所考虑的重点，这些也是工具化阶段建设的难点。

最后，来说说自动化、数据化、智能化。

当工具逐级丰富，不断增加的原子化能力补齐了安全能力的短板，安全能力已经全线贯穿黄金管道，则进入了自动化阶段。在自动化阶段，很多工作是通过黄金管道里的流水作业模板或任务编排去做的。例如，最简单的编排任务，代码提交完之后自动去后台触发代码安全检测；自动化打包完之后进行自动化部署，部署完成之后，自动把这个服务启动起来，然后自动去做安全扫描，扫描通过后，还可以自动化部署，部署的过程中可以修改防火墙规则，开放防火墙端口。这些功能的完善需要逐步迭代才能实现，一般来说是从研发侧向运维侧推进的，或者研发测和运维同时实施，最后向中间合拢，达成一体化的安全自动化。自动化之后，在系统中会看到各种各样的过程数据，如项目管理的数据、需求任务的数据、版本关联代码的数据、发现漏洞的数据等，把这些数据汇总之后，基于这些数据做数据分析，在数据分析的基础上引入 AI 能力，以数据运营和人工智能推动流程优化和改进，促进 DevSecOps 水平不断地提升。

2.3.2 中小型企业 DevSecOps 建设

中小型企业开展 DevSecOps 建设的不在少数，甚至部分企业在 DevSecOps 建设水平上已经远超大多数互联网头部企业。这是因为中小型互联网企业的业务特点和业务体量，决定了它们在 DevSecOps 方面的天然优势要强于互联网头部企业。下面，就来介绍中小型企业的 DevSecOps 建设规划。

中小型企业开展 DevSecOps 建设的原始诉求大多数很明确，归纳出来有两点：一是为了快速应对外部安全威胁，通过 DevSecOps 加快威胁发现到上线交付的闭环，缩短风险暴露时间；二是加强组织协同，在保障安全的同时降本增效。这两点也是很多中小型企业建设 DevSecOps 的初衷。中小型企业自身的业务体量和规模决定了它们在企业安全建设上无法和互联网头部企业一样投入大量的资源和人力。所以，在做中小型企业 DevSecOps 建设规划时，要了解这些制约因素首先需要开展需求与现状调研。

1. 需求与现状调研

开展需求与现状调研的目的主要是了解企业现状，明确企业高层期望和可以投入的资源预期，掌握关键干系人诉求，识别助力因素和干扰因素，以便做出合理的规划。在开展需求与现状调研时，首先要明确调研的对象，确定关键干系人，约定好时间沟通交流。这其中，有几个角色比较关键。

- 负责安全的公司高层。主要了解他对 DevSecOps 建设的期望值和希望推进的进度节奏、计划投入的资源，以及他对 DevSecOps 建设的态度。
- 研发负责人。主要了解当前研发管理的现状，是否有管理流程，管理流程涉及哪些角色，希望安全从什么角度切入帮他解决什么问题等。
- 技术负责人。主要了解当前技术架构的组成、使用的主流技术栈、当前有哪些痛点、未来的规划等。
- 运维负责人。主要了解当前运维管理的现状、使用的流程和工具、经常发生哪些安全事件、未来的规划等。

当然，除了这些信息，其他更细节的信息需要深入到不同的研发活动中去了解，如代码开发过程版本是如何管理的，使用什么 IDE，版本控制管理软件是什么等。前期调研工作做得越细致，后续规划起来就越得心应手。

2. 建设规划

从企业高层了解了 DevSecOps 建设期望和目标，也从其他关键干系人了解到了企业的现状，就可以开展 DevSecOps 建设规划了。

一般来说，DevSecOps 的建设规划在技术路线选型上跟随基础设施。这句话的含义是基础设施使用公有云厂商的，则 DevSecOps 建设的技术路线选型也使用公有云厂商；基础设施是企业自建的，则 DevSecOps 建设的技术路线选型部分使用公有云厂商，部分自建。对于中小型企业，不建议一开始就自建 DevSecOps 平台，可以先使用公有云厂商的能力构建 DevSecOps 黄金管道，等业务规模发展起来了，再逐步过渡到自建 DevSecOps 平台上来。如果企业领导不倾向于使用公有云厂商的 DevSecOps 能力，则可以考虑使用开源产品自行构建，但这对负责 DevSecOps 工作的安全人员来说挑战比较大。

使用公有云厂商的 DevSecOps 解决方案时，不同的公有云厂商推荐的解决方案大同小异。这里以亚马逊 AWS 云产品为例提供一套适配方案供读者参考，如图 2-7 所示。

在这个方案中，除了开源的安全工具外，还有很多 AWS 的云产品。其他公有云厂商也有类似的产品，读者在做建设规划时可以横向比较后再做选择。这里，选择的产品或工具如表 2-6 所示。

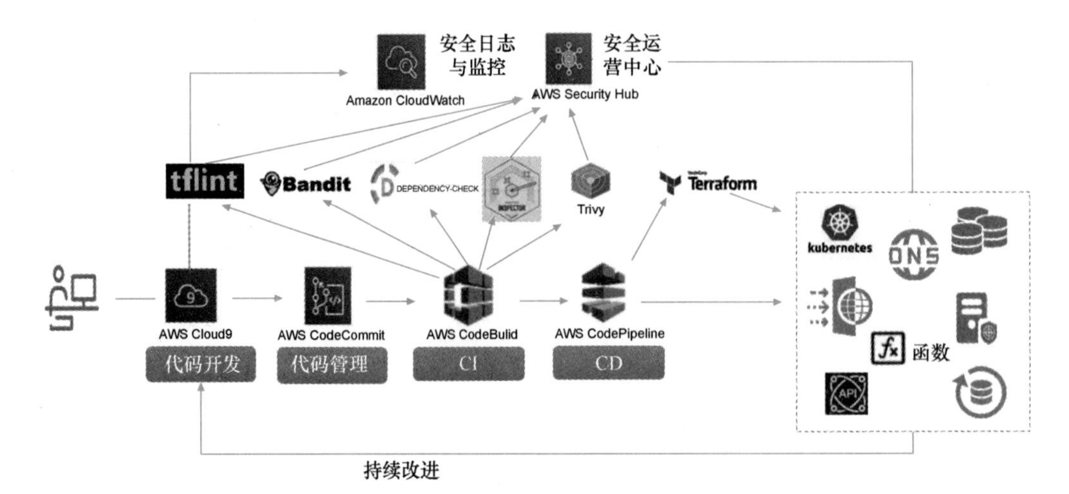

• 图 2-7　使用 AWS 云产品建设企业 DevSecOps 方案

表 2-6　AWS DevSecOps 建设规划方案产品/工具选型

序号	组织部分	产品/工具名称	产品/工具描述
1	安全工具链	Detect-Secrets	代码中敏感信息检测，如硬编码、密钥
2	安全工具链	Bandit	代码静态安全检测
3	安全工具链	TFSec、Checkov、TFLint	基础设施即代码安全检测
4	安全工具链	OWASP DependencyCheck	组件安全与软件成分分析
5	安全工具链	Trivy	云原生安全检测，主要是 Docker、K8s
6	安全工具链	Amazon Inspector	安全合规检测
7	安全工具链	Amazon CloudWatch	安全日志与监控
8	安全工具链	Amazon Security Hub	安全运营中心
9	黄金管道	AWS Cloud9	代码开发 IDE
10	黄金管道	AWS CodeCommit	代码管理
11	黄金管道	AWS CodeBuild	持续集成
12	黄金管道	AWS CodePipeline	应用代码持续交付
13	黄金管道	AWS EC2 Image Builder	镜像持续交付
14	黄金管道	AWS CodeDeploy	持续部署
15	黄金管道	AWS Systems Manager Parameter Store	密钥存储
16	黄金管道	AWS S3	制品管理

基于公有云厂商的产品，DevSecOps 管道能力可以快速地搭建，DevSecOps 体系落地工作的开展则主要在于管理规范的制定和基于管道能力之上的常态化运营。

2.3.3　大中型企业 DevSecOps 建设

与中小型企业相比，大中型企业的 DevSecOps 建设明显要复杂许多。这种复杂度与业务规模、业务种类、人员数量、组织分工等因素是息息相关的。面对这些复杂的因素，在开展

DevSecOps 建设时，通常采用 PDCA 管理思路来制定建设规划，跟踪规划落地进度，以推动 DevSecOps 安全建设，达到企业在安全领域的战略目标。

如图 2-8 所示为整个 DevSecOps 建设的 PDCA 环，从组织架构、管理流程、技术平台、人员及组织保障等多个层面，将 DevSecOps 建设划分为 4 个阶段。下面就分别来介绍，在每一个阶段如何开展大中型企业的 DevSecOps 建设。

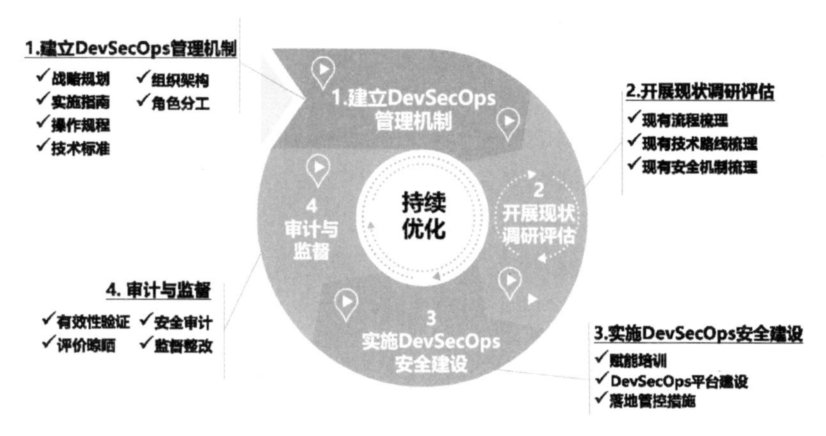

图 2-8 大中型企业 DevSecOps 建设规划思路

1. 建立 DevSecOps 管理机制

开展 DevSecOps 建设，首先要做的是建立 DevSecOps 管理机制，管理机制主要包含 DevSecOps 组织架构、人员、岗位分工、管理制度与规范等。一般来说，第一步建立 DevSecOps 管理机制与第二步开展现状调研评估是循序渐进、并行推进、不断细化的过程。类似于项目管理，在 DevSecOps 建设规划的最初，企业高层指定一个人总体负责 DevSecOps 工作，由这个人去组建 DevSecOps 建设团队，制定调研计划，分析调研结果。再基于调研的结果之上，明确管理组织架构、人员角色分工、管理流程界定等工作。最开始建立的 DevSecOps 管理机制通常是建立宏观的管理机制，组织架构上仅明确一两个人专职负责 DevSecOps 建设及大体的分工，管理制度上明确企业在 DevSecOps 上的方针策略及未来战略目标，管理要求上明确组织协同、运营机制和参与 DevSecOps 建设中的关键周边干系人。有了这些基础，常态化的计划制定、进度跟踪、调研推进就可以开展了。等流程调研、技术路线、已有安全控制措施调研清楚了，再基于这些之上，明确新的流程如何流转、技术路线如何管控，新的安全控制措施如何嵌入等。最后，形成可落地的实施指南、操作规范、技术指引。这样，制定出来的管理机制，才是既符合企业实际情况，又符合企业未来发展的管理要求。

2. 开展现状调研评估

现状调研是所有 IT 建设规划中必不可少的一个环节，在前文中提及的中小型企业需求调研方法对大中型企业仍然适用。不同的是，在这里需要重点介绍一下现状调研的内容。

在开展现状调研时，现有流程、技术路线、安全机制是需要调研的重点。现有流程主要包含：

- 产品管理流程。当前的产品管理流程是什么样的，产品形态是如何定义的，尤其是产品迭代演进与版本控制是如何做的，产品管理过程中的关键评审是否开展，是否有信息化系统承载。

- 研发管理流程。当前软件研发管理模型是什么样的，如使用敏捷模式还是使用瀑布模式，需求管理、架构设计、代码开发、测试管理、版本发布的流程分别的什么样的，有哪些角色参与其中，有哪些底线型的要求和标准被用来管理研发过程，是否工具与流程融合等。
- 运维管理流程。现在运维管理是否有标准的流程，使用哪些工具，当前自动化程度如何，最常见的安全问题有哪些，有哪些痛点需要解决等。

除了上述三个关键的流程之外，根据企业研发组织或职能的不同，还有质量管理、项目管理、技术管理等流程，需要根据实际情况，有选择性地去做调研。

现有技术需要调研的内容主要包含：

- 技术路线。当前的技术路线选型有哪些，都有哪些版本，分别在哪些关键业务上使用。针对技术路线的使用和分布，最好能形成清单。
- 依赖组件。主要是指当前在使用的技术路线所涉及的依赖库，针对这些依赖库的来源如何管理的，是否有公共的依赖库。版本升级时，是否有统一的可信仓库，如内部可信的 yum 源。
- 镜像管理。是否有统一的镜像管理流程或系统，镜像的质量管控什么角色在做，镜像与实例的一致性如何去审核的，镜像的更新发布流程是什么样的等。

现有技术的调研非常关键，它是 DevSecOps 规划中做出技术决策的依据。例如，未来在 DevSecOps 平台要做自动化部署，当前运维工具是 Ansible 还是 Puppet，这将直接影响 DevSecOps 的规划决策。调研时，要根据了解到的情况，实时地调整调研范围，以期获得更精准的信息。

现有安全机制需要调研的内容对安全人员来说相对比较熟悉，主要有：

- 安全卡点。当前安全卡点与流程是如何融合的，都有哪些卡点，分别在哪些流程的哪些环节中，卡点的输入输出是什么，数据是如何闭环的。
- 安全工具。当前已有的安全工具有哪些，都是谁在使用，使用效果如何，存在哪些问题需要优化。

当现有流程、现有技术、现有安全机制这三块内容调研清楚之后，接下来的后续措施、急需解决问题的优先级也就清楚了。同时，基于调研的结果持续对之前的 DevSecOps 管理机制进行优化，明确整体的 DevSecOps 流程，参与 DevSecOps 各角色及其分工，细化操作手册和实施指南，制定执行文件模板等。

开展现状调研是做好 DevSecOps 规划，安全融入现有流程的基础，这一步不可以省略。

3. 实施 DevSecOps 安全建设

调研完之后，即可以开始 DevSecOps 建设规划，考虑如何推进 DevSecOps 在业务中的落地。在整个建设规划的内容中，有三个事项需要和读者重点讨论。

首先要介绍的是赋能培训。在第一步已明确的 DevSecOps 管理机制通过第二步的深入调研后得到优化。常规状态下，此时的体系文件基本形成，为了便于后续的落地实施，需要在企业内部开展多轮安全赋能培训。DevSecOps 组织架构与分工、战略规划、实施指南是需要和全员同步的，需要让参与 DevSecOps 建设的各个角色了解哪些人、哪些岗位需要参与其中，实施指南如何使用，存放在 IT 信息化系统的什么位置，如何获取，DevSecOps 建设未来不同阶段的大体演进是什么样子的。针对研发管理人员，需要通过培训让其深入理解当前的 DevSecOps 流程设计，流程上有哪些关键卡点，这些卡点对原有的流程或交付会产生什么样的影响，他们需要关注哪些数据，从管理角度是如何考核这些研发管理者的。对于研发技术人员，需要通过培训让其了解平台规划的节奏和平台已有功能的使用变化，对他们的考核指标有哪些，帮助文档在什么位置，帮助渠道有哪些，如何获取帮助等。对于运维人员，需要通过培训让其了解运维流程如何与 DevSecOps 平台融合，依赖库、镜像库如何管理、如何更新，运维人员如何获取或更新这些库中的组件或镜像。只有这些参与其中的角色把整体流程了解清楚了，各方利益相关的指标了解清楚了，操作规则掌握了，后续的工作才好推动；否则，在推动的过程中，也会返工，重新开展安全赋能培训的工作。

接着来介绍 DevSecOps 平台建设。DevSecOps 平台建设是本书的重点，规划设计者可以详细阅读本书来了解其中技术细节，再结合实际情况做出合适的规划。建设的节奏建议遵循前文提及的三个策略：同步规划，分步建设；先分段建设，再全线贯穿；先固化，再工具化，最后自动化、数据化、智能化。平台建设时的技术路线选型建议参考下一章中互联网企业私有化 DevSecOps 平台的架构，先选择开源产品，完成 CI/CD 管道的搭建，建立基础的自动化管道和流程，再逐步升级为企业版或自研替代。在决定是否采用 DevSecOps 时，可以先尝试使用公有云产品构建 DevSecOps 平台能力，然后再开源产品或自研产品，逐步构建企业私有化的 DevSecOps 平台能力。

在构建 DevSecOps 平台能力时，需要重点关注以下两个方面：一是 DevSecOps 的黄金管道流程编排模板，另一个是基础设施即代码的代码化模板。在设计 DevSecOps 的黄金管道流程编排模板时，正确的顺序的是先根据当前业务的技术路线提供一套通用的流水线模板（如 Java 语言的 Maven 构建模板），再根据不同的业务特点，构建其他的流水线模板（如 Node.js 流水线模板、Spring+Tomcat 流水线模板）。只有这样的模板越多，平台用户使用起来就越方便，效率也越高，平台运营也越轻松。基础设施即代码跟自动化运维、安全策略代码化、安全基线自动化是相关联的。如果配置管理工具不成熟，技术路线选型不够收敛，部署方式、部署路径千奇百怪，则自动化工作将很难。所以，在规划时，需要根据调研的结果，看未来运维侧的变化，制定切合实际的 DevSecOps 建设规划。

最后介绍落地管控措施。落地管控措施是为了配合 DevSecOps 在各业务、各部门的落地而制定的管理策略和推广策略，是为了加快 DevSecOps 推进速度，保障 DevSecOps 管理策略在执行层面不打折扣而制定的。一般来说，这些落地策略与建设计划是相配套的。例如，在没有持续集成/持续交付平台之前，DevSecOps 流程在落地层面该如何设置，覆盖的范围大概有哪些，推进的节奏是什么样的；等到持续集成/持续交付平台已经完成建设，DevSecOps 流程在平台中如何流转，平台能力先在哪些项目试点，逐步推进的节奏是什么样的。除了落地策略与建设计划相配套之外，落地策略还需要与研发侧达成共识。DevSecOps 落地是需要其他部门配合的，光靠安全部门无法完成，所以落地策略本身和策略的推进节奏都需要与周边部门达成共识，比较好的做法是，与周边部门的节奏保持一致，在周边部门的工作基础之上同节奏推动 DevSecOps 落地。

4. 审计与监督

审计与监督工作是 DevSecOps 建设和落地的组织级保障，通常与企业的组织运转模式相结合的。这其中典型的就是绩效考核，即考核方式和 KPI 指标如何制定，制定之后哪些人来完成这些指标，高层级的指标如何向低层级拆解。指标的周期性进展谁去跟踪，过程数据谁去采集，出了问题如何考核，谁去考核。这些想清楚了，审计与监督的工作基本也理清楚了。

除了绩效考核的数据之外，很多时候或场景达不到绩效考核的标准，这时可以采用数据晾晒的方式促进研发组织内部评比。例如，通过审计手段来收集 DevSecOps 落地过程中产生的过程数据，通过对这些过程数据的分析对结果进行排名，并在一定层面上公开数据晾晒，暴露已发现的问题，推动外部部门及时调整并修正，以保证多个组织都向着既定目标推进。

2.4 小结

本章继续围绕 DevSecOps 体系概要向读者介绍了 DevSecOps 的相关知识，重点阐述了 DevSecOps 的成熟度模型、DevSecOps 常用度量指标及不同规模企业的 DevSecOps 建设规划。在成熟度模型章节，分别介绍了 GSA 和 OWASP 两种模型的内容及优缺点，以帮助读者学会使用成熟度模型去评估企业自身的当前现状和未来规划方向。在度量指标章节，介绍了 DevSecOps 度量指标的整体构成，根据参与 DevSecOps 建设的不同角色或组织，选择不同的度量指标。

通过前两章内容的学习，读者已经了解了 DevSecOps 的基本概念、运转模型、核心场景、考核指标等。基于这些背景知识，在本章的最后部分，重点介绍了中小型企业、大中型企业如何开展 DevSecOps 建设规划工作。尤其用于指导建设规划的“同步规划，分步建设”“先分段建设，再全线贯穿”“先固化，再工具化，最后自动化、数据化、智能化”三条关键策略，将为读者制定切合企业现状的 DevSecOps 建设规划提供方向性指引。

第2部分

DevSecOps平台架构及其组件

本部分以DevSecOps平台架构为基础，对平台架构中的CI/CD、安全工具链展开讲述，并结合业界大型互联网企业的DevSecOps平台架构，分析其技术细节。

第3章 DevSecOps平台架构

在第1部分DevSecOps体系概要中，本书用两个章节为读者讲述了DevSecOps体系基本概念和重要组成部分，以及DevSecOps核心流程，并从DevSecOps能力建设度量的角度，介绍了DevSecOps成熟度模型和评价指标、DevSecOps平台的度量指标，以及不同规模的企业如何规划DevSecOps体系落地工作。通过这两章的内容，可以使读者对DevSecOps的整体理解由粗粒度加深为结构化，了解DevSecOps体系内容中涉及的不同责任领域。从这一章开始，将正式为读者讲述DevSecOps平台本身涉及的领域技术内容，帮助读者一层层打开DevSecOps的技术细节，掌握从事DevSecOps工作涉及的核心技术及其原理。

本章主要介绍DevSecOps平台架构，将从DevSecOps平台建设需求出发，讲解DevSecOps平台的核心架构及架构组件中的各个子系统，同时为了方便读者开展DevSecOps的研究和学习，将分别介绍学习型实验级DevSecOps平台和企业应用级DevSecOps平台。

3.1 DevSecOps平台需求

在正式介绍DevSecOps平台架构之前，先来介绍一下DevSecOps平台的需求来源，从业务源头了解为什么必须要建设DevSecOps平台这件事。

3.1.1 为什么要开展DevSecOps平台建设

在很多企业，当DevSecOps被当作企业战略的一部分时，是从企业的总体规划去考虑的。无论是在企业战略中提高安全的重要性，还是把安全性当成其他的质量指标，其本质仍然是通过流程化管理，加强不同开发团队之间的沟通与协作，保障输出产物的一致性和标准化，从而达到控制软件质量品质的目的。

从产业发展的角度来看，互联网发展到今天，已经过了粗放的指数增长期，正在走向平稳和规范化。在这样一个面向外部要增量越来越困难的大环境背景下，面向内部要增量成为必需的选择。因此，效能工程在过去的这几年，在各个互联网企业也越来越受到重视。企业管理者意图通过效能工程实践，建立现代化软件工作环境，提高单位时间产出，这使得DevOps及DevOps平台自动化能力建设成了众多企业的选择。当安全变得越来越重要之后，DevSecOps及DevSecOps平台自动化能力建设也顺理成章地成了众多企业的选择。

从企业内部来看，安全工作涉及企业的方方面面，DevSecOps能力建设也是如此。面对复杂变化、头绪万千的管理现状，需要提纲挈领地落实关键的几件事，建设一套平台和流程，基于平台之上推动 DevSecOps 管理和运营，促进工作更顺畅地开展。同时，运营工作的开展也会反哺平台建设，对平台提出更多的需求，不断完善平台，从而逐步达到体系化建设的目的。

试想一下，如果你是企业的安全管理者，在企业推动 DevSecOps 战略的落地，没有 DevSecOps 平台，如何能让不同的角色快速参与各项安全工作；这些不同的角色参与 DevSecOps 工作后，如何收集过程数据，了解建设现状，以帮助管理者正确决策如何制定下一步的持续改进策略。所以，建设 DevSecOps 平台是一项刚需性的、关键性的工作。

在日常的研发生产过程中，使用 DevSecOps 平台有着极大的优势。例如，通过管道化的生产流程解决传统研发模式下多方协作的效率低下问题。依托平台既定的流程和 SOP，在线上开展日常工作，原有的冲突和沟通将变得更为顺滑。管道化的生产流程和卡点设置对于不同的操作人员、不同技术水平的人员来说，通过标准化的平台管理，保证输出产物质量的一致性。尤其是管道化流程中嵌入的安全工具，通过自动化操作和后台并行操作，减少传统模式下安全工作介入后给研发过程带来的阻滞，缩短了整体的交付周期。这些，都是业务侧所期望的价值点。

当企业面对新的技术风险时，通过 DevSecOps 流程和平台能力的构建，在已有的平台和流程之上做增量的迭代和嵌入，可以快速应对风险，达到快速止损的目的。作为软件研发领域的一项最佳安全实践，DevSecOps 方法论及其平台建设可以帮助企业面对复杂的外部应用环境变化，如云端应用、大数据应用、物联网应用等新技术引入，消除了原有技术与原有角色的安全边界，提升效能的同时也为业务安全赋能。这些，都是企业开展 DevSecOps 平台建设的动力所在。

3.1.2 DevSecOps 平台建设需求来源

在 DoD DevSecOps 的文档中，对 DevSecOps 平台建设两个强劲的需求推动要素有清晰的描述：

- 通过持续化集成管道，加快交付周期，起到降本增效的目的。
- 构建快速、自动化的安全响应能力，以应对日新月异的外部安全形势变化。

作为美国国防部企业，加快交付周期，提供安全应急响应速度，以应对不确定性风险，是一个国防部企业的战略要求。对于普通企业而言，要求没必要那么高，但这两个原始需求依然具有广泛适用性，降本增效是企业所需要的，快速、自动化的安全响应能力与降本增效的可达成路径是一致的。

下面就从外因和内因两个方面来介绍 DevSecOps 平台建设的需求来源。

1. 从外因看 DevSecOps 平台建设的需求来源

近 5 年，网络安全和数据合规在国内外快速发展。从《通用数据保护条例》GDPR 开始，各个国家竞相在数据安全领域立法，国内先后颁布了《网络安全法》《数据安全法》《个人信息保护法》。同时，为了配合这些法律的实施和落地，监管部门加大了针对数据安全的打击力度，合规通报事件、违法处置事件频频发生，安全在 IT 产品中由辅助特性一跃成为刚需。企业为了应对强监管压力，迫切需要构建与之相适应的安全能力，以应对市场的快速变化。

而网络安全和数据合规的落地，在企业内部开展一段时间的实践之后，企业管理者开始认识到光靠几次运动式的专项整改无法解决这些问题，必须体系化地建立安全团队和自动化流水线，以保障 IT 产品出厂前的安全性。安全管理的数字化和平台建设随之成了最初的需求来源，这时，提倡拥抱变化和内生安全的 DevSecOps 理念也纷纷成为很多企业的首选。作为 DevSecOps 落地最佳实践的 DevSecOps 平台建设也随之进入议事日程。

除了合规之外，越来越频繁的网络攻击也是众多企业开展 DevSecOps 平台建设的一个原因。根据绿盟科技和腾讯安全联合发布的《2021 年全球 DDoS 威胁报告》显示，全年 DDoS 攻击次数再次增长，TB 级流量攻击持续高升。同时，深信服发布的《2021 年度勒索病毒态势报告》也显示，年度全网勒索病毒攻击超 2200 万次。面对 DDoS 和勒索病毒这种给业务系统持续带来破坏的网络攻击，企业在受到攻击如何尽量减少损失，如何通过业务扩容、主备切换、水平迁移、故障恢复等手段快速恢复业务能力，保证业务系统的持续稳定，成为部分企业急需解决的问题。而这类问题的解决，通过 DevSecOps 平台的自动化能力来完成是非常合适的。

2. 从内因看 DevSecOps 平台建设的需求来源

从企业内部看 DevSecOps 建设，主要是看企业的安全战略。企业安全战略决定是否采纳 DevSecOps 理念，企业安全战略指导着 DevSecOps 体系建设和 DevSecOps 平台建设的规划。

在当前的安全形势下，企业不得不在安全与收益之间做取舍，它们都期望一种快速、经济、高效的安全交付模式，解决安全加入固有流程后给业务带来的影响。而 DevSecOps 恰恰兼顾安全与速度，在不牺牲必要安全性的前提下，加快软件的交付，使得代码更安全的同时成本也更低，这必然获得企业安全管理者的青睐。

作为企业安全管理者，他们是 DevSecOps 平台建设的主需求方。他们在持续集成/持续交付管道之上，增加安全能力，构建可重复、自助的安全流程，降低安全加入后带来的学习成本，同时也降低了安全工作的操作门槛。以 DevSecOps 平台为基础，数字化安全操作流程，通过安全自动化和流程化，促进开发、安全和运维等团队之间协作，缩短安全缺陷处置周期，这都是企业管理者乐于看到的。

除了企业安全管理者之外，其他参与 DevSecOps 工作的各个角色也会给 DevSecOps 平台建设方提出需求。例如，架构师为了做好安全架构设计工作，提出威胁建模工具建设和安全架构培训的需求；开发工程师会经常抱怨代码安全扫描误报和漏报的问题，促使 DevSecOps 平台建设方优化代码安全扫描策略；运维工程师为了减少手工安全基线加固的工作，提出自动化满足安全基线的需求等。这些不同的角色均是 DevSecOps 平台建设需求的来源。

3.2 DevSecOps 平台架构组成

既然 DevSecOps 平台建设的需求来源清楚了，那么，接下来以这些需求为出发点，介绍一个 DevSecOps 平台的基本架构组成。

DevSecOps 平台的建设目标是保障 DevSecOps 体系建设在企业内部的落地，它承载着 DevSecOps 理念和企业业务目标、组织架构、协作流程等在安全领域的实现，是企业安全管理的作业流水线，也是众多安全工作条理化的纲要。平台作为整个体系中的一部分，其定位首先要满足业务的目标或愿景。

如图 3-1 所示，在企业内部，DevSecOps 平台充当着原始需求和最终交付之间的管道，兼顾研发过程、安全与平台自身，通过度量指标运营与分析，共同推动企业整体研发效能的持续改进。

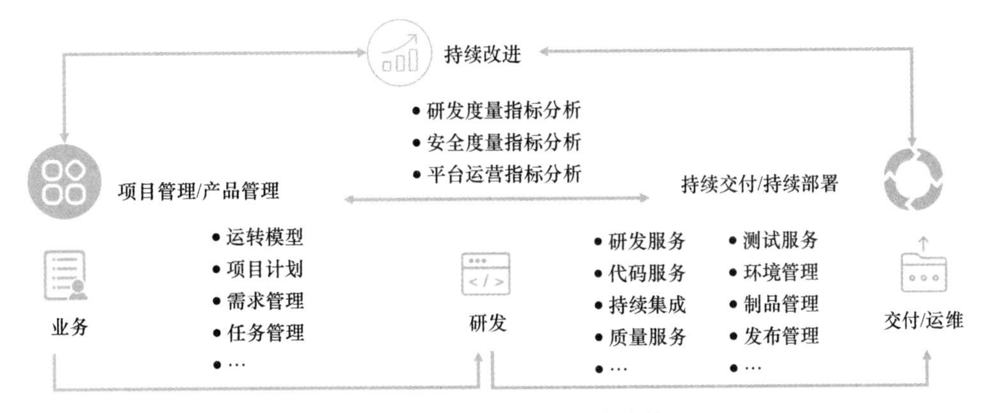

图 3-1 DevSecOps 平台定位

基于此平台定位之上，典型的 DevSecOps 平台架构如图 3-2 所示。

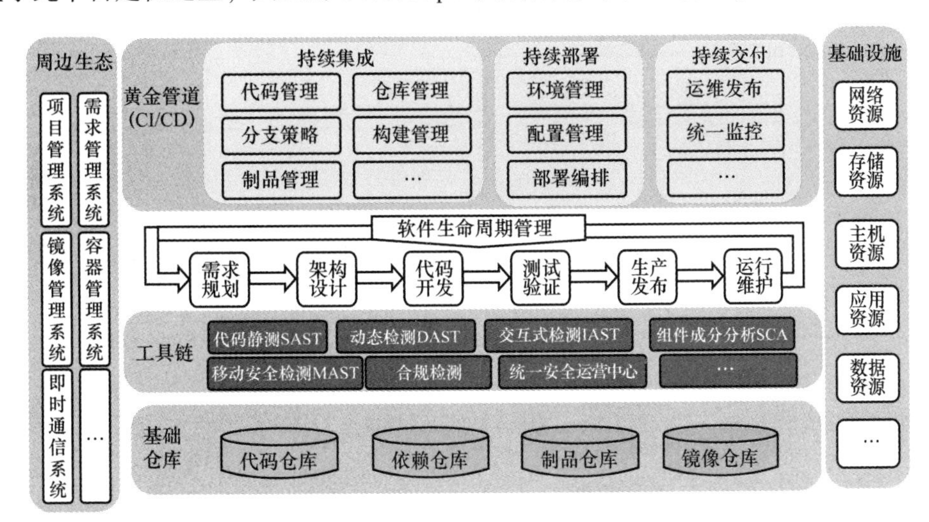

图 3-2 DevSecOps 平台架构

从图 3-2 可以看出，典型的 DevSecOps 平台架构一般至少包含 3 个组成部分，分别为：

- 黄金管道子系统，即研发信息化管道，通常为 CI/CD 系统，它是整个 DevSecOps 开展工作的基础，不同的角色依托于此管道之上，开展日常的研发活动，如需求分析、代码开发、编译构建、测试验证、发布部署等。
- 工具链子系统，通常是指黄金管道及其流程实现依赖的工具，除了安全工具之外，也包含业界常说的 DevOps 工具。从图 3-2 中可以看出，这些不同的工具在整个链路上承载着不同的业务功能，起到贯穿管理与技术落地的作用。因其是在整个链路的不同阶段或不同层次，故称为工具链。

- 周边生态子系统，这里主要是指研发信息化系统。从 DevSecOps 理念和平台定位上来看，平台既需要起到加强周边协作的作用，也需要为 DevSecOps 体系建设的持续改进提供数据分析和决策支撑，所以与 DevSecOps 流程相关的周边信息化系统也需要纳入大的 DevSecOps 平台中，完成数据对接与打通，以便各个不同的管理角色了解 DevSecOps 当前态势和变化趋势。

黄金管理、工具链、周边生态子系统，他们依托基础仓库，对基础设施资源进行调度和管理，一起组成了整个 DevSecOps 平台的全部。通过平台向用户提供涵盖规划、编码、构建、测试、发布、部署和维护等研发工作的平台能力，向平台管理者提供平台使用率、平台可用性、漏洞平均检测时间、漏洞平均修复时间、自动化覆盖率等管理数据。

1. 黄金管道子系统

黄金管道是 2018 年美国 RSAC 大会上提出的概念，在技术实现上它对应于 CI/CD 软件研发流水线。通过管道化流程线，标准化软件研发流程，简化软件开发活动，输出持续、稳定、安全的高质量的软件产品。

在第 1 章介绍 DevSecOps 的核心流程时，曾提其与软件开发模型的关系，如图 3-3 所示。

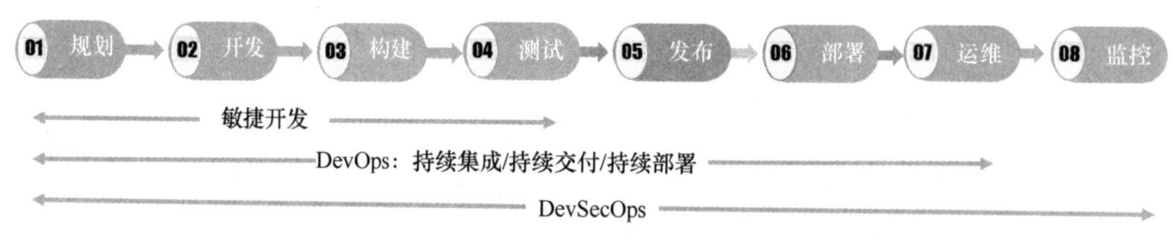

● 图 3-3 DevSecOps 与软件开发模型关系

黄金管道就是基于 DevOps 持续集成、持续交付、持续部署等核心流程之上的技术实现，从开发阶段开始，到部署阶段结束。它基本涵盖软件研发过程中，占用人力资源最多、花费时间最长、也是最为烦琐的研发环节。在开源技术中，其实现和核心流程如图 3-4 所示。

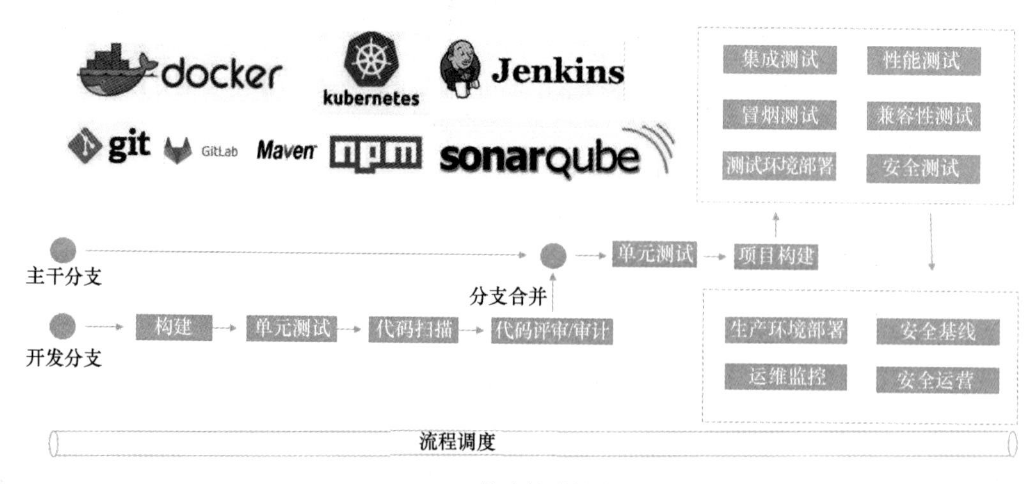

● 图 3-4 黄金管道核心流程

如图 3-4 所示，基于这样的黄金管道之上，开发人员可以流程化地完成对需求的编码开发到测试后的发布上线。当有多个开发人员并行开发时，其流程是一致的，当有多个角色参与开发活动时，整体的流程也是一致。

黄金管道更多的技术细节将在第 4 章、第 5 章为读者详细地介绍。

2. 安全工具链子系统

在 DevSecOps 中，重点强调的是安全工具链。安全工具链依附于黄金管道之上，提供管道流程中各个不同环节的安全活动所需要的安全能力，如图 3-5 所示。

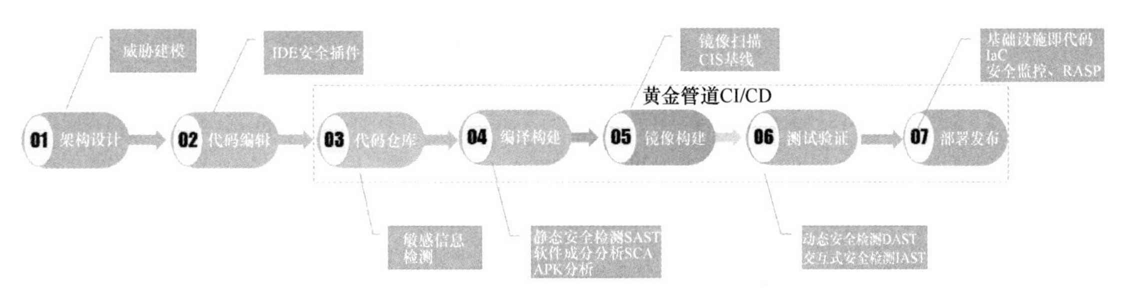

● 图 3-5 安全工具链在黄金管道中的分布示意图

在黄金管道 CI/CD 这条链路上，聚集着不同的安全工具。例如，静态安全检测 SAST 和软件成分分析 SCA 适合在开发和构建阶段集成至 CI/CD 流水线，动态安全检测 DAST 和交互式安全检测 IAST 适合在测试阶段集成至 CI/CD 流水线。在整个 DevSecOps 平台中，这样的安全工具很多，它们围绕着黄金管道的主流程，呈链状分布，共同保障整个研发生命周期的安全性。

安全工具链的技术细节将在第 6 章及后续章节为读者详细地介绍。

3. 周边生态子系统

DevSecOps 体系建设在实施与运营过程中，需要依赖周边系统的协作来完成整个研发流程，或者通过周边系统的辅助来提高整体研发效率。在这些周边系统里，与 DevSecOps 体系尤为密切的系统有项目管理系统、代码仓库、组件仓库、镜像仓库等。它们为黄金管道提供基础数据，为研发活动提供服务支撑，是 DevSecOps 平台中不可或缺的基础设施。如图 3-6 所示，CMDB 在 CI/CD 中为整个流程的数字化提供基础数据支撑。

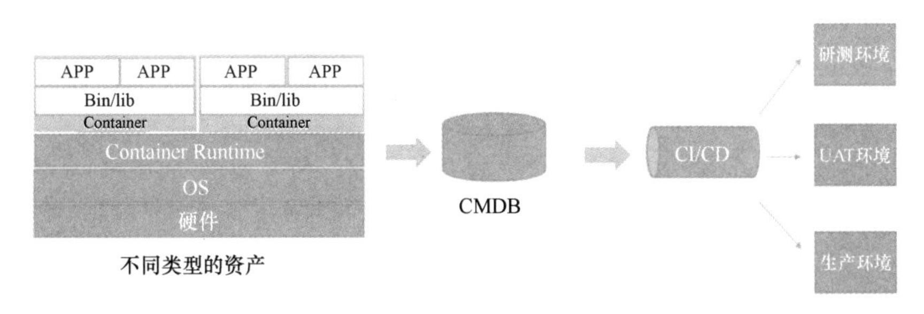

● 图 3-6 CMDB 在 CI/CD 中的使用

DevSecOps 中涉及的诸多周边生态将在本书的第 4～12 章中，根据流程的不同，分别为读者详细地介绍。

3.3 实验级 DevSecOps 学习平台

通过前文对 DevSecOps 平台的简要介绍，读者对 DevSecOps 平台涉及的技术有了基本的了解。下面为读者介绍一款开源的 DevSecOps 平台产品，帮助想学习 DevSecOps 技术的读者，快速搭建学习环境，掌握 DevSecOps 相关的基本技能。

3.3.1 DevSecOps Studio 平台架构及组件

DevSecOps Studio 是 2018 年比较流行的一个开源、集成型 DevSecOps 学习环境，因其拥有众多技术工具或套件，通过这些工具或套件的组合使用，能让 DevSecOps 学习人员快速搭建学习环境，开始 DevSecOps 技术练习。因 DevSecOps 市场前景持续向好，源程序已作为培训机构开始商业化运作，开源的 DevSecOps Studio 仓库目前也被移除。读者可以去其官网在线学习或者在 GitHub 网站上自行搜索旧版本的 DevSecOps-Studio 的 Git 库。这里，推荐的 Git 仓库地址为 https://github.com/cloudcommunity/DevSecOps-Studio。

作为一个入门级的学习类平台，DevSecOps Studio 遵循简易、开箱即用的原则，尽量简化虚拟化环境的安装，其主要特性有：

- 一键安装，只需要执行“vagrant up”命令即可。
- 内置黄金管道的支持。
- 遵循安全即代码、合规即代码、基础设施即代码的理念来设计整个平台，使用 Ansible 加固操作系统安全基线，使用 Inspec 进行合规检查，使用 ZAP、BDD-Security、Gauntlt 等工具进行安全检测。
- 专注于 DevSecOps 教学实践，易于上手。

正是因为 DevSecOps Studio 的这些特性，才在这里将它推荐给读者，以帮助大家快速入门。

DevSecOps Studio 使用 Vagrant、VirtualBox 和 Ansible 来帮助用户在本地计算机搭建实验室环境，其平台架构中涉及的主要技术工具如表 3-1 所示。

表 3-1 DevSecOps Studio 架构中涉及的主要技术工具

序号	工具类型	技术工具
1	渗透测试类	Nmap、Metasploit
2	静态分析类	Brakeman、Bandit、Findbugs
3	动态分析类	ZAP、Gaunlt
4	配置管理类	Ansible
5	安全合规类	Inspec
6	操作系统类	Ubuntu Xenial (16.04)
7	编程语言类	Java，Python 2/3，Ruby/Rails
8	容器技术类	Docker、K8s
9	代码管理类	GitLab
10	CI 服务类	GitLab CI/Jenkins
11	日志监控类	ELK
12	云服务类	AWS

整合表 3-1 的工具后，DevSecOps Studio 将整体架构划分为 DevOps 管道和安全能力管道两个部分，共同组成了平台的整体架构，如图 3-7 所示。

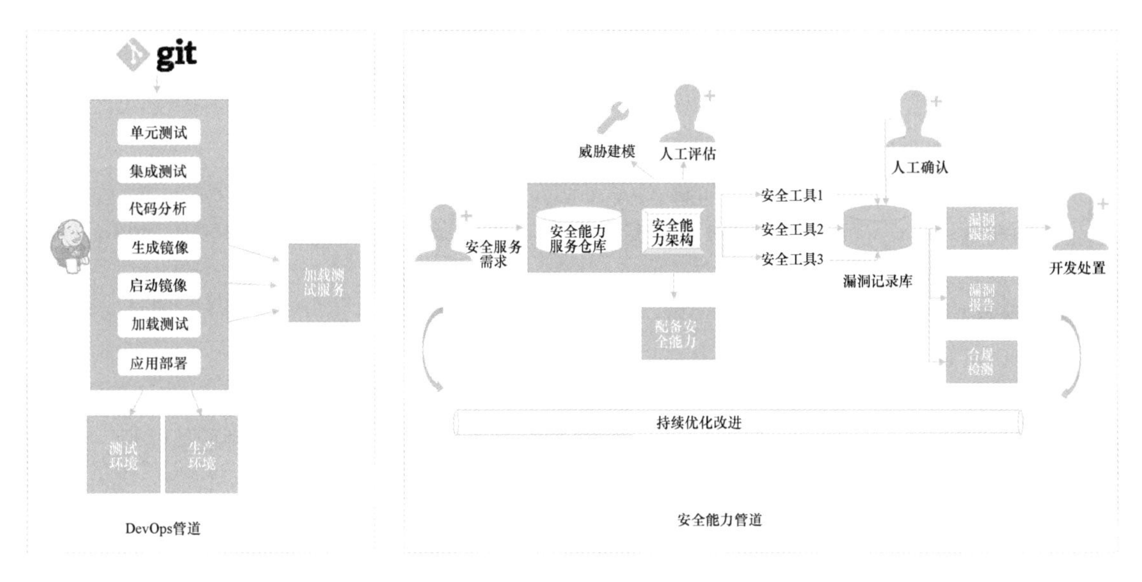

● 图 3-7　DevSecOps Studio 架构示意图

在图 3-7 中，DevOps 管道对应于上文中提及的黄金管道，安全能力管道对应于基于黄金管道之上的安全工具链的协作流水线。通过 DevOps 管道和安全能力管道，读者可以轻松地学习黄金管道中的关键操作及其技术，如单元测试、集成测试、镜像部署等；也可以学习在黄金管道之上，各个不同的安全工具链如何与流水线融合，在哪个阶段触发哪种安全工具的调用，如何调用等技术细节。

如果把这些架构中涉及的技术工具从管道工具、安全工具和其他生态工具视角来划分，则最终形成的技术概览如图 3-8 所示。

● 图 3-8　DevSecOps Studio 包含的技术工具与 DevSecOps 架构组成映射关系

从图 3-8 可以看出，DevSecOps Studio 架构中涉及的技术工具对研发过程的阶段覆盖比较全面，既有开发阶段的 GitLab、git，也有编译构建阶段的 Jenkins；既有黄金管道的核心工具，也有过程辅助的周边生态系统。整个技术工具集合较为全面地覆盖了 DevSecOps 平台的架构组成，为读者的快速上手学习提供一个一体化、易操作的学习环境。

3.3.2 DevSecOps Studio 安装与基本使用

DevSecOps Studio 的安装比较简单，但在安装之前，需要确认一下 DevSecOps Studio 对运行环境的硬件要求：

1）4GB 内存以上。

2）60GB 磁盘存储空间。

3）Intel i3 以上处理器。

这样的硬件要求，对当前的个人计算机来说已经很普通。确认硬件已满足条件后，下一步将开始 DevSecOps Studio 的安装。

1. DevSecOps Studio 安装

DevSecOps Studio 的安装目前支持 macOS、Linux、Windows 三种操作系统环境，这里以 Linux 环境安装为例，为读者介绍其安装过程。

（1）依赖环境安装

DevSecOps Studio 运行环境依赖 Vagrant、Virtualbox、Ansible 三个软件，在安装 DevSecOps Studio 之前需要先安装这三个依赖软件。读者可以选择一键安装，也可以选择分别安装。Linux 环境下，可以通过安装脚本执行一键安装。以 root 用户登录 Linux 操作系统，进入命令行模式，执行的命令行如下：

```
curl -O https://raw. githubusercontent. com/secfigo/DevSecOps-Studio/master/setup/Linux_
DevSecOps_Setup.sh && chmod +x Linux_DevSecOps_Setup.sh && ./Linux_DevSecOps_Setup.sh;
```

命令执行完毕后，需监控命令行的执行情况。此脚本依次安装的软件分别是 Git Ansible、Vagrant、Virtualbox-5.2、DevSecOps Studio，安装时需要保证这些软件能正确安装上。当脚本执行完毕，即可进入下一步。

需要读者注意的是，读者在 GitHub 上搜索旧版本库 DevSecOps Studio，要验证安装脚本的正确性，尤其需要关注的是安装脚本和其他可执行脚本中的链接地址是否仍然存在。当然，在安装脚本不可用的情况下，读者也可以分别安装 Vagrant、Virtualbox、Ansible 三款软件，它们的安装过程对 IT 从业人员来说都很简单，在此不再赘述。

（2）DevSecOps Studio 安装

如果读者安装时，使用了一键安装的自动化脚本，则此时需要看看 DevSecOps Studio 是否已安装完毕。若已安装，则此步骤可以直接跳过。若没有安装，则参考如下方式开始手动安装。

首先需要使用 git 克隆 DevSecOps-Studio 仓库，执行命令行如下：

```
$git clone https://github.com/cloudcommunity/DevSecOps-Studio.git
```

接着，进入 DevSecOps-Studio 目录，并验证 vagrant。执行命令行如下：

```
$cd DevSecOps-Studio && vagrant status
```

然后，下载 Ansible 依赖库，执行命令行如下：

```
$ansible-galaxy install -r requirements.yml
```

这时，可以查看当前目录下的 machines.yml 文件。若修改虚拟环境的 IP 为自己熟悉的 IP 地址，可以直接修改此文件。如图 3-9 所示。

如果上述操作都确认没有问题，则可以执行 DevSecOps-Studio 配置安装，执行命令行如下：

```
$vagrant up
```

这条命令执行需要的时间比较长，一般半小时左右，需要读者多点耐心。等执行完毕后，还需要对 Jenkins 进行设置，才能正式使用 DevSecOps Studio 学习环境。操作如下。

1）获取登录页面初始密码，此时执行命令行如下：

```
$vagrant ssh jenkins
$cat /var/lib/jenkins/secrets/initialAdminPassword
```

cat 命令显示的值即为初始密码。

2）访问 http:// jenkins.local：8080，输入密码，进入 Jenkins 配置页面，直接安装推荐插件后即可使用，如图 3-10 所示。

```
- name: DevSecOps-Box
  box: bento/ubuntu-16.04
  ram: 512
  ip: 10.0.1.10
  ansible: "provisioning/devsecops-box.yml"

- name: jenkins
  box: bento/ubuntu-16.04
  ram: 1024
  ip: 10.0.1.11
  ansible: "provisioning/jenkins.yml"

- name: gitlab
  box: bento/ubuntu-16.04
  ram: 2048
  ip: 10.0.1.15
  ansible: "provisioning/gitlab.yml"

- name: gitlab-runner
  box: bento/ubuntu-16.04
  ram: 512
  ip: 10.0.1.16
```

● 图 3-9　虚拟环境配置文件截图

Getting Started
Customize Jenkins
Plugins extend Jenkins with additional features to support many different needs.
Install suggested plugins
Install plugins the Jenkins community finds most useful.
Select plugins to install
Select and install plugins most suitable for your needs.

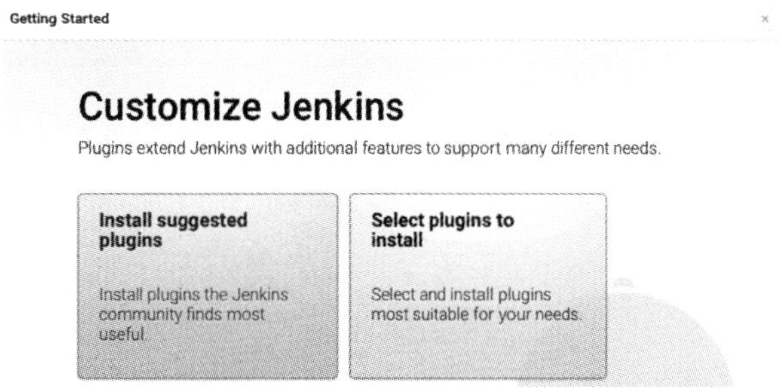

● 图 3-10　Jenkins 插件安装页面

对于 DevSecOps Studio 安装过程不熟悉的读者，可以在网络上用英文搜索“DevSecOps Studio install”，寻找相关安装视频对照学习。

2. DevSecOps Studio 的使用

DevSecOps Studio 本质是一个多开源软件集成的杂糅产品，通过适配和集成来减低学习 DevSecOps 时环境整合的难度。在前文安装时提及虚拟环境配置文件中的 IP 地址，在没有修改的情况下，读者可以通过它们访问 DevSecOps Studio，如表 3-2 所示。

表 3-2　DevSecOps Studio 中 IP 地址和虚拟环境之间映射关系

序　号	可访问 IP 地址	虚拟环境
1	10.0.1.10	DevSecOps-Box.local
2	10.0.1.11	jenkins.local
3	10.0.1.15	gitlab.local
4	10.0.1.16	gitlab-runner.local
5	10.0.1.18	elk.local
6	10.0.1.20	vuln-management.local
7	10.0.1.22	prod.local

对于 DevSecOps Studio 的使用，建议读者先从熟悉各个技术组件开始学习，逐步掌握 DevSecOps 所需求的技术栈。推荐的学习路径是：

- 熟悉 GitLab、GitLab CI、Jenkins 的基本使用，直到能熟练地创建 Project 并完成一个完整的 CI/CD 流程。
- 理解安全工具链与 CI/CD 的关系，熟悉 SCA 功能和 OWASP Dependency Checker 的使用，并通过流程集成完成第三方开源组件成分分析。
- 熟悉 SAST 的作用，掌握 SAST 与 CI/CD 的集成，完成 trufflehog/gitrob 对代码中敏感信息的检测。
- 熟悉 DAST 的作用，掌握 ZAP 的使用，通过 CI/CD 的集成完成周期性扫描任务的检测。
- 了解基础设施即代码的概念，熟练使用 Ansible 创建安全加固后的 Docker 镜像。
- 了解合规即代码的理念，并使用 Inspec、OpenScap 完成合规检测。

3.4　企业级 DevSecOps 平台架构

介绍完实验级 DevSecOps Studio 平台，接下来为读者讲述企业级的 DevSecOps 平台架构。根据业界公开资料和各企业的推荐方案，一起来了解互联网行业头部企业的 DevSecOps 平台。

3.4.1　微软云 Azure DevSecOps 平台架构

微软 Azure 云的 DevSecOps 是在 Azure DevOps 基础上构建起来的，在介绍其 DevSecOps 平台架构之前，先来了解一下两个相关背景知识：Azure DevOps 和黄金管道、Azure DevSec-Ops 关键安全组件。

1. Azure DevOps 和黄金管道

一般来说，采用 DevOps 来作为研发管理实践是为了加快从需求到应用程序上线的速度，缩短开发周期，通过一致性管理流程和自动化管道，保障应用程序的开发质量。Azure 云也不例外，不同的是，Azure 云自己开发了一系列的 DevOps 服务或组件，用于应用程序开发生命周期的端到端管理，包括规划、项目管理、代码管理、制品生成、版本发布等。其架构及管道流程图如图 3-11 所示。

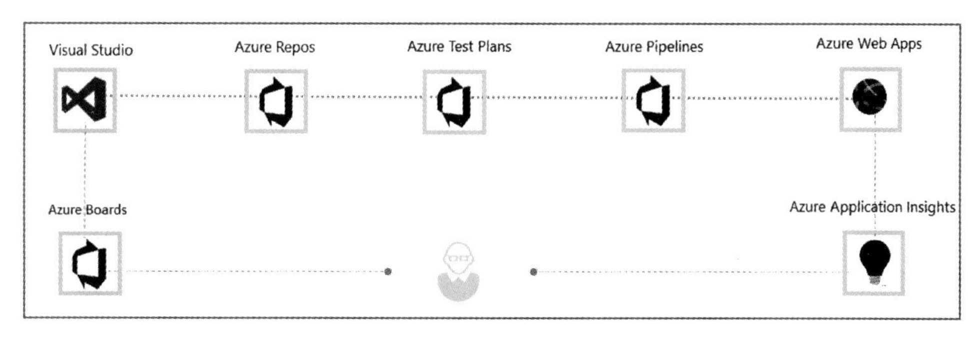

● 图 3-11 Azure DevOps 架构及管道流程图

在图 3-11 中，读者可以看到，除了被开发人员广为熟悉的 Visual Studio 外，还有许多其他的服务贯穿整个流程，分别是：

- Azure Boards 为项目管理工具，以敏捷开发模式支持项目组成员，以 Kanban 和 Scrum 方式规划、跟踪需求开发及代码缺陷问题等。
- Azure Repos 为源代码管理工具，提供 git 存储库或版本控制系统，如集成 GitHub。
- Azure Test Plans 为测试管理工具，包含多种测试工具集，通过多种工具测试验证应用程序。
- Azure Pipelines 即持续集成和交付管道，为应用程序提供自动化生成和发布服务。
- Azure Application Insights 为 Azure 自研的 APM 服务，应用于各种应用程序的性能监控与管理。
- Azure Web Apps 为发布在 Azure 云上的 Web 应用服务，即通过研发流水线开发出来的软件或应用程序。

基于此管道之上，各个团队遵循 DevOps 管理流程，依托 DevOps Server 服务和 Azure 云，构建更快速、更可靠的 DevOps 实践。

2. Azure DevSecOps 关键安全组件

在 Azure 云环境中，为了云上业务持续稳定地运行，Azure 自研了一系列安全组件，这些组件构成了 Azure 安全的整体防护体系。在 DevSecOps 中，这些组件也可整合到管理流程中去，作为流程中的一个技术组件。下面，将对其中部分关键的安全组件做简要介绍，以帮助读者理解 Azure DevSecOps 架构，如表 3-3 所示。

表 3-3 Azure DevSecOps 关键安全组件

序号	安全组件名称	功能简介
1	Defender for Cloud	统一、基础的安全管理中心，包含漏洞扫描功能
2	Azure Active Directory（AD）	基于云的身份认证和访问控制管理服务，提供域控、组策略管理、轻型目录访问协议（LDAP）和 Kerberos/NTLM 身份验证等功能
3	Azure Front Door	Azure 云 CDN，提供全球范围的应用加速和分发服务
4	Azure 防火墙	云原生的智能网络防火墙安全服务，为云上业务提供威胁防护

（续）

序　号	安全组件名称	功能简介
5	Azure Key Vault	安全的机密存储，如存储令牌、密码、证书、API 密钥等
6	Azure 应用程序网关	Web 流量负载均衡器，根据 HTTP 请求进行路由控制
7	Web 应用程序防火墙	针对常见 Web 攻击和漏洞提供集中保护
8	Azure Policy	安全合规策略管理工具，帮助用户大规模评估其资产使用的合规性
9	Microsoft Sentinel	云原生安全信息事件管理（SIEM）和安全业务流程自动响应（SOAR）解决方案，为云上业务提供智能安全分析、威胁检测、威胁可见、搜寻和威胁响应等功能
10	Azure Monitor	将各种源中的数据收集并聚合，并对数据进行分析、实现可视化和发出警报

从表 3-3 中关键安全组件的介绍读者可以看出，这些组件覆盖了 Azure 安全能力的多个方面，如身份认证与鉴别、威胁防护、合规管理、应急响应等。通过整合这些组件，依托 DevOps 管理流程来实现 DevSecOps，必起到事半功倍的效果。

3. Azure DevSecOps 平台架构

Azure 采用的 DevSecOps 平台架构是基于 DevOps 黄金管道之上的云原生技术实现，先来看看其官方的架构图，如图 3-12 所示。

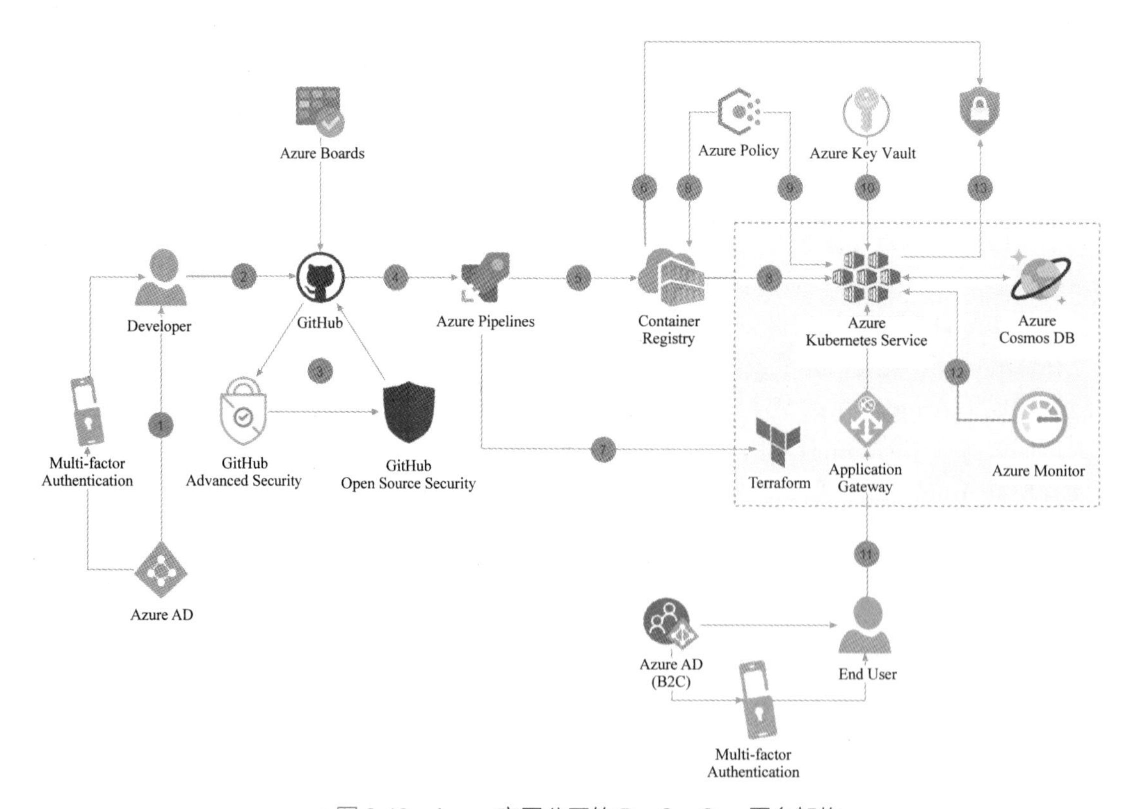

• 图 3-12　Azure 官网公开的 DevSecOps 平台架构

在图 3-12 中，按照上文中提及的 DevSecOps 平台架构组成，其平台构成主要划分为：

- CI/CD 平台。对应于图 3-12 中的 GitHub、Azure Pipelines、Terraform 三个工具。其中 GitHub 充当代码管理工具，Azure Pipelines 触发 CI 构建和自动化测试，Terraform 充当自动化编排，进行云基础设施管理，如管理 Docker 容器镜像、Kubernetes 服务、应用程序网关等。
- 云基础设施。对应于图 3-12 中 Azure Pipelines 右侧部分，重点为图中灰色框中的内容。主要由 Azure Kubernetes Service、Application Gateway 和 Azure Cosmos DB 等构成。
- 安全工具链。安全工具链在这张架构图中体现得并不明显，或者说，Azure 将安全特性融入了其他的产品之中（这也是为什么在上一节先介绍 Azure 安全组件的原因）。在图 3-12 中能看到显性的安全工具/组件有：GitHub Advanced Security、GitHub Open Source Security、Azure Key Vault、Application Gateway、Azure Monitor 等。

厘清了上述平台架构的分层之后，再来看看其操作的关键流程：

- 开发的代码主要托管在 GitHub，当开发人员访问 GitHub 时，GitHub 将调用 Azure AD 进行身份验证。
- Visual Studio Code 的云端联机开发环境是开发人员日常工作的重点工作空间，开发人员根据 Azure Boards 的需求和问题完成代码编写后，继续托管在 GitHub 上。
- 当开发人员提交代码后，GitHub Actions 通过 CI/CD 流水线触发 GitHub 的安全检查 GitHub Advanced Security 和 GitHub Open Source Security。
- 安全检查通过后进入 Pipline 流水线。
- 在 Pipline 中，代码编译、代码构建后，生成容器镜像，存储在 Azure 容器注册表中，以便 Kubernetes 服务发布时使用。
- 在容器镜像正式发布之前，Azure Pipelines 以 Terraform 为管理工具，对云基础设施，如 Azure Kubernetes Service、Application Gateway、Azure Key Vault 和 Azure Cosmos DB 等资源进行安全策略管理。
- 使用 Azure Monitor、Defender for Cloud 进行持续监控。

从上述流程可以看出，Azure 的 DevSecOps 平台架构有如下显著的特点：

- 整个平台依托 CI/CD 管道和安全组件完成安全能力的覆盖。
- 安全自动化主要依赖 Pipline 流水线和云原生基础设置的代码化管理。
- 安全能力既有平台自研，也有外部集成，综合多方能力完成 DevSecOps 平台能力构建。
- Azure AD、Azure Monitor、Defender for Cloud 等安全组件作为基础安全能力，在安全运营中起到了决定性的作用；项目管理工具、测试管理工具、源代码管理工具等周边生态系统为整个 DevSecOps 平台能力的构建提供了底层基座。

3.4.2 亚马逊云 AWS DevSecOps 平台架构

亚马逊云 AWS 也是较早开展 DevSecOps 实践的头部企业之一，在 2017 年 AWS 的技术博客中就曾讨论如何利用 AWS Pipline 构建 DevSecOps 平台能力。下面，带读者一起来了解一下 AWS 的 DevSecOps 平台架构。

1. AWS DevSecOps 实施原则

2019 年 AWS 的公开演讲中，蒂姆 · 安德森（Tim Anderson）讨论了 AWS DevSecOps 实施原则，其主要内容如下：

- 尽早采用安全测试，加速问题反馈。这和 DevSecOps 安全左移的理念一致，AWS 意图通过安全测试的尽早加入，减少代码进入发布管道后才发现安全问题带来的返工成本。通过建立安全测试机制保障安全问题在研发早期发现。
- 优先考虑预防性安全控制。这一条原则还是讨论安全左移的重要性，AWS 意图通过引入预防性安全控制，减少生产环境重大安全问题的发生。
- 部署检测性安全控制时，确保有与之互补的响应性安全控制。AWS 认为，即使部署了预防性安全控制，也要考虑生产环境下预防失败的情况。当应急事件一旦发生时，能及时地采取补救措施。并且提倡用红蓝对抗验证和保障预防性安全控制、响应性安全控制的有效性。
- 安全自动化。AWS 认为，DevSecOps 中安全自动化是非常重要的组成部分，努力实现部署过程中的一切自动化，通过代码自动化地、快速地识别和修复安全问题。

从上述的 4 个原则读者可以看出，AWS 在 DevSecOps 的实施过程中是非常务实的，其关注的重点总结为三个词：安全左移、安全自动化、实战对抗，意图通过 DevSecOps 能力建设，快速地解决生产环境问题，并具备实战级的安全防护能力。

2. AWS DevSecOps 关键组件

和微软的 Azure 云一样，亚马逊云也有一系列的组件。这些组件无论是为 AWS 的云上业务，还是在 AWS DevSecOps 能力建设中，都起到了不可或缺的作用。表 3-4 所示为其中的部分关键组件。

表 3-4　AWS DevSecOps 关键组件

序　号	组件名称	功能简介
1	AWS CodeCommit	基于 Git 的源代码全托管控制服务，开发人员可以完美地与 Git 集成，轻松托管源码文件
2	AWS CodeBuild	持续集成服务，开发人员可以使用其编译源代码、执行测试，并生成可部署的软件包
3	AWS CodeDeploy	持续部署服务，可调用 AWS 上各种计算资源，如 Amazon EC2、AWS Fargate，自动部署软件
4	AWS X-Ray	提供完整应用程序调用链的视图，帮助开发人员分析、调试、识别、排查应用程序故障或问题
5	Amazon CloudWatch	线上监控服务，为开发人员、运维人员、DevOps 工程师等提供数据洞察服务，收集线上日志，提供数据分析、异常检测、监控告警等
6	AWS CodePipeline	应用程序代码的持续交付服务，通过对代码和基础设施的自动化管理，自动完成代码构建、测试和部署
7	AWS Cloud9	云端 IDE，是开发人员进行代码开发的工具，类似微软的 Visual Studio
8	AWS CodeStar	用户级应用程序管理中心，开发人员可以设置整个持续交付链，方便快捷地开始发布代码

（续）

序　号	组件名称	功能简介
9	AWS Security Hub	AWS 账号下，全量安全问题概览服务
10	Amazon CodeGuru	代码静态检测工具，使用机器学习和自动化推理来识别应用程序中的安全漏洞
11	AWS IAM	基于 AWS 账号的身份认证与访问控制管理服务

和 Azure 一样，AWS 也有许多自研组件，这些组件主要围绕 DevOps 流程提供能力服务。对于安全工具，既有自研的，也有集成第三方工具，提供 SaaS 化能力。其中具有代表性的安全组件如表 3-5 所示。

表 3-5　AWS DevSecOps 关键安全组件

序　号	组件名称	功能简介
1	Anchore	开源软件，提供容器镜像分析、安全漏洞扫描、部署策略执行等功能的集中化服务
2	Amazon Elastic Container Registry image scanning	扫描容器镜像中的软件漏洞，后端基础数据来源于开源项目 Clair 和 CVE 漏洞数据库
3	Git-Secrets	Git 存储库中敏感信息检测工具，如密码、API Key、密钥等
4	OWASP ZAP	开源工具，用于自动发现 Web 应用程序中的安全漏洞
5	Sysdig Falco	开源云原生运行时安全项目，类似 RASP，可检测应用程序异常行为并在运行时发出威胁警报
6	AWS Key Management Services	支持创建和管理加密密钥，保护密钥的安全性

从这些自研和集成的组件可以看出，AWS 的 DevSecOps 能力构建仍然沿用着平台建设的思路，对于管理流程、黄金管道、基础设施使用平台自研能力；对于静态安全检测、动态安全检测、开源组件安全等，以集成或插件的方式引入第三方安全能力，以完成 DevSecOps 平台能力的构建。

3. AWS DevSecOps 平台架构

AWS 的 DevSecOps 平台架构是基于 AWS DevOps 能力之上构建的，除了安全检测工具使用第三方集成外，更多的安全能力是在原有的 AWS 产品中集成安全特性来解决的，其架构图如图 3-13 所示。

在图 3-13 中可以看到，与 DevOps 相关的 CodeCommit、CodePipeline、CodeBuild、CodeDeploy 等组件均在架构扮演着重要的角色。下面通过其关键场景来讨论安全与流程的融合。

- 当开发人员使用 AWS Cloud9 开发完代码之后，通过 Git 将代码提交到 CodeCommit，生成一个触发 CodePipeline 的 CloudWatch 事件。
- CodeBuild 将代码打包、构建，并将构建产物存储到 AWS CodeArtifact 或 AWS S3 上。
- 接着 CodeBuild 会调用静态检测工具 SAST 和组件分析工具 SCA 对代码进行扫描，如 OWASP Dependency Check、SonarQube、Snyk 等。
- 如果 SCA 检测或 SAST 静态检测分析存在漏洞，CodeBuild 会调用 Lambda 函数，通知到 Security Hub。

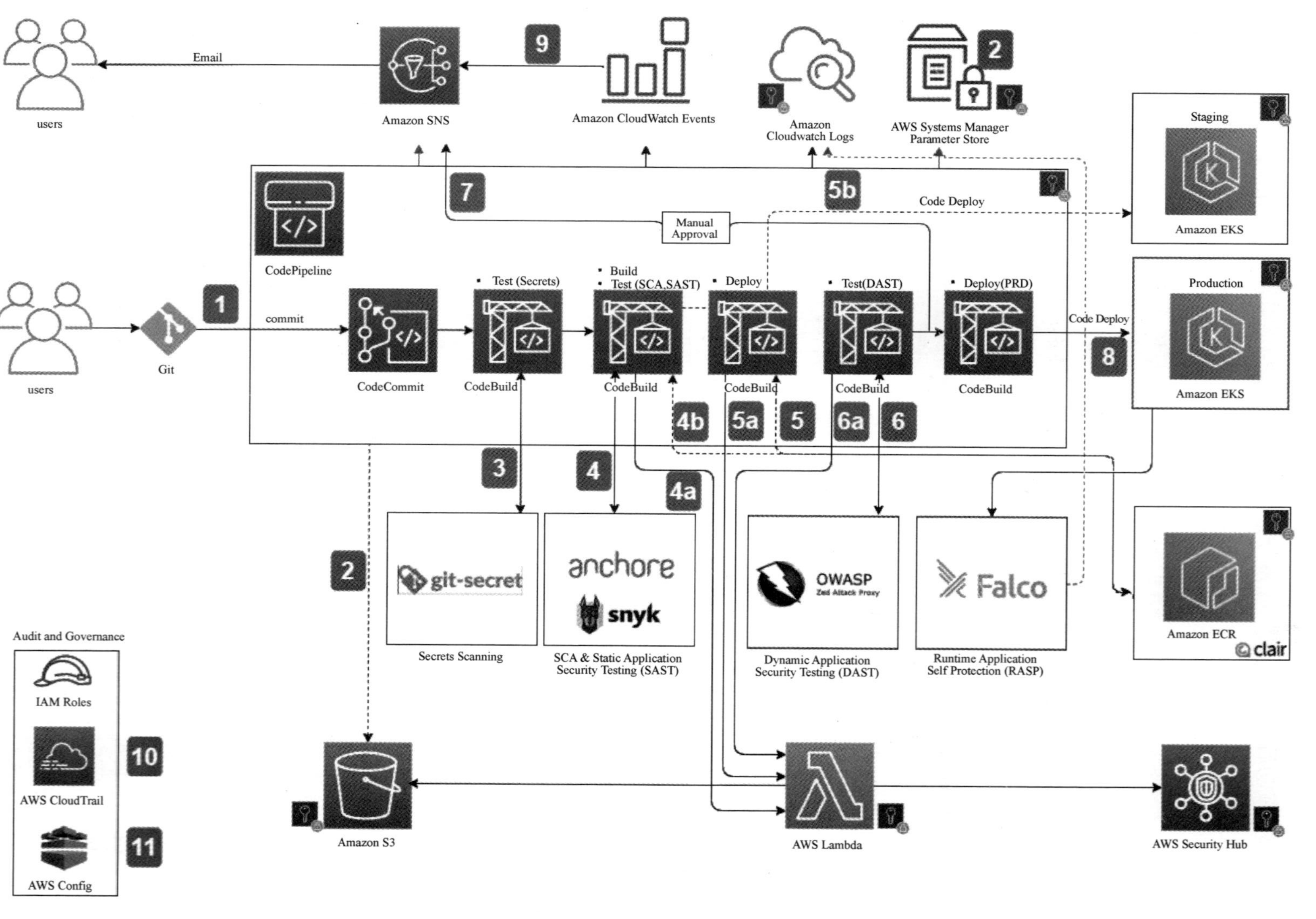

图 3-13 AWS 官网公开的 DevSecOps 平台架构

- 如果没有漏洞，CodeDeploy 会将代码部署到测试环境。
- 部署成功后，CodeBuild 会调用 OWASP ZAP 工具触发动态安全扫描。
- 动态检测如果发现漏洞，CodeBuild 仍然会调用 Lambda 函数，通知到 Security Hub。
- 动态检测如果没有漏洞，则会触发审批流程，并向审批人发送一封电子邮件以推动上线发布流程。
- 得到审批人批准后，CodeDeploy 将代码部署到生产环境。
- 在整个运行过程中，CloudWatch Events 捕获构建信息，通知用户；CloudTrail 监控 API 调用，发送异常审计告警；AWS Config 跟踪 AWS 服务配置更改情况，检查操作是否合规。

亚马逊 AWS 云在过去的这些年里，一直不遗余力地推动其 DevSecOps 解决方案，甚至在业界公开的资料中，依托 AWS 云构建 DevSecOps 的案例也非常多。从这张架构图中，读者可以看出 AWS 云 DevSecOps 能力构建的主体思路和微软的 Azure 一样，其依托云产品本身构建的安全运营阶段能力仍需要读者去进一步的查阅其他资料去了解。总之，AWS 云 DevSecOps 平台架构仍有着其鲜明的特点，主要如下：

- 和本章节开头提及的 AWS 云 DevSecOps 实施原则一样，AWS 云非常注重安全测试能力的前置，无论是对静态安全检测工具 SAST 的引用，还是对动态安全检测工具 DAST 的第三方集成，本质都是通过安全测试工作前置尽早发现安全风险并消除。
- AWS 云自研的 DevOps 管道组件和云原生产品为 DevSecOps 构建提供了强大的基础能力。
- AWS Lambda 为基础设施的代码化提供可落地基础，基于 DevOps 管道之上完成了安全自动化的实现。
- Amazon CodeGuru、Amazon Cloud9、AWS Security Hub 等自研工具，加上外部第三方工具的集成，帮助企业快速搭建 DevSecOps 平台化能力。

3.4.3 互联网企业私有化 DevSecOps 平台典型架构

通过前两个小节对微软 Azure 和亚马逊 AWS DevSecOps 平台架构的简单介绍，想必读者已经明白，依托 CI/CD 的 DevOps 管道和云原生基础设施构建高度自动化的 DevSecOps 平台能力已是业界普遍共识。CI/CD 提供应用研发自动化流水线，云原生基础设施代码化提供持续集成到持续交付的自动化，共同完成 DevSecOps 能力从需求到生产环境运营的全流程覆盖。

介绍完两家头部互联网企业的公有云 DevSecOps 平台架构，下面一起来看看常见的互联网企业私有化 DevSecOps 平台架构。

1. 私有化 DevSecOps 平台建设思路

互联网头部企业主要利用公有云基础设施和持续集成管道完成 DevSecOps 平台能力建设，而普通的互联网公司私有化 DevSecOps 平台建设从当前业界现状来看，主要有以下两条思路：

- 采用 GitOps，通过 Git 开源生态系统完成持续集成管道能力构建；通过公有云基础设施管理 API 接口完成持续交付到持续安全运营的自动化能力构建。
- 采用 GitOps，通过 Git 开源生态系统完成持续集成管道能力构建；依托企业自身的私有云完成持续交付到持续安全运营的自动化能力构建。

无论上述哪种方式，使用 GitOps 及其开源生态系统构建 DevSecOps 黄金管道都是企业的首选，而与基础设施、生产环境线下运营监控的打通，则依赖企业自身的信息化建设成熟度。如果企业的基础设施虚拟化做得好，运维自动化技术成熟，则持续交付、持续监控、持续运营能力的整合和流程贯穿会比较顺畅；如果企业内部基础设施标准化程度差，很多工作都是手工在操作，没有代码化和工具化，则持续交付、持续监控、持续运营能力的整合会比较慢，流程贯穿会比较难，甚至，整个流程会一段一段的割裂。所以，当企业规划自己的 DevSecOps 平台之前，要正确评估企业现状，做出切合企业自身的规划与决策。

2. GitOps 及其生态组件

GitOps 是指依托 Git 版本控制系统，构建交付流水线的核心流程，形成包含应用开发、部署、管理、监控的 DevOps 最佳实践。第 1 章介绍 DevOps 时曾提及其关键特性中第一条即是自动化，即 DevOps 流程尽最大可能地自动化去实现，GitOps 即是这种自动化理念在平台实现上的产物。使用 GitOps 来构建 DevSecOps 平台，主要的好处有：

- 围绕 Git 版本控制的周边生态系统比较齐全，可选择组件多，很容易通过组件集成完成黄金管道的流水线装配。
- GitOps 自身强调代码化，对基础设施的自动化、运维工作的自动化、安全工作的自动化便于 DevSecOps 自动化的实现。对于流程管理者来说，速度和效率都得到较好的提升。
- GitOps 依赖于 Git 系统去构建，对开发人员来说，熟悉其操作，能无缝切换，减少学习带来的额外成本。

目前市场上，围绕 Git 此类生态组件比较多，主要如表 3-6 所示。

表 3-6　GitOps 部分生态组件介绍

序　号	组件名称	功能简介
1	Git	开源的、分布式版本控制系统，可以对不同规模的项目进行版本管理
2	GitLab	开源的、使用 Git 作为代码管理工具的仓库管理系统，用户可以通过 UI 界面对代码进行管理，同时具备 wiki 和问题跟踪的功能
3	Nexus	Sonatype 公司发布仓库（Repository）管理软件，常用来搭建私有化 Maven 仓库
4	Jenkins	基于 Java 开发的持续集成工具，基于 Jenkins 编排和调度，可以持续地进行软件测试和版本发布，是 Pipline 的首选组件
5	Maven	项目级配置管理工具，通过 Maven 可以轻松地完成软件项目一些基本的操作，如编译、构建、单元测试、安装部署等，与 Ant、Gradle 功能类似
6	Bitbucket	基于 Git 的代码托管与协作工具，方便与 Jira 和 Trello 集成，与 GitLab、GitHub 功能类似
7	Capistrano	开源自动化部署工具，可以通过脚本操作在多台服务器上自动完成应用部署
8	Hudson	可扩展的持续集成引擎，与 Jenkins 类似，可以持续地、自动地构建和测试软件项目，生成 JUnit/TestNG 测试报告

通过表 3-6 读者可以看出，采用 GitOps 构建 CI/CD 持续集成流水线的开源组件/商业产品比较常见，DevSecOps 架构师基于它之上，整合云原生技术、Docker、Kubernetes 等容器

编排技术很容易搭建完成 DevSecOps 平台能力。

3. 私有化 DevSecOps 平台架构

基于 GitOps 之上，在现有流程中集成安全工具，构建 DevSecOps 能力是私有化 DevSecOps 平台的首选，其典型架构如图 3-14 所示。

在图 3-14 中，以 GitOps 为核心的研发活动流水线为主轴，安全工具分布在其周边或分支上，在不同阶段、不同环节嵌入整体流程中去。其关键场景的流程如下：

- 项目管理和需求管理依托 Confluence 和 JIRA 将 GitLab 与 JIRA 任务打通，形成需求管理到代码开发的线上化。
- 开发人员完成代码开发提交到 GitLab 后，自动触发 GitLab CI 或 Jenkins 调度任务，进行代码分析、编译构建，最后将构建生成的制品包上传到 Nexus 仓库。
- 对于制品库里的制品包，使用 SCA 组件安全分析软件进行软件成分安全分析。
- 软件成分分析通过后，如果需要创建容器镜像，则自动创建容器镜像。然后再同步至测试环境，部署制品包，再启动动态安全测试验证，以检验应用程序的安全性。
- 验证通过后，进入发布审批环节，只有审批通过后方可发布至生产环境。部署时，除了保证镜像来源可靠外，还接入安全防护，如 OpenRASP、modSecurity。
- 通过流水线的安全审计和配置更改检测后，自动化部署应用程序，并接入线上安全运营监控中，开展线上环境持续审计与监控。

上述流程为私有化 DevSecOps 平台典型端到端架构中核心场景流程，在私有化建设的背景下，企业对 DevSecOps 平台的规划更具有自主性，考虑更多与已有流程、已有系统、已有组织/岗位的结合，建设出更贴近企业业务模式的 DevSecOps 平台。

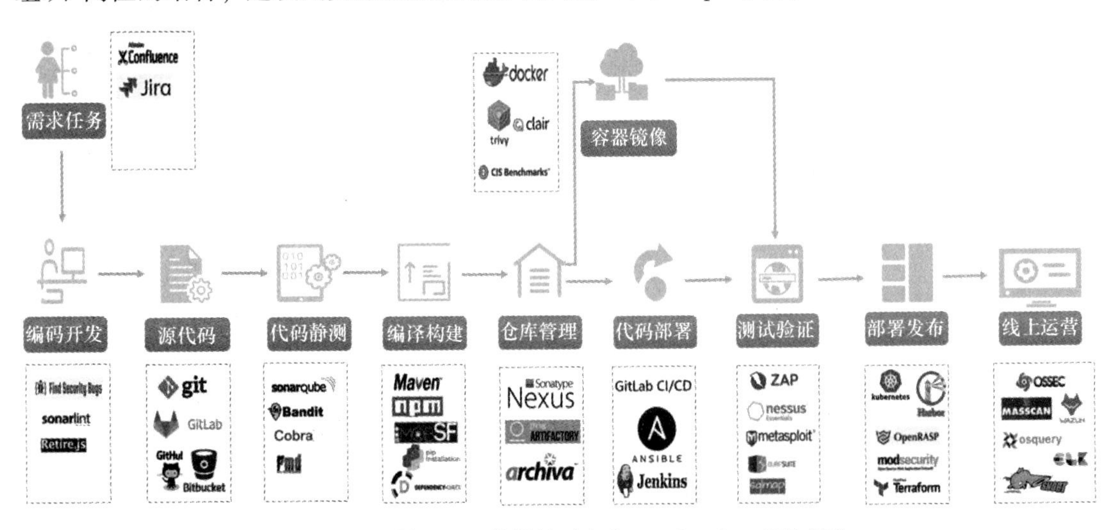

图 3-14 基于开源软件的私有化 DevSecOps 平台架构

3.5 小结

本章从 DevSecOps 平台建设的需求出发，介绍在 DevSecOps 落地实施中建设 DevSecOps

平台的重要性，并对 DevSecOps 平台架构的基本组成进行介绍，尤其是构成黄金管道子系统、工具链子系统、周边生态子系统三个组成部分各自包含的内容和它们在整个 DevSecOps 平台中的定位与协同做了概要性的阐述。为了帮助读者快速熟悉一个 DevSecOps 平台的基本构成和简单使用，本章重点向读者推荐了 DevSecOps Studio 开源学习环境，从 DevSecOps Studio 包含的技术工具说起，为读者讲解 DevSecOps Studio 的安装和简单使用，促进读者快速动手学习，掌握 DevSecOps 相关技术能力。本章最后通过对微软 Azure 云 DevSecOps 平台、亚马逊 AWS 云 DevSecOps 平台、私有化 DevSecOps 平台的架构分析，介绍头部互联网企业 DevSecOps 平台能力的演进思路，尤其是私有化 DevSecOps 平台建设时，可以借鉴 GitOps 和云厂商的能力，快速搭建自己的私有化 DevSecOps 平台，为读者找到 DevSecOps 平台规划的切入点。如果业务都部署在公有云上且关注平台建设速度，则优先选择基于公有云的 DevSecOps 能力来构建；如果想契合企业内部的现状，有更多的自主性，则优先选择自建私有化 DevSecOps 平台。

第 4 章　持续集成与版本控制

上一章为读者概要性地阐述了 DevSecOps 平台架构和平台组成。从本章开始将按照搭积木的方式，带领读者一步步构建 DevSecOps 平台能力。从黄金管道建设开始，逐步覆盖周边安全能力，最终形成 DevSecOps 平台建设到运营能力构建的动态图谱。

本章以持续集成流程为主线，介绍 DevSecOps 平台里黄金管道子系统中持续集成流程涉及的相关概念、系统及平台，帮助读者建立研发段的管理视角，方便后续安全工具链的引入和安全落地工作的开展。

4.1　持续集成与版本控制相关概念

持续集成、持续部署、持续交付是现代软件工程的重要组成部分，无论是互联网公司还是系统集成型软件企业，它都在企业的软件工程质量保证中扮演着重要角色。

4.1.1　持续集成基本概念

在第 1 章介绍 DevOps 模型时曾提及持续集成的概念，是指通过持续地将需求转化为开发的代码，合并到源码仓库主干分支上，并确保代码合并后的集成测试通过的这一段流程。这其中，包含两层含义：

- 持续集成流程是依赖产品版本迭代和版本分支而产生的，每一个不同的版本迭代，每一个不同的开发者，将其合并到主分支的过程。
- 持续集成流程中，除了代码分支合并之外，还包含单元测试、功能测试、集成测试等内容。代码分支合并直至完成集成测试，这些结合在一起才是持续集成流程所包含的内容。

明白了上述两层含义之后，再回到软件研发的过程中，来讨论持续集成的概念，这样方便读者能更深刻地理解持续集成的概念和意义。

前文介绍 DevSecOps 发展时，曾提及开发人员的开发环境和工作模式的变化。在互联网行业早期，没有使用持续集成工具之前，开发人员通常在本地计算机开发代码，然后提交到 SVN、Git 之类的版本控制服务器上。当多人的团队合作开发时，提交时会涉及代码合并，合并后的代码通过编译后，再部署到测试环境进行测试验证。这种工作模式下的开发通常会遇到以下常见的问题：

- 开发人员在本地计算机开发代码后，完成了单元测试，但版本发布时，却要面临不同人员开发的代码进行合并后的重新测试。

- 开发人员在本地计算机开发并完成验证的应用程序，因本地环境和测试环境的不一致导致应用程序无法启动。
- 每次打包应用程序时，都需要重新编译、构建，重复的工作虽简单但又无法省略，增加无效的工作量。
- 准备发布的版本正在测试中，新的功能迭代已开始，开发的代码提交后需要针对不同的版本进行代码管理，防止代码版本与功能混淆。

诸如上述这些问题，在软件开发过程中时常出现。为了解决这些问题，业界逐步推出了持续集成的概念，意图通过持续集成工具的使用，减少开发过程中重复的人工任务，降低人工操作带来的出错率，释放开发人员的精力，更多地专注于业务功能开发本身。如图 4-1 所示为使用持续集成工具前后的流程变化。

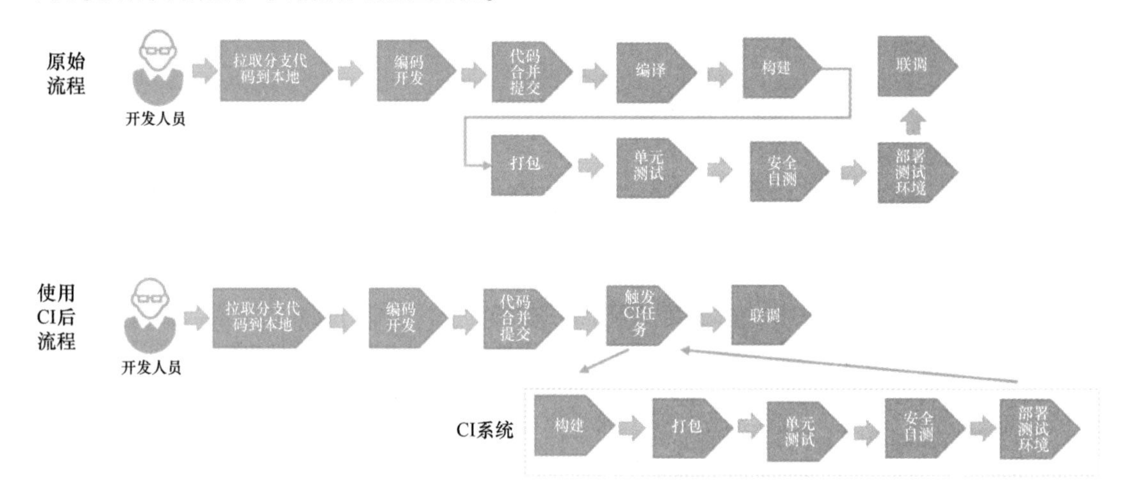

● 图 4-1　持续集成工具使用前后流程变化

从图 4-1 中可以看出，通过持续集成工具的使用，将开发人员代码编写、代码提交、编译构建、测试验证等环节组合在一起，形成了一个流水线管道或标准化流程。基于这个流程，开发人员可以把编译、构建的重复工作交于持续集成工具去做，代码的质量、代码的安全可以通过持续集成工具与代码检测工具、安全工具的集成来自动化去做。在流程中，也可以设置门禁或卡点，如严重缺陷达到 2%时，流程自动中断；发现严重代码安全漏洞时，流程中断；依赖组件不合规时，流程中断等。开发人员只需要关注流程的输出，保证结果符合流程定义的要求即可。

4.1.2　版本控制基本概念

在软件工程中，为了保障软件版本的发布或持续集成流程的落地，需要做软件开发过程输出产物的版本管理，这是版本控制的最初由来。下面，首先来介绍版本控制的基本概念。

版本控制是指在软件工程中，针对目录、代码、资源等进行管理，记录一个或多个文件的变化，以便查阅特定版本的修改历史，了解版本的快照信息。使用版本控制的好处主要有：

- 通过版本控制管理，能对每一个不同的版本迭代所包含的代码、资源、数据等进行快照、备份、还原，帮助项目组人员快速找到原始文件。

- 当项目组中有多人参与协同开发时，采用版本控制管理中的分支和合并，可以高效地解决不同开发人员、不同版本之间的协同冲突问题，提升协同效率。

在大多数项目管理中，版本控制是使用版本控制软件或系统来实现的。一个标准的版本控制系统至少包含以下几个部分的功能。

1. 检入检出控制

检入检出是软件开发人员在编码过程中对源文件进行修改的最基本操作，当项目管理使用版本控制系统进行源代码管理时，所有的源代码都托管在代码仓库里。为了保障版本的可控性，所有人员在修改源代码之前，需要从代码仓库中对代码进行检出操作，表示当前的源代码文件被检出的人所独占，检出后开发人员可以在自己的工作空间下进行文件编辑。当开发人员编辑完成后，再执行检入操作，提交到代码仓库，释放对代码源文件的占用，便于其他项目人员对文件进行修改，如图 4-2 所示。

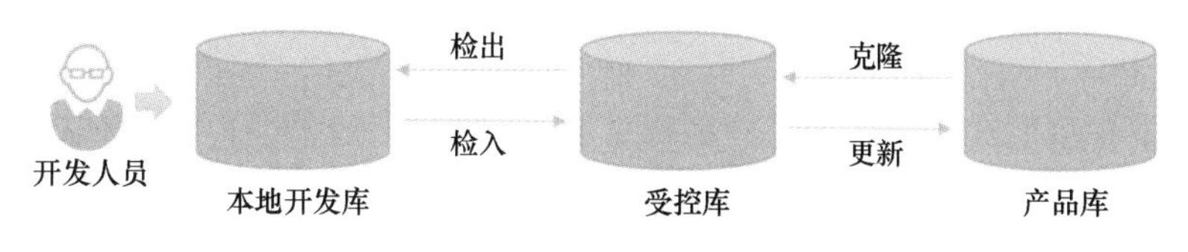

图 4-2 检入检出流程控制示意图

如果没有检入检出的控制机制，则项目的源代码管理就会产生混乱，如几个人同时修改文件，提交代码时导致其他人修改的代码被丢失。通过检入检出控制过程，同步控制代码仓库中源代码版本的正确性，从而保证不同的人协同开发时，并发提交和修改的源代码文件不会产生版本混乱的情况。

2. 分支和合并

分支和合并是版本控制系统中很重要的两个基本功能。下面通过版本的几个概念来了解它们的含义。首先，来看看主版本或基线版本。

在版本管理中，一般把第一个关键里程碑的产物作为基线版本，或主版本。在此版本基础上，加上标签，实施版本控制管理。之后的所有版本都以此版本为基础。如果在此版本上复制一份，单独建立一个分支，则为分支版本。

分支版本独立于主版本开发一段时间后，完成了分支所需要的功能，再将分支版本合并到主版本中，则产生合并版本，如图 4-3 所示。

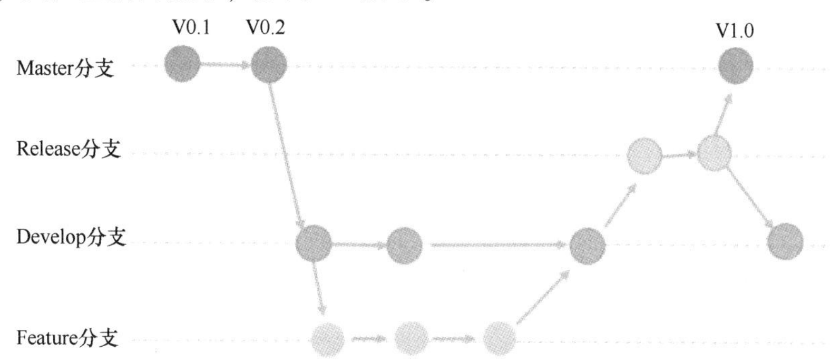

图 4-3 版本分支与合并流程示意图

无论是主版本、分支版本还是最终的合并版本，都是版本控制过程中不断进行迭代的结果。分支和合并成为版本控制过程中最为常见的基本操作。

3. 版本历史记录

每一个版本的迭代和修改都会产生版本的历史记录。记录历史版本的版本号、版本修改时间、版本修改者、版本修改描述等信息是版本控制系统中常见的功能。通过版本历史记录，项目管理人员、代码开发人员可以方便地找到某个版本对应的代码文件、代码片段、修改信息，可以通过此信息，还原历史，查找问题，追溯修改内容等。

4.1.3 其他基本概念

在黄金管到持续集成阶段中，除了持续集成、版本控制的基本概览外，还有一些其他的概念也是非常重要的，了解它们可以帮助读者更清晰、全面地掌握持续集成流程中涉及的技术组件和流程流转。

1. 代码仓库

代码仓库又称储存库、资源库、代码库，是版本控制系统底层存储的数据结构的总称，通常是指版本控制系统中文件存储模块，它主要包含存储的源代码文件、目录结构、元数据等。用户通过版本控制系统对这些存储的文件进行管理（如文件的修改、删除、历史跟踪、还原等）。例如，GitHub、GitLab、码云等。

2. 开发环境

开发环境是指开发人员进行编码开发的工作环境，通常包含开发语言及其运行环境、开发工具。在 DevSecOps 中，不同的开发工具涉及不同的 IDE 安全插件，以帮助开发人员在本地计算机中检测代码的安全性。常见的 IDE 有 Visual Studio、Eclipse、Android Studio、IntelliJ IDEA 等。

3. 代码编译

代码编译是指使用编译工具、编译器将开发人员开发的源代码转为目标代码的过程的。开发人员生产出来的源代码是否具备可执行性，需要转为目标机器的可执行程序才可以在目标机器上运行。如果目标机器是操作系统，则编译后的是汇编类代码，形成可执行文件，通过加载器加载后被操作系统调用；如果目标机器是虚拟机，如 JVM 虚拟机，则编译后为字节码，即 JVM 虚拟机可执行的解释型语言。

代码编译的过程，一般使用编译器，编译器读取源代码，对源代码进行语法分析，通过结构化语法树、代码优化、流程控制等操作，最终生成目标机器可执行的程序或字节码。

4. 编程语言

编程语言是指软件开发所使用的开发语言，程序员使用编程语言编写应用程序代码，通过代码和算法实现，向计算机发生指令，以完成业务操作所需要的功能。

按照编程语言的发展阶段，大体可以分成机器语言、汇编语言、高级语言三类。本书重点是指高级语言，如 Java、C++、C 语言、net、C#、Python、PHP、Ruby 等。

4.2 持续集成流程主要系统构成

了解了持续集成和版本控制的基本概念之后，下面带读者从技术层面深入理解其具体内容。一个标准的持续集成功能通过平台来实现时，它至少包含如下三个部分：

- 版本控制系统。
- 编译构建系统。
- 编排调度系统。

4.2.1 版本控制系统

版本控制系统通常是由版本控制软件和仓库管理软件两部分组成，即业界常说的 SCM 软件。版本控制软件用来管理代码和项目文件（如 SVN），仓库管理软件则基于版本控制软件之上对代码仓库进行管理（如 SVNManager）。在持续集成流程中，版本控制系统承载的操作流程如图 4-4 所示。

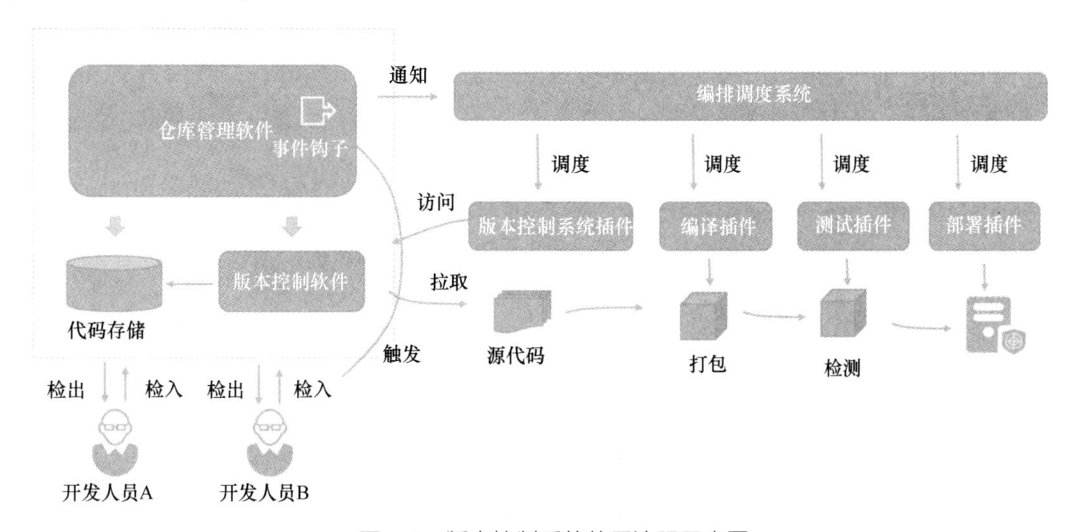

● 图 4-4 版本控制系统使用流程示意图

版本控制系统为开发人员提供版本管理和存储，为后续流程调度和编译构建提供源码输入。根据版本控制管理的方式不同，当前市场上的版本控制软件可划分为集中型版本控制软件和分布式版本控制软件。集中式版本控制软件以 SVN 为代表，分布式版本控制软件以 Git 为代表。下面就分别以这两款软件为例，讲述其使用特点，以帮助读者在搭建 DevSecOps 平台时，选择契合业务实际需求的版本控制软件。

常见的版本控制软件如表 4-1 所示。

表 4-1 常用版本控制软件表

序号	版本控制软件	描 述
1	SVN	开源的、易于使用的跨平台的版本控制、源代码管理软件，易于管理，集中式服务器管理，适合开发人数不多的项目开发
2	CVS	C/S 结构的软件，与 SVN 类似的代码版本控制软件
3	Git	当前业界广泛使用的分布式版本控制软件，可以快速高效地管理不同大小规模的项目，易于学习，占用内存小，性能好

（续）

序号	版本控制软件	描　述
4	Mercurial	免费的、开源的、分布式的源代码管理软件，支持任何规模的项目使用，Python 语言编写而成，是 Git 的主要竞争对手，高性能、健壮性、可伸缩性俱佳
5	Bazaar	分布式版本控制软件，可运行于 Windows、GNU/Linux、UNIX 及 macOS 系统之上，同时也支持集中式服务器管理，容易使用，稳定可靠，使用灵活
6	Cornerstone	SVN 管理工具，除了基本 SVN 功能外，还支持 Xcode、BBEdit、Coda 等开发工具无缝的集成
7	GitLab	开源仓库管理软件，在 Git 作为代码管理的基础之上，对用户和管理员提供 Web 服务功能

1. 集中式版本控制软件

在集中式版本控制软件中，代码集中存储在某台服务器上。项目人员使用时，需要先安装客户端软件，连接到版本控制软件的服务器端，将代码检出到本地，修改后再从自己的计算机同步更新或上传到服务器，如图 4-5 所示。

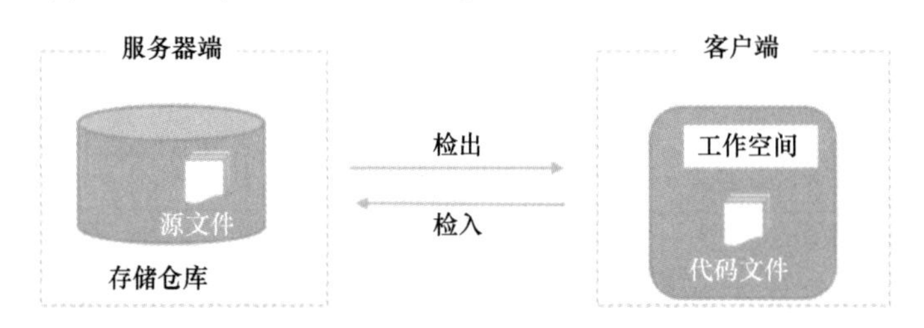

图 4-5　集中式版本控制软件 SVN 使用流程示意图

集中式版本控制软件的特点是所有的版本数据都保存在服务器端，项目人员在本地计算机中仅保存着自己以前同步的版本。在不连接服务器端的情况下，项目人员就看不到服务器上的历史版本信息。如果项目人员想切换到某个版本，也无法操作。除此之外，集中式版本控制软件最大的风险是所有数据都保存在单一服务器上，如果服务器受到损害，则有版本丢失的风险。为此，需要定期做数据备份。当然，也正是这种集中式、单一的管理方式，其使用比较简单，尤其对新手来说，很容易上手。

2. 分布式版本控制软件

相比于集中式版本控制软件，分布式版本控制软件的使用相对复杂。项目人员在初次使用时，必须在本地计算机上克隆（git clone）一个完整的 Git 仓库，再基于这个本地仓库进行检入检出操作。再将本地仓库与服务器端仓库进行数据同步，从而完成版本控制管理的目的。如图 4-6 所示。

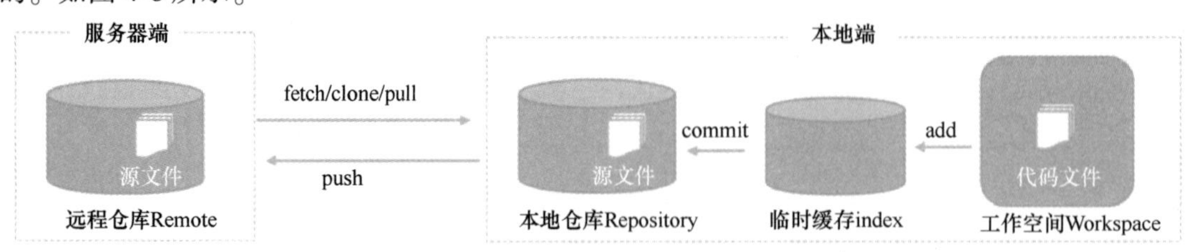

图 4-6　分布式版本控制软件 Git 使用流程示意图

分布式版本控制软件对文件的修改通常以快照的方式记录版本差异。当本地仓库完成克隆之后，除非同步数据到服务器端，其他的操作都是在本地执行，无需联网。这对于网络环境相对封闭的项目组来说，多人协同开发版本管理比较方便。在分布式版本控制软件，中央仓库所在的服务器或版本控制软件的服务器端充当交换媒介的作用，将项目组中不同人员的修改进行交换，由修订人员在本地仓库间进行互相复制。同时，每个人的本地仓库都保存一份完整的版本库。

从上述的这些特点来看，分布式版本控制软件的管理过程比集中式版本控制软件要复杂，但好处较为明显。目前在大中型企业管理中，分布式版本控制软件的使用占比高于集中式版本控制软件，分布式版本控制软件更适用于大规模的多人协作开发。

4.2.2 编译构建系统

编译构建是源代码转为可执行程序过程中必不可少的一个步骤，在传统的开发模型中，编译构建通常是开发人员在本地计算机自己编译后上传版本库；在持续集成流程中，编译构建动作通常是平台上的持续集成工具来自动化完成的。除了基本的代码编译构建外，还有容器镜像的构建。一个简单的包含 Docker 镜像的编译构建系统如图 4-7 所示。

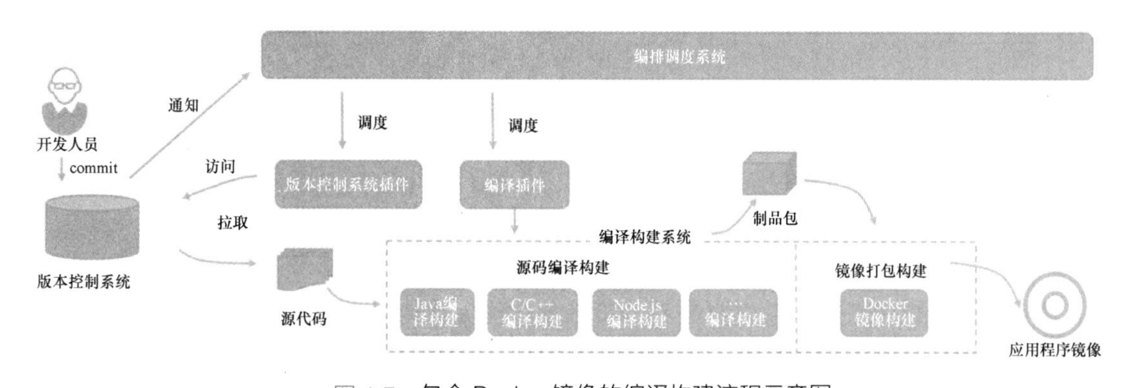

● 图 4-7 包含 Docker 镜像的编译构建流程示意图

图 4-7 中，当开发人员提交代码之后，触发持续集成平台中的编排调度系统发起调度流程执行编译构建动作。编译构建系统会根据不同的编程语言选择不同的编译工具将源码进行编译打包成制品。如果制品还需要制作成容器镜像，则继续调用镜像构建流程。下面以 Java 语言的源代码为例，介绍代码编译构建过程，如图 4-8 所示。

图 4-8 中，当编译构建系统执行编译指令时，编译工具的编译引擎先解析编译配置文件，根据配置文件中的配置从中央仓库或本地缓存中获取版本所需要的依赖库，再对源代码进行编译，执行编译过程如果编译没有发生阻断性错误，则最终输出编译产物，即可执行程序或制品包。当有新的版本迭代时，重新触发上述流程，持续编译输出编译产物。

因开发语言、运行环境的不同，编译工具也各不相同。常见的编译工具如表 4-2 所示。

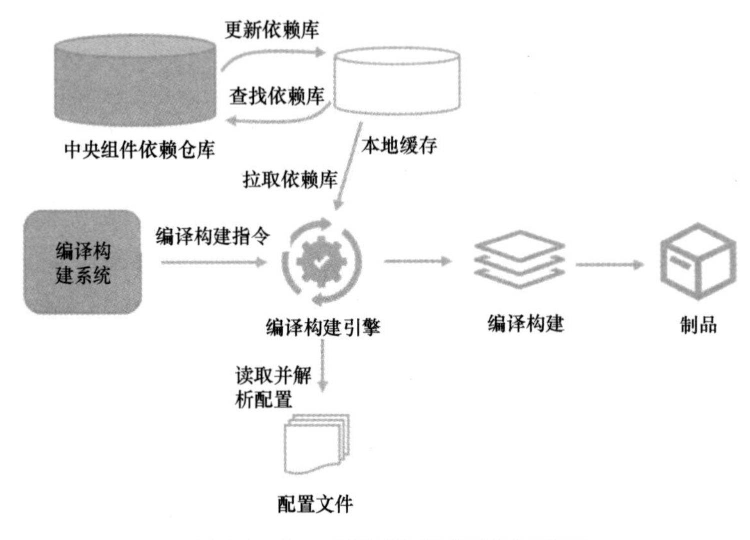

● 图 4-8　Java 代码编译构建流程示意图

表 4-2　常见编译工具表

序号	编译工具	适用开发语言	描　述
1	CMake	C、C++	开源的跨平台编译工具，可以生成本机构建环境、编译源代码、生成可执行文件等
2	Maven	Java	开源工具，通过 POM.xml 管理项目依赖、对项目进行编译、测试、打包、部署、上传到服务器等操作
3	Gradle	Java	和 Maven 类似，语法简洁，可自定义复杂场景的使用
4	npm	JavaScript	Node.js 包管理和分发工具，主要用于前端开发语言编译构建

当代码编译构建完成打包成制品后，如果没有使用镜像，则流程结束；如果有镜像制作，则触发镜像构建流程，如图 4-9 所示。

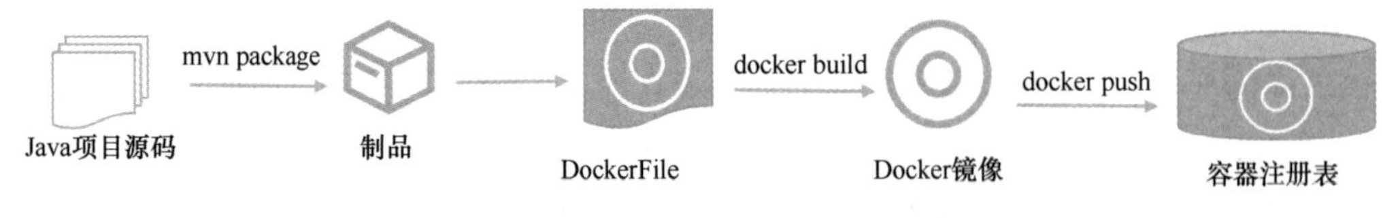

● 图 4-9　Java 代码应用 Docker 镜像编译构建流程示意图

在整个流程中，编排调度系统充当流程管理员的作用，通过不同的指令，将代码下载、依赖下载、应用制品打包、镜像制作的流程串联起来，形成持续集成管道化的功能。

从这些流程可以看出，不同的开源产品在持续集成平台架构中分别承担不同的功能。如果将这些开源产品进行系统分层，则结果如图 4-10 所示。

图 4-10 中，持续集成工具即编排调度层充当持续集成流程的管理中枢，并直接面向最终用户；编译工具层提供各种不同的开发语言编译工具，承上启下，连接编排调度层和基础代码仓库；而基础数据层则为上层的编译构建操作提供原始的源代码及代码管理功能。

● 图 4-10 持续集成产品架构分层示意图

4.2.3 编排调度系统

介绍完编译构建系统，再来看看编排调度系统。在图 4-7 所示的案例中，编排调度系统充当了代码编译、构建镜像、通知推送几个步骤的综合管理和调度工具，这就是编排调度系统的核心使用场景。如果把代码编译、构建镜像、通知推送看成 3 个独立的任务，编排调度系统是调度中心，这就是编排调度系统的核心能力构成：任务、编排、调度。下面一起来看看这三者在持续集成平台中的含义。

- 任务。在前文提及持续集成流程时，我们了解到整个流程是一个个动作串联起来的，这一个个的动作可以当作一个个具体的执行任务。体系在平台中，则需要完成任务所支撑的代码片段，这些代码片段能完成具体功能，如代码提交、代码安全的自动化检查、单元测试用例的覆盖度检查等。这些，在平台中统一称之为任务。
- 编排。编排是指不同的任务之间，通过一定的排列组合、先后顺序的承接，来完成一个整体的作业流程。进行排列组合和组装顺序的过程称之为编排，编排后的整体流程称之为作业。例如，代码提交后，接着执行单元测试用例覆盖度的检查，再执行代码缺陷的自动化检查；也可以代码提交后，先执行代码安全的自动化检查，最后执行单元测试用例覆盖度的检查；还可以设置多次代码提交，但不触发代码安全的检查，只有当代码编译构建通过后，再触发代码安全的自动化检查，这个流程中，代码提交的任务被触发了多次。这也是编排的一种。总之，编排就是通过不同的组合方式，来完成任务执行顺序关系的设置，以满足业务的需要。
- 调度。调度是指在不同的任务执行过程中，需要分布跟踪、调度任务的执行及执行情况，以根据上一步执行结果调用不同的下一步任务的过程。例如，代码编译后执行代码缺陷检查任务，如果代码缺陷检查调用不成功，则切换编译环境，再次执行代码编译、代码缺陷检查任务。这个流程的控制称为调度。调度通常关注任务执行的结果，被调用方常常是跨子系统的。

目前，常用的编排调度软件（即持续集成工具）如表 4-3 所示。

表 4-3 常用持续集成编排调度软件

序号	软件名称	描 述
1	Jenkins	目前使用最广泛的持续集成工具，生态成熟，易于与其他工具集成
2	GitLab CI	GitLab 内置的进行持续集成的工具，通过简单配置即可与多种工具集成，是当前使用比较广泛的软件

（续）

序号	软件名称	描　述
3	BuildMaster	通常被当作 Jenkins 的替代方案，具备多平台的持续集成能力，简洁易用
4	Circle CI	多环境运行，方便与 GitHub、Bitbucket、GitHub Enterprise 等快速集成，易于维护
5	Buddy Works	交互式持续集成软件，可当作 Jenkins 替代品，用于构建、测试和部署应用程序等

在知道了常见的持续集成编排调度软件，了解了编排调度的基本概念之后，读者也基本明白为什么在 DevSecOps 平台中需要编排调度系统。如果没有编排调度系统，不同的流程无法统一用平台来管理，不同的任务无法在平台中进行统一配置，DevSecOps 规范中设置的安全卡点也就无法在平台中完成线上业务的承载。

既然编排调度如此重要，那么编排调度系统中，到底包含哪些核心功能呢？

1. 流程编排管理

流程编排管理是编排调度系统中的首要功能，每一个流程编排运行时产生一个流程实例，任务是此持续集成流程中最小的集成单元。对于整个流程来说，它是由一个一个的任务组合在一起形成的，为了完成这些不同任务的组合作业，在 DevSecOps 平台中，需要有任务编排管理的功能来形成流程。任务编排功能页面如图 4-11 所示。

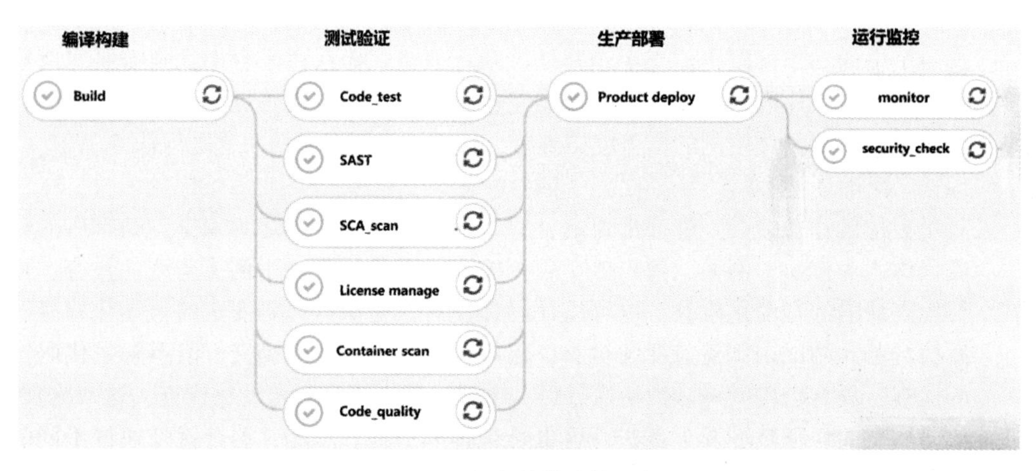

● 图 4-11　任务编排功能示意图

如图 4-11 所示，用户在编排时，可以在不同的阶段添加不同的任务。例如，在构建阶段添加对 SCA 的调用，检测开源组件安全漏洞；开发提测前，添加必须通过静态代码安全检测的任务等。当任务编排完成后即形成一个可以执行的具体作业，作业的完成依赖于其中每个任务的执行完成情况。一个标准的作业流程就是一次流水线管道的执行。在作业的实际执行过程中，不一定每一个任务都会执行到，有可能存在某个任务出现异常或被跳过的情况。如果某个任务中包含子任务或其他并行任务，则需要对子任务或并行任务进行配置管理，以保障作业流程的顺利执行，这也是任务编排管理的内容。

2. 任务配置管理

在任务配置管理中，需要管理单个任务执行的基本参数，如开始条件、执行次数、调用脚本或脚本路径、相关参数配置等，这是任务配置管理的基本功能。除此之外，当某个任务执行存在多个入口或者多个出口时，也需要任务的路由策略进行配置管理。在某些企业，因任务的种类繁杂（如 API 接口类任务、bash 脚本类任务、操作系统命令行类任务、数据操作类任务等），平台设计时会抽象出一个适配层去适配各种不同的任务执行环境，这也是任务配置管理的内容。典型的任务配置管理页面截图如图 4-12 所示。

路由策略*		任务描述*	
运行模式*		执行器*	
阻塞处理策略*		子任务ID*	
任务超时时间*		失败重试次数*	
负责人*		报警邮件*	
任务参数*			

● 图 4-12　任务配置管理功能示意图

对单个任务而言，一般都承担着流程中的某个具体的动作，如代码扫描、编译检查。除此之外，还有一些任务节点在整个流程不承担具体的动作，类似流程图上的开始、结束节点，但对于整个流程来说，这些节点也是不可或缺的。这类节点的任务配置也需要任务配置管理来实现，不同的是，这些任务配置可以标准化或模板化，以方便平台用户的使用。

3. 作业调度管理

任务通过编排形成作业之后，进入作业调度管理。通过作业调度管理作业的启动、流转和结束。当多个作业同时执行时，需要管理不同作业之间的优先级，为优先级高的作业提高资源保障，这是调度管理的基本功能。很多时候，多个任务之间有着强依赖关系，如只有前置任务执行完成，才可以启动当前任务。这时对前置任务执行状态的监控和当前任务的拉起都离不开作业调度管理。同时，在作业流程的执行中，对任务节点的执行情况进行监控，当任务节点的状态发生变化时，及时跟进作业流程的状态。如果缺少了作业调度，则任务无法执行或执行混乱；如果作业流程缺少监控，则无法跟踪作业流程的执行状态，对于执行异常的任务也无法发现，及时干预和处置。基于任务监控功能之上的异常告警、任务重发、异常处理等都是作业调度系统中必不可少的功能模块。

4. 历史日志管理

操作日志是每一个信息化系统必不可少的功能，在编排调度系统中，历史日志管理尤为重要。在前文中曾提及，编排调度的最小单元是一个个的任务，这些任务相互之间是独立的，通过流程串联、接口调用将它们联合在一起。这种跨模块、跨系统的调用，如果没有历史日志将是很糟糕的事。通过历史日志可以还原流程执行中任务的执行顺序、单个任务执行的过程详情、异常故障的原因分析、历史流程的归纳统计等。

4.2.4　其他相关系统

除了上述三个系统外，在持续集成流程中还有一些其他的周边系统参与整个流程的协作中，典型的如企业配置管理数据库（CMDB）、资源管理系统、制品仓库等。

CMDB 主要是对企业 IT 资产的信息及这些资产的配置信息管理，通常是运维管理系统、资源管理系统的基础，为运维管理、流程管理提供基础数据。使用 CMDB 可以帮助 DevSecOps 平台解决应用与应用、应用与技术组件、应用与基础设施的关联关系，如图 4-13 所示。

存储
主机
基础设施
…
应用
技术组件
数据库
应用
中间件
…

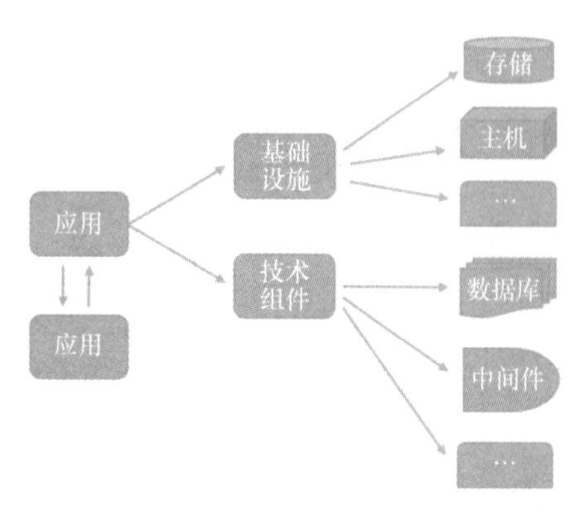

● 图 4-13 CMDB 中资产映射关系示意图

资源管理系统主要是对 IT 资源进行综合管理，如资源申请、资源分配、资源占用、资源回收等。资产可 API 化管理和 CMDB 数据的及时准确是自动化运维的基础。尤其是在大量服务运行的 IDC 环境或云原生环境下，通过资源管理系统，一方面可以实现对资源的精细化管理，提高资源使用效率，降低 IT 成本；另一方面，为资源的合理使用及资源之上服务运行的稳定提供基础保障。云计算环境下的资源管理系统产品功能如图 4-14 所示。

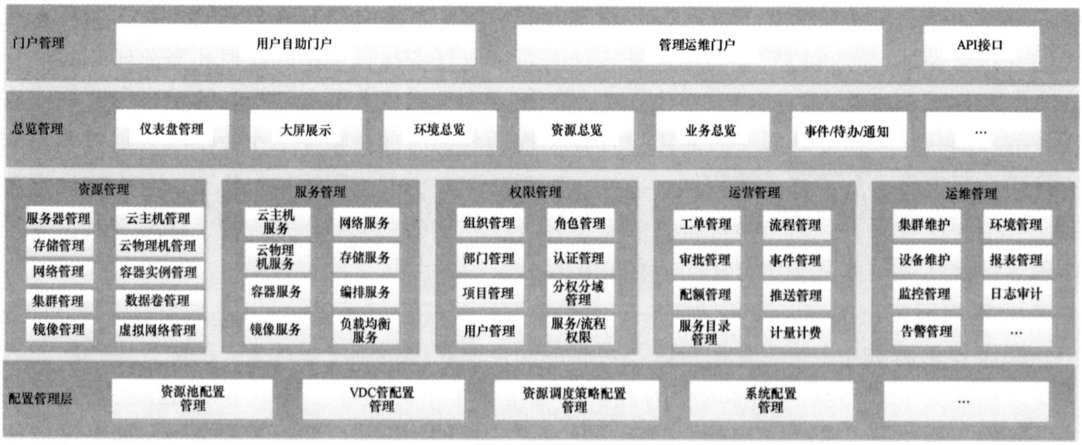

门户管理
用户自助门户
管理运维门户
API接口
总览管理
仪表盘管理
大屏展示
环境总览
资源总览
业务总览
事件/待办/通知
…
资源管理
服务器管理
云主机管理
存储管理
云物理机管理
网络管理
容器实例管理
集群管理
数据卷管理
镜像管理
虚拟网络管理
服务管理
云主机服务
网络服务
云物理机服务
存储服务
容器服务
编排服务
镜像服务
负载均衡服务
权限管理
组织管理
角色管理
部门管理
认证管理
项目管理
分权分域管理
用户管理
服务/流程权限
运营管理
工单管理
流程管理
审批管理
事件管理
配额管理
推送管理
服务目录管理
计量计费
运维管理
集群维护
环境管理
设备维护
报表管理
监控管理
日志审计
告警管理
…
配置管理层
资源池配置管理
VDC管配置管理
资源调度策略配置管理
系统配置管理
…

● 图 4-14 云计算环境下资源管理系统产品架构示意图

制品仓库主要与软件研发过程相关，用于存储软件交付的成果性产物。例如，可发布的二进制安装包、可执行应用程序；编译构建阶段的阶段性输出产物等。

这些相关系统的存在为整个研发过程中的持续集成、持续部署、线上运维等流程提供基础的平台保障，也是 DevSecOps 体系中不可或缺的一部分。

4.3 持续集成流水线

介绍完了持续集成基本概念和包含的主要系统，接下来将从平台建设和技术实现的角度为读者详细讲述其典型流程下的技术细节。

4.3.1 典型操作流程和使用场景

持续集成流程在 DevSecOps 平台中主要表现为持续集成流水线，在实际的平台建设中，这一段流程的线上化过程通常是分阶段、分步骤实现的。大多数情况下，首先实现的是代码管理到集成测试这一段的线上化，然后再通过安全左移，逐步完成整个持续集成到持续开发的线上化。

当整个流程完成线上化之后，在 DevSecOps 平台中，编排调度系统是持续集成平台能力的核心，承担着流程调度、任务管理和面向用户交互的职责。基于日常的研发操作和上文中提及的持续集成流程中涉及的主要系统，其典型使用场景如图 4-15 所示。

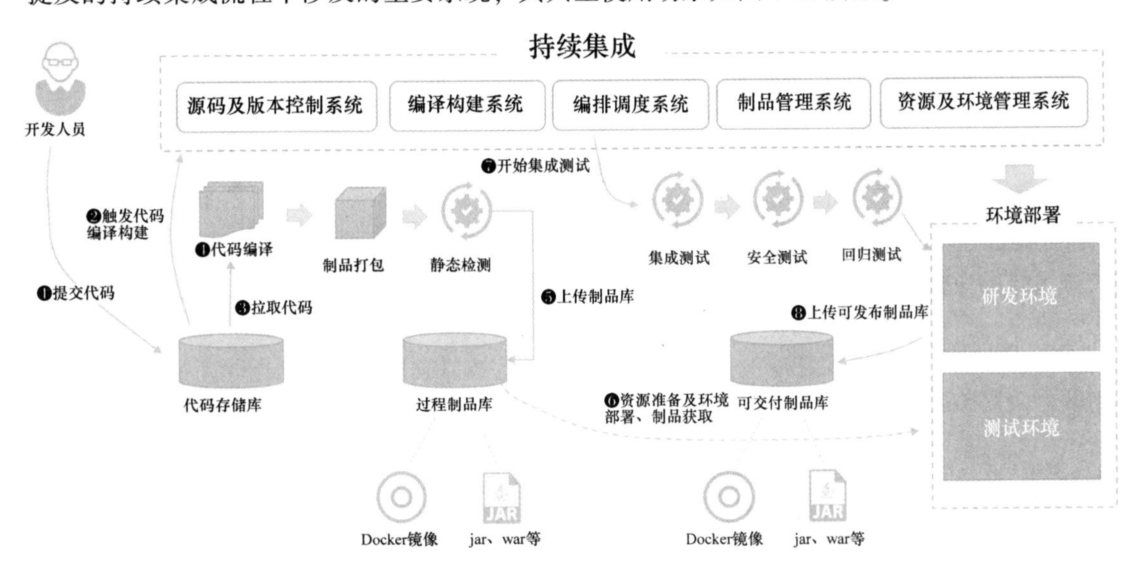

图 4-15　DevSecOps 平台中持续集成流程典型使用场景

其关键流程如下：

- 当开发人员完成开发后，提交代码至代码存储仓库。
- 触发源码及版本控制系统事件 HOOK，发起代码编译构建动作。
- 编译构建系统拉取源代码，开始代码编译。
- 依次执行代码编译、制品打包、静态检测。
- 当上述步骤执行通过后，通过调度将制品上传至过程制品库。
- 生成的过程制品将被部署在资源及环境管理系统准备好的研测环境上。
- 制品部署完成后，进入测试阶段，依次完成集成测试、安全测试、回归测试。
- 当测试阶段动作全部完成后，将验证后的制品上传可发布制品库，供生产环境发布使用。

在整个过程中，各个任务在流水线上依次递进，直至将代码转化为可交付的制品，这就是 DevSecOps 平台中持续集成流程的核心作用。

当一家企业着手搭建持续集成流水线时，通常可以使用如下三种不同的方式去构建此能力：

- 依托云厂商能力，即利用云厂商 SaaS 化持续集成相关系统或服务，构建企业自身的持续集成流水线。
- 采用开源产品，即企业通过整合开源的持续集成相关产品，构建本地化的持续集成流水线。
- 企业自研，即企业通过独立研发持续集成相关产品，构建本地化的持续集成流水线。

上述三种平台能力构建方式中，企业自研的方式更适用于大型互联网企业的大规模并发的持续集成场景，当然需要的资源投入和实施周期也不一样。考虑本书内容的普及性和实用性，这里主要以前两种方式为例向读者介绍持续集成流水线平台能力的搭建。

4.3.2 基于 GitHub 的持续集成流水线

基于 GitHub 的持续集成流水线适合中小型互联网企业，或者说使用公有云基础设施及源代码云托管服务的企业。这类企业有一个典型的特点是代码管理托管在云服务上（这里主要是指 GitHub），企业大多数没有自己的数据中心，采购云厂商的云主机、云数据库、云存储等作为企业的基础设施，如研测环境和生产环境均在公有云上。

1. 方案选择

GitHub Actions 是 GitHub 平台上的一个功能模块，在代码托管的基础上可以承担持续集成流水线的功能，用户通过 GitHub Actions 对软件开发流程的定义，自动化地帮助用户完成代码检出、编译构建、代码检测、依赖管理、测试、部署等操作。当基础设施使用公有云时，在此持续集成方案的基础上，可以快速方便地完成持续部署的自动化。此方案的操作流程概览图如图 4-16 所示。

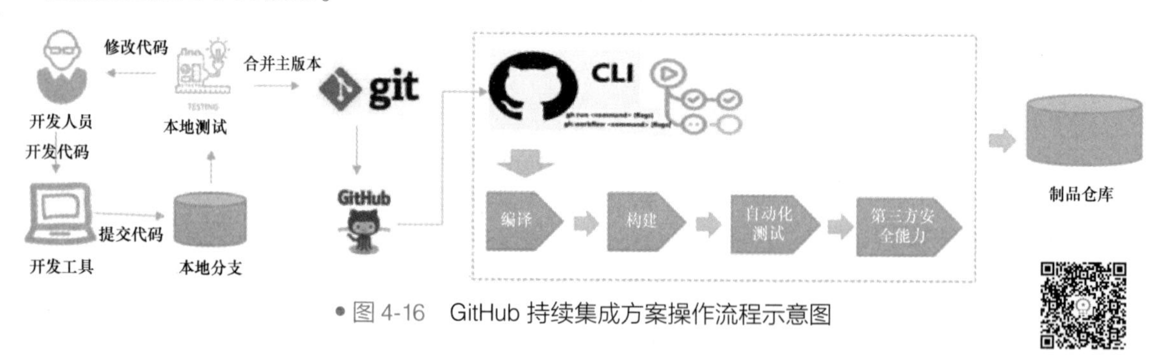

● 图 4-16　GitHub 持续集成方案操作流程示意图

从图 4-16 可以看出，当使用 GitHub 作为持续集成流水线控制时，GitHub Actions 担当着总体流程调度的角色，当触发工作流程的事件后，流程启动开始执行。

2. GitHub Actions 持续集成技术实现原理

使用 GitHub Actions 来实现持续集成时，工作流程是通过在 GitHub 上定义的 YAML 文件来描述的。YAML 文件一般存放在.github/workflows 目录中，一个项目可以定义多个 YAML

文件，一个 YAML 文件定义一个流程（Workflows），流程由事件（Event）触发作为入口。一个流程包含多个不同的任务（Job），每一个任务由一个或多个步骤（Step）组成，每一个步骤可以执行一个或多个操作（Actions）。Workflows-Job-Step-Actions 它们组装在一起，构成整个工作流程，如图 4-17 所示。

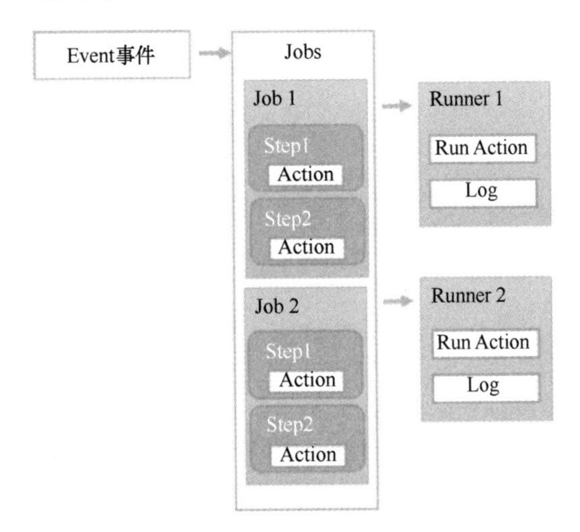

● 图 4-17　GitHub Actions 工作流程构成关系图

配置完成的工作流程可以通过手工操作、GitHub CLI、API 接口等方式触发流程启动事件。事情启动后，会依次执行每一个任务，直至流程结束。如果流程执行失败，GitHub Actions也会起到监控和调度的作用。

当用户代码托管在 GitHub 后，可以在项目中的 Code 标签页直接新建 Actions，如图 4-18 所示。

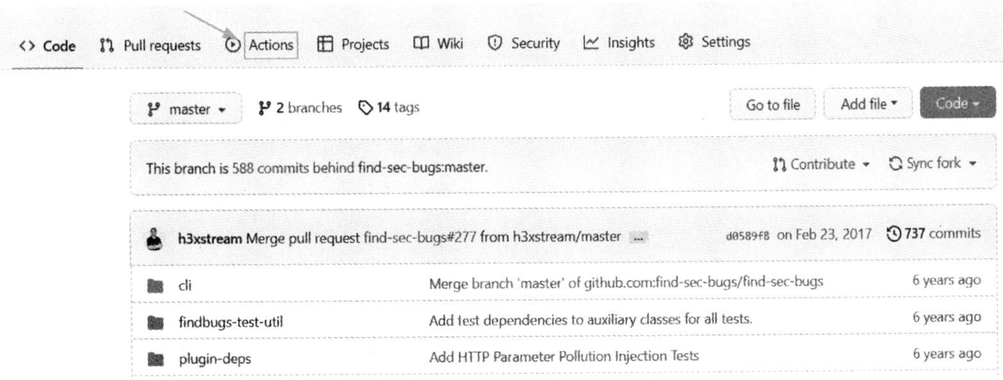

<> Code　Pull requests　Actions　Projects　Wiki　Security　Insights　Settings

master　2 branches　14 tags　Go to file　Add file　Code

This branch is 588 commits behind find-sec-bugs:master.　Contribute　Sync fork

h3xstream Merge pull request find-sec-bugs#277 from h3xstream/master ...　d0589f8 on Feb 23, 2017　737 commits

cli	Merge branch 'master' of github.com:find-sec-bugs/find-sec-bugs	6 years ago
findbugs-test-util	Add test dependencies to auxiliary classes for all tests.	6 years ago
plugin-deps	Add HTTP Parameter Pollution Injection Tests	6 years ago

● 图 4-18　GitHub 上新建 GitHub Actions 入口页图

进入页面后，单击 New workflow 的按钮，开始定义工作流程。默认情况下，当前页面提供了一系列的工作流程模板，如推荐的模板列表、持续集成的模板列表、安全检测的模板列表等。同时，用户也可以自定义自己的工作流程，如图 4-19 所示。

在图 4-19 中，❶所示位置为用户自定义工作流程入口，❷所示位置为系统推荐的工作流程模板入口。当然，用户还可以选择其他的工作流程的快捷模板，如图 4-20 所示。

Get started with GitHub Actions

Build, test, and deploy your code. Make code reviews, branch management, and issue triaging work the way you want. Select a workflow to get started.

Skip this and set up a workflow yourself →

❶

Search workflows

Suggested for this repository

❷

Android CI
By GitHub Actions
Build an Android project with Gradle.
Configure Java

Jekyll
By GitHub Actions
Package a Jekyll site using the jekyll/builder Docker image.
Configure HTML

Deno
By GitHub Actions
Test your Deno project
Configure JavaScript

Java with Ant
By GitHub Actions
Build and test a Java project with Apache Ant.
Configure Java

Clojure
By GitHub Actions
Build and test a Clojure project with Leiningen.
Configure Clojure

Publish Java Package with Gradle
By GitHub Actions
Build a Java Package using Gradle and publish to GitHub Packages.
Configure Java

●图 4-19 GitHub 上新建 GitHub Actions 选择页

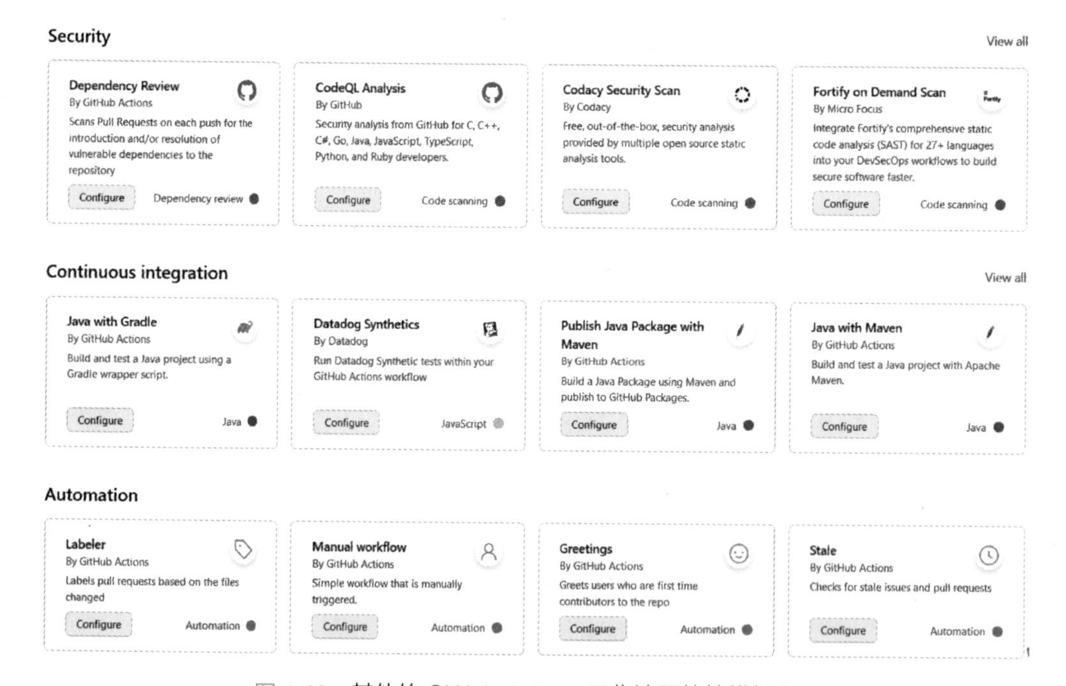

●图 4-20 其他的 GitHub Actions 工作流程快捷模板入口

这里选择 GitHub Actions 工作流程后，则进入 YAML 文件的配置页面，如图 4-21 所示。

在图 4-21 中，❶所示区域为 YAML 文件的自定义配置编辑区，❷所示区域为 GitHub 根据应用市场的使用情况推荐给用户的操作模板和说明文档。用户参考操作模板和说明文档完成 YAML 文件的自定义编辑之后，修改❸的文件名，最后单击❹Start commit 按钮提交 YAML 文件，提交后在代码项目“根目录/.github/workflows”下会存在刚才提交的 YAML 文件。至

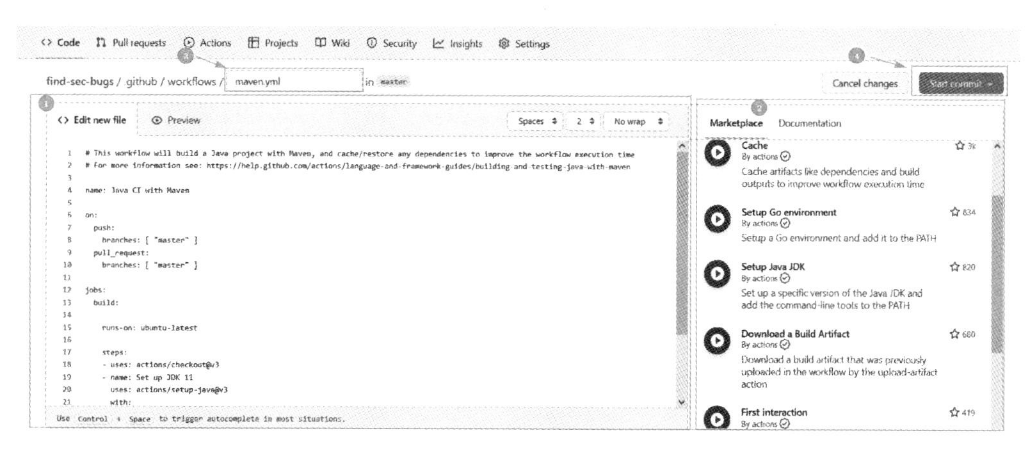

● 图 4-21 GitHub Actions YAML 文件配置页面

此，工作流程的定义已完成。当代码仓库发生变化时，如果发现“根目录/. github/workflows”下存在 yml 文件，将根据流程触发条件，启动流程。

在整个工作流程中的定义中，YAML 文件的配置是流程定义关键。下面以一个 Node.js 项目为例介绍持续集成配置，其文件样例如图 4-22 所示。

在图 4-22 中，文件主要包含三个部分：❶表示整个流程的名称，❷表示流程的触发条件为事件 push，❸表示要执行的任务内容。其中❹表示使用代码的主分支 master，❺表示任务主要是编译构建与测试，❻表示编译构建和测试的使用环境为 Ubuntu 操作系统，❼表示当前 Job 任务所包含的步骤，❽~⓫均为其操作步骤。❽表示代码 Checkout 操作，❾表示命令行环境下依赖环境的安装、构建和测试操作，❿表示对 dist 目录下的文件排除 txt 类型之后生成的制品上传，⓫表示上传自动化测试报告。

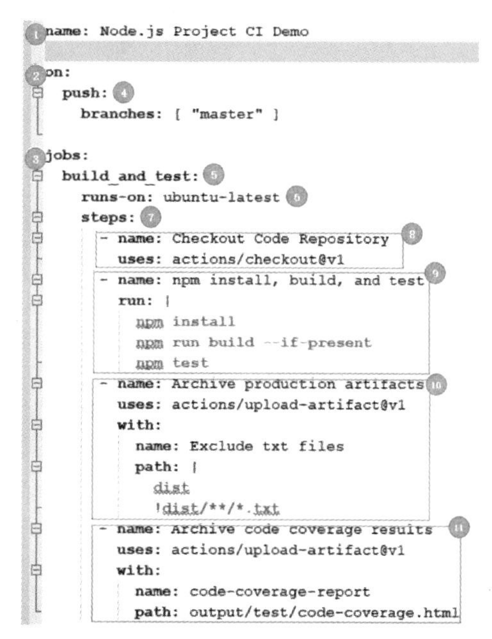

```yaml
name: Node.js Project CI Demo

on:
  push:
    branches: [ "master" ]

jobs:
  build_and_test:
    runs-on: ubuntu-latest
    steps:
    - name: Checkout Code Repository
      uses: actions/checkout@v1
    - name: npm install, build, and test
      run: |
        npm install
        npm run build --if-present
        npm test
    - name: Archive production artifacts
      uses: actions/upload-artifact@v1
      with:
        name: Exclude txt files
        path: |
          dist
          !dist/**/*.txt
    - name: Archive code coverage results
      uses: actions/upload-artifact@v1
      with:
        name: code-coverage-report
        path: output/test/code-coverage.html
```

● 图 4-22 GitHub Actions YAML 文件结构样例

这是一个简单的 Node.js 项目持续集成样例，在实际使用中，开发语言不同，使用场景不同，流程的定义往往要复杂得多。但通过这个样例，读者能概要性地了解 GitHub Actions 实现持续集成流程的基本逻辑。

对于 GitHub Actions 的使用 GitHub 官方文档中有比较详细的描述，感兴趣的读者可以详细阅读其案例，并动手操作，理解不同场景下的持续集成流程的定义和使用。例如，GitHub 上 Action 的代码仓库包含各种流程定义模板，感兴趣的读者可以访问地址 https://github.com/actions/starter-workflows。同时，在 GitHub 的应用市场上也有非常多的使用案例，这些案例，既包含持续集成能力，也包含安全能力（如图 4-23 所示）；既包含 GitHub 自身功能，也包含其他厂商的 SaaS 化能力，如亚马逊 AWS、阿里云、RedHat 等（如图 4-24 所示）。

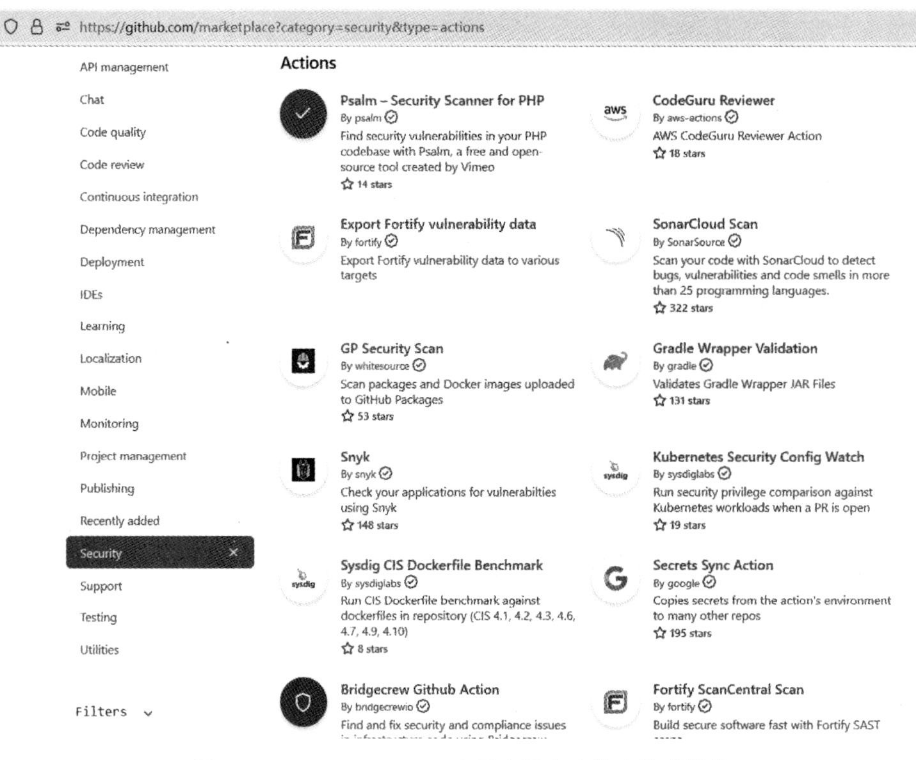

• 图 4-23　GitHub Actions 应用市场安全能力集成推荐

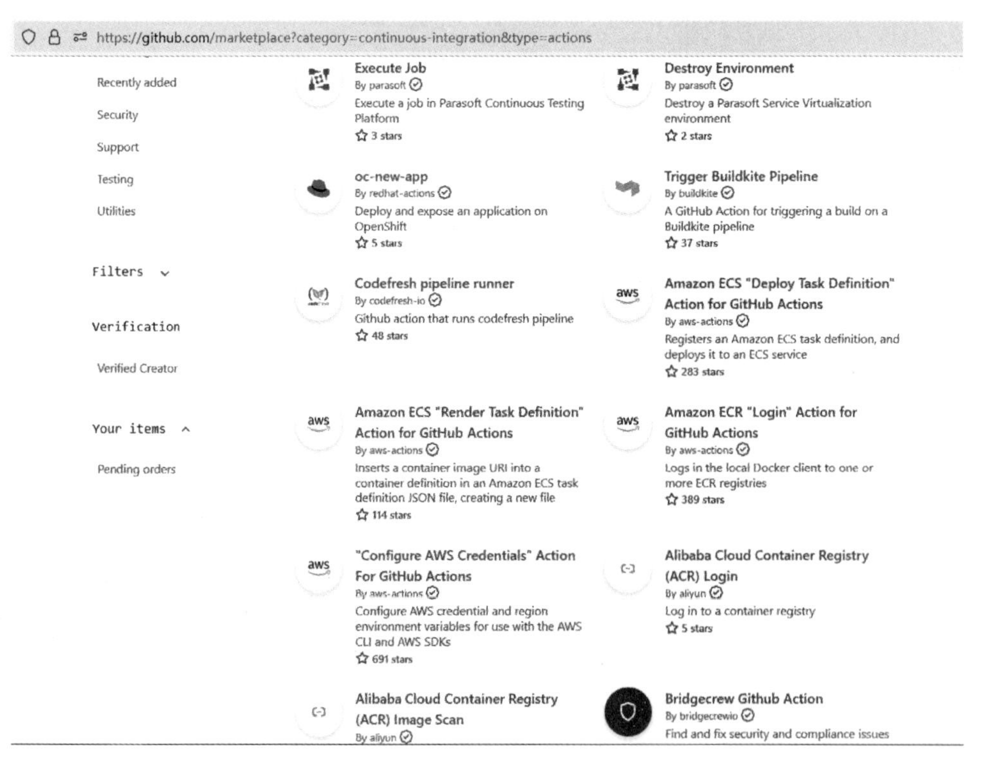

• 图 4-24　GitHub Actions 应用市场外部厂商能力集成推荐

这些与 GitHub 可集成的能力，对于使用 GitHub 实现持续集成流水线的企业来说，无疑是极大地缩短了 DevSecOps 能力构建的周期，降低了平台学习和平台使用的成本。

4.3.3　基于 Jenkins/GitLab CI 的持续集成流水线

基于 Jenkins 或 GitLab CI 去构建企业级持续集成流水线是业界非常普遍的方案，这与它们本身的开源、易于操作，满足常见持续集成场景下各个任务的调度需求有关，同时也与周边生态系统的成熟，与版本管理工具、版本控制工具、构建工具等易于集成也有很大的关系。用户通过使用此类方案，可以方便、一揽子地解决多个业务操作和系统数据之间的打通与联动。

除了少数大规模、高并发的大型互联网企业需要自己去研发流程调度系统外，在使用已有的开源产品或商业产品来构建持续集成能力时，Jenkins 通常是企业的首选方案。

1. 方案选择

Jenkins 是基于 Java 语言的企业级持续集成工具，可以持续、自动化、分布式完成持续集成流程中的多个任务，如构建、测试、监控等。以 Jenkins 为流程调度的持续集成流水线，其概览图如图 4-25 所示。

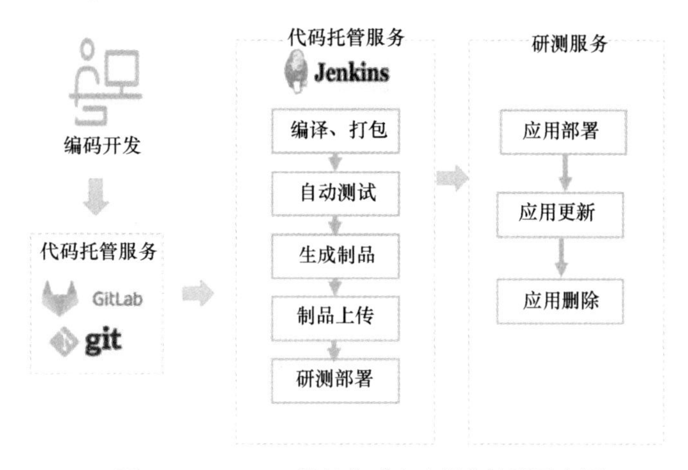

● 图 4-25　Jenkins 持续集成方案操作流程示意图

从此方案中可以看到，图 4-25 中编译、打包、镜像构建、上传镜像、删除镜像等操作，都是在 Jenkins 统一调度下完成的，Jenkins 通过 API 接口、脚本、应用等调用，完成持续集成流程中的关键任务。它与基于 GitHub 持续集成方案的不同在于，此方案中代码托管在本地环境，管理工具使用的是 Git 和 GitLab，Jenkins、Docker 仓库、测试环境等也都是企业自己搭建的，整个平台具有很好的自主性和可定制性。

2. Jenkins+GitLab 持续集成技术实现原理

接下来，将以 Jenkins+GitLab 相结合的方案介绍持续集成能力的实现。Jenkins+GitLab 的安装市面上有很多文字资料和视频，这里仅做简要地介绍，通过简化安装让读者了解其系统构成即可。首先，来看看 GitLab 的安装。

（1）安装 GitLab

GitLab 是业界使用比较广泛的一款覆盖 DevSecOps 全流程的软件，它分为 GitLab CE 和

GitLab EE 两个版本，其中 GitLab CE 为社区的开源版本，GitLab EE 为企业级版本，企业版有一定时间的免费试用期。这里以 GitLab CE 版本为例，讲述 GitLab 的安装。GitLab 安装有多种安装方式，常见的有使用已下载安装包安装、在线安装，如 Linux 环境下 rpm 包安装，yum 在线安装、Docker 安装等。使用 yum 安装时，需要注意的是，安装时需要考虑到网络速度的传输。建议选择安装源时，首选考虑国内的安装镜像源，如清华大学开源软件镜像源、科大镜像源、华为镜像源等，如图 4-26 所示。

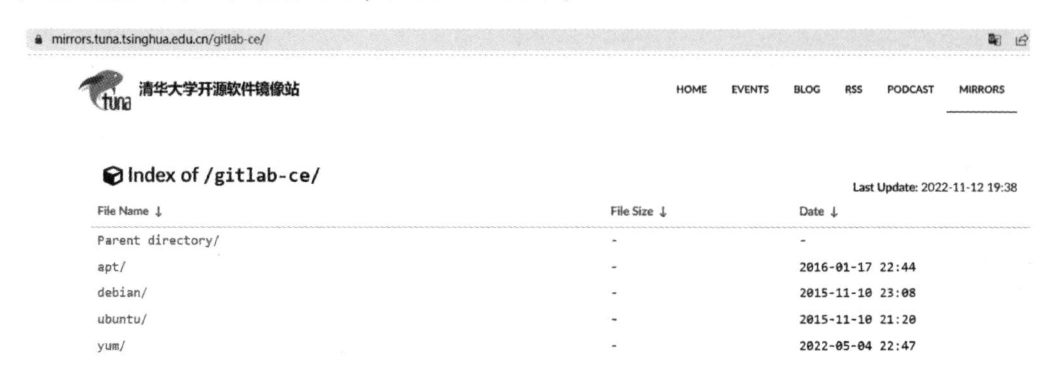

● 图 4-26　清华大学开源软件镜像站网页截图

本书为了简化 GitLab 的安装操作，方便读者快速使用和了解 GitLab，使用 Docker 化安装方式。Docker 安装首先要下载 GitLab，如下命令行所示：

```
docker pull gitlab/gitlab-ce:latest
```

待此命令执行完成后，即可启动 GitLab，如下命令行所示：

```
docker run -d
    --hostname gitlab.devsecops-demo.com
    -p 443:443 -p 80:80 -p 22:22
    --restart always --name gitlab
    -v /usr/local/gitlab/etc:/etc/gitlab
    -v /usr/local/gitlab/log:/var/log/gitlab
    -v /usr/local/gitlab/data:/var/opt/gitlab
    gitlab/gitlab-ce:latest
```

等待一段时间，当所有的容器状态正常时，即可以通过 gitlab.devsecops-demo.com 访问 GitLab。如果通过域名无法访问，读者需要配置 IP 解析。首次使用时，需要配置 GitLab 管理员密码，设置完密码后才可以管理员身份登录 GitLab。

相比 yum 安装，Docker 的安装与配置要简单得多，读者也可以使用其他方式安装，来加深对 GitLab 的理解。另外，对于英文不好的读者，建议安装时选择中文版，即选择镜像 gitlab-ce-zh：latest 即可，其他步骤与英文版一致。

（2）安装 Jenkins

Jenkins 是 Java 语言开发的，所以安装之前先查看本机是否已安装 JDK，如果没有安装则需要首先安装 JDK。本书默认 JDK 已正确安装，如果有读者不知道 JDK 如何安装，请查阅相关资料。这里仍以 Docker 环境为例，讲述 Jenkins 的安装过程。

在 Docker 命令行模式下，执行以下命令：

```
docker pull jenkins/jenkins
```

默认情况下，使用 latest 镜像。待此命令执行完成后，即可启动 GitLab，如下命令行所示：

```
docker run -d
    --hostname jenkins.devsecops-demo.com
      -p 8080:8080 -p 5000:50000
      -v /var/jenkins_mount:/var/jenkins_home
      -v /etc/localtime:/etc/localtime
      --name jenkins
      jenkins/jenkins:latest
```

等命令行执行完成后，即可通过 jenkins.devsecops-demo.com 访问页面。这里需要读者注意的是，GitLab 的 Docker 启动参数与 Jenkins 的启动参数在端口上要避免冲突，并且和 GitLab 安装一样，考虑 jenkins.devsecops-demo.com 与 IP 地址的解析。否则也是无法访问的。

首次访问 Jenkins 需要解锁管理员密码，这时只需要进入 Jenkins HOME 目录查询密码复制输入即可，如图 4-27 所示。

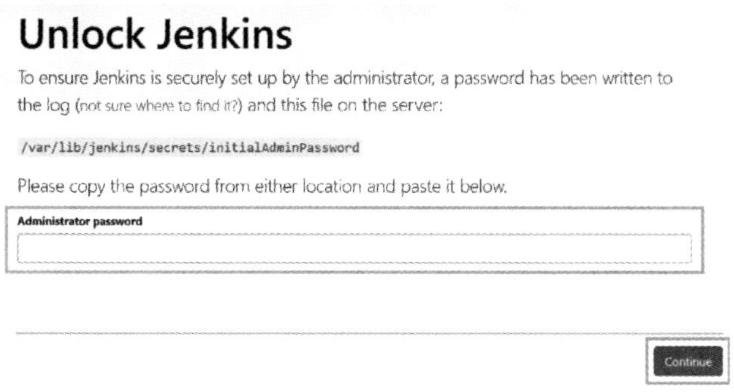

● 图 4-27 Jenkins 解锁密码网页截图

解锁完成后，即可登录进系统，参考新手入门的指引，创建用户、添加插件及执行相关配置。

（3）GitLab 配置访问令牌

GitLab 配置访问令牌，并通过令牌与 Jenkins 之间进行认证和授权。进入 GitLab 主界面，进入一个代码仓库后，选择【Setting】→【Access Tokens】，填写 Token name：gitlab-jenkins-user-api-token 并勾选【api】后，生成令牌信息，如图 4-28 所示。

需要将该令牌信息复制下来并保存至安全的位置，后续在 Jenkins 配置的时候还会使用到该令牌。

（4）Jenkins 配置

Jenkins 主页选择【Manage Jenkins】→【Available】，安装 Jenkins GitLab Plugin 插件，如图 4-29 所示。

选择【Credentials】→【System】→【Global Credentials】→【Add Credentials】，填写 GitLab 用户令牌，如图 4-30 所示。

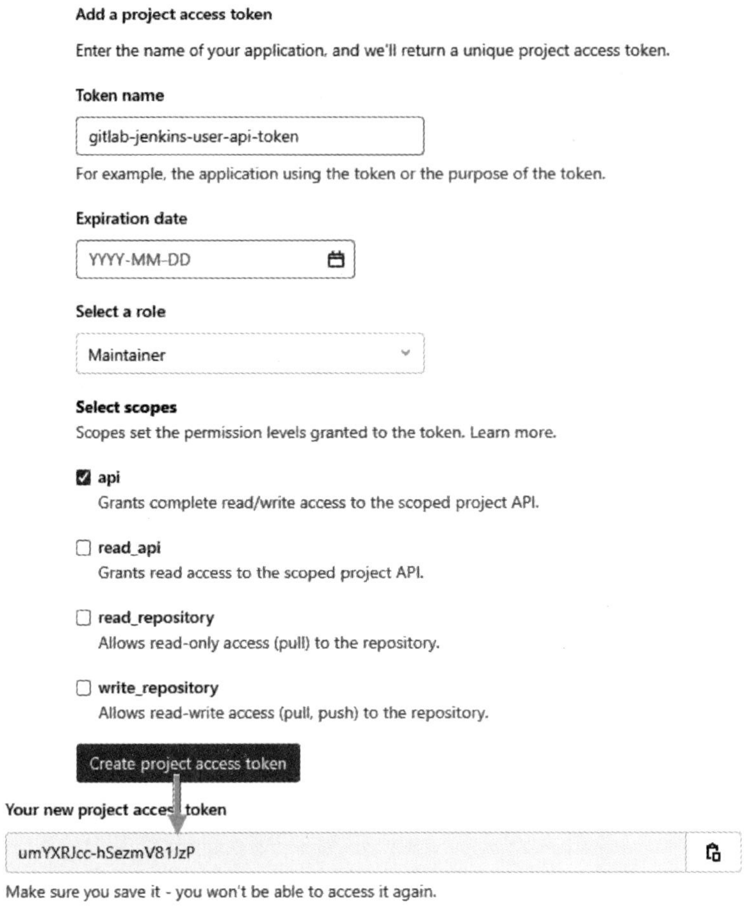

Add a project access token

Enter the name of your application, and we'll return a unique project access token.

Token name

gitlab-jenkins-user-api-token

For example, the application using the token or the purpose of the token.

Expiration date

YYYY-MM-DD

Select a role

Maintainer

Select scopes

Scopes set the permission levels granted to the token. Learn more.

☑ api
Grants complete read/write access to the scoped project API.

☐ read_api
Grants read access to the scoped project API.

☐ read_repository
Allows read-only access (pull) to the repository.

☐ write_repository
Allows read-write access (pull, push) to the repository.

Create project access token

Your new project access token

umYXRJcc-hSezmV81JzP

Make sure you save it - you won't be able to access it again.

● 图 4-28　GitLab 配置访问令牌

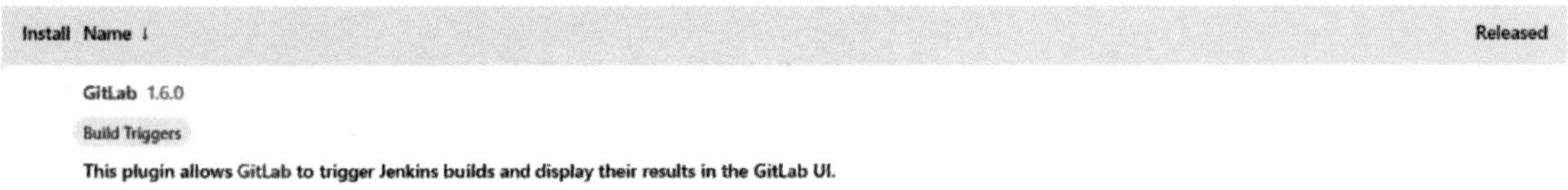

Install　Name ↓　Released

GitLab 1.6.0

Build Triggers

This plugin allows GitLab to trigger Jenkins builds and display their results in the GitLab UI.

● 图 4-29　Jenkins 安装 GitLab 插件

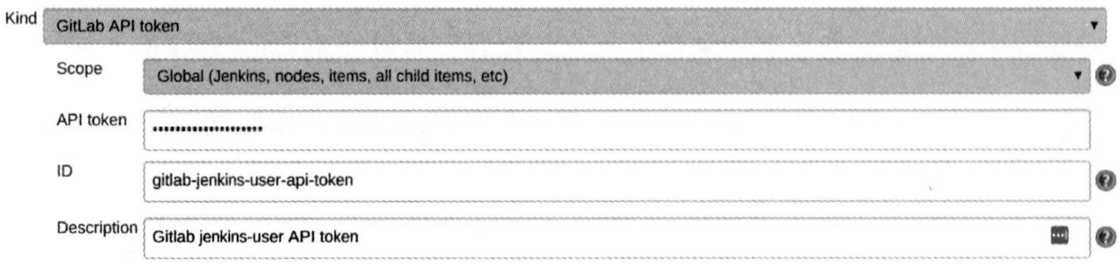

Kind　GitLab API token

Scope　Global (Jenkins, nodes, items, all child items, etc)

API token　••••••••••••••••••••

ID　gitlab-jenkins-user-api-token

Description　Gitlab jenkins-user API token

● 图 4-30　在 Jenkins 中配置 GitLab 令牌信息

最后选择【Manage Jenkins】→【Configure System】，选择【GitLab】标签，填入 GitLab 相关配置，如图 4-31 所示。

● 图 4-31　在 Jenkins 中配置 GitLab 信息

通过以上四个步骤，已经完成了 GitLab 与 Jenkins 的集成。接下来就可以在 Jenkins 中创建任务进行构建。

4.4　小结

本章主要对持续集成流程和版本控制相关系统进行了简要的介绍，帮助读者厘清持续集成流程在平台实现上有哪些技术组成，这些技术有哪些开源产品可以直接拿来使用。接着，分别以 GitHub 和 Jenkins 为例，介绍业界主流的持续集成流程的技术实现细节，分别为不同规模的企业提供持续集成能力实现的指引，并简要地导入不同持续集成能力构建方案下，DevSecOps 能力建设的可达路径大概是什么样子，为本书第 3 部分的实践内容做铺垫。

第 5 章　持续交付与持续部署

上一章为读者介绍了持续集成流水线的技术实现，这一章将继续带领读者了解持续交付与持续部署的相关知识，打通产品版本发布到线上持续运营的流程，逐步完成从产品规划到产品线上运营的全流程覆盖。

本章以持续交付、持续部署为主线，继续讲述 DevSecOps 平台里黄金管道子系统中持续交付与持续部署两个流程涉及的相关概念、系统及平台，帮助读者完善 DevSecOps 平台里黄金管道子系统相关领域知识。

5.1　持续交付与持续部署相关概念

当前一个产品的研发进展达到可版本发布之后，即进入产品部署与交付实施阶段。在 DevOps 模型下，即进入持续交付、持续部署的流程。它们与持续集成的不同在于，持续集成是保障产品开发迭代过程的持续性和输出产物质量，持续交付、持续部署是保证研发产物在不同环境下的可交付性，获取最终客户的认可。

5.1.1　持续交付基本概念

持续交付的含义在业界有多种不同的理解，根据岗位角色的不同，大体可分为两种。一种是站在项目管理的视角看，从项目的生命周期去理解持续交付，这种视角下持续交付的含义更多地偏向于产品研发到项目目标的达成，满足客户需求，达到项目验收完成项目回款的过程；另一种是站在产品研发的视角看，表示产品通过测试验证，达到可交付给客户状态下的持续可交付性。

本书中主要是指第二种视角下的持续交付，它早于持续部署流程，从需求规划到持续集成后，完成测试环境部署、验证，通过内部评审验收，达到用户可交付状态的这一段流程。其含义如图 5-1 所示。

如果用一句话来总结持续交付流程的含义，则是重点保障产品需求的持续实现，把最新版本的应用程序部署到 UAT 环境的持续性流程。

为了帮助读者更好地理解持续交付及后续章节持续部署的流程，读者先要了解这一段流程中与运作环境相关的内容。

在软件产品研发的过程中，通常会涉及多套运行环境，这些环境在不同的场景下通常有不同的特定称谓，这是需要读者理解和掌握的。这些环境主要有：

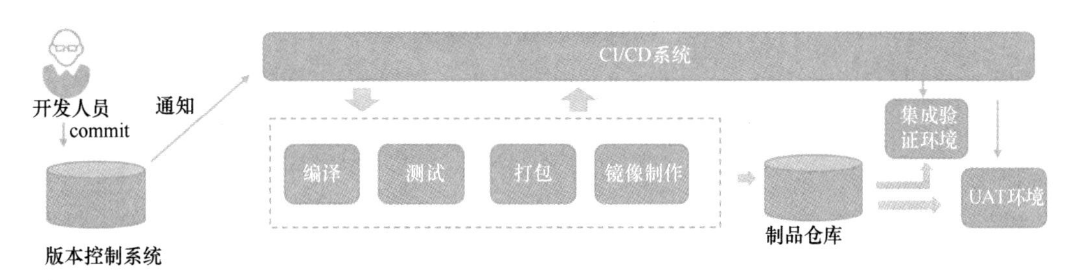

● 图 5-1 持续交付基本概念示意图

- 开发环境。开发环境比较好理解，顾名思义是指软件开发人员在编码开发过程中所用的运行环境。这套环境对服务器配置要求不高，只要能方便开发人员进行代码调试，分析错误日志即可，不会与用户直接交互。通常来说，只有开发人员才会使用这套环境，因为需要不停地修改或上传代码、调整配置等，这套环境上的应用程序很不稳定。
- 测试环境。测试环境主要是用来进行软件产品测试验证的运行环境，通常是由测试人员和开发人员共同维护。大多数情况下，以测试人员维护为主。为了保障测试工作的持续开展，对环境的启停和修改不如开发环境那样频繁，且这套环境上部署的软件产品相对开发环境来说版本要更稳定，以便于测试人员开展功能测试和集成测试。
- UAT 环境。名词 UAT 是英文 User Acceptance Test 的缩写，意思是用于进行用户接受度测试的运行环境，是来提高客户使用体验的。和我们通常说的客户演示环境或用户验收环境类似，这套环境对系统的稳定性、版本的稳定性、需求满足程度均有一定的要求，主要使用对象为客户。
- 准生产环境。又称仿真环境，是指已完成部署但未正式开始生产使用的运行环境，一般来说系统架构、关键参数基本与生产环境一致，仅仅是没有真实的业务流量。
- 生产环境。直接面向最终用户提供的正式、对外服务的真实业务环境，这套环境的管理有严格的要求，同时系统稳定性也有很高的要求，如果对这套环境进行修改或调整，需要严格审批发布流程。

在 DevSecOps 平台的黄金管道中，大多数场景下主要与开发环境、测试环境、准生产环境、生产环境相关。软件产品的研发过程中，很多情况下 UAT 环境与准生产环境使用的是同一套环境，没有严格的区分，小的企业或项目甚至都没有 UAT 环境和准生产环境。而一个软件产品的开发通常经历开发、测试、上线三个阶段后，才开始进入线上运维与运营，所以，开发环境、测试环境、生产环境通常都会具备。理解了这些运行环境之间的差异，持续交付流程在整个产品研发过程中的意义也就容易理解了。

从持续集成到持续交付的流程推进，背后是自动化集成测试、自动化配置管理、自动化基础设施管理三方面能力的极大提升。安全作为集成测试、配置管理、基础设施管理其中的一个部分，也贯穿着持续交付流程的始终。

5.1.2 持续部署基本概念

理解了持续交付的基本概念，再来理解持续部署的含义就尤为简单。持续部署的含义是在持续交付的基础上，将已通过客户验收确认产品版本发布到生产环境的过程，如图 5-2 所示。

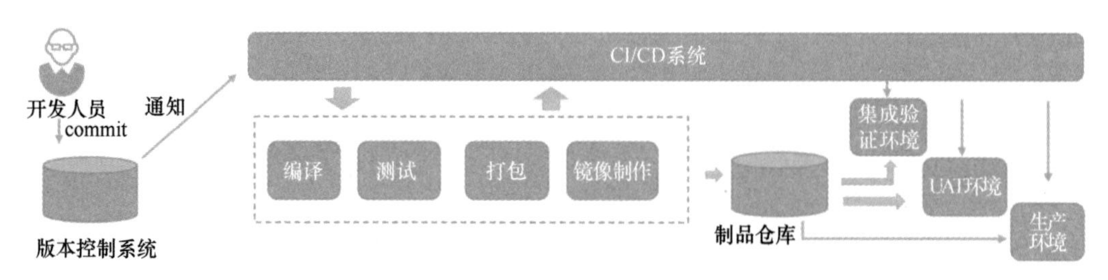

• 图 5-2　持续部署基本概念示意图

从图 5-2 来看，持续部署的流程比较简单，仅仅是从 UAT 环境向生产环境推进了一步，但因为生产环境的稳定性要求，这一过程至少应该包含以下三个部分：

- 部署升级。将制品仓库中通过用户验收确认的产品版本，通过技术评审、流程审批、自动更新等一系列操作部署到生产环境中，完成制品的替换升级。在真实的升级过程中，部署升级并非替换一个制品文件那样简单。常常是同一个制品文件同时部署在多台服务器上，升级时每个文件都需要更新。除了制品文件外，诸多与应用配置相关的参数项，如网络端口、系统文件目录权限、跨区域网络访问的链路路由等都需要在升级时同时操作。为保证部署升级的可靠性，多数企业采用蓝绿部署、灰度部署、滚动更新等方式来避免部署升级操作带来的业务中断风险。
- 部署验证。为了保障部署结果的一致性和生产环境的可用性，通常在部署完成后做阶段性验证，同时也是为了尽早地发现问题，尽早解决，减少部署升级对业务产生的影响。
- 部署监控。验证完成后，为了持续跟踪线上系统的运行状态，还需要在升级后的一段时间内对生产环境进行监控，以防止遗漏、未发现的问题对业务生产过程产生影响。

完成了生产环境的自动化发布后，DevSecOps 平台的黄金管道则完成 Dev 研发段全流程贯穿。在这个流程中，除了上文中提及的自动化集成测试、自动化配置管理、自动化基础设施管理等能力的自动化之外，还有很多细节性的流程与配置管理上的运营，才会产生持续部署的结果。如图 5-3 所示为持续部署流程中各个不同角色视角下的全流程操作示意图，通过

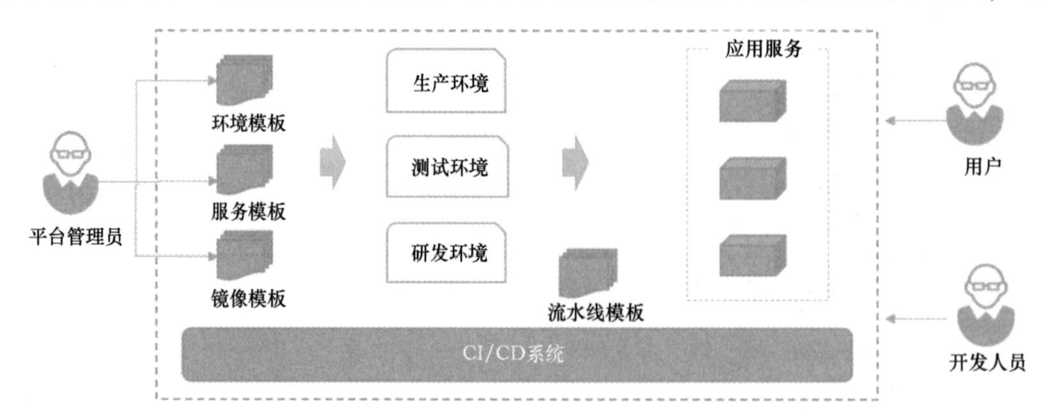

• 图 5-3　持续部署流程下不同角色操作示意图

这张图，更利于读者理解其背后涉及的知识点和技术方向。

从图 5-3 中读者可以看到，在黄金管道的两端分布着平台管理员、开发人员和用户。平台管理员维护 DevSecOps 平台，开发人员研发产品，用户使用产品。从产品规划到产品可使用的自动化生产过程是 DevSecOps 平台运维管理和持续运营之上的持续化生产能力。

5.1.3 其他相关概念

在持续交付与持续部署阶段，除了上述的持续交付、持续部署、运行环境的基本概念外，还有以下概念需要了解，以便于读者从技术层面理解后续 DevSecOps 平台能力的实现。

1. 配置管理

相比传统的软件开发模型，在现代化的 DevSecOps 开发中，配置管理尤为重要，甚至可以说，没有配置管理就没有 DevSecOps 的安全自动化的实现。这里讨论的配置管理主要是指围绕软件开发生命周期的配置管理，除了传统意义上的代码仓库、版本控制、缺陷管理等基础的配置基线外，还包括需求管理、软件设计、测试、部署、运维等过程的流程化和线上化管理动作的配置管理，期望以配置文件管理的方式统一集中管控同一软件在不同环境下（开发、测试、生产）的自动化配置，达到开发或部署过程可控且可重复的目的，其典型的技术表现为 DevOps 工具和流程管理的线上化、基础设施即代码的技术实现，如图 5-4 所示。

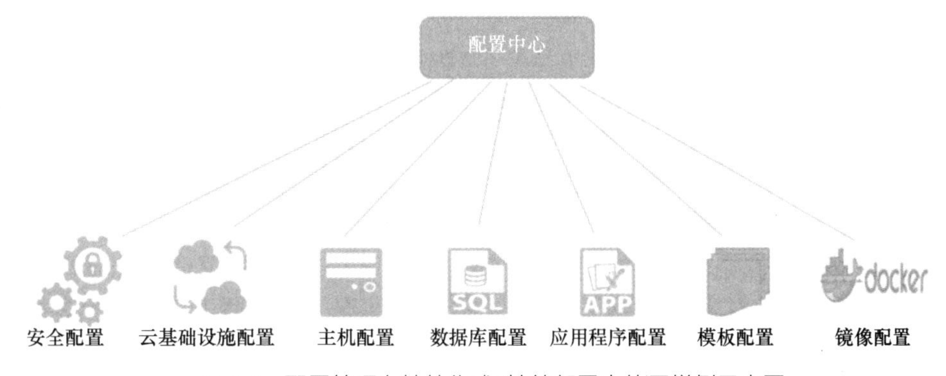

● 图 5-4 配置管理在持续集成/持续部署中使用样例示意图

将基础设施资源（如云主机、云数据库、云存储等）、应用程序文件（如应用安装包、数据库脚本、配置文件）、模板库（如主机镜像、Docker 镜像、配置文件模板）以配置管理的方式，通过代码操作为持续交付、持续部署过程的自动化提供基础。这些内容均属于配置管理的内容。

2. 镜像管理

镜像管理是随着 IT 技术的发展而逐渐提出来的概念，最初的镜像是操作系统镜像；后来出现虚拟化之后，将安装好的虚拟机克隆出来形成主机镜像；现在，随着云原生和容器化技术的发展，出现了容器镜像。基于这些镜像，在持续交付、持续部署过程中生成可运行的实例，达到类似“一次构建，多次部署”的目的。

为了保证这些镜像的可用性，需要持续性地对镜像进行管理和维护。同时，在持续交付、持续部署过程中，同一个镜像无法满足不同场景下的使用，于是出现了镜像配置文件分离。通过外置配置文件的方式，来满足同一个镜像无法满足不同场景下的使用。在不断变化的过程中，逐渐出现了镜像注册表的概念，利用镜像注册表充当镜像仓库，在持续交付、持续部署过程中进行编排和调度。如图 5-5 所示为镜像管理在持续交付和持续部署过程的使用关系。

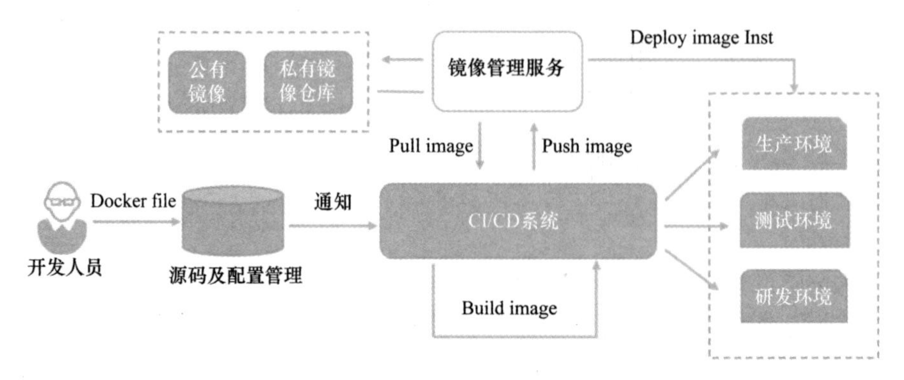

图 5-5　镜像管理在持续交付/持续部署中的使用样例示意图

5.2　持续交付/持续部署流程主要系统构成

通过上一章对持续集成的了解及本章对持续部署、持续交付基本概念的熟悉，读者对 CI/CD 整个流程已经有了清晰的认知，接下来将继续介绍持续集成/持续部署流程的平台技术实现。

熟悉 CI/CD 平台使用的读者想必知道，在业界，CI/CD 流程的平台产品通常是在一起的。也就是说很多产品具备持续集成能力的同时，也具备持续交付、持续部署能力。用一句话总结就是，CI 流程是生产出可用的软件制品包；CD 流程是将软件制品包部署到测试、生产等环境以达到用户需求。从 CI 到 CD 的流程在平台实现上很多能力是可以公用的，典型的能力如任务管理、编排调度、系统监控等。除了这些公共能力外，想要实现上述 CD 流程的平台化，通常包含以下几个系统。

5.2.1　镜像容器管理系统

在介绍镜像管理的基本概念时曾提到，镜像可以看出静态的，无论是软件制品镜像还是操作系统镜像，最终都是通过持续交付、持续部署流程的调度生成可运行的生产环境实例，让服务或软件真正运行起来。为了完成这一流程的标准化和自动化，镜像容器管理系统在其中起着重要的作用。

针对这些镜像的管理通常是由镜像容器管理系统或容器注册表来完成的。由于不同的企业，其技术路线的选型不同，涉及的镜像类型存在较大的差异，常见的镜像类型有：

- 磁盘镜像，如 iso 光盘数据镜像、vhd 虚拟机通用镜像、raw 非结构化磁盘镜像等。
- 镜像容器，如 ovf 和 ova 格式虚拟化镜像、Docker 容器镜像、阿里云主机镜像等。

在 DevSecOps 中，涉及镜像的主要镜像容器类型是由云原生基础和虚拟化架构决定的。为了达到对操作系统、运行环境、应用软件包的“一次构建，多次部署”，通常对这些镜像及依赖镜像创建的运行实例过程实施分层管理，遵循开放容器计划（Open Container Initia，OCI），使用包含不同运行环境的容器镜像来解决镜像部署过程中的标准化问题，如图 5-6 所示。

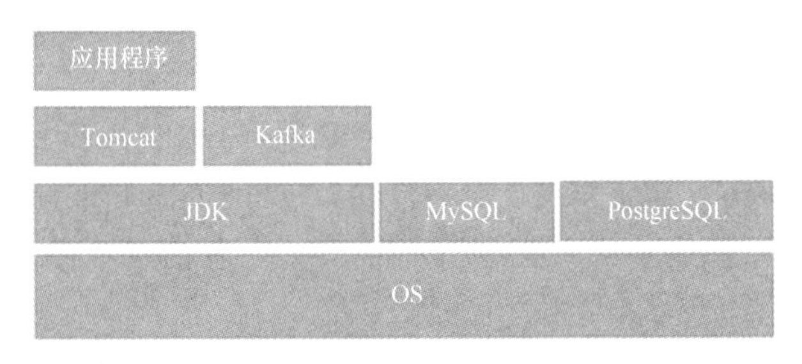

图 5-6 OCI 镜像容器分层管理示意图

这些不同类型的镜像通过镜像容器管理系统与 CI/CD 的打通，在完成整个镜像生命周期管理的同时，也完成了通过容器化的持续部署功能。

在镜像管理系统中，除了管理容器从创建到销毁的生命周期外，拉取、推送容器镜像到不同的环境中去，还有镜像存储、容器运行、容器网络接口管理、CI/CD 接口集成等功能，其本质是通过容器化技术的深度应用，构建黄金管道的自动化测试与部署能力。

目前，常用的镜像容器管理系统如表 5-1 所示。

表 5-1 常用的镜像容器管理系统

序号	软件名称	描述
1	Docker Hub	当前最流行的容器注册表，是 Docker 默认的存储库，以 SaaS 服务的形式给用户提供公共容器镜像市场的服务
2	Harbor	私有化的容器注册表，需要用户自行安装、配置和管理，可以在 K8s 集群上使用
3	Sonatype Nexus Repository OSS	不错的容器注册表，可以结合其他制品管理，整合一套完整的 Nexus Repository 的解决方案
4	Red Hat Quay	私有化部署的企业容器注册表，具有存储库、镜像管理、审计日志等功能
5	公有云容器管理服务	这里是指各个公有云厂商对外提供的 SaaS 化镜像容器管理，如 Azure 容器注册表 ACR、AWS 弹性容器注册表 AWS ECR、阿里云的容器镜像服务 ACR 等

5.2.2 配置管理系统

通过前文对配置管理基本概念的介绍，读者了解了配置管理在 DevSecOps 中起到的重要作用和使用模式，它的使用场景除了基本的版本控制管理之外，还体现在以下几个方面：

- 管理操作系统层、中间件层相关软件的安装和配置。这些功能可以通过前文的镜像管理来解决。如果无法镜像化，则仍需要通过定义自己的 Configuration as Code（配置即代码）来解决。
- 管理软件应用相关的安装和配置。从前文的讨论可以知道，通过镜像容器方案来达到“一次构建，多次部署”的过程中，仍有很多配置需要根据部署环境的不同而做改变。这些配置需要通过配置管理，以保证这些线上操作的可重复性。

- 管理网络的配置和调整，即 Networks as Code（网络即代码）。通过网络策略、路由策略、端口开放等，完成蓝绿发布、灰度发布、流量牵引等不同操作的配置。
- 管理基础设施的资源、配置等。这些可以依托云管系统来完成，但云管系统与 CI/CD 的集成、调度等工作仍是配置管理的重点。

以上这些场景下，通过配置管理系统或配置管理工具，从配置脚本到环境变量适配，以完成不同环境下的测试、部署需要，从而完成 1 台到多台机器的批量操作，满足单一部署到高并发、高可用环境下的多部署策略的支撑。常见的配置管理系统架构如图 5-7 所示。

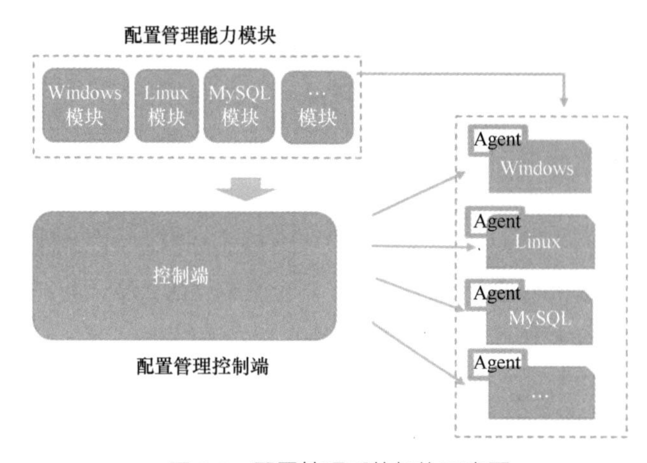

● 图 5-7　配置管理系统架构示意图

目前，常用的配置管理工具如表 5-2 所示。

表 5-2　常用的配置管理工具

序号	软件名称	描　述
1	Ansible	使用 Python 语言开发的自动化运维工具，可以实现批量的系统配置管理、应用程序部署、命令操作等功能
2	Puppet	C/S 结构的配置管理系统，可集中管理用户、定时任务、软件包、系统服务等，分社区版和企业版
3	Chef	和 Puppet 类似的配置管理工具，不同的是 Chef 适合更多定制化场景，适用于云环境
4	SaltStack	基于 Python 编程语言的配置管理工具，易于与各种公有云集成
5	ConfigHub	管理和分发应用程序或分布式系统的配置管理工具，更适用于 Web 应用程序，通过 SDK 或 REST API 向外部提供配置信息

5.2.3　运维发布管理系统

在介绍持续交付、持续部署的流程时曾介绍，流程的关键改变是将研发产物从测试环境发布到 UAT 环境、准生产环境、生产环境上。在这一发布过程中，起着最大作用的就是运维发布管理系统或自动化部署系统。用户通过任务调度，借助运维发布管理系统，将不同阶段的制品或应用安装包推送到不同的运行环境中去。运维发布管理系统与配置管理系统，以及各个运行环境之间的关系，如图 5-8 所示。

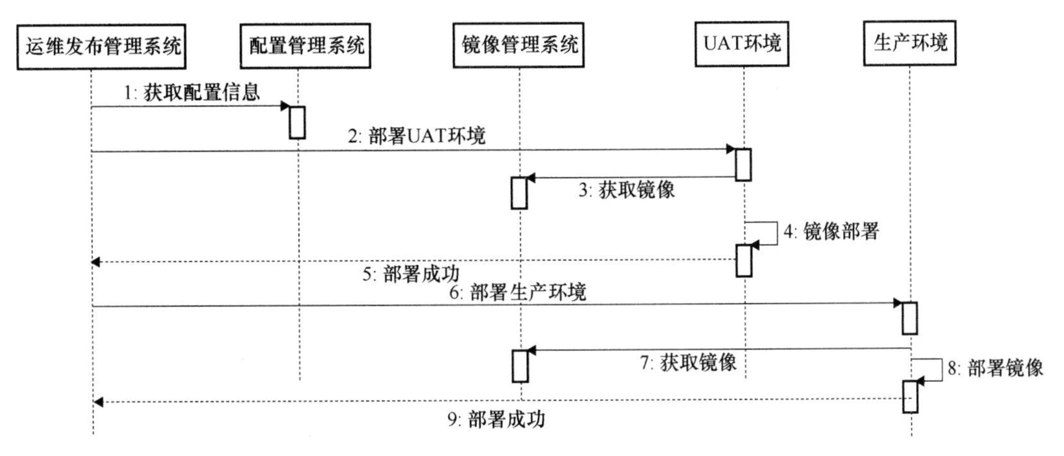

图 5-8 运维发布管理系统周边关系示意图

运维发布管理系统以任务调度为主线，为用户提供一键发布、灰度发布、一键回滚等自动化发布操作。开发人员或运维人员在使用时，跟踪任务的执行进度、过程日志、异常记录，判断发布操作的进展情况，以便及时地做出发布策略的调整。

例如，通过资源划分可以开展滚动发布，每次发布一定比例的服务器，如 10%、30%、60%，通过三次覆盖所有的服务器。这样的情况下，如果没有运维发布系统，当服务器达到一定数量级时，运维的成本会很高，发布周期也会很长。甚至，发布的版本如果出现了问题，难以及时回退或回滚。而使用运维发布管理系统，这些问题都是在系统的功能范围之内。

当然，运维发布管理系统也有自身的不足，尤其是在云原生和微服务的架构逐步成为主流的背景下，运维发布管理系统与应用、应用架构的耦合是有一定侵入的，这种影响在推广落地过程中，既要看用户的容忍度，也很考验产品的成熟度与易用性。

目前，运维发布管理系统在不少企业是单独存在的，很多还是与 CI/CD 融合在一起的。不论它是哪种形态，所提供的能力都需要相应的系统去承载。这些才是运维发布管理系统对整个 CI/CD 流程的真正价值。

5.3 持续交付/持续部署流水线

介绍持续交付、持续部署涉及的相关系统之后，接着来看看这两个流程的技术实现。在实际工作中，CI/CD 通常是在一起的。本书为了详细地向读者讲述其中涉及的技术要求将其拆分，分别向读者讲述持续交付、持续部署与持续集成的流程，方便读者理解自动化流程是如何从测试环境向生产环境变化过渡的，下面就从这些变化点，结合上一章的 CI 流程，来介绍 CD 操作流程和使用场景。

5.3.1 典型操作流程和使用场景

无论是中小型企业还是大型互联网企业，当企业 DevSecOps 能力完成 CD 全流程覆盖时，通常选择容器技术来构建，其典型操作流程和使用场景大体如图 5-9 所示。

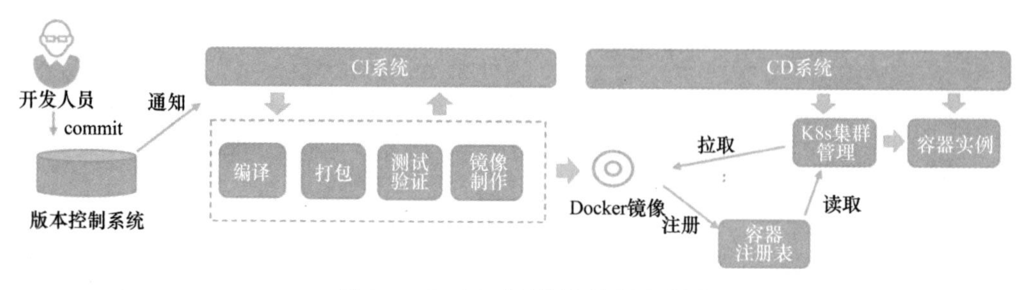

● 图 5-9 CI/CD 典型操作流程示意图

图 5-9 操作流程主要步骤如下：

1）开发人员提交代码到 GitHub 代码仓库。

2）版本控制系统发起更新通知，触发 CI 自动构建动作。

3）CI 完成持续集成构建后，最终生成可用于部署的 Docker 镜像。

4）推送 Docker 镜像到容器注册表。

5）CD 同步 K8s 更新配置，触发部署服务。

6）K8s 集群管理通过容器注册表和配置信息，拉取 Docker 镜像。

7）完成容器实例创建，并运作。

在这些步骤中，读者可以看出步骤 4）及之前是上一章持续集成流程中所讲述的内容；步骤 4）之后，是本章所讲述的内容。在整个流程中，黄金管道的流水线能力仍是流程的核心，通过流水线对流程的代码化，完成镜像打包到镜像管理、镜像注册、应用发布、应用更新等多个使用场景的自动化。使用者通过脚本或代码，依托流水线能力的调度，贯穿部署、更新流程，降低因手工操作带来的出错率，同时将重复性的、枯燥的工作代码化，将人力资源释放出来做更有价值的事，提升了整体的工作效率。

在企业内部，构建持续交付、持续部署的平台能力时，和持续集成能力的构建一样，可以选择依托公有云厂商的能力来建设，也可以在企业内部私有云的基础上自行建设。在构建时选择哪种方式主要依赖于其企业的基础设施资产是什么形态的，如果是公有云上的资产为主，建议依托云厂商能力来构建。反之，则建议企业自建。在企业自建的过程中，目前主要是以容器化技术去构建应用级持续交付及持续部署能力。

5.3.2 基于 GitHub+Docker 的持续交付/持续部署流水线

下面将以 GitHub+Docker 作为技术栈，从持续集成的角度，结合前文所述的流程和主要系统构成，为读者讲述如何构建持续交付/持续部署流水线能力。

1. 方案选择

这里继续使用 GitHub 平台的 GitHub Actions 功能，在原有流程上添加持续交付/持续部署的流程，其中步骤变化点有：代码构建完成后添加容器镜像构建、镜像文件上传/注册、服务器部署等，最终形成的流程示意图如图 5-10 所示。

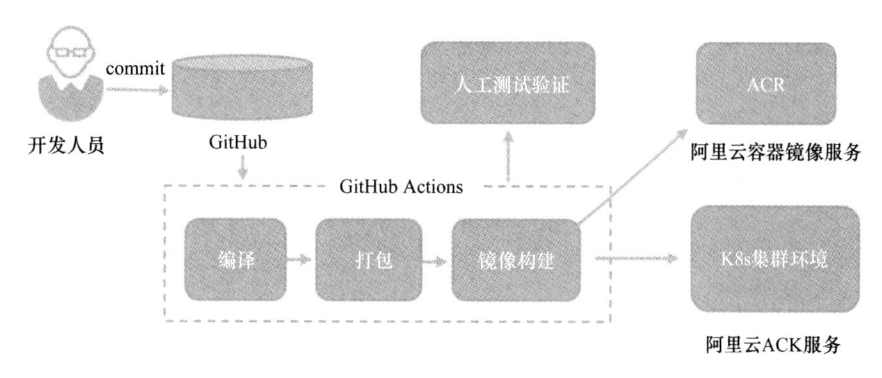

● 图 5-10　CI/CD 典型操作流程示意图

在这个方案里，CI/CD 流水线使用 GitHub Actions，容器镜像管理使用阿里云 ACR，配置管理使用 GitHub Actions，K8s 集群环境管理使用阿里云 ACK。下面就跟读者一起来看看整个流程的具体实现。

2. GitHub+Docker 持续交付/持续部署流水线技术实现原理

在上一章中已经对 GitHub Actions 的使用和相关语法做了详细的介绍，当需要持续交付/持续部署能力时，只需要调整 YAML 文件，定义 CD 流程中的各个操作即可。编写此文件时，可以在 GitHub 手工添加 Action 模板，如图 5-11 所示。

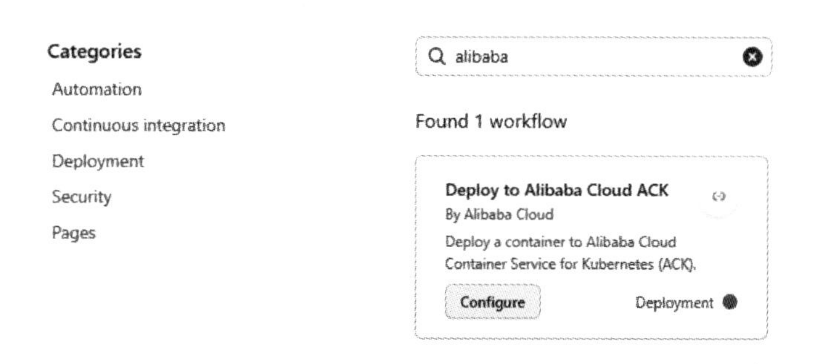

● 图 5-11　GitHub Actions 添加阿里云 ACK 截图

添加完毕后，将得到文件名为 alibabacloud.yml 的模板文件，如图 5-12 所示，再基于此定制化修改为自己想要的 Workflow 流程即可。

当以 Java SpringBoot 应用程序为例，仅需调整文件中的环境变量和代码构建部分内容即可，如下即为需要修改的：

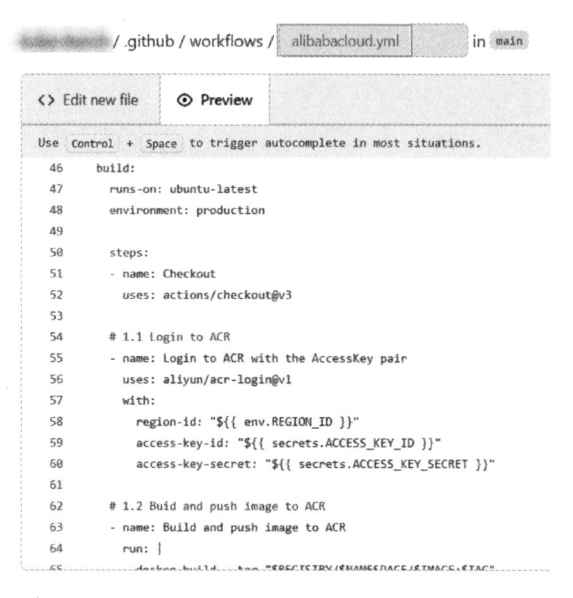

/ .github / workflows / alibabacloud.yml in main
Edit new file
Preview
Use Control + Space to trigger autocomplete in most situations.
46 build:
47 runs-on: ubuntu-latest
48 environment: production
49
50 steps:
51 - name: Checkout
52 uses: actions/checkout@v3
53
54 # 1.1 Login to ACR
55 - name: Login to ACR with the AccessKey pair
56 uses: aliyun/acr-login@v1
57 with:
58 region-id: "${{ env.REGION_ID }}"
59 access-key-id: "${{ secrets.ACCESS_KEY_ID }}"
60 access-key-secret: "${{ secrets.ACCESS_KEY_SECRET }}"
61
62 # 1.2 Buid and push image to ACR
63 - name: Build and push image to ACR
64 run: |

● 图 5-12　GitHub Actions 部署阿里云 YAML 文件样例

```
name: DevSecOps_CI_CD_Demo5
...
# Build and Deploy to ACK
# 以下环境变量,使用时根据实际需要进行调整
env:
  REGION_ID: cn-hangzhou
  REGISTRY: registry.cn-hangzhou.aliyuncs.com
  NAMESPACE: namespace
  IMAGE: repo
  TAG: ${{ github.sha }}
  ACK_CLUSTER_ID: clusterID
  ACK_DEPLOYMENT_NAME: nginx-deployment
...
jobs:
  ...
    steps:
    - uses: actions/checkout@v3
    # 新添加,Java SpringBoot 应用编译环境
    - name: Set up JDK 11
    uses: actions/setup-java@v3
    with:
      java-version: '11'
  # 新添加,Java SpringBoot 应用 Maven 编译
  # 注意:编译构建时选择已验证的代码版本或分支
  - name: Build with Maven
    run: mvn -B package --file pom.xml

  # 模板原有, 登录 ACR,不用修改
  - name: Login to ACR with the AccessKey pair
```

```
      uses: aliyun/acr-login@v1
      with:
        region-id: "${{ env.REGION_ID }}"
        access-key-id: "${{ secrets.ACCESS_KEY_ID }}"
        access-key-secret: "${{ secrets.ACCESS_KEY_SECRET }}"
    #模板原有,Buid Docker 镜像和 push 到阿里云 ACR
    #注意:如果 Maven 编译的 jar 文件名与 Dockerfile 中的不一致,需要重新调整
    - name: Build and push image to ACR
      run: |
        docker build --tag "$REGISTRY/$NAMESPACE/$IMAGE:$TAG" .
        docker push "$REGISTRY/$NAMESPACE/$IMAGE:$TAG"
    #模板原有,镜像扫描,不用修改
    - name: Scan image in ACR
      ......
    #模板原有,设置 ACK 上下文,不用修改
    - name: Set K8s context
    ......
    # 模板原有,集群部署,不用修改
    - name: Set up Kustomize
      ......
```

当上述配置完成后，GitHub Actions 被触发时，自动执行部署流程。读者可以在 GitHub 上对流程进行跟踪，也可以通过阿里云的 ACK 跟踪流程执行结果。

5.3.3 基于 Jenkins+Docker+K8s 的持续交付/持续部署流水线

除了使用 GitHub+Docker 构建持续交付/持续部署流水线外，私有化平台建设的场景下，使用 Jenkins+Docker+K8s 作为技术栈也是比较常见的。在这一节中，将为读者讲述基于 Jenkins+Docker+K8s 的持续交付/持续部署流水线实现。

1. 方案选择

当选择私有化方案替代上节的 GitHub Actions 时，在流程上并没有大的变化，变化更多的是在技术实现上，如代码管理使用 GitLab、CI/CD 调度使用 Jenkins、镜像管理使用 Harbor、容器集群管理使用 K8s 等。最终形成的流程示意图如图 5-13 所示。

基于这个方案，下面跟读者一起来看看整个流程的具体技术实现。

2. Jenkins+Docker+K8s 持续部署流水线技术实现原理

已经安装过 K8s 的读者，想必对 K8s 复杂的安装过程较为熟悉，如果对 K8s 不熟悉也没关系，它不是本节的重点。想学习的读者，推荐安装开源产品 KubeOperator，如图 5-14 所示。KubeOperator 是飞致云开源的轻量级 Kubernetes 发行版，它的安装非常简单，在满足基本配置的基础上，执行一键安装脚本即可。同时 KubeOperator 采用 Terraform 自动创建虚机，采用 Ansible 作为自动化部署工具，这也是和本书基础设施安全相关章节的内容一致。

使用 Jenkins 管理 K8s，首先需要安装 Jenkins K8s 插件。登录 Jenkins 后，依次选择【系统管理】→【插件管理】，在搜索框中搜索 kubernetes，选择 Kubernetes，单击【安装】按钮，完成后重启 Jenkins 即可，如图 5-15 所示。

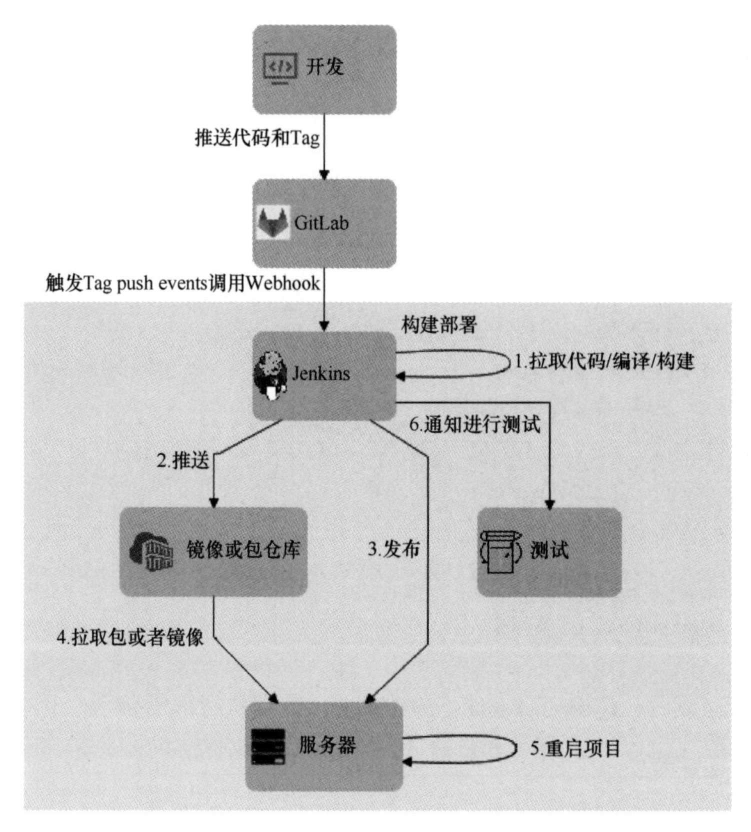

● 图 5-13 Jenkins+Docker+K8s 持续部署流程

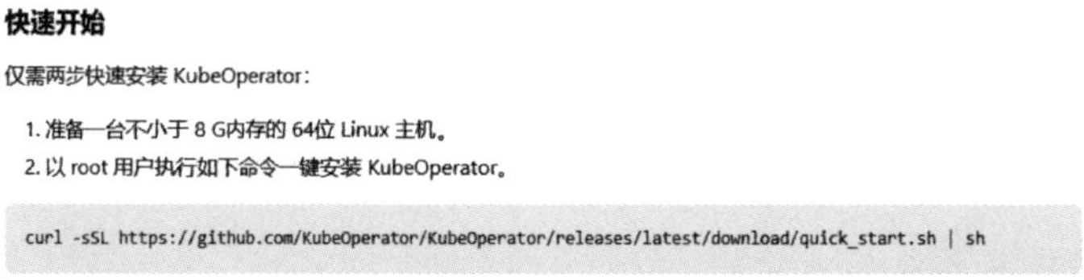

快速开始

仅需两步快速安装 KubeOperator：

1. 准备一台不小于 8 G内存的 64位 Linux 主机。
2. 以 root 用户执行如下命令一键安装 KubeOperator。

```
curl -sSL https://github.com/KubeOperator/KubeOperator/releases/latest/download/quick_start.sh | sh
```

● 图 5-14 GitHub 上的 KubeOperator 快速安装介绍截图

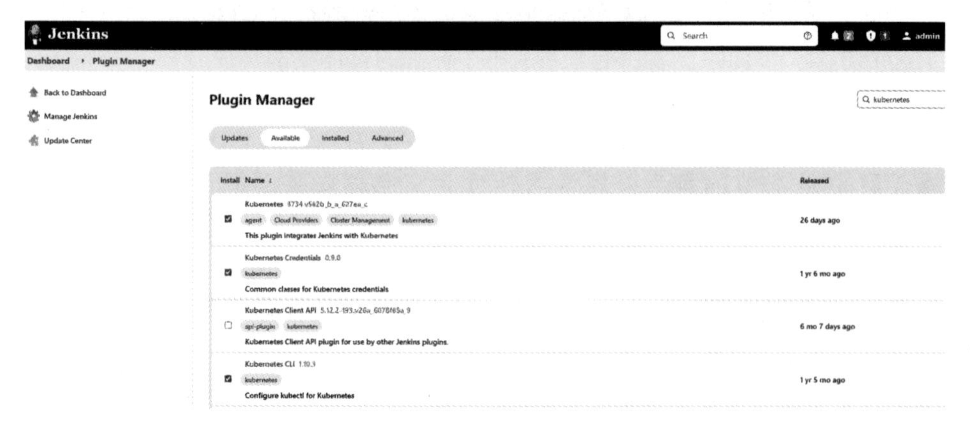

● 图 5-15 Jenkins K8s 插件安装

等插件安装完成重启 Jenkins 后，接着需要配置 K8s 凭据。登录系统，依次选择【用户】→【凭据】→【全局凭据】，添加凭据类型，推荐选择 X.509 Client Certificate，如图 5-16 所示。

● 图 5-16 Jenkins K8s 连接凭据配置

这里需要注意的是以下 3 项内容，均来源于.kube/config 文件，需要登录 K8s 集群查看后填写，如下：

- Client Key，即.kube/config 文件中 client-key 值对应的文件。
- Client Certificate，即.kube/config 文件中 client-certificate 值对应的文件，格式为 crt 或 pem。
- Server CA Certificate，即.kube/config 文件中 certificate-authority 值对应的文件，格式同上。

凭据配置完成后，接下来即可配置 K8s 集群连接了。依次选择【系统管理】→【管理节点与云】→【云配置】，开始配置集群，如图 5-17 所示。

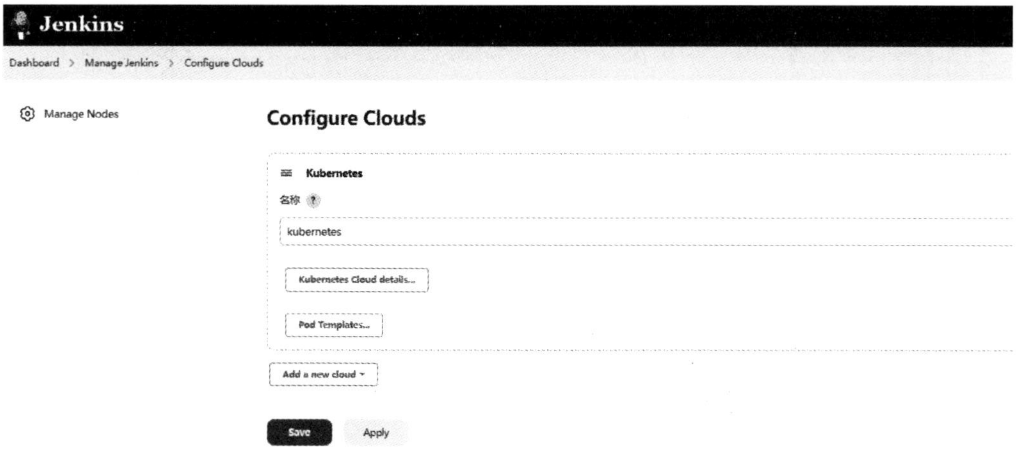

● 图 5-17 Jenkins K8s 集群连接配置

这里，K8s 集群相关配置内容比较多，单击图 5-17 中的第二个输入框【Kubernetes Cloud details...】，详细输入如图 5-18 所示内容。

● 图 5-18　Jenkins K8s 集群连接详细配置参数页面

图中的各输入项含义如下：

- Kubernetes 地址，即 Kubernetes 服务地址，一般填写 Master 节点 IP 地址加端口。
- Kubernetes 服务证书 key，即前文提及的 kube-ca.crt 文件内容。
- Kubernetes 命名空间，即前文提及的 kube-ca.crt 文件内容。
- JNLP Docker Registry，即自定义 JNLP 容器镜像地址，用于 Jenkins 工作节点容器化，如使用 K8s 插件，Jenkins 通过 Job 动态生成工作节点（Pod），并在结束后销毁容器。
- 凭据，即前文创建的 certificate 凭据。

除了上述参数之外，还有 Jenkins 和 Pod 相关配置参数项，如图 5-19 所示。

除了 Jenkins 地址需要填写 Jenkins Master 地址之外，其他的值可以默认。配置完成后，即可以编写 Jenkinsfile 来操作 Pipline。需要注意的是，Jenkins 调用 Pod 管理的 ServiceAccount 需要先在 K8s 集群上创建好。

Jenkinsfile 的编写比较简单，为了便于读者的理解，这里以 Jenkinsfile 伪码的形式展示其基本结构，其包含的操作步骤如下：

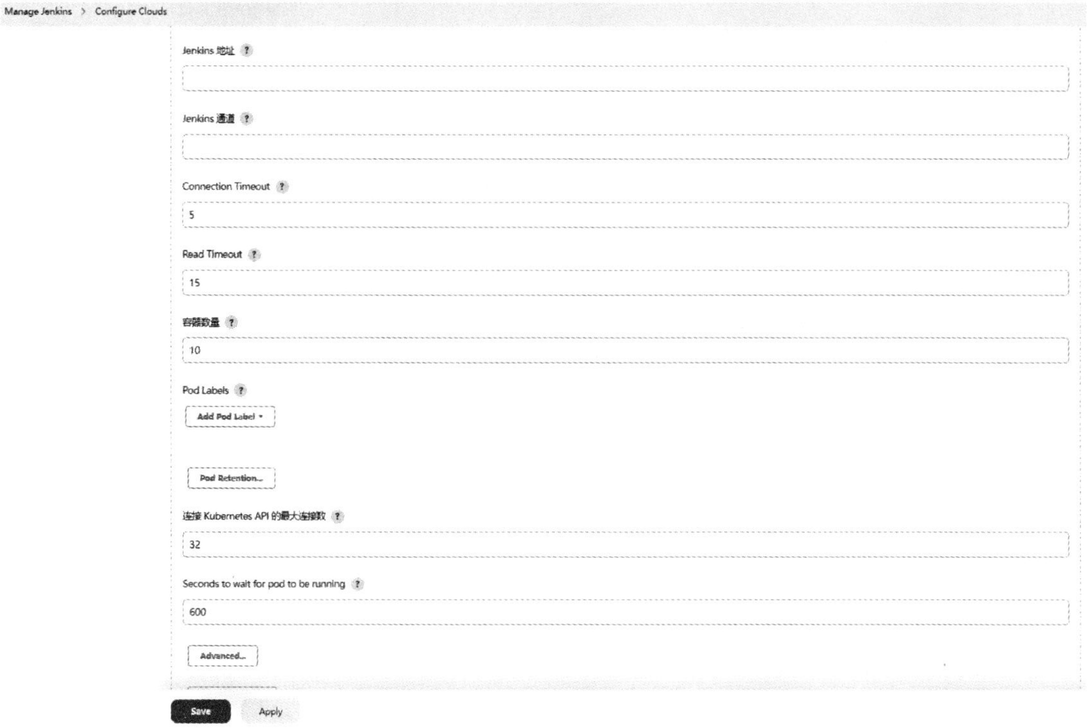

● 图 5-19 Jenkins K8s 集群连接其他配置参数页面

1）拉取代码。

2）编译+单元测试。

3）构建镜像文件。

4）上传镜像仓库。

5）发布到 K8s 集群。

此时，Jenkinsfile 伪码内容如下所示（重点关注加粗部分的内容）：

```
...
agent any
environment {
//定义环境变量 RELEASE_VERSION、USERNAME、IP 等
}
...
stages {
        stage ('拉取代码') {
            steps {
                    echo "start fetch code......"
                }
            }
        stage ('编译+单元测试') {
            steps {
            echo "start maven complie......"
            }
```

```
                    }
        stage('构建镜像') {
            steps {
                echo "start build docker image......"
                sh "docker build -t k8s-cicd-demo5: $RELEASE_VERSION ."
                }
    }
      stage(' push 镜像') {
                steps {
                echo "start push docker image"
                sh "docker login $IP: $PORT --username= $USERNAME -p= $PASSWORD"
                sh "docker tag k8s-cicd-demo5: $RELEASE_VERSION $IP: $PORT/k8s-cicd-demo5: $RE-
LEASE_VERSION"
                sh "docker push $IP: $PORT/k8s-cicd-demo5: $RELEASE_VERSION"
                }
}
node(' slave '){
        stage('发布到K8s 节点') {
                steps {
                echo "start k8s deploy"
                sh "kubectl apply -f ./jenkins/scriptsk8s-cicd-demo5.yaml"
                }
     }
}
...
```

当 K8s 的发布环境区分测试环境、准生产环境、生产环境时，可以通过此方式完成不同环境的部署发布及回滚设置，以满足灰度发布、蓝绿发布、滚动发布等发布要求。

通过上述内容的介绍，读者基本理解 Jenkins+Docker+K8s 持续部署流水线技术实现原理及其关键步骤，但 Docker、K8s、Jenkins 等技术细节涉及的内容比较繁杂，仍需要读者进一步学习其他资料，以便在此基础上，深入理解云原生技术与 DevSecOps 自动化实现的关系。

5.4 小结

继第 4 章介绍持续集成之后，本章对持续交付、持续部署又做了重点介绍。通过这两章内容的介绍，为读者呈现了 DevSecOps 平台中黄金管道子系统的主要流程和相关系统及功能，这是整个 DevSecOps 平台中最基础，也是最核心的部分。没有黄金管道子系统，安全能力、安全流程、安全工具也就无法依附，企业级的 DevSecOps 体系也将难以构建。只有理解了这些，安全从业人员才能基于对业务的理解，在整个流程中嵌入安全工具、安全卡点，开展相应的安全规划，为达到体系化、可持续改进的 DevSecOps 能力打下基础。

第 6 章　安全工具链及其周边生态

从 DevSecOps 平台架构的介绍中，读者了解到整个平台能力是由黄金管道子系统、安全工具链子系统、周边生态子系统三者构成的。前两章从 CI/CD 的角度介绍了黄金管道子系统和部分相关系统的介绍，本章将重点介绍安全工具链子系统和周边生态子系统。通过这三章的内容介绍，为读者打下 DevSecOps 平台技术框架的基础，为后续章节的安全专项能力与 DevOps 融合做前提铺垫。

安全工具链是指企业安全建设者站在整个软件开发生命周期的角度，去选择不同的安全工具在软件研发过程不同阶段解决安全风险，从而实现平台级的安全自动化。周边生态系统是指除了安全工具之外，在软件开发生命周期或 DevOps 流程中还涉及其他的系统，如项目管理、组件仓库和镜像仓库等，这些典型的周边生态系统都会影响到安全工具链的建设与实施方案。

6.1　安全工具链在平台中的定位

建设 DevSecOps 平台的目标之一就是降低线上安全漏洞的数量和修复成本，围绕这一目标，其核心是构建和利用好各种自动化安全漏洞检测工具，并将其与 CI/CD 流水线进行自动化集成，在不影响研发效率的同时，确保安全漏洞能够及时、准确地发现。

作为建设者，需要根据工具的特性和所适合嵌入的研发阶段，对安全工具进行分类，以明确安全工具在整个平台中的定位，构建安全发现能力的纵深，让各种安全工具各司其职，最终形成完整的安全工具链。

6.1.1　分层定位

在 DevSecOps 中，安全左移的表现形式是将安全工作前置到目标规划、需求分析、软件设计、编码开发、构建部署等阶段，并由 CI/CD 平台推动整个开发和运营流程自动化，在不同阶段采用不同的安全工具。表 6-1 列举了各阶段的一些典型安全工具，这些安全工具主要特点是高度自动化及可集成性。

表 6-1　安全工具链在不同阶段的自动化程度

安全工具技术类型	各阶段自动化程度				
	设　计	开　发	构　建	测　试	部　署
SAST（静态安全检测）	N/A	一般	较高	N/A	N/A

（续）

安全工具技术类型	各阶段自动化程度				
	设　计	开　发	构　建	测　试	部　署
DAST（动态安全检测）	N/A	N/A	N/A	较高	较高
IAST（交互式安全检测）	N/A	高	高	高	N/A
MAST（移动安全检测）	N/A	一般	高	较高	N/A
SCA（软件成分分析）	一般	一般	高	高	N/A
TM（威胁建模）	一般	N/A	N/A	N/A	N/A
RASP（运行时应用自我保护）	N/A	N/A	N/A	N/A	较高

从表6-1中可以看到，在软件开发生命周期的不同阶段都对应了不同的安全工具及工具的自动化程度，在某个阶段的自动化程度越高就越适合在该阶段做工具集成。例如，SAST（静态安全检测）和SCA（软件成分分析）适合在开发和构建阶段集成至CI/CD流水线，而DAST（动态安全检测）和IAST（交互式安全检测）适合在测试阶段集成至CI/CD流水线。最终在DevSecOps模式下，安全工具链覆盖软件开发生命周期的所有阶段。

除上述基本安全工具外，有时还需要一些更前瞻性的安全工具，这些安全能力层次分明、相互作用、能力叠加、共同协作来保障应用安全。在《2020 DevSecOps行业洞察报告》[1]中，首次提出了安全工具金字塔概念，如图6-1所示。该金字塔涵盖了传统建设层、

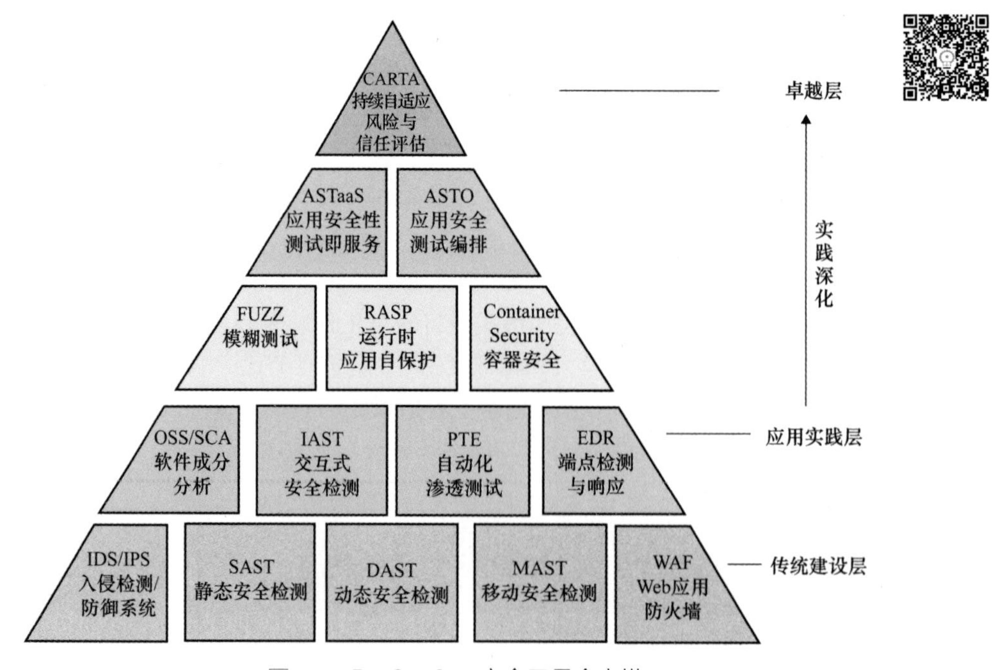

• 图6-1　DevSecOps安全工具金字塔

应用实践层和卓越层，并从技术前瞻性、落地难度和市场普及时间三个维度思考未来 DevSecOps 演进的工具链，目前已发展到 2.0 版本。

图 6-1 从安全的角度，自下而上地显示了不同阶段、不同层次的安全检测工具。报告中指出，工具的分层与该工具的普适性、侵入性和易用性相关，一般认为普适性强、侵入性低、易用性高的工具适合金字塔底层并优先集成，相反普适性弱、侵入性高、易用性低的工具更适合在不断的实践深化过程中逐渐引入。此外，报告中还指出，金字塔中的安全工具分层与 DevSecOps 成熟度分级没有直接关系，仅使用低层次的安全工具也可以完成高等级的 DevSecOps 实践成熟度。

6.1.2 集成概览

在安全自动化落地阶段，需要由安全人员去构建这些安全能力，并将安全能力原子化，放到 DevSecOps 流水线的编排模板中。通常是根据企业的业务形态去构建各个不同的原子化能力，然后将这些能力集成至对应的作业模板。通过安全原子化能力与作业模板编排后的融合，当业务真正去使用的时候，只需在流水线中选择一个模板即可完成安全操作。图 6-2 展示了一个标准流水线集成安全工具链的概览。

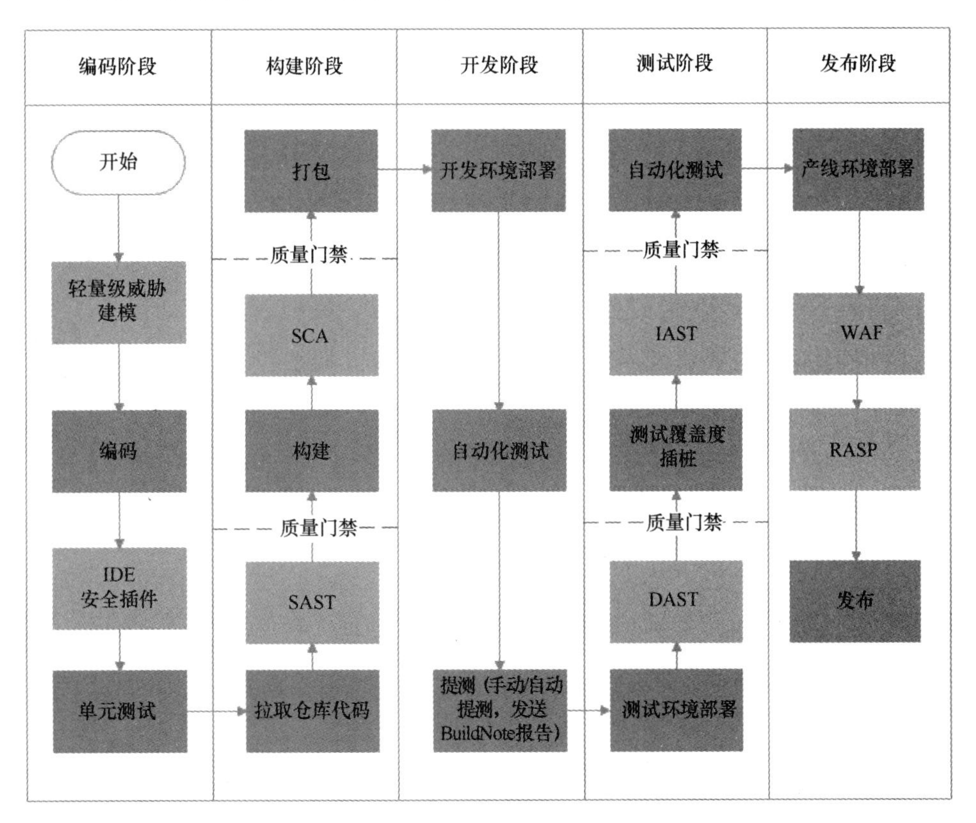

● 图 6-2 DevSecOps 安全流水线集成概览

从图 6-2 中可以看到，当 DevSecOps 流水线构建完之后，安全原子化能力可以根据流水线作业模板做不同的编排，例如，代码提交完之后自动触发代码安全检测，构建完之后触发软件成分分析，部署完之后触发安全扫描。当流水线作业模板足够丰富的时候，整个安全自动化工作就逐渐做起来了，这是一个慢慢迭代的过程，一般来说是从研测向运维推进建设，或者研测和运维同时建设，并向中间合拢，最后达成一体化的安全自动化。自动化之后，DevSecOps 平台里会出现很多过程数据，如项目管理数据、任务数据、漏洞数据等，基于这些汇总数据，可以持续地去做度量分析和运营改进。

6.2 安全工具链分类

在谈安全工具链时，看到最多的就是各种安全检测工具，如 SAST、DAST、IAST 等。前文已经讨论了这些安全检测工具在 DevSecOps 平台各阶段的自动化程度和分层定位，同时列举了标准流水线的集成概览，本节将继续探讨这些典型工具的技术原理、优缺点及使用场景。

6.2.1 威胁建模类

威胁建模（Threat Modeling）是分析应用程序安全性的一种结构化方法，通过识别威胁理解信息系统存在的安全风险，发现系统设计中存在的安全问题，制定风险消减措施，将消减措施落入系统设计中。

威胁建模可以在产品设计阶段、架构评审阶段或者产品运行时开展，强迫我们站在攻击者的角度去评估产品的安全性，分析产品中每个组件是否可能被篡改、仿冒，是否可能会造成信息泄露、拒绝攻击等。在微软的软件开发生命周期中，一直将威胁建模当作最核心的一部分，并通过威胁建模消除绝大部分的安全风险。图 6-3 展示了微软威胁建模的流程。

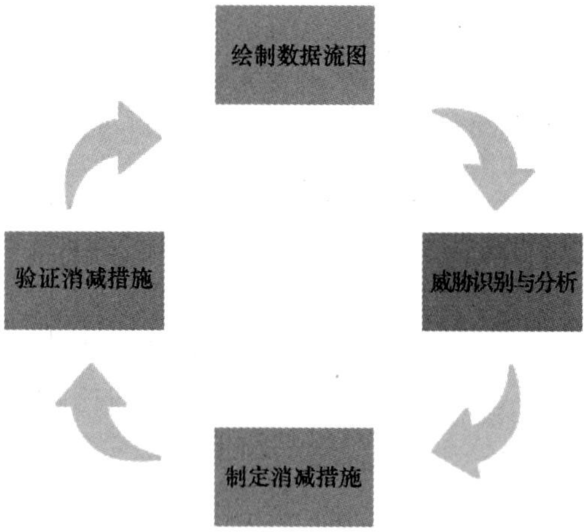

● 图 6-3 微软威胁建模流程

从图 6-3 中可以看到，威胁建模包含绘制数据流图、威胁识别与分析、制定消减措施、验证消减措施 4 个流程。

1. 绘制数据流图

数据流图一般是根据业务的系统上下文、逻辑架构图、网络边界、服务或组件调用关系，由安全人员与业务方一起绘制。绘制数据流图的过程可以帮助安全人员更好地理解业务、确保安全视角没有遗漏。可以使用一些威胁建模工具绘制数据流图，典型的有微软提供的威胁建模工具 Microsoft Threat Modeling Tool[2] 和 OWASP 安全组织提供的 OWASP Threat Dragon[3]。图 6-4 为微软威胁建模工具绘制的某业务数据流图。

数据流图主要由外部实体、处理过程、数据存储、数据流及信任边界组成，在图 6-4 的数据流图中，矩形表示外部实体，圆形表示处理过程，中间带标签的两条平行线表示数据存

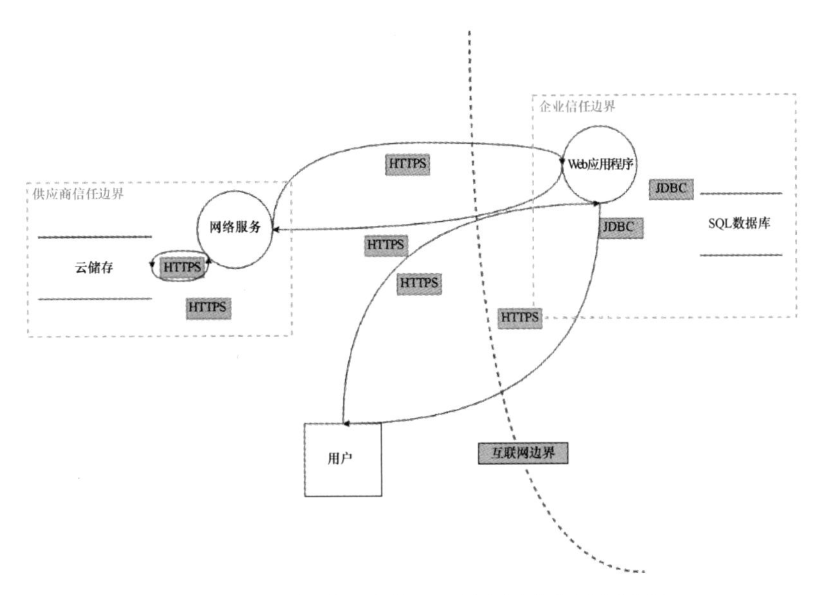

● 图 6-4 微软威胁建模工具绘制的业务数据流图

储，带箭头的曲线表示数据流，蓝色虚线表示信任边界。表 6-2 详细列举了构成数据流图的 5 个部分。

表 6-2 数据流图的元素构成

元素	符号	描述	示例
外部实体	（矩形）	系统控制范围之外的输入或输出	Web 请求、用户
处理过程	（圆形）	一个过程执行一个任务时的逻辑表示	组件、微服务、客户端、Web 服务器
数据存储	（两条平行线）	存储数据的内部实体	数据库、消息队列、文件
数据流	（带箭头的曲线）	外部实体与进程、进程与进程或者进程与数据存储之间的交互	网络通信、共享内存、数据调用
信任边界	（虚线）	攻击者可以发动攻击的边界	网络划分、进程隔离、VPN

2. 威胁识别与分析

通过数据流图和信任边界的划分，我们对容易产生威胁的地方也有了一定的理解。要识别威胁，首先需要知道攻击者的目标，明确需要保护的重点资产，如代码、服务器、敏感数据等；其次定义可能的攻击者，如内部员工、竞争对手、外部的攻击团队等，并找出这些潜在的攻击者可能的攻击路径，如利用安全漏洞、弱口令、钓鱼邮件等，可以看到攻击路径的确定会影响到最终的信任边界划分；最后需要对这些识别到的威胁进行分析，剖析可能会出现的具体威胁。

STRIDE[4]方法是微软提供的用于威胁分析的方法论，它从攻击者的角度把威胁划分成六个类别，分别是 Spooling（仿冒）、Tampering（篡改）、Repudiation（抵赖）、Information Disclosure（信息泄露）、Dos（拒绝服务）和 Elevation of Privilege（权限提升），几乎能够覆盖目前绝大部分安全问题。但随着近年来隐私保护的问题越来越严重，隐私安全也成了业务一个重要威胁，因此 STRIDE 新增了一项 Privacy（隐私），演变成现在的 ASTRIDE（Advanced STRIDE）。表 6-3 列举了 ASTRIDE 的 7 类威胁与信息安全三要素、三属性的对应关系。

表 6-3　ASTRIDE 与信息安全三要素、三属性的对应关系

威　胁	安全属性	定　义	举　例
Privacy（隐私）	隐私保护	个人隐私数据保护	用户敏感信息被查看
Spooling（仿冒）	认证	冒充人或物	冒充其他用户账号
Tampering（篡改）	完整性	修改数据或代码	修改订单信息
Repudiation（抵赖）	审计	否认某些行为	不承认修改行为
Information Disclosure（信息泄露）	保密性	信息泄露或被窃取	用户信息泄露
Dos（拒绝服务）	可用性	服务资源消耗	DDOS 导致网站不可用
Elevation of Privilege（权限提升）	授权	未经授权获取或提升权限	普通用户提升至管理员

接下来可以结合数据流图的基本元素，使用 ASTRIDE 威胁分析方法来对基本元素进行威胁分析，可以得出表 6-4 的对应关系。

表 6-4　数据流图元素与威胁的对应关系

元素	威　胁						
	P（隐私）	S（仿冒）	T（篡改）	R（抵赖）	I（信息泄露）	D（拒绝服务）	E（权限提升）
外部实体		√		√			
处理过程	√	√	√	√	√	√	√
数据存储	√		√	√	√	√	
数据流	√		√		√	√	

表 6-4 直观地表现了数据流图基本元素会面临哪些类别的威胁。外部实体可以被伪造，如发起中间人攻击、认证信息伪造等；处理过程会面临上述所有的威胁，如业务系统的 Web 服务面临爬虫攻击、DDOS 攻击等；数据存储往往面临数据被篡改、敏感数据泄露等威胁，如数据库被脱库，敏感数据未加密等。对所有元素进行威胁分析后，就会获得该系统的威胁

清单，后面就可以依据威胁清单来制定消减措施。

3. 制定消减措施

可以根据不同的数据流图元素和威胁定义消减措施，当然不同的威胁对应的消减措施一般也不一样。例如，在图 6-2 的业务数据图中，用户登录 Web 应用程序这一行为会存在仿冒威胁，消减措施可以是强的身份认证、防止登陆口令暴力破解等，详细方案就是账号、密码、证书认证，增加验证码机制，密码尝试次数限制，账号黑名单机制等。表 6-5 列出了 ASTRIDE威胁对应的消减措施。

表 6-5　ASTRIDE 威胁消减措施

威　胁	消减措施
P（隐私）	敏感数据加密、数据防泄露
S（仿冒）	身份管理、认证（密码认证、单点登录、双因素、证书认证）、会话管理
T（篡改）	MAC、HASH、数字签名、完整性校验
R（抵赖）	安全日志审计、监控
I（信息泄露）	敏感数据保护、数据加密、访问控制
D（拒绝服务）	负载均衡、访问控制、过滤、热备份、缓存
E（权限提升）	访问控制、用户组管理、输入校验、权限最小化

通常在提出消减措施时，要综合考虑业务的实际情况，不能因制定的消减措施导致业务性能、易用性等大打折扣，有时安全和业务之间要做一个平衡，一般有 4 种应对措施：

- 缓解。采取一定的措施增加攻击时间和攻击成本。
- 解决。彻底消除风险，例如，可以是代码和组件方式实现，或安全认证方案等。
- 转移。将威胁转移至第三方或其他系统，例如，购买第三方安全服务，签订用户协议和免责声明等。
- 接受。接受风险是基于成本和安全的一个综合考量，例如，有的风险受到战争、自然灾害等不可抗力因素限制，出于成本考虑，选择接受此类风险。

实际上也并不是所有的威胁都必须及时修复，例如，有些威胁可能风险不大，但如果消减措施会导致整个架构调整就可以考虑暂时不修复。因此需要对威胁进行评级，定义严重程度和优先级，可以使用 DREAD[5] 威胁评级模型。

DREAD 威胁评级模型分别对应 5 个指标：破坏程度（Damage）、可复现性（Reproducibility）、可利用性（Exploitability）、受影响的用户（Affected users）、可发现性（Discoverability），表 6-6 详细列出了这 5 个指标的等级划分。

表 6-6　DREAD 威胁评级模型

指　标	等　级		
	高	中	低
破坏程度	获取完全验证权限，执行管理员操作，非法上传文件	泄露敏感信息	泄露其他信息
可复现性	攻击者可以随意再次攻击	攻击者可以重复攻击，但有时间限制	攻击者很难重复攻击过程

（续）

指标	等级		
	高	中	低
可利用性	初学者短期能掌握攻击方法	熟练的攻击者才能完成这次攻击	漏洞利用条件非常苛刻
受影响的用户	所有用户，默认配置，关键用户	部分用户，非默认配置	极少数用户，匿名用户
可发现性	漏洞很显眼，攻击条件很容易获得	在私有区域，部分人能看到，需要深入挖掘漏洞	发现漏洞极其困难

从表 6-6 中可以看到，这 5 个指标中每个指标的评级分为高、中、低三等，最终威胁的危险评级由这 5 个指标的加权平均算出。

4. 验证消减措施

在完成威胁建模后，需要回顾整个过程，验证威胁是否已经完成闭环，数据流图表是否符合设计，代码实现是否符合预期设计，是否列举所有威胁，以及威胁是否都采取消减措施。验证过程不是一次性工作，过程中需要和业务经常保持沟通，反复执行整个威胁建模的活动识别安全风险，同时确保每个风险都在及时跟进处理。最后整理所有的威胁建模材料并归档，作为后面业务威胁建模的参考材料。

6.2.2 静态安全检测类

静态应用安全测试（Static Application Security Testing，SAST）是一种在编码阶段对源代码进行安全扫描发现安全漏洞的测试技术，又称为白盒测试。SAST 是在软件安全开发生命周期（S-SDLC）较早阶段引入的安全检测工具，合理使用可以在最早阶段发现安全风险，SAST 技术的基本原理如图 6-5 所示。

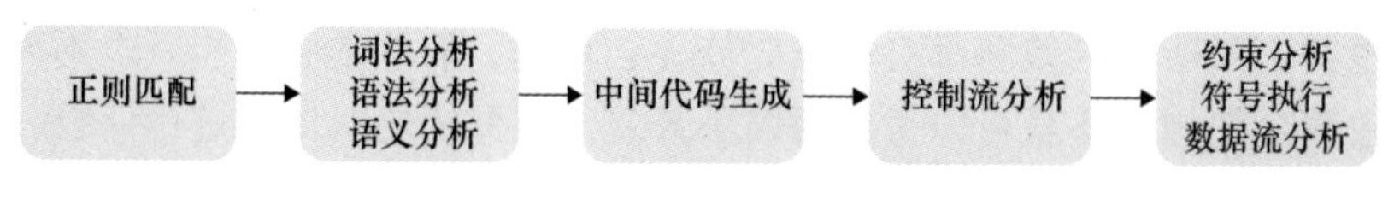

● 图 6-5 SAST 基本原理

图 6-5 描述了 SAST 的基本原理，同时也是 SAST 类产品技术发展的几个阶段：基于正则匹配代码分析、基于 AST（Abstract Syntax Tree，抽象语法树）代码分析、基于 IR（Intermediate Representation，中间代码）和 CFG（Control Flow Graph，控制流图）代码分析、基于 CodeQL[6] 代码分析。

- **基于正则匹配代码分析。** 根据一些漏洞的特征，通过关键字匹配去发现漏洞，但由于无法预测开发人员的编程习惯，匹配规则难以适配多数场景，导致误报率、漏报率非常高。现在纯基于正则匹配的 SAST 已经不存在了，只是作为一种辅助分析技术。
- **基于 AST 代码分析。** 通过词法分析和语法分析，将高级代码语言转化为 AST 语法树，这样就不需要直接去分析高级语言，转而分析 AST 语法树，解决了正则匹配关键字的最大问题。基于语法树预置可能造成漏洞的函数，通过算法分析这些漏洞函数的入参是否可控来判断是否存在漏洞，这种算法称为污点分析技术[7]。基于 AST 代码分析最大难点是无法完整处理 AST 语法树，因此这类 SAST 都会面临同样的问题。

- 基于 IR 和 CFG 代码分析。使用编译器或者解释器将高级语言转换成 IR 中间代码，IR 保存了源代码之间的调用关系、上下文分析等，根据 IR 可以绘制出 CFG，它代表了整个代码的控制流程图，后续漏洞挖掘仍是采用污点分析技术对 CFG 进行分析，并通过符号执行忽略程序中不可达的代码路径。目前主流的 SAST 产品大多采用这类技术。
- 基于 CodeQL 代码分析。通过统一多种语言的 AST 解析器，在执行完并解释后将代码的 AST 解析结果按照预设好的数据模型存储到 CodeDB 中，使用 QL 语言定义污点追踪漏洞模型执行 QL 查询，进而通过高效的搜索算法对 CodeDB 的 AST 元数据进行查询，在代码中搜索出漏洞结果。CodeQL 技术可能是未来 SAST 的方向。

开发人员在编码过程中，采用 IDE 安全插件的方式进行本地源代码安全扫描，可以快速发现安全漏洞并修复。IDE 插件扫描的原理就是污点跟踪技术，图 6-6 展示了集成 IDE 插件后发现安全漏洞的示例。

图 6-6　集成 IDE 插件的静态安全扫描

从图 6-6 中可以看到，编写存在漏洞的代码时，IDE 就会产生告警，在可以查看告警内容的同时，插件也提供了修复方案，单击就可以完成漏洞修复，速度非常快。

IDE 集成安全插件虽然很重要，但强迫开发人员使用特定的插件非常困难（实际上几乎是不可能的），更不用说强迫他们使用特定的 IDE。因此在 IDE 中使用安全插件并不是唯一的方案，在 DevSecOps 平台中还可以将 SAST 作为 CI/CD 流水线的一部分。这样，可以确保即使开发人员未在 IDE 中使用安全插件，在构建运行过程中，仍然会进行安全扫描。

表 6-7 列举了 Fortify、Chechmarx、奇安信代码卫士、SonarQube（开源版）、腾讯云代码分析（开源版）等 5 款典型 SAST 产品的横向对比分析，在不考虑检测规则优化的情况下，结果如下。

表 6-7　SAST 产品横向对比

对比项	产品 A	产品 B	产品 C	产品 D	产品 E
产品架构	基于 C/S 架构	基于 B/S 的分布式架构	基于 B/S 的分布式架构	基于 B/S 的分布式架构	基于 B/S 的分布式架构
检测原理	AST 抽象语法树、数据流分析、控制流分析、约束分析、符号执行	基于虚拟编译技术，不需要依赖编译器和开发环境，无需为每种开发语言的代码安装编译器和测试环境	AST 抽象语法树、数据流分析、控制流分析、约束分析、符号执行	基于 AST 抽象语法树	基于 AST 抽象语法树，数据流分析和控制流分析
支持语言	支持 Java/C++ 等约 27 种主流语言	支持 Java/C++等约 25 种主流语言	支持 Java/C++ 等约 20 种主流语言	支持 Java/C++等约 25 种主流语言	支持 Java/C++ 等约 29 种主流语言
支持漏洞类型	900 多种漏洞类别	1000 多种漏洞类别	1600 多种漏洞类别	未知	1000 多种漏洞类别
支持标准	OWASP、CWE、SANS、PCI、FISMA	OWASP、CWE、SANS、PCI、FISMA、HIPAA	OWASP、CWE、SANS、PCI、国军标 GJB 8114-2013、国军标 GJB 5369-2005、CERT C/C++/Java、国家应用安全编程指南合规、通信行业标准合规	OWASP Top 10 和 CWE Top 25	OWASP Top 10 和 CWE Top 25
是否开源	否	否	否	是	是
误报率	低	较高	低	较高	较高
漏报率	较高	低	低	高	较高
CI/CD 集成	不支持	支持	支持	支持	支持

SAST 通过分析应用程序的源代码来发现安全漏洞，它的优点是支持多种语言和架构，对漏洞类型的覆盖率较高。但从表 6-7 中可以看出，SAST 的使用还是有一定门槛的，尤其是在静态检测规则的优化方面，默认规则无法完全匹配业务代码解决误报率和漏报率问题。一般商业级的 SAST 工具默认情况下误报率普遍在 30% 以上，这将导致在 DevSecOps 落地时需要花费更多精力在规则优化和消除误报上。另外，传统的 SAST 扫描耗时较长，尤其是对于大型的代码仓库，往往需花费数小时甚至数天才能完成，这不符合 DevOps 的研发效能理念，需要结合 DevSecOps 平台架构和安全流程去考虑并发设计和异步设计。

6.2.3 动态安全检测类

动态应用安全测试（Dynamic Application Security Testing，DAST）是一种在应用运行时模拟恶意攻击者发起自动攻击，并根据应用的具体反应确定该应用是否存在漏洞的技术，又称为黑盒测试。DAST 技术的基本原理如图 6-7 所示。

图 6-7 DAST 基本原理

在图 6-7 中，DAST 首先通过爬虫探测整个被测系统的结构，遍历 Web 的目录层级，页面信息、参数等，用户配置完目标 URL 后，开始模拟 Web 用户单机链接操作爬取应用程序；接着对爬取的信息进行分析，并发起攻击尝试，即数据重放，如在请求的表单中添加攻击特征数据；最后 DAST 会分析这些来自业务系统的返回，根据返回结果判定是否存在漏洞。

可以看出使用 DAST 这种测试方法，操作人员不需要了解应用的内部逻辑、业务的实现方式，甚至无需具备编程能力，其完全站在攻击者的视角，采用攻击特征库验证并发现漏洞，误报率低。同时 DAST 的这种高度自动化的测试方法也非常容易集成至 CI/CD 流水线。

DAST 的优点很多，但缺点同样明显，主要缺点集中在以下几个方面：

- 覆盖范围有限。严重依赖爬虫获取到的信息，如果爬虫遍历不全或不准确，会影响最终的扫描结果，导致漏报。例如，AJAX 页面、动态 JS 拼接的链接、输入手机号或短信认证页面等，这些传统的爬虫都无法或难以应对。
- 限定 HTTP/S 测试对象。DAST 的测试对象为 HTTP/S 的 Web 应用，对于其他应用无法进行安全测试，例如，iOS/Android 上的客户端应用无法进行安全测试。
- 无法定位漏洞代码。DAST 发现漏洞后会定位漏洞的 URL，无法定位产生漏洞的代码位置及产生漏洞的原因，因此需要业务去进一步分析，通常需要花费较长的时间来进行漏洞定位和修复。
- 产生脏数据。DAST 必须发送攻击特征数据来进行探测，会产生大量的安全测试脏数据，污染业务测试的数据，因此会对功能测试造成一定的影响，在安全测试过程中需要和功能测试人员保持沟通和协调。
- 特定场景不支持。不支持的场景主要表现在业务逻辑漏洞、某些无回显漏洞，接口经过加密和认证，大量验证码等场景。

针对上述缺点，一些安全厂商经过不断地验证迭代，目前有的 DAST 工具可以避免以上若干缺点。即便如此，优秀的 DAST 产品检出率也只有 30%，但 DAST 误报率极低，使用简单，因此仍然是业界安全测试非常普遍的一种方案。

6.2.4 交互式安全检测类

交互式应用安全测试（Interactive Application Security Testing，IAST）是最近几年比较流行的应用安全测试技术，曾多次被 Gartner 列为安全领域的 Top 10 技术之一，又称为灰盒测试。IAST 理念是让开发人员和测试人员在执行功能测试的同时，无感知地完成安全测试，极大提高安全测试效率。

IAST 实现的方式主要有主动式和被动式两种模式，图 6-8 为主动式 IAST 的原理。

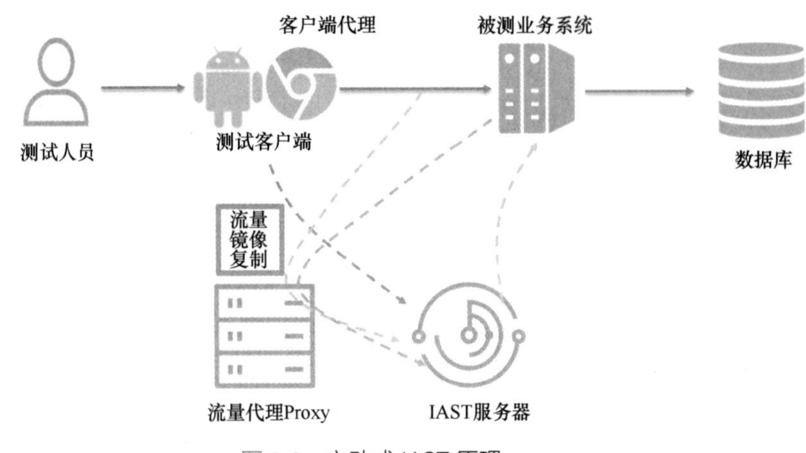

• 图 6-8 主动式 IAST 原理

从图 6-8 中可以看到，功能测试人员在浏览器或者移动端设置代理，接着发起功能测试，测试流量经过代理，代理将流量复制一份，添加攻击特征数据，IAST 扫描器利用改造后的流量对被测业务系统发起安全测试，根据返回的数据包判断是否存在漏洞，后续的操作和 DAST 的原理一样，这里不再赘述。这种代理模式的 IAST 不依赖爬虫，解决了 DAST 覆盖范围有限的问题，此外测试对象无论是基于 HTTP/HTTPS 的应用，还是基于 iOS/Android 上的客户端应用，主动式 IAST 都支持检测。

下面重点介绍被动式 IAST，它是一种基于插桩（Instrumented）模式的 IAST，插桩模式的核心是在被测业务系统中部署 Agent，使用动态 Hook[8] 和污点跟踪算法挖掘漏洞。应用启动前 Agent 在应用的特定位置插入探针，探针不会影响应用的原有逻辑，探针最主要作用如下：

- 获取流量。探针可以获取所有被测业务系统的请求和响应，等于是替代了 DAST 的爬虫功能，只要被测业务系统功能测试全面，就可以获取到完整的流量。
- 代码分析，探针会对应用中每一行代码进行静态分析，即 SAST 技术，因此可以定位产生漏洞的代码位置。
- 控制流跟踪。探针可以在应用运行时，通过 Hook 的方式记录当前应用的上下文信息，实时分析数据流动过程并回溯调用栈，可以得到特定请求的控制流信息。
- 污点跟踪。基于控制流信息，采用污点跟踪算法，追踪不信任输入数据的流动过程，判定是否存在漏洞。

可以看到被动式 IAST 检测漏洞的底层逻辑和 SAST 一样，都是基于控制流和污点跟踪技术判断漏洞，最大的区别是被动式 IAST 省去了构建 AST/IR 这一过程，因为通过插桩，在应用运行时已经可以绘制出控制流图。图 6-9 展示了这一过程。

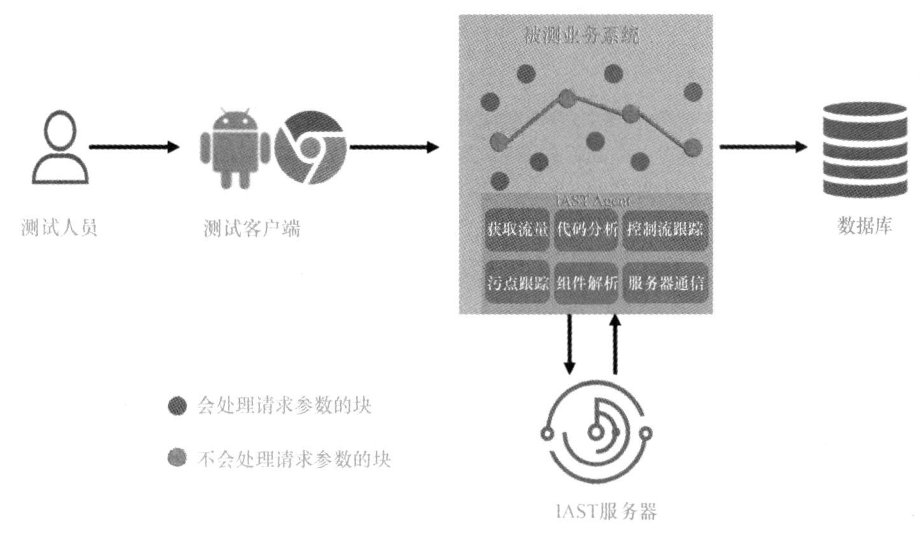

● 图 6-9 被动式 IAST 原理

从图 6-9 中可以看到，功能测试人员发起的请求到达被测业务系统的时候，IAST Agent 可以追踪请求中的参数流动情况。例如，某个请求体其中一个过程是执行 SQL 查询语句，请求体如下：

```
GET /query? username=zhangsan
```

IAST 首选会将外部输入的参数 zhangsan 标为污染数据，接下来会一直跟踪这个污染数据，如果污染数据在传递过程中被处理了，如加密、哈希等操作，那么该标记就被解除（图 6-9 中灰色圆形块），如果一直到执行 SQL 查询语句的时候该参数都未经过处理（图 6-9 中蓝色圆形块），那么 IAST 就认为执行 SQL 语句的时候，来自外部输入的参数不可控，会产生 SQL 注入漏洞。所以污点分析简单理解就是追踪连接绿色块的过程（图 6-9 中蓝色块的连接线）。

目前主流的 IAST 技术基本都采用插桩技术来实现污点跟踪，进而发现漏洞，而 DAST 需要进行数据重放，根据返回信息确认是否存在漏洞。因此 DAST 的缺点在 IAST 中基本都不存在。表 6-8 横向对比了 SAST、DAST 和 IAST 的优劣势。

表 6-8 SAST、 DAST 和 IAST 优劣势对比

对比项	类型		
	SAST	DAST	IAST
误报率	高，需要人工排除误报	低，基本上无需人工排除误报	极低，几乎 0 误报
漏报率	低	高，依赖爬虫覆盖度	低
检出率	高	中	较高

（续）

对比项	类型		
	SAST	DAST	IAST
检测速度	与代码量有关，扫描速度一般1万行/min	与测试系统用例有关，扫描速度一般单个系统30min	实时检测
区分语言	区分语言，不同语言需要不同的解释引擎	不区分语言	区分语言，不同语言需要适配不同的探针
脏数据	不会产生脏数据	产生脏数据	不会产生脏数据
覆盖场景	高	场景有限	较高，支持加密、签名校验、防重放、越权等
侵入性	极低，几乎为0	较高，有脏数据	高，需要对应用进行插桩，影响性能，一般在10%以下
支持CI/CD集成	支持	支持	支持

从表6-8中可以看出，IAST的优势较明显，它结合了DAST和SAST的优势，但最大的缺点是部署探针的成本和对业务性能的影响，尤其是在复杂场景下可能会引起业务部门的反感。因此IAST只有集成进DevOps或DevSecOps平台，在流水线中完成自动部署，最大限度发挥其安全测试效率才会有意义，最合适的场景是应用上线前的测试阶段。DAST是完全站在攻击者的视角进行资产探测，发现资产暴露面及应用的漏洞，从而保障线上运营环境的安全，最合适的场景是应用运营阶段。而SAST针对的是源码漏洞检测，能够在最早期发现安全问题，最合适的场景是应用的编码和构建阶段。

6.2.5 运行时应用自我保护类

运行时应用自我保护（Runtime Application Self-Protection，RASP）是Gartner在2012年首次提出并将其定义：

运行时应用自我保护是一种植入到应用程序内部或其运行时环境的安全技术。它能够控制应用程序的执行流程，并且可以实时检测和阻止攻击行为。

通过定义我们发现，RASP其实也是一种插桩和Hook技术，这和上文提到的IAST Agent采用的是同样的技术手段，实际上IAST Agent就是基于RASP的理念去实现的，区别是IAST Agent负责挖掘漏洞，RASP负责拦截攻击行为。图6-10展示了Java语言插桩技术的基本原理。

以Java语言为例，JVM提供Instrument机制，运行了Instrumentation代理的Java程序，字节码的加载会经过我们自定义的Agent Transformer，在这里可以过滤出我们关注的类和方法，并对其字节码进行相关的修改，实现Hook埋点，最后重新加载Hook后的字节码文件完成整个插桩过程。Java应用的插桩主要分静态和动态两类，而每一类又可以使用不同的技术实现。表6-9展示了各个技术的优缺点。

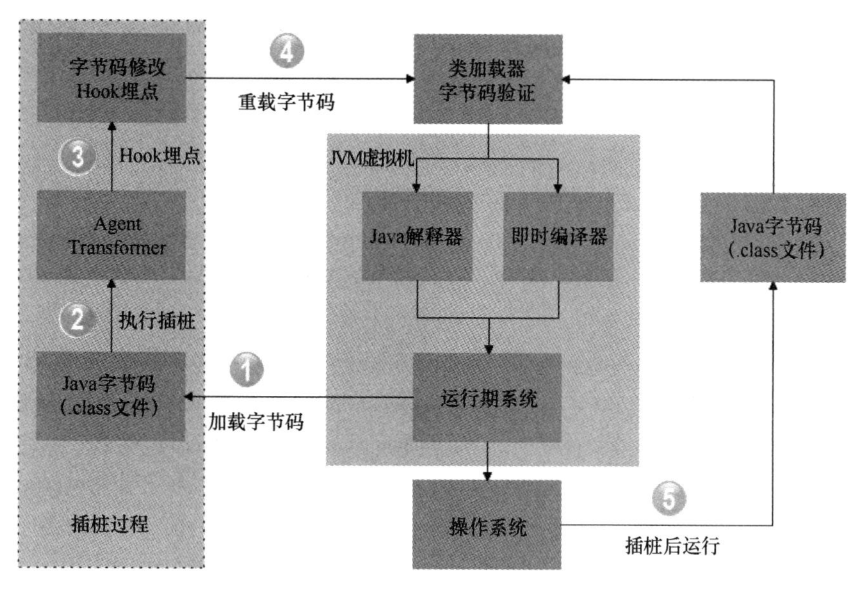

• 图 6-10 Java 语言插桩技术基本原理

表 6-9 Java 插桩技术分类及优缺点

技术类型	技术机制	实现原理	优点	缺点
静态	静态插桩	在编译期，直接以字节码的形式编译到目标字节码文件中	对系统性能无影响	灵活性不足
动态	动态代理（JDK）	在运行期，目标类加载后，为接口动态生成代理类，将拦截点植入到代理类中	相对静态植入更加灵活	切入的关注点需要实现接口，对系统有一定性能影响
	动态字节码生成（Cglib+ASM）	在运行期，目标类加载后，动态构建字节码文件生成目标类的子类，将拦截点加入到子类	没有接口也可以植入	扩展类的实例方法，为 final 时无法植入
	自定义类加载器（Javassist）	在运行期，目标加载前，将拦截点加到目标字节码中	可以对绝大部分类进行植入	代码中如果使用了其他类加载器，则这些类将不会被植入
	字节码转换（ByteBuddy）	在运行期，所有类加载器加载字节码前进行拦截	可以对所有类进行植入	

从表 6-9 的对比可以看出，无论是基于 JDK 动态代理机制，还是基于 Cglib+ASM 实现的动态字节码生成机制，或者基于 Javassist 实现的自定义类加载器修改运行期字节码，都没有基于 ByteBuddy 的字节码转换技术的效果好。图 6-11 为 ByteBuddy 的字节码转换技术的原理。

从图 6-11 可以看到，在对感兴趣的方法进行字节码转换后，就可以在 before( ) 和 after( ) 方法之间进行 Hook 埋点，处理插桩相关的业务逻辑。要想进入到 Hook 点，必须处理 Hook

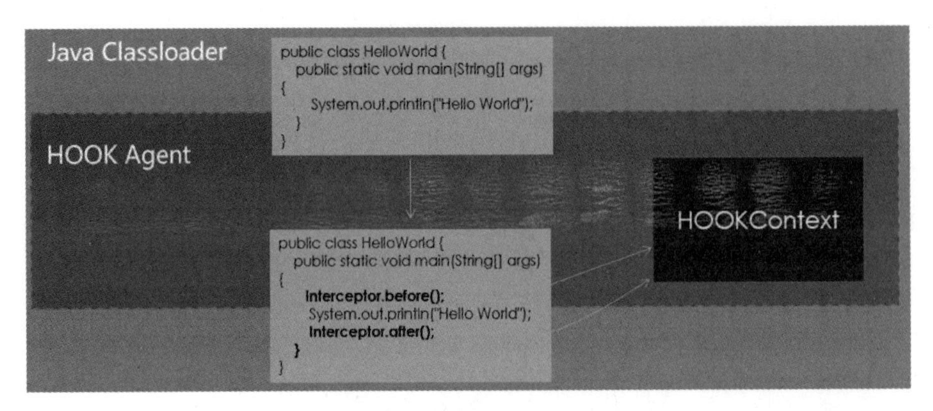

• 图 6-11 基于 ByteBuddy 字节码转换的原理

相关的逻辑，这样就可以根据上下文和参数来实现对攻击行为的检测和拦截。例如，SSRF 漏洞（服务端请求伪造漏洞）RASP 的检测逻辑为遍历每个 request 请求的用户输入参数，与 Hook 到的 URL 比较，如果相同，则用户输入的 URL 到达了底层网络请求的 API，此时再检测 URL 对应的 IP 是否是内网地址，如果是，则判定为 SSRF 攻击，触发拦截机制。

综上所述，RASP 在定位上是应用层自适应的安全解决方案，目标是在不改变应用架构或应用代码的前提下，达到快速检测并阻止攻击的目的。只需要在重点关注的节点进行插桩和 Hook，就可以检测到 OGNL 表达式、会话、请求、SQL 语句等信息，如果 Hook 节点足够充分，可以有效地防御 XSS、SSRF、RCE 和 SQL 注入等 Web 攻击。

当然，RASP 的缺点也很明显，一是插桩和 Hook 机制对应用的耦合较深，会对服务器性能有影响，实际推广难度大；二是方案不通用，需要为不同的语言适配不同的 RASP，目前只在 Java、PHP 和.Net 语言中具备成熟的产品；三是部署难度，需要研发配合，在每台服务器的应用上都需要执行 RASP 插桩命令，增加部署成本。

6.3 主流安全工具简介

在上一节中详细介绍了 SAST、DAST、IAST 和 RASP 等技术的基本原理、优缺点及使用场景。本节将从每一种技术中，挑选若干业界知名的安全产品，从产品的架构、使用、性能等重要参数来介绍，以帮助读者更深入地了解这些产品，也供工具选型时参考。

6.3.1 Fortify 代码安全检测

Fortify 是一款商业级的 SAST 代码分析工具，检测原理是基于 AST 抽象语法树、数据流分析、控制流分析、约束分析、符号执行等技术。Fortify 扫描引擎内置数据流分析、语义分析、程序结构分析、控制流分析、配置文件分析等主要引擎实现对源代码的静态分析，基于分析结果在安全漏洞规则库中进行查找和匹配，从而发现源码中存在的安全漏洞，并最终形成扫描报告。扫描报告中包括详细的安全漏洞信息、相关的安全知识及修复意见等。Fortify 的扫描原理如图 6-12 所示。

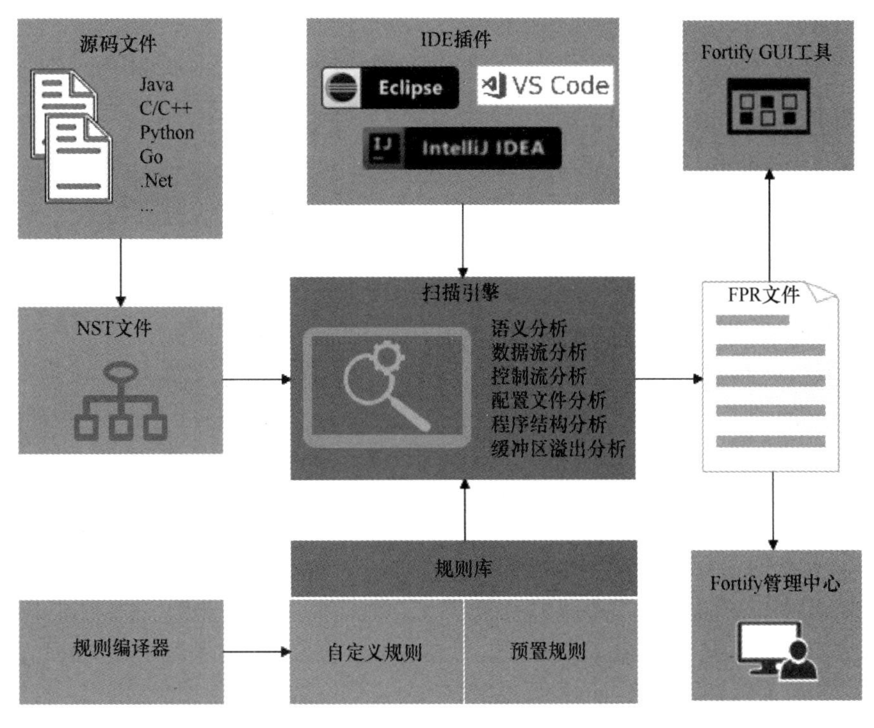

● 图 6-12　Fortify 扫描原理

在图 6-12 中，Fortify 的扫描可以分为转义阶段、分析阶段和报告阶段，这三个阶段具体如下：

- 转义阶段。Fortify 使用编译器或者解释器将高级语言（如 Java、C/C++源代码）转换成 Fortify 自带的中间语言 NST（Normal Syntax Tree），NST 保存了源代码之间的调用关系、上下文分析、执行环境等丰富信息。
- 分析阶段。Fortify 通过六大分析引擎来分析转义阶段生成的中间语言 NST。控制流分析程序特定时间、状态下执行操作指令的安全问题，数据流分析基于污点分析算法，跟踪、记录并分析程序中数据传递过程所产生的安全问题，此外 Fortify 还具备程序结构分析、程序配置文件分析及缓冲区溢出分析能力，最终通过匹配预置规则库和用户自定义规则库发现安全漏洞。
- 报告阶段。Fortify 的扫描结果包含详细的漏洞信息，如漏洞分类、漏洞产生的全路径、漏洞所在的源代码行、漏洞的详细说明及修复建议等，这些信息保存在 FPR 文件，使用 Fortify 自带的工具解析 FPR 文件可以呈现丰富的图形化的结果。

目前 Fortify 支持 Java/C++等约 27 种主流语言，可以扫描 8 个大类，总共约 900 多种小类漏洞。下面还是以 Java-sec-code 和 OWASP BenchmarkJava 这两个项目为例，分析一下 Fortify 的扫描效果，分析结果见表 6-10。

表 6-10　Fortify 静态代码分析能力测试

分析项目	Java-sec-code	OWASP BenchmarkJava
语言	Java	Java
文件数量	64	2763

（续）

分析项目	Java-sec-code	OWASP BenchmarkJava
已知漏洞数量	25	2740
发现漏洞数量	25	2873
误报率	低	较低
漏报率	低	低
耗时	2.6s	18min

从表 6-10 可以看出，Fortify 的误报率、漏报率和扫描速度的表现均良好。作为传统的商业工具，Fortify 预置的规则非常成熟和丰富，可自定义规则，并且支持的语言类型和漏洞种类也非常丰富，因此比较适合一些大型项目的扫描场景。目前 Fortify 预置规则与项目实际使用的适配性有限，开发自定义规则、与 CI/CD 的集成都需要一定的门槛，最好是配备专门的维护人员。

6.3.2 Checkmarx 代码安全检测

Checkmarx CxSAST 是以色列一家公司开发的商业 SAST 代码分析工具。检测原理是采用虚拟编译技术，无需构建或编译源码就可以构建整个应用的控制流图，并采用数据流分析技术分析代码中的安全漏洞。此外 Checkmarx 通过查询语言定位代码安全问题，采用独特的词汇分析技术和 CxQL 查询技术扫描和分析源代码中的安全漏洞。Checkmarx CxSAST 的扫描原理如图 6-13 所示。

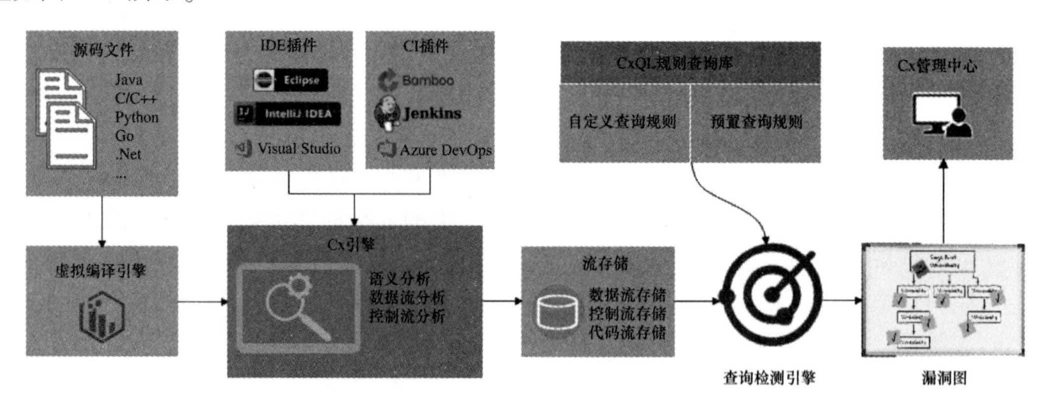

• 图 6-13　Checkmarx CxSAST 扫描原理

在图 6-13 中描述了 CxSAST 的扫描原理，其主流程可归纳为以下几点：

1）CxSAST 首先通过虚拟编译引擎对源码进行语法树解析，可以理解为直接对源码进行分析，这和 Fortify 的扫描原理区别较大，Fortify 是对中间语言进行分析。

2）接着 CxSAST 引擎采用语义分析、数据流分析和控制流分析技术对源码进行分析，并将整个代码中的数据流和控制流存储到数据库中，这个数据库可以理解成一张庞大的数据流和控制流关系网，在分析过程中比较耗费内存。

3）最后通过匹配规则的方式发现安全漏洞。CxSAST 的规则是基于自定义的 CxQL 查询语言，也叫 query，就是从整个数据流和控制流关系网中查找我们关心的数据流，CxSAST 提供了大量预定义的查询规则，用于在源代码中使用每种编程语言的标准代码库来识别已知的安全漏洞。

目前 CxSAST 支持 Java/C++等约 25 种主流语言，可识别 1000 多种漏洞类别。同样还是以 Java-sec-code 和 OWASP BenchmarkJava 这两个项目为例，分析一下 CxSAST 的扫描效果，分析结果见表 6-11。

表 6-11 CxSAST 静态代码分析能力测试

分析项目	Java-sec-code	OWASP BenchmarkJava
语言	Java	Java
文件数量	64	2763
已知漏洞数量	25	2740
发现漏洞数量	45	2946
误报率	较高	较低
漏报率	较高	较低
耗时	37s	32min

从表 6-11 可以看出，CxSAST 的误报率、漏报率的表现良好，但扫描速度偏慢。除此之外，CxSAST 的优点主要体现在以下几点：

- 代码扫描不需要依赖编译器和开发环境，无需为每种开发语言的代码安装编译器和测试环境，大大节约了编译环境搭建的时间和成本。
- 用户可以基于内置的 CxQL 查询语言编写查询语句，也就是通过类似 SQL 语句编写完成自定义规则。通过查询技术定位代码缺陷，可以对一些漏报和误报情况进行规避。
- 对于 Git/SVN 的代码仓库新增和修改的代码，可以进行增量检测，同时支持多个漏洞的关联分析。
- CxSAST 可以集成到软件开发周期的多个流程中。例如，开发过程与 Git 集成，构建过程与 Maven 集成，与持续集成平台 Bamboo 和 Jenkins 集成，漏洞管理过程与 ThreadFix 集成，问题跟踪可以与 Jira 集成等。

由于 CxSAST 采用 DotNET 语言开发，因此必须安装在 Windows 机器上，这就导致一些特定场景无法使用，此外默认的规则实用性不高，需要用户花很多时间去调整，如果待扫描的代码项目包含专有或深奥的框架，CxSAST 可能无法识别框架层面的漏洞。

6.3.3 AWVS 漏洞安全检测

AWVS（Acunetix Web Vulnerability Scanner）是一款知名的 Web 应用漏洞扫描工具，它通过网络爬虫跟踪站点上的所有链接，映射出站点的结构和每个页面的细节信息，并在此过程中自动地对已发现的页面中需要输入数据的地方，尝试所有的攻击输入组合来检测安全漏洞，发现漏洞之后，AWVS 会在告警节点中报告这些漏洞，每一个告警中都包含着漏洞信息和漏洞修复建议。在一次扫描完成之后AWVS会将扫描结果保存为文件，便于后续分析和对比。可以看出AWVS是一款典型的基于DAST原理的工具。

目前AWVS已在全球超过2300家企业应用，支持超过7000种Web应用安全漏洞和50000种网络安全漏洞的检测。图6-14为AWVS扫描某个站点的结果界面概览。

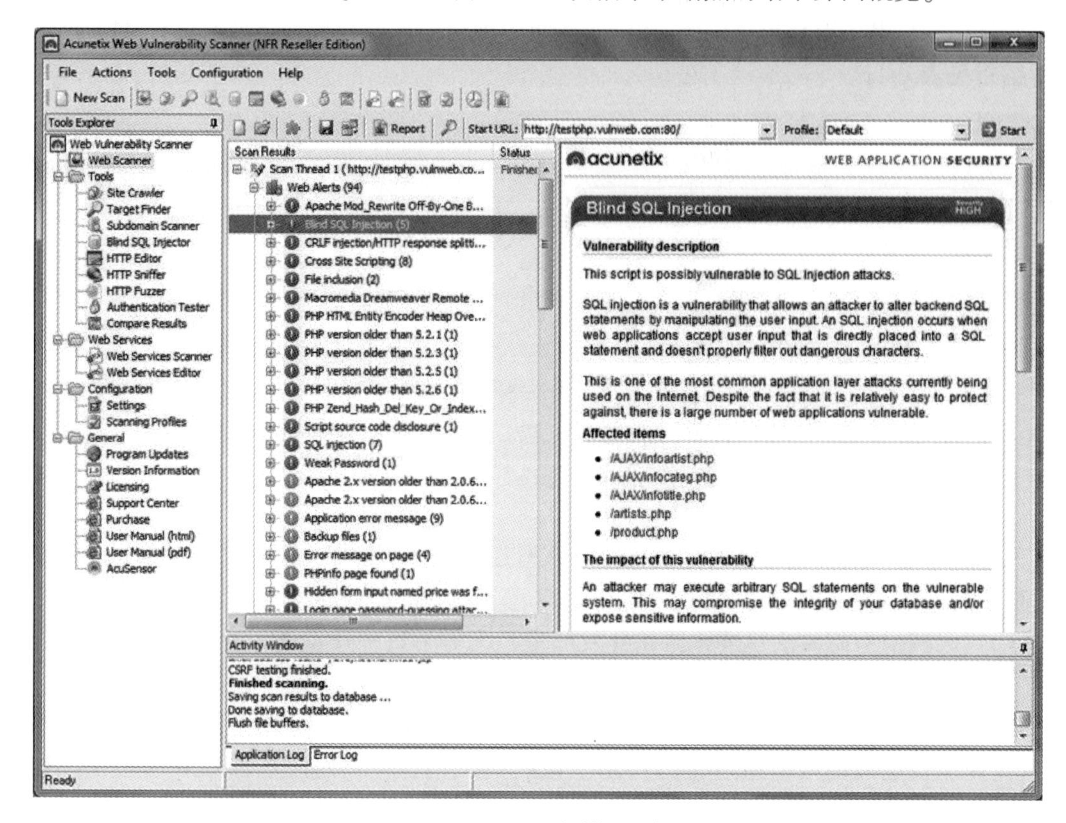

● 图6-14　AWVS扫描界面概览

从图6-14可以看出，AWVS支持的功能很多，例如，SQL注入XSS测试、自动识别404错误页面、采用可视化宏记录器测试Web表格和受密码保护的区域、支持端口扫描、支持各种渗透测试工具等。针对传统DAST工具爬虫方面的缺陷，AWVS支持复杂的JavaScript、AJAX、Web2.0及HTML5构建的应用程序，能够理解SOAP、XML、AJAX和JSON等协议和数据类型，并且支持验证码、单点登录及双因素认证的场景。

下面从爬虫的爬行覆盖率、通用漏洞的检出率和误报率这几个重点参数来分析AWVS的检测情况，具体见表6-12。

表6-12　AWVS漏洞检测能力测试

漏洞类型	检出率	误报率	爬行覆盖率
SQL注入	100%	0	94%
反射型XSS	100%	0	
存储型XSS	100%	0	
命令行注入	78.57%	0	

（续）

漏洞类型	检出率	误报率	爬行覆盖率
CSRF	95.24%	0	94%
SSRF	64.22%	0	
文件包含	57.14%	0	
路径遍历	94.12%	0	
未验证的重定向	100%	11%	
备份和隐藏文件	32.61%	0	

在表 6-12 中，漏洞测试站点使用的是 WAVSEP（Web Application Vulnerability Scanner Evaluation Project）[9]，WAVSEP 是评估 Web 应用漏洞扫描的一个开源项目，包含六大类共 1413 种安全漏洞。爬虫覆盖率使用的是国际爬虫标准 WIVET（Web InputVector Extractor Teaser）[10]，WIVET 是测试爬虫爬行能力的一个开源项目。从表 6-12 中检测结果可以看到 AWVS 在 SQL 注入和 XSS 漏洞的检测上效果非常好，整体的检出率达到 80%以上，并且误报率低于 2%，此外 AWVS 的爬行覆盖率达到了 94%，在同类型 DAST 中也是第一档的存在。

为了进一步提高检测效果，AWVS 开发了 AcuSensor 和 AcuMonitor 技术。其中 AcuSensor 是 AWVS 的一个组件，它的原理是基于 RASP 技术，因此二者组合在一起就是 IAST 产品；AcuMonitor 是 AWVS 的一个服务，可以理解为 Dnslog 或反连平台，主要是解决 SQL 盲注、无回显 SSRF、无回显 XXE、无回显 RCE 等传统 DAST 无法检测的漏洞。

6.3.4 Nessus 漏洞安全检测

Nessus 是一款知名的网络安全漏洞扫描工具，可以对网络设备、虚拟主机、操作系统、数据库和 Web 应用程序等进行服务发现和漏洞扫描。Nessus 基于插件方法进行漏洞扫描，通过自定义的插件 NASL（Nessus Attack Scripting Language）编写一段漏洞验证代码，对目标系统进行攻击性的安全漏洞扫描。其基本架构如图 6-15 所示。

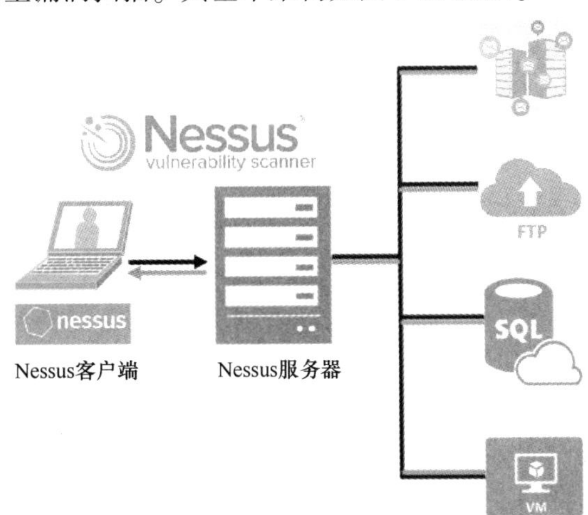

图 6-15 Nessus 基本架构

从图 6-15 可以看出，Nessus 基于 C/S 架构模型，用户通过客户端的图形界面发送扫描请求至服务器，由服务器完成漏洞扫描并将结果呈现给用户，扫描过程与漏洞数据相互独立。Nessus 的扫描过程如图 6-16 所示。

从图 6-16 可以看出，Nessus 的扫描主要分为以下几个过程：

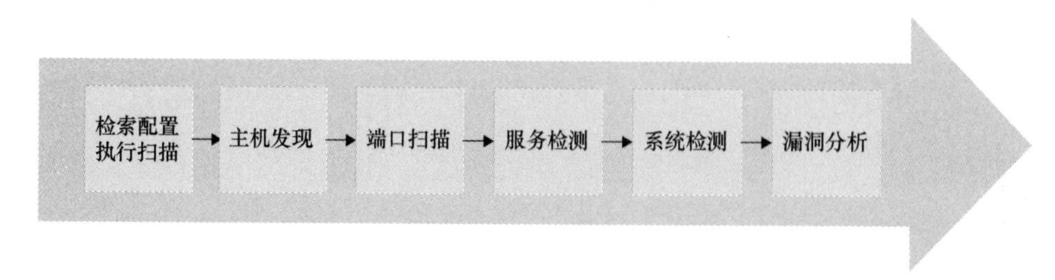

• 图 6-16　Nessus 扫描流程

- Nessus 检索用户扫描设置，配置并执行扫描的安全策略。
- Nessus 使用 UDP、ICMP、ARP 等协议来探测已启动的主机来进行主机发现。
- 主机发现完成后，Nessus 会对每个启动的主机进行端口扫描，可以自定义具体要扫描哪些端口。
- Nessus 通过主机上的端口来探测主机上的服务来进行服务发现。
- Nessus 探测操作系统信息，进行操作系统发现。
- Nessus 通过插件扫描主机系统，并和漏洞数据库进行匹配分析，完成漏洞发现。

目前 Nessus 已在全球超过 30000 个组织应用，其中数据库超过 69000 个 CVE 漏洞和 170000 个 NASL 插件。图 6-17 为 Nessus 扫描某个系统的结果界面概览。

• 图 6-17　Nessus 扫描界面概览

Nessus 目前支持四大类安全漏洞：未授权控制或访问系统敏感数据漏洞、配置错误漏洞、拒绝服务（Dos）漏洞、弱密码（默认密码、常见密码、空密码等）。除漏洞扫描能力外，Nessus 还具备资产发现、恶意文件扫描、移动设备扫描、Web 安全扫描和漏洞评估等能力。

6.3.5 OpenRASP 运行时安全防护

OpenRASP 是百度开源的一款基于 RASP 技术的应用运行时安全防护产品，采用插桩和 Hook 技术，直接注入被保护应用服务中提供函数级别的实时防护，可以在不更新策略及不升级被保护应用代码的情况下防护未知漏洞，尤其适合大量使用开源组件的互联网应用及使用第三方集成商开发的金融类应用，OpenRASP 经过开源社区的大规模验证过，目前客户数量已经过百。图 6-18 以 Java 服务器为例展示了 OpenRASP 的基本架构。

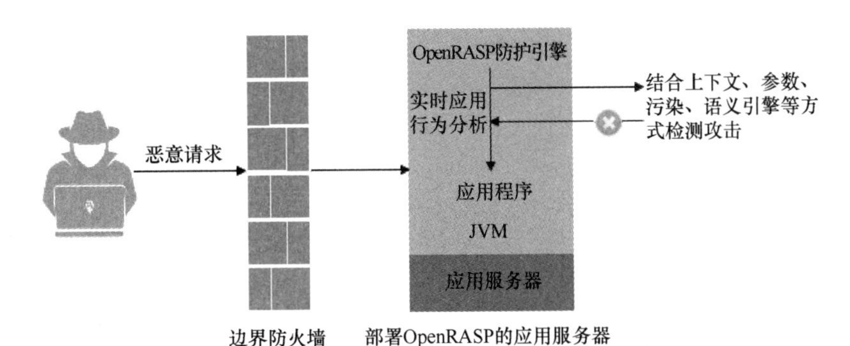

● 图 6-18 OpenRASP 基本架构

在图 6-18 中，RASP 引擎以 javaagent 的形式实现，并运行在 JVM 之上。在应用服务器启动的时候，RASP 引擎借助 JVM 自身提供的 instrumentation 技术，通过替换字节码的方式对关键类方法进行挂钩，OpenRASP 目前挂钩了 SQL 查询、文件读写、反序列化对象、命令执行等关键方法。

百度针对 OpenRASP 防护能力的覆盖程度进行了测试，并选择 OWASP TOP 10 2017 对检测能力进行了分类，具体覆盖程度见表 6-13。

表 6-13 OpenRASP 漏洞防护能力覆盖程度

编号	分类	攻击类型	覆盖说明
A1	注入	SQL 注入 命令注入 LADAP 注入 NoSQL 注入 XPath 注入	开源版部分支持 商业版都支持
A2	失效的身份认证和会话管理	Cookie 篡改 后台爆破	商业版支持
A3	敏感数据泄露	敏感文件下载 任意文件读取 数据库慢查询 文件目录列出	支持

（续）

编号	分类	攻击类型	覆盖说明
A4	XML 外部实体	XXE	支持
A5	失效的访问控制	任意文件上传 CSRF SSRF 文件包含	开源版部分支持 商业版都支持
A6	安全配置错误	打印敏感日志信息 Struts OGNL 代码执行 远程命令执行	支持
A7	XSS	反射型 XSS 存储型 XSS	开源版部分支持 商业版都支持
A8	不安全的反序列	反序列化用户输入	支持
A9	使用已知漏洞组件	资产弱点识别	支持
A10	不足的日志记录和监控	WebShell 行为	支持

从表 6-13 中可以看出，OpenRASP 定义了 24 种攻击手法进行防护，此外针对一些公开的 CVE 漏洞，也选择了 47 个典型的漏洞，也都能够成功抵御。

OpenRASP 不仅支持漏洞防护能力，并且还提供了统一的后台管理能力，方便用户管理各个节点及实时查看攻击日志等，如图 6-19 所示。

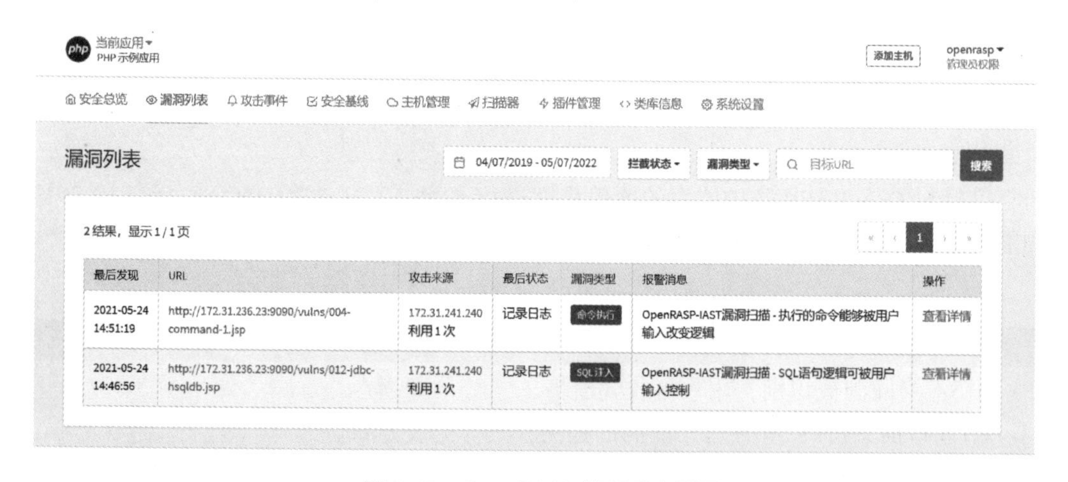

● 图 6-19　OpenRASP 管理后台界面

从图 6-19 可以看出，管理后台支持攻击事件查看、基线日志查看，主机管理及检测插件升级等功能。

6.3.6　DongTai 交互式漏洞安全检测

DongTai 是全球首个开源的被动式 IAST 产品，于 2021 年 9 月 1 日正式开源发布，其原理是通过动态 Hook 和污点跟踪算法等实现通用漏洞检测、多请求关联漏洞检测（包括但不限于越权漏洞、未授权访问）及第三方组件漏洞检测等，目前支持 Java、Python、PHP 和 Go 四种语言的应用漏洞检测。DongTai 专注于 DevSecOps，具备高检出率、低误报率、无脏数据的特点，备受开源社区人员和企业的关注，包括工商银行、去哪儿、知乎、同程旅行、轻松筹等在内的上百家企业都已成为 DongTai 用户。DongTai 的产品架构如图 6-20 所示。

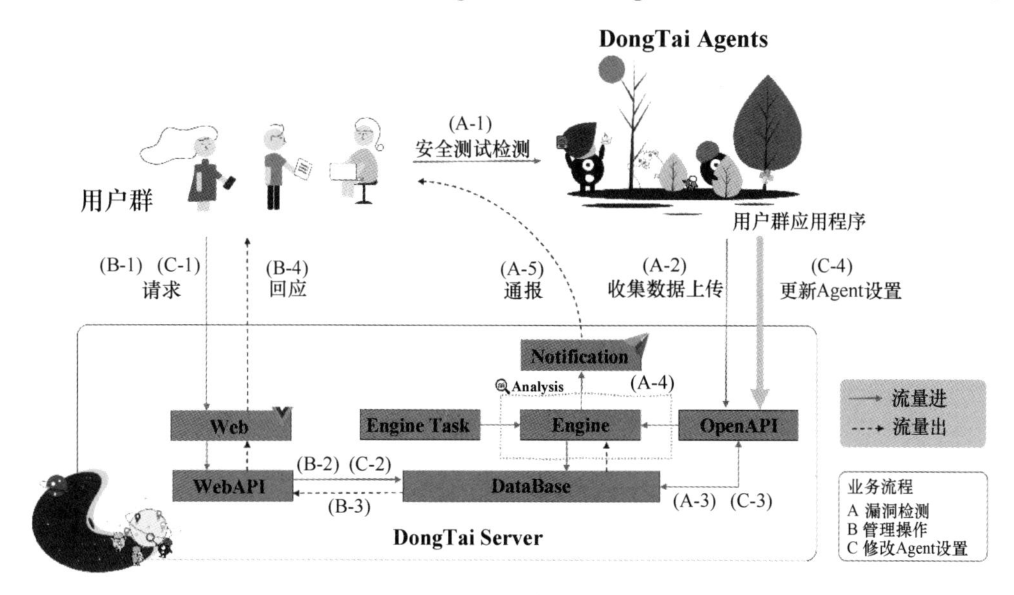

• 图 6-20　DongTai 产品架构（图片来源 DongTai 官网）

从图 6-20 可以看出，DongTai IAST 由 DongTai Server 和 DongTai Agents 两大组件组成，DongTai Server 提供了用户管理界面，并使用 DongTai Agents 收集的数据来分析、识别漏洞并生成漏洞报告。下面重点描述其漏洞检测流程。

- A-1：在常规的操作中，Web 应用程序会收到来自用户的 HTTP 请求。
- A-2：插桩在 Web 应用程序的 DongTai Agents 将监控和收集来自流量的数据，然后通过 OpenAPI 将数据发送到 DongTai Server 端。
- A-3：当 OpenAPI 收到数据，它会将数据存入数据库并触发 Engine。
- A-4：Engine 开始分析和识别漏洞。
- A-5：当漏洞被识别，用户将收到通报。

DongTai 目前支持约 30 种通用漏洞的检测，具体见表 6-14。

表 6-14　DongTai 漏洞检测覆盖程度

漏洞等级	攻击类型
高危漏洞	注入类型（EL 表达式、HQL、JNI、LDAP、NoSQL、SMTP、SQL、Xpath、反射、命令执行）、SSRF、不安全的 XML Decode、路径穿越、不安全的 JSON 反序列化
中危漏洞	反射型 XSS、XXE
低危漏洞	Cookie 未设置 Secure、Header 头注入、Regular Expression DoS、弱随机数算法、弱哈希算法、弱加密算法、不安全的 readline、不安全的重定向、不安全的转发、单击劫持
提示信息	缺少 Content-Security-Policy 响应头、缺少 X-Content-Type-Options 响应头、缺少 X-XSS-Protection 响应头、不正确的 Strict-Transport-Security 配置

同样 DongTai 也提供了统一的后台管理能力，如图 6-21 所示。

洞态 项目配置 应用漏洞 组件管理 搜索 系统配置 + Add Agent

WebGoat JAVA

组件报告 漏洞报告 自动测试 设置

扫描模式 Instrumentation Mode 负责人 xiuyi 最新时间 2021.10.09 14:48:03 版本 demo

项目概况 项目漏洞 项目组件 API导航

过滤器 重置全部

请选择排序条件 请选择开发语言 请选择漏洞状态 请输入搜索条件，如：http://127.0.0.1:808

已选中 0 项 批量验证 全量验证

类型 重置

sql注入 4

路径穿越 2

等级 重置

高危 6

中危 0

低危 0

无风险 0

语言 重置

JAVA 6

PYTHON 0

PHP 0

GO 0

/WebGoat/PathTraversal/profile-upload-fix的POST存在路径穿越漏洞，位置：POST/HEADER/PATH 2021.10.09 15:49:46

org.springframework.web.method.support.HandlerMethodArgumentResolver.resolveArgument

java.io.File.<init>

WebGoat 高危 5 月前 JAVA 路径穿越 已确认

/WebGoat/PathTraversal/profile-upload的POST存在路径穿越漏洞，位置：POST/HEADER/PATH 2021.10.09 15:46:09

org.springframework.web.method.support.HandlerMethodArgumentResolver.resolveArgument

java.io.File.<init>

WebGoat 高危 5 月前 JAVA 路径穿越 已确认

/WebGoat/SqlInjection/attack5的POST存在SQL注入漏洞，位置：POST/HEADER/PATH 2021.10.09 15:05:38

org.springframework.web.method.support.HandlerMethodArgumentResolver.resolveArgument

java.sql.Statement.executeQuery

WebGoat 高危 5 月前 JAVA SQL注入 已确认

● 图 6-21 DongTai 管理后台界面

从图 6-21 可以看出，DongTai 管理后台可以进行项目配置、应用漏洞查看，以及展示所有组件信息等功能。

6.3.7 WAF 应用程序防火墙

WAF（Web Application Firewall，Web 应用防火墙）是一种工作在 Web 应用层的防火墙产品，它可以对来自 Web 应用程序客户端的各类请求进行内容检测和验证，确保其安全性与合法性，对非法的请求予以实时阻断，为 Web 应用提供防护。其工作原理是通过解析 HTTP/HTTPS 协议的流量得到详细的请求内容，WAF 采用规则匹配、行为分析等方式识别出请求内容中包含的恶意行为，并执行拦截、告警和放行等动作。WAF 基本原理如图 6-22 所示。

从图 6-22 可以看出，WAF 一般部署在 Web 服务器之前，可提供 Web 防护、访问控制、CC 防护及内容安全等能力。其中 Web 防护支持常见的 OWASP Top10 等攻击行为，访问控制支持 IP 和 URL 黑白名单、区域隔离等功能，CC 防护支持请求地区、请求频次、请求时长等策略减少无效资源消耗，内容安全支持敏感词、响应数据包检测等功能。

按照市场上 WAF 的种类，目前可以分为硬件 WAF、云 WAF 和软件 WAF 三类，表 6-15 分别描述了这三种 WAF 的一些特性。

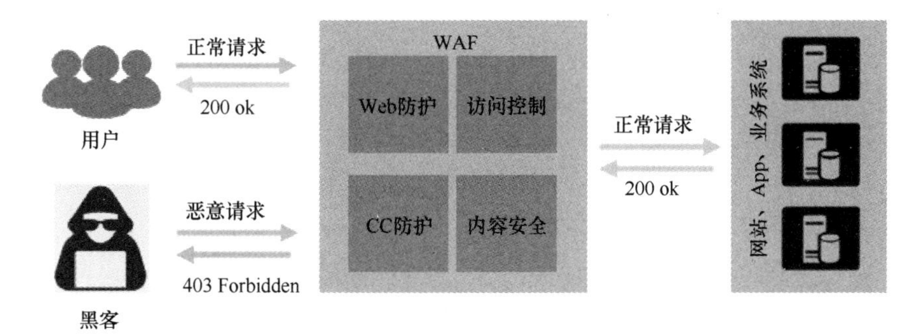

● 图 6-22 WAF 基本原理

表 6-15 三种类型 WAF 比较

WAF 类型	原 理	优 点	缺 点
硬件 WAF	独立的硬件设备形式存在，支持以多种方式（如透明桥接模式、旁路模式、反向代理等）部署到网络中为后端的 Web 应用提供安全防护	部署简易、即插即用，可承受较高的吞吐量，防护范围大	价格昂贵，误报几率较高，存在被绕过的风险
云 WAF	改变用户域名的 DNS 解析地址，将流量牵引至云上 WAF 集群，经过检测后回源至真正的 Web 服务器	部署简单，维护成本低，可充当 CDN	无法抵御旁路攻击，故障恢复缓慢，数据安全不可控
软件 WAF	软件 WAF 是安装在需要防护的网站服务器上，实现方式通常是与 Web 容器耦合在一起，如通过 Nginx 扩展插件形式对流量请求进行检测和阻断	便宜甚至免费，故障恢复快，可扩展性高，所有数据均在本地，数据安全可控	侵入式较大，影响业务性能

下面以 Nginx 的 Lua 扩展 WAF 为例，说明这种软件 WAF 的技术实现原理，如图 6-23 所示。

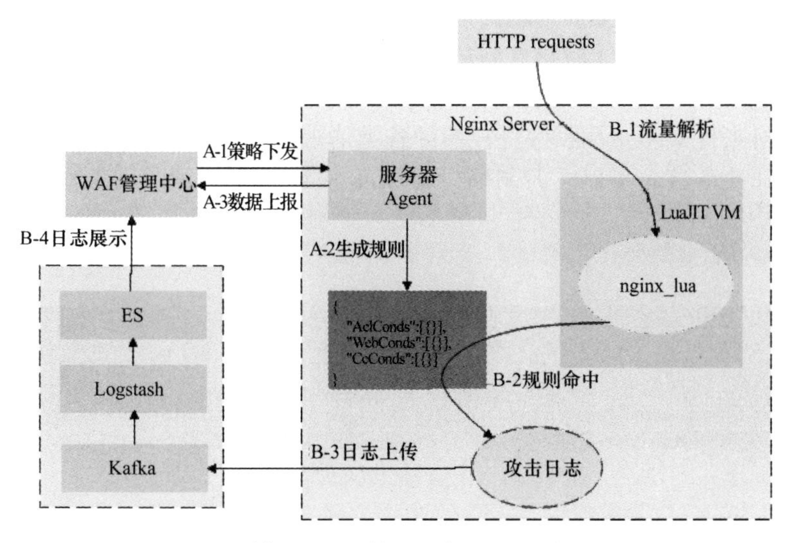

● 图 6-23 基于 Nginx 的 Lua 扩展 WAF 的实现原理

在图 6-23 中，整个 WAF 模块由四块组成，WAF 管理中心、服务器 Agent、nginx_lua 模块和日志管理组成，工作流程分为策略下发阶段和规则命中阶段。总体流程如下。

- A-1：用户通过 WAF 管理中心进行策略下发，当然也可以进行其他命令下发，如更新、回退、卸载 WAF 等。
- A-2：服务器 Agent 收到管理中心消息后，根据消息内容生成规则，并更新至 Nginx 的内存中方便 nginx_lua 模块直接从内存读取，同时保存一份至服务器本地文件中，保证重启时可以从文件加载。
- A-3：服务器 Agent 上报一些心跳数据、命令执行情况等至管理中心。
- B-1：使用 Lua 语言编写的 nginx_lua 模块解析用户的 HTTP/HTTPS 请求，其中nginx_lua 模块运行在 LuaJIT 环境，性能好、效率高。
- B-2：nginx_lua 模块对解析后的请求数据与防护规则进行匹配，匹配到则进行日志记录。
- B-3：将采集到的攻击日志上传至日志系统。
- B-4：WAF 管理中心获取 ES 中的攻击日志并进行展示。

WAF 是纵深防御体系里面的重要一环，但不能解决所有安全问题，它不能过滤其他协议流量，如 FTP、PoP3 等协议，不能防止网络层的 DDoS 攻击、病毒等，同时 WAF 还存在被绕过的风险。

6.4 典型周边生态系统

在 DevSecOps 的实施阶段，还需要和企业自身的研发管理体系打通，只有将这些系统之间的数据和能力打通，才能做到 DevSecOps 的可持续运营，为参与 DevSecOps 的各个角色提供数据分析，并帮助其做出改进决策。本节介绍这些典型的周边生态系统。

1. 项目管理系统

项目管理系统支撑企业业务全过程管理，一般覆盖业务需求收集、可行性分析、项目立项、研发计划、任务安排、工时统计到最终系统上线的全过程。图 6-24 展示了项目管理系统的基本工作流。

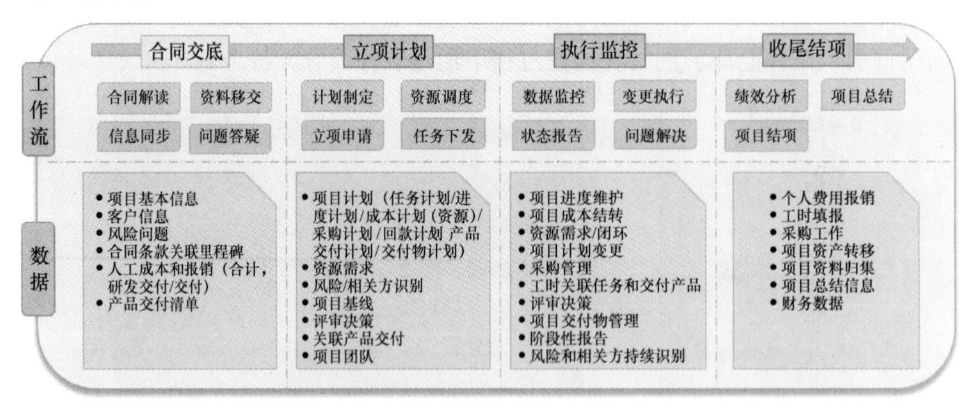

图 6-24 项目管理系统基本工作流

企业的研发过程管理一般都是基于项目，DevSevOps 平台的研发安全管理同样是以项目作为抓手，因此必须要和项目管理系统进行打通，获取项目过程中的数据，基于这些数据的分析，安全人员就能够知道什么时候项目立项、项目开发计划和上线节点等，这样可以保证项目的过程跟踪不会缺失，安全的管控在项目早期就可以及时介入。

2. 组件仓库

组件仓库是存放企业内部的第三方开源组件和商业组件的公共仓库，组件仓库的基本工作流程如图 6-25 所示。

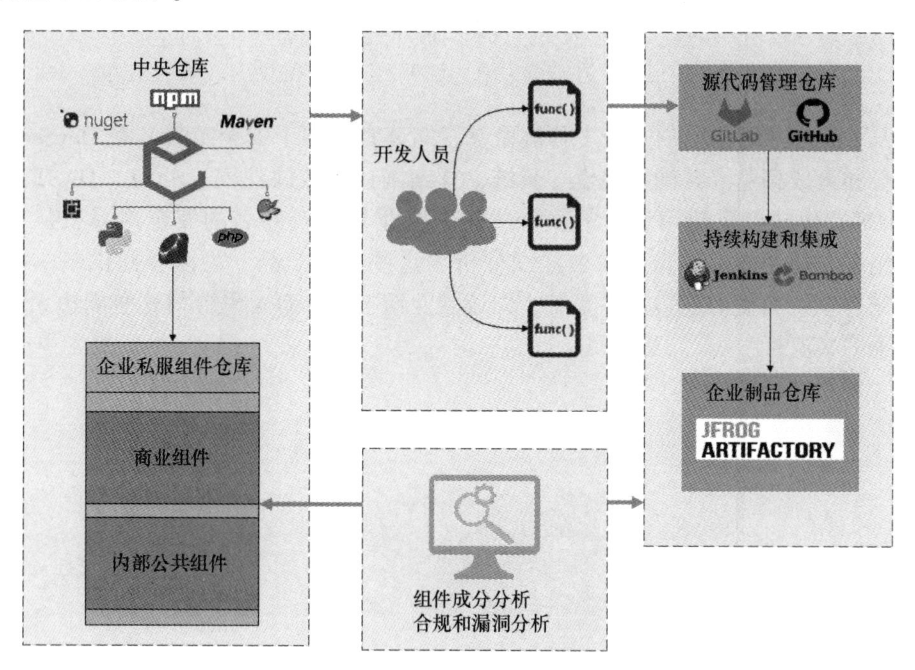

• 图 6-25 组件仓库基本工作流

从 Fastjson 到 Log4j2 漏洞，企业引入第三方开源组件一直存在大量的安全隐患，因此在整个开发过程中，对软件成分的分析、合规和漏洞检测就非常重要。通过打通企业的组件仓库与 DevSecOps 平台，当发现第三方开源组件存在高危漏洞时，能够及时定位到受该开源组件影响的制品包和责任人，可以在短时间内完成资产盘点和预警通知。此外可以限制外部存在漏洞的组件引入组件仓库，同时在构建过程中通过软件成分分析工具（SCA）可以知道自己的软件项目中都有哪些开源组件。

3. 其他系统

除了上述三个系统外，在持续集成流程中还有一些其他的周边系统参与整个流程的协作中。典型的系统如需求管理系统、评审管理系统、工单管理系统等。

需求管理系统主要是用于需求的管理，如需求分析、需求设计、需求跟踪、任务分解等。在 DevSecOps 平台中，主要关注于安全需求的定义和安全需求的设计，用于指导技术人员在概要设计、架构设计中对安全需求做出相应的技术设计。

评审管理系统主要是对研发过程中所涉及的关键评审进行管理，例如，需求设计是否通过评审、安全架构是否通过评审、产品原型是否通过评审等，以及在评审过程中发现的安全问题是否得到改正并在相关的设计中得以体现。

工单管理系统主要是对于研发过程中的各种任务的跟踪和处理，以便将日常的事务性工作系统化。

这些周边系统对在整个持续集成流程中安全能力的完善，起到了非常关键的作用，它们是一家企业 DevSecOps 安全能力全局体现，对于这部分内容，将在后续的章节中为读者详细介绍。

6.5 小结

本章从 DevSecOps 平台的安全工具链谈起，向读者介绍了安全工具链在 DevSecOps 平台的分层定位和集成概览。并围绕安全工具链，详细阐述了威胁建模、SAST、DAST、IAST 和 RASP 的原理、优缺点及使用场景。接着选择一些业界比较知名的安全产品，从产品的架构、使用情况、检测能力等重要参数详细分析了这些安全产品，为读者提供基本的选型参考。最后结合一些典型的周边生态系统，向读者介绍 DevSecOps 平台与这些周边系统的能力和数据打通的必要性。

第3部分 DevSecOps流水线及落地实践

本部分在 DevSecOps 平台架构的基础上，结合实际业务需要，深入讨论代码安全、容器安全、基线加固、安全运营、隐私合规等场景下 DevSecOps 平台能力建设的过程。

第 7 章　代码安全与软件工厂

在前面三章内容中，为读者详细地介绍了 DevSecOps 平台架构和技术路线选型，及常用的开源产品选型，帮助读者厘清 DevSecOps 平台的整体脉络。从这一章开始，将针对 DevSecOps 流程中各个不同的安全模块，分别介绍其安全实践。本章主要介绍代码安全与 DevSecOps 黄金管道的集成与实践，介绍代码安全工具及代码安全工具在编码开发阶段如何融入整体流程中，如何融入 DevSecOps 平台中，以及基于工具融入的基础之上，如何开展代码安全的运营。

7.1　定义切合实际的 DevSecOps 流水线

代码编写工作主要集中在持续集成阶段，软件开发工程师通过编码实现，将需求转化为可执行的应用程序。同样，与代码安全相关的工作也集中在编码开发到代码提测之前这一段流程中。为了解决代码安全的问题，在 DevSecOps 流程中，首先要结合编码开发的使用场景，定义切合实际的代码安全 DevSecOps 流水线，将安全工具、安全插件融入当前流程中，以帮助软件开发工程师提升代码安全能力。

7.1.1　典型代码安全 DevSecOps 流水线形态

在软件研发活动中，从提出需求到输出制品是与代码关系最为密切的一段流程。如图 7-1 所示。

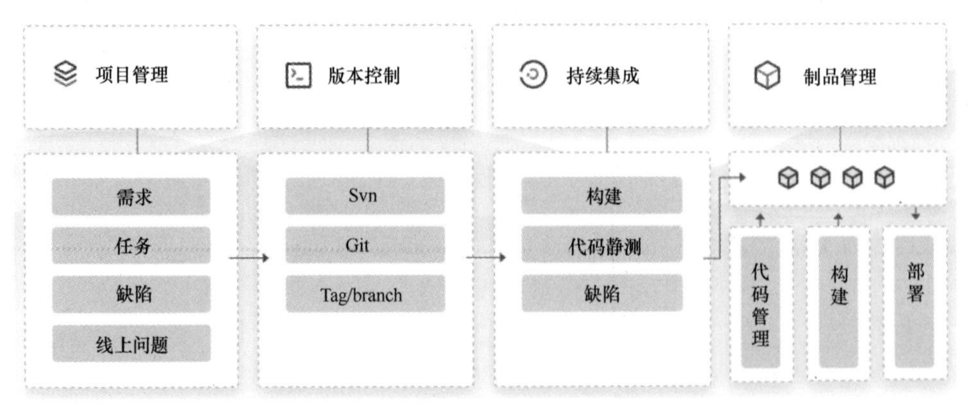

● 图 7-1　软件研发活动从需求到制品关键流程

在上述流程中，编码开发人员接到需求任务，开始输出源代码。源代码及其文件在日常开发中使用版本控制系统来管理。版本控制系统与持续集成平台对接，自动化完成代码编译构建、静态检测、覆盖度检查等，最终形成制品包，进入制品管理环节。

当把图 7-1 的流程以代码为中心进行细化，将会得出与代码相关活动场景和流程，在这个流程之上，再嵌入安全的控制点，形成代码安全的 DevSecOps 流水线，如图 7-2 所示。

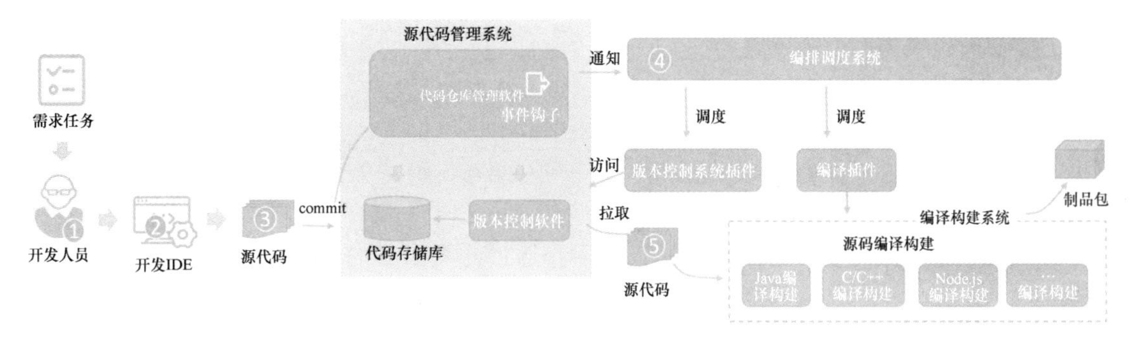

● 图 7-2 代码相关活动场景与流程

在与代码活动有关的场景中，有如图 7-2 所示的 5 个关键卡点可以设置安全控制措施，分别如下：

- 开发人员。开发人员是源代码的产出者，如果开发人员能够输出高质量的代码，则代码的安全将会有更高的保障。
- 开发 IDE。在开发人员能力或精力不足的情况下，可以提供 IDE 安全插件的方式，在源代码提交前检测代码的安全性，以帮助开发人员尽早识别问题，做出代码调整。
- 源代码提交。在源代码提交之前，很多企业内部会开展代码评审工作，此处也可以设置安全卡点，例如，开展代码审计，可以人工审计，也可以工具审计；设置敏感信息安全检测，主要是防止 API KEY、数据库密码、FTP 密码等敏感信息提交到代码仓库。
- 编排调度。当代码仓库有文件更新时，事件钩子或事件监听器将通知编排调度系统，做出任务调度。同理，此处流程也可以设置安全调度任务，例如，当接到通知后，在后台发起代码安全检测的任务，扫描所提交代码的安全性；也可以直接在编排调度系统中设置周期性任务，例如，每天凌晨 1：00 开始扫描增量代码的安全性。
- 编译时源代码拉取。在编译构建时，通常拉取源代码仓库中的版本分支代码，在这个流程中，也可以设置卡点，做代码的安全性校验。

通过上述分析，读者想必已经明白代码安全的切入点了。在实际工作中，可以根据各个企业软件开发的实际情况做关键卡点的取舍，以快速达到满足代码安全最基本的要求。

7.1.2 选择 DevSecOps 流水线上的代码安全工具

了解了代码安全关键卡点，接下来就是选择代码安全的工具。从上述 5 个关键卡点的设置位置可以看出，在每一个卡点上，安全工具承载的业务功能是不同的。

对于开发人员，主要以安全编码的技能学习与培训为主；对于开发 IDE，主要安全插件易于与 IDE 集成，并可以做代码安全性的检测，若还能做代码修复的自动化提示则更优；对于代码审计，主要取决于什么类型的代码审计，如果是人工审计则关键在于审计人员的安全能力是否足够，如果是工具审计则和安全检测工具使用要求是一样的；对于编排调度的后台安全检测任务和编译时的安全检测，更关注于安全工具与 CI/CD 是否易于集成，代码安全检测的效率和效果。正是这些不同的卡点的不同诉求，不同诉求的不同侧重点，在选择代码安全工具时，要遵循以下两点：

- 首先确定好代码安全的卡点，再确定选择几种安全工具。
- 安全工具的种类越少越好，对工具的使用者来说，工具越少学习成本越低。

这里，结合上述 5 个关键卡点的分析，来分别介绍与代码安全工作相关的主要安全工具。

1. 代码安全培训工具

代码安全培训工具主要是面向开发人员的，通过此类工具的使用，主要解决以下两个问题：

- 常见的代码安全问题有哪些。
- 如何写出规范而安全的代码。

针对此类工具，建议企业采购商业化的产品来解决。如果实在经费不足，可以有选择性地使用开源工具，以开源工具为基础来准备培训资料，并结合运营管理来形成代码安全培训的闭环。

目前市面上可以参考的开源安全产品主要有两种：一种是不同开发语言的漏洞学习程序，另一种是代码安全规范。常用的漏洞学习应用程序，如表 7-1 所示。

表 7-1　常用开源漏洞学习应用程序

序号	应用程序类型	应用程序名称	应用程序描述
1	Web 安全	WebGoat	OWASP 提供的 Java 语言版 Web 安全漏洞学习平台，其他开发语言的版本网络上也有很多，均以×××Goat 格式命名，读者可选择性高。网址为 https://github.com/WebGoat/WebGoat
2	Web 安全	DVWA	PHP 语言开发的 Web 安全漏洞学习平台，易于学习和上手，也有中文版。网址为 https://github.com/ethicalhack3r/DVWA
3	Web 安全	OWASP Juice shop	OWASP 提供的漏洞靶场学习平台，支持多种语言版本，网址为 https://github.com/juice-shop/juice-shop
4	Web 安全	DVNA	Node.js 版本漏洞学习平台，网址为 https://github.com/appsecco/dvna
5	移动安全	InsecureBankv2	Android 版本的 App 漏洞学习应用 App，网址为 https://github.com/dineshshetty/Android-InsecureBankv2
6	移动安全	Vulnerable Kext	Android 版本+iOS 版本的 App 漏洞学习应用 App，网址为 https://github.com/ant4g0nist/Vulnerable-Kext
7	移动安全	AndroGoat	和 WebGoat 对应的 Android 应用漏洞学习应用 App，网址为 https://github.com/satishpatnayak/AndroGoat
8	云原生安全	Kubernetes Goat	K8s 漏洞学习平台，网址为 https://github.com/madhuakula/kubernetes-goat

（续）

序号	应用程序类型	应用程序名称	应用程序描述
9	云原生安全	AWSGoat	专门针对 AWS 漏洞学习平台，网址为 https://github.com/ine-labs/AWSGoat
10	云原生安全	AzureGoat	专门针对 Azure 漏洞学习平台，网址为 https://github.com/ine-labs/AzureGoat
11	云原生安全	TerraGoat	专门针对 Terraform 漏洞学习平台，网址为 https://github.com/bridgecrewio/terragoat
12	IoT 安全	DVRF	路由器固件漏洞学习应用程序，网址为 https://github.com/praetorian-inc/DVRF
13	IoT 安全	OWASP IoT Goat	针对 IoT 智能应用的漏洞学习应用程序，网址为 https://github.com/OWASP/IoTGoat
14	API 安全	DVGA	专门针对 GraphQL 的漏洞学习应用程序，网址为 https://github.com/dolevf/Damn-Vulnerable-GraphQL-Application
15	API 安全	VO2A	专门针对 OAuth2.0 的漏洞学习应用程序，网址为 https://github.com/koenbuyens/Vulnerable-OAuth-2.0-Applications

这些漏洞学习平台或应用，在开展 DevSecOps 平台建设时，可以以集成的方式在企业内部部署，根据不同的项目特点，提供不同的学习目录。如果能将培训学习、考试、岗位晋升等关联起来，则运用效果会更好。

代码规范在各大企业中是非常常见的，安全的编码规范可以与通用的编码规范融合在一起，也可以独立制定。这些编码规范中的要求，即是很好的安全编码培训的材料。同时，过去一段时间内发现的漏洞案例、代码安全检测工具的修复建议都是很好的培训资料来源。开展 DevSecOps 落地工作时，可以将这些资料汇编成册，放在平台上，供开发人员查阅和学习。对于编码规范的制定，如果从零开始，建议选一些业界公开的标准作为参考。如果再进一步，可以把编码规范转为 IDE 插件，帮助开发人员自动发现违规代码片段，则效果更好。下图 7-3 所示为卡内基梅隆大学的编码规范 Wiki 页。

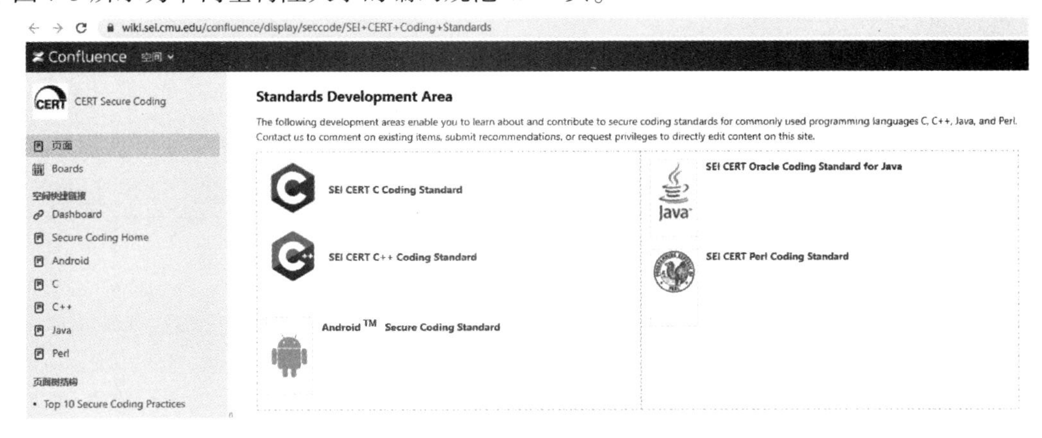

● 图 7-3　卡内基梅隆大学编码规范 Wiki 页

2. IDE代码安全插件

IDE是指开发人员的编码工具，如Visual Studio、Eclipse、IntelliJ IDEA、Pycharm等。IDE代码安全插件是以插件的形式安装在这些IDE软件中，为开发人员提供代码安全检测的能力。目前来说，IDE代码安全插件可以划分单纯客户端和C/S两种模式。单纯客户端的插件主要有findsecbugs、阿里代码规范插件、陌陌代码安全插件，这些插件的安全检测规则集成在IDE中，无需与服务器端交互即可完成本地代码安全检测；C/S模式可以将整个代码安全的功能划分为IDE插件+安全检测引擎服务端两个部分，IDE插件端与服务器端产生联动，获取检测规则并将检测结果同步到服务器端进行综合分析，典型的类似产品有Fortify SCA、SonarLint。对于这两种不同类型的代码安全插件，其优缺点如下所示。

- 易用性。从当前已有工具看，区别不大，更多的在于是否本地化，是否与IDE软件相兼容。
- 功能性。从安全功能上看，C/S模式的插件要优于单纯客户端的插件。在漏洞运营层面，C/S模式的插件可以结合后台数据，跟踪开发人员在开发过程中的漏洞趋势，便于安全人员做出策略调整。单纯客户端的插件则无法跟踪过程数据，只能看到最终提交的代码结果。
- 误报率。两种类型的插件误报率都很高，C/S模式的插件商业化程度高，可以做安全策略的优化，但要付出费用成本。单纯客户端的插件，规则难以优化，但免费开源。

3. 代码安全静态检测工具

代码安全静态检测工具以SAST类产品为主，在第6章中介绍的Fortify、Checkmarx Cx-SAST均属此类，也是目前使用最为广泛的代码安全工具。

在DevSecOps流程中，通常将此类工具作为后端能力，以后台调度任务的形式，周期性地在非工作时间自动化检测代码库中代码的安全性，形成问题清单和工单，以达到代码安全问题的闭环。

漏洞误报率是影响此类软件是否大范围、成熟地使用的一个重要因素，若想要获得比较低的漏洞误报率，通常需要专人运营和维护检测规则，且具备一定的自定义规范开发能力。比较好的方式是根据业务线或项目的技术特点，制定专用的检测规则集，定向服务于某些业务线或项目，以此来降低代码检测中的漏洞误报率。

除了这些商业产品外，开源的代码安全检测工具也比较多，在公有云厂商的线上服务中，很多都得到运用。这里，推荐的开源工具如表7-2所示。

表7-2　典型开源代码安全静态检测工具

序号	工具名称	支持检测的语言	工具描述
1	Flawfinder	C/C++	小巧易用的静态扫描C/C++源代码并报告潜在的安全漏洞的应用程序，网址为https://sourceforge.net/projects/flawfinder
2	Security Code Scan	.NET	专门针对.NET的静态源码安全检测工具，网址为https://security-code-scan.github.io/
3	SonarQube	C、C++、Java等	支持多种语言代码安全检测，并可以与CI/CD集成，对检测结果提供标准化的修复建议。网址为https://github.com/SonarSource/sonarqube

（续）

序号	工具名称	支持检测的语言	工具描述
4	Gosec	GO	专门针对 GO 语言的源码安全检测工具，网址为 https://github.com/securego/gosec
5	Bandit	Python	由 OpenStack 开源的 Python 代码安全检测工具，在 Python 代码安全检测方面使用比较广泛。网址为 https://github.com/PyCQA/bandit
6	Brakeman	Ruby	专门针对 Ruby 语言的源码安全检测工具，网址为 https://brakemanscanner.org

在 DevSecOps 平台建设时，可以采用商业产品+开源产品相结合的方式，互补长短，建设符合业务上所需要的代码安全静态检测工具链。

4. 代码安全保护工具

代码安全保护工具是指防止恶意攻击者通过逆向工程获取项目源代码的关键信息的工具，常见的工具有代码混淆工具、加密工具、签名工具等。

在工具使用上，这类工具通常跟开发语言有强相关性，不同的开发语言，在保护工具的实现、使用上差异较大。在 DevSecOps 流水线上，它们通常与持续构建流程融合，通过编译参数的调整、打包参数的调整及保护工具的引用来达到代码安全保护的作用。大多数场景下使用商业产品为主；少数场景下使用开源产品。典型的开源产品如表 7-3 所示。

表 7-3 常用开源代码安全保护工具

序号	工具名称	支持语言	工具描述
1	ProGuard	Java、Android	Java 语言编译优化混淆工具，网址为 https://github.com/Guardsquare/proguard
2	javascriptobfuscator	JavaScript、Node.js	专门针对 JavaScript 代码混淆工具，网址为 https://github.com/javascript-obfuscator/javascript-obfuscator
3	obfuscar	.NET	.NET 语言代码保护工具，网址为 https://github.com/obfuscar/obfuscar
4	Hikari	C/C++	LLVM 混淆器，网址为 https://github.com/HikariObfuscator/Hikari
5	pyarmor	Python	Python 语言混淆工具，网址为 https://github.com/duyuxuan/pyarmor
6	Invoke Obfuscation	PowerShell	PowerShell 混淆工具，网址为 https://github.com/danielbohannon/Invoke-Obfuscation

这些代码安全的工具，在 DevSecOps 流程构建过程中，通常是逐步增加的。例如，先将 IDE 代码安全插件和静态检测工具接入 DevSecOps 流程中，小范围地试点起来。根据实施效果不断优化，最后再逐步覆盖至全业务。再根据实施流程的推进情况，增加其他的代码安全工具。

7.2 构建 DevSecOps 软件工厂

在 1.3.3 节介绍 DoD DevSecOps 实践型模型时，首次提到软件工厂的概念。本书中所有提及的软件工厂的含义都是相同的，与 DoD 的含义基本一致。接下来将结合软件工厂的形态介绍代码安全在 DevSecOps 中的技术、管理及运营。

7.2.1 典型 DevSecOps 软件工厂组成结构

软件工厂其实是一个抽象概念，它是把整个软件研发过程看成一个黑箱子，和传统的企业生产类似，当成一个工厂去看待。输入是需求，输出是可交付的软件产品，像一个生产流水线，如图 7-4 所示。

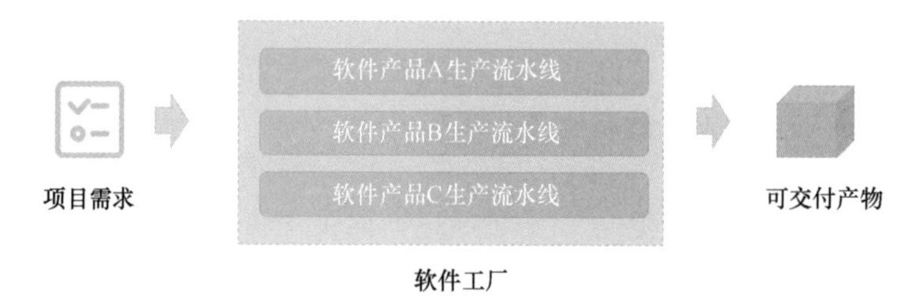

图 7-4　DevSecOps 软件工厂示意图

在软件工厂的概念里，不同的产品线的研发过程对应于不同的软件生产流水线，所有的流水线在一起构成整个工厂，开发人员在整个研发阶段开展的日常研发工作都在软件工厂里，如编写代码、单元测试、代码编译构建直至生成最后可交付产物。而每一条软件产品的流水线是基于前文提及的 CI/CD、代码仓库、依赖库等技术之上，将研发活动、环境迁移、流程推进按照一定的编排顺序，形成调度管理的综合统称。如果将软件工厂的组成部分进一步细化，则打开后的结构如图 7-5 所示。

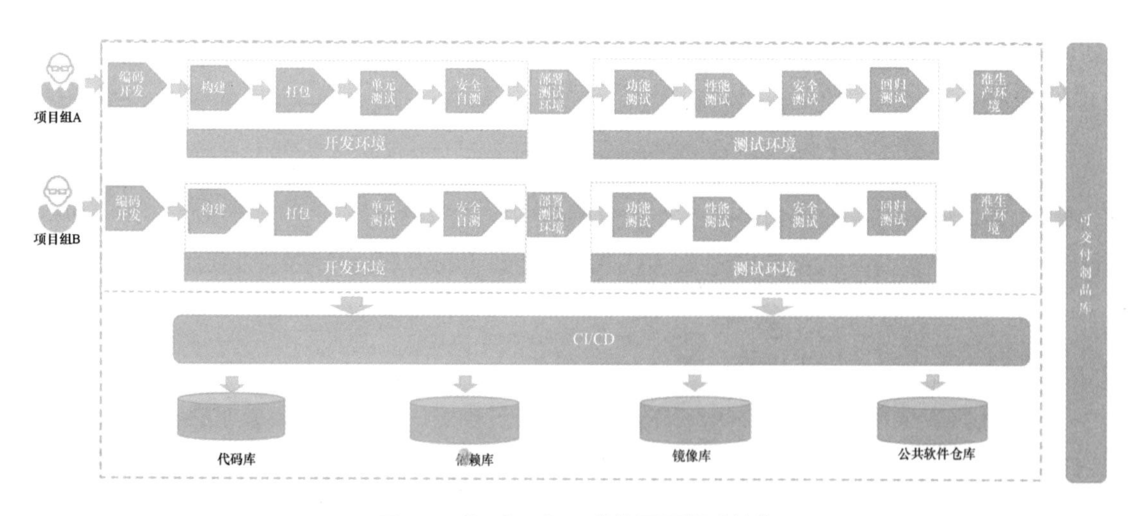

图 7-5　DevSecOps 软件工厂组成结构

从图 7-5 中，可以看出软件工厂一般至少包含 3 个组成部分，分别为：

- 软件生产流水线。即包含研发环境、测试环境到准生产环境，完成编码开发到准生产验证的软件生产流水线。在 DevSecOps 平台中，对应于黄金管道中不同的流水线实例。

- CI/CD 系统。通常是指 DevSecOps 平台中黄金管道，为软件生产流水线实例提供运行环境和能力的平台。
- 基础仓库。软件制造过程中所依赖的其他基础组成部分，典型的如依赖库、公共软件仓库、镜像库等（这部分内容，将在第 8 章组件安全与持续构建中重点介绍）。

在这样的一个软件工厂里，当新增需求或新加入人员时，只有按照既有的流水线实例，将需求或人员加入其中，成为生产流程的一部分，才最终可形成标准化的输出产物。

7.2.2 典型 DevSecOps 软件工厂生产流水线

在软件工厂中，除了平台能力外，最重要的就是面向各个软件产品的生产流水线。这些流水线可以是 DevSecOps 平台建设方和产品归属部门一起编制，也可以由 DevSecOps 平台建设方先预制通用模板，产品归属部门或研发人员根据通用模板，编制自定义的流水线实例。

这里根据当前互联网技术的特点，以 Java 开发语言为例，为读者讲述几种通用的生产流水线模板：

- 普通 Java 应用程序流水线。
- 含 Docker 镜像 Java 应用程序流水线。
- 含版本迭代 Java 应用程序流水线。

1. 普通 Java 应用程序流水线

Java 开发语言是当前互联网应用开发的主流语言，通过软件生产流水线之后，最终以 jar 包或 war 包的形式输出，其开发环境阶段流水线如图 7-6 所示。

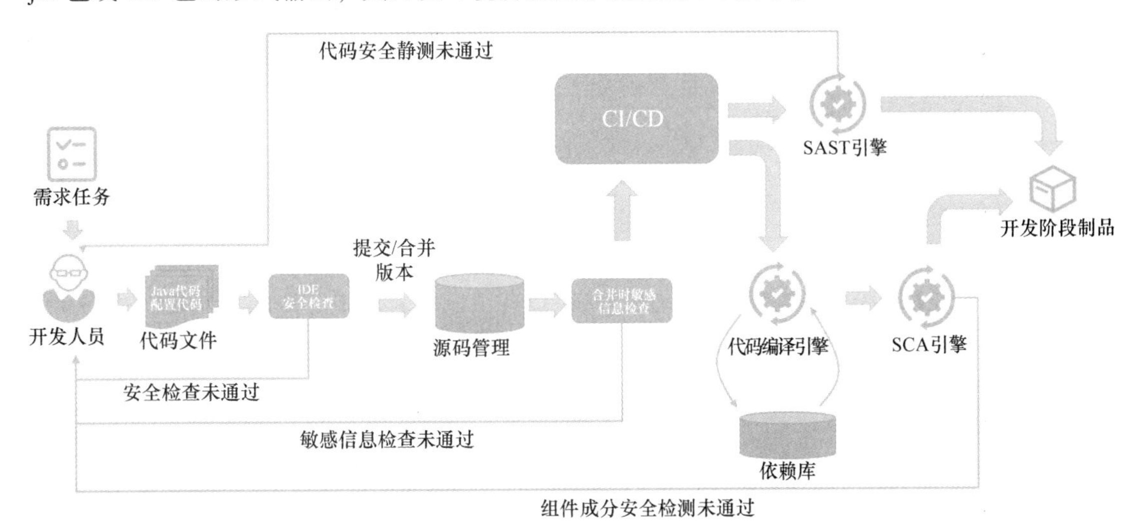

● 图 7-6 Java 应用程序软件工厂流水线（开发环境阶段）

在开发阶段，开发人员输出两类源码：一种是包含业务功能实现的 Java 源代码，另一种是为了自动化管理的配置代码。代码提交前执行 IDE 安全检查，检查通过后提交代码仓库。当在代码仓库执行分支代码合并到 master 主版本时，触发敏感信息安全检查。若提交的两类代码中不涉及敏感信息，则进入 CI/CD 自动调度流程。

CI/CD 自动调度会以异步的方式，并行执行静态代码安全检测和 SCA 软件组件成分分析，当它们都检测通过后，则生成最终的开发阶段的制品包。开发阶段的制品包将会进一步迁移至测试环境，开始测试环境阶段的流程，如图 7-7 所示。

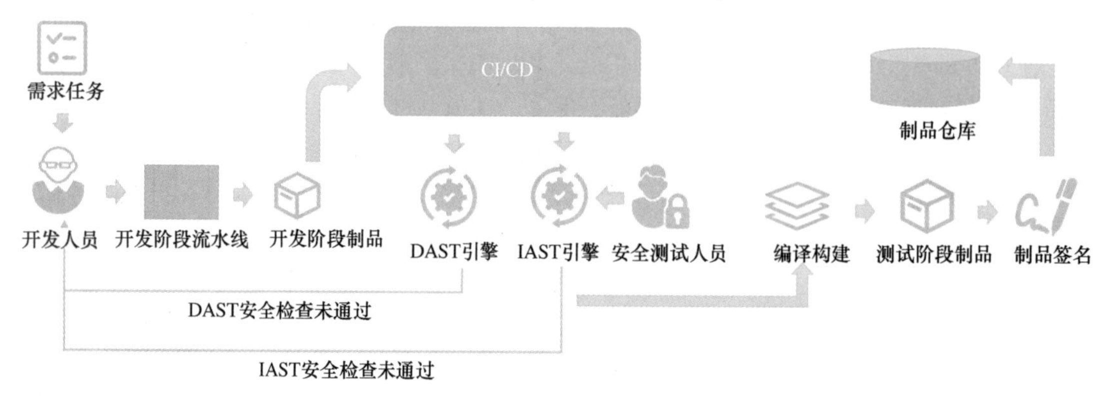

• 图 7-7　Java 应用程序软件工厂流水线（测试环境阶段）

在测试环境阶段，主要使用 DAST 动态安全检测和 IAST 交互式安全检测来验证 Java 应用程序在运行状态下的安全，如果均验证通过则继续执行带安全编译参数的编译构建，生成测试阶段的制品包，并进行数字签名后发布到制品仓库中，供准生产环境部署或 UAT 环境验证使用。

2. 含 Docker 镜像 Java 应用程序流水线

含 Docker 镜像的 Java 应用程序流水线本质上与普通应用无大的差异，不同的是增加了对 Docker 技术的引用，以便于后续的自动化部署和维护更新。它们的差异主要体现在以下方面：

- 在开发阶段，开发人员编写的代码除了业务源代码、配置代码外，还包含 Docker 配置相关代码和自动化管理的 IaC 代码。
- 在整个流程中，增加了 Docker 镜像构建的相关操作和对容器注册表的引用。
- 安全检测的覆盖深度上，增加 Docker 镜像的检测。

这里，将上述的普通 Java 应用程序流水线进行抽象，重点对涉及 Docker 镜像相关的流程展开描述，详细如图 7-8 所示。

• 图 7-8　含 Docker 镜像 Java 应用程序软件工厂流水线

当使用 Docker 镜像作为发布产物形式时，除了源代码的调整外，在构建阶段会根据 Java 应用程序运行形式的不同（如 jar 或 war），确定将运行环境依赖的组件（如 jre 和 Tomcat）是否一并加入 Docker 镜像中。同时，在开发环境和测试环境均新增了容器注册表组件，用于管理容器实例。而镜像安全检测作为新增加的安全卡点，为容器层的安全提供保障手段。

从上述两个示例的流水线可以看出，在主流程的安全卡点上，各个不同的流水线差异并不是很大，而真正的流水线差异其实是体现在技术实现上，尤其是依赖环境的安装、编译工具的选择、输出产物的形态等。这些，才是不同软件流水线的根本，也是需要制定不同软件工厂流水线模板的根源。如图 7-9 所示为当前两大主流开发语言 Node. js 和 Java 使用 GitHub Action 定义流水线时代码配置的差异。

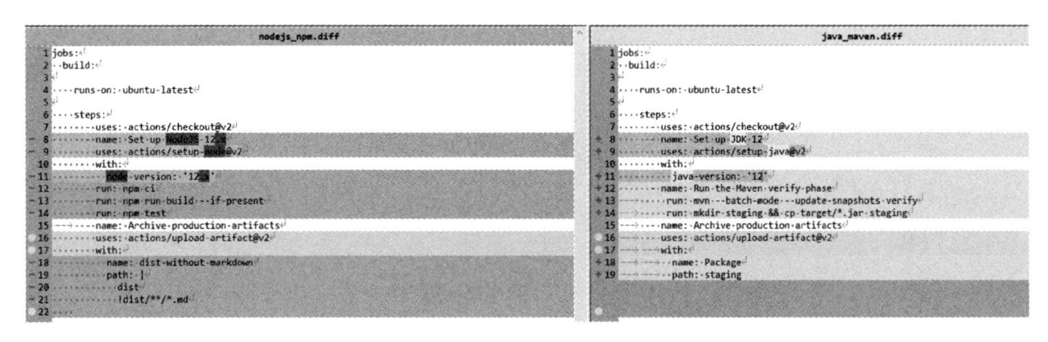

图 7-9　Node.js 与 Java 应用程序使用 GitHub Action 定义流水线时代码配置的差异

3. 含版本迭代 Java 应用程序流水线

无论是哪种开发语言，在实际开发过程中，都是跟随着版本迭代在动态变化着。如果将上述两种生产流水线按照版本迭代的方式进一步打开查看，其流水线构成如图 7-10 所示。

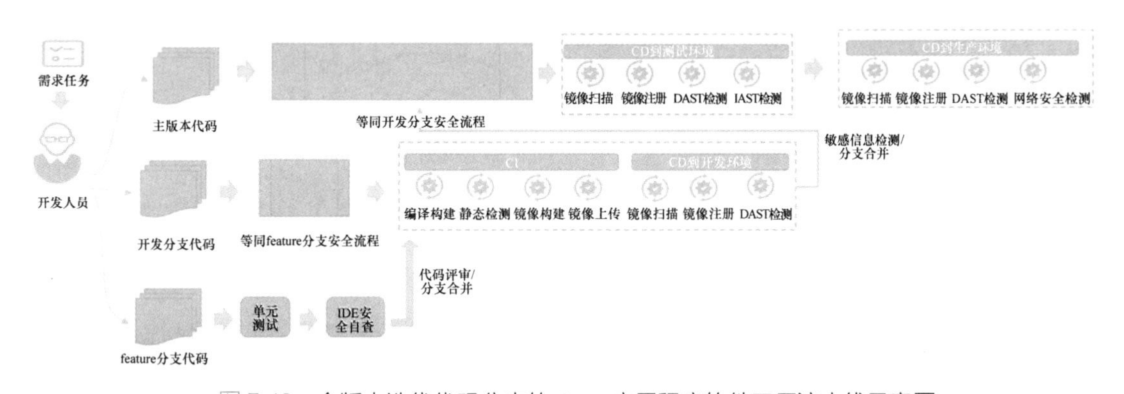

图 7-10　含版本迭代代码分支的 Java 应用程序软件工厂流水线示意图

当从版本迭代、代码分支的角度去看 Java 应用程序软件工厂流水线时，则是一个循序渐进的过程。当在 feature 分支上进行代码开发时，需完成单元测试和安全自查，然后通过评审后合并代码，从 feature 分支合并到开发分支上去。开发分支会通过持续集成完成编译、代码构建、镜像构建直至发布到开发环境完成安全检测。如果开发环境的质量门禁全部通过，则执行敏感信息安全检测，没有问题的话合并到主版本 master 分支上。master 分支使用

CD 平台，完成从测试环境到生产环境的部署、验证。

7.3 集成代码安全工具链

前文介绍了 4 种不同环节嵌入安全工具的卡点，因安全工具类型的不同其集成方式各不相同。这里，重点为读者介绍静态检测的安全工具，分别选用开源软件 SonarQube、商业软件 Fortify 两个样例为读者讲述其集成细节。

7.3.1 SonarQube 集成

SonarQube 作为一款代码质量和代码安全的开源平台，在业界有着广泛的使用，它有着社区版、企业版和高可用版等不同版本的划分，这里为读者演示使用的是 SonarQube 社区版。

1. SonarQube 简介

作为一款开源产品，SonarQube 在代码质量和代码安全方面有着独特的产品特性，主要如下。

- 支持多种开发语言的静态分析，包含主流的开发语言，如 C、C++、Java、C#、JavaScript、Ruby、Go、Python 等。
- 支持多维度代码质量分析，如代码量、安全缺陷、规范检查、代码重复度、测试覆盖率等。
- 支持代码编辑器、CI/CD 平台集成，如 GitHub、Bitbucket、Azure DevOps、GitLab 等。

目前社区版的 SonarQube 已经在超过 20000 企业应用，其产品概览如图 6-12 所示。

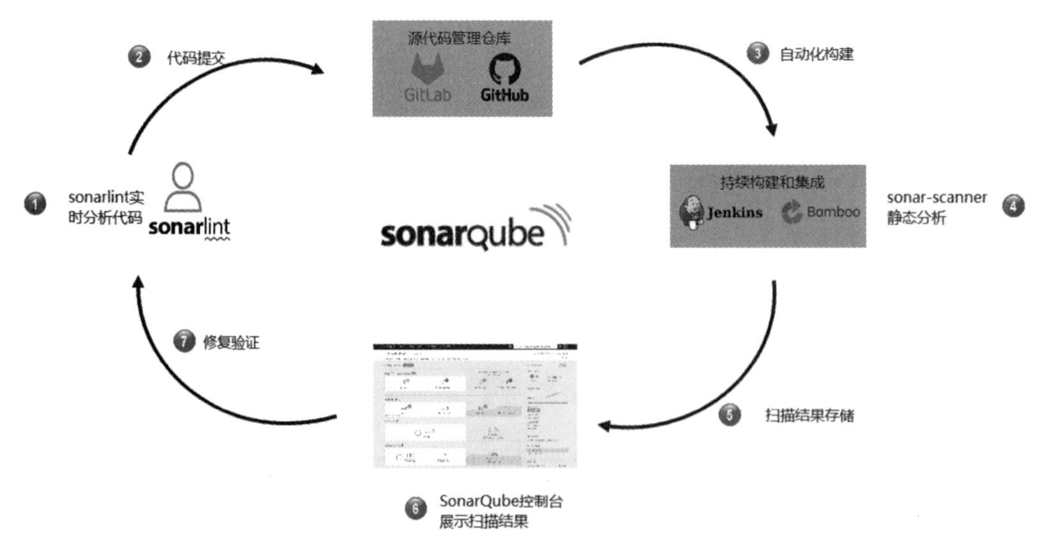

• 图 7-11　SonarQube 产品概览

图 7-11 描述了 SonarQube 在开发过程中的运转方式，主流程可归纳为以下几点。

- 开发人员在 IDE 中使用 sonarlint 插件进行本地实时扫描。
- 代码提交至源代码管理仓库。
- 测试或开发人员通过 CI 流水线构建代码，并自动拉起 sonar-scanner 进行代码扫描。
- sonar-scanner 的扫描分析结果发送至 SonarQube 控制中心展示详情。
- 开发人员查询控制中心展示详情，修复并验证代码安全漏洞。

目前社区版与 Java 相关的安全规则有 89 条，通常 Java 代码扫描还可以集成 Spotbugs（11 条安全规则）和 Find Security Bugs（141 条安全规则）等目前主流的开源安全扫描插件。下面通过 Java-sec-code 和 OWASP BenchmarkJava 这两个 Java 代码漏洞的学习项目，分析一下 SonarQube 的扫描效果，分析结果见表 7-4。

表 7-4 SonarQube 静态代码分析能力测试

分析项目	Java-sec-code	OWASP BenchmarkJava
语言	Java	Java
文件数量	64	2763
已知漏洞数量	25	2740
发现漏洞数量	178	6903
误报率	较高	较高
漏报率	较低	低
耗时	28s	37min

从表 7-4 的扫描结果可以看出，社区版 SonarQube 针对 Java 项目扫描的误报率较高，需要花费时间排除误报，安全漏洞检测效果一般。但由于其开源性，可以针对不同的漏洞类型去自定义规则，过程中只关注我们感兴趣的安全漏洞，避免耗时排除误报，此外 SonarQube 的部署方式支持单节点和分布式部署，且对 CI/CD 的集成支持较好，也非常利于在一般企业进行快速的部署和集成。

当使用 SonarQube 作为管理工具时，通常与代码仓库或源码管理系统及 CI/CD 集成在一起，其典型的集成架构如图 7-12 所示。

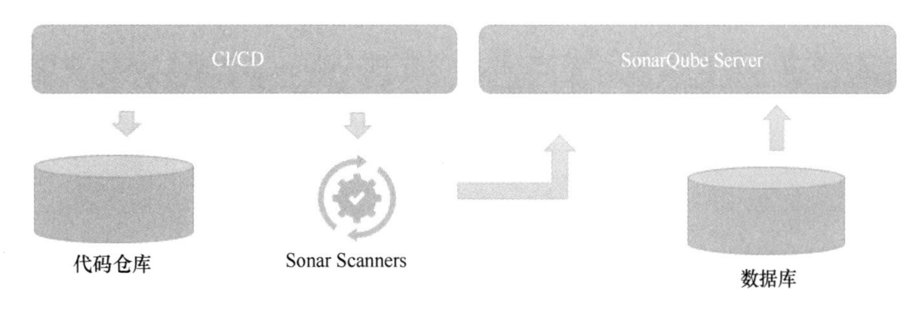

图 7-12 SonarQube 集成架构示意图

开发人员将代码提交到版本控制系统中（如 SVN，Git），CI/CD 系统自动触发任务，调用 Sonar Scanners 对源代码进行扫描分析，扫描分析的结果统一汇总到 SonarQube Server 中，存入 SonarQube 的数据库中，最终以管理页面的形式显示分析报告。

2. SonarQube 安装

SonarQube 的安装非常简单，无论是 zip 包的单机安装，还是 Docker 镜像或集群化安装，都和普通的软件类似。其安装与集成步骤从图 7-12 的集成架构中也可以看出：

- 需要安装独立的数据库，在这里就不再介绍数据库的安装，默认情况下认为数据库已安装完毕。
- 需要安装 SonarQube Server，在这里简要地介绍 zip 包的单机安装。
- 需要完成 CI 与 Sonar Scanners 的集成。

下面，首先来看看 SonarQube Server 的安装。SonarQube Server 运行环境依赖于 jre，需要安装 JDK。默认情况下，认为 JDK 已安装完毕。下载完 zip 安装包之后，直接解压即可。在 Windows 操作系统下，可以使用 bat 文件启动服务，在 Linux 操作系统下，使用 sh 文件启动服务。在启动之前，需要修改 SonarQube 的配置文件，详细如下。

1）修改数据库连接配置，配置文件路径为 $SONARQUBE-HOME/conf/sonar.properties：

```
sonar.jdbc.username=数据库用户名
sonar.jdbc.password=数据库密码
sonar.jdbc.url=jdbc 驱动连接串
```

2）修改 SonarQube Server 的服务器配置，$SONARQUBE-HOME/conf/sonar.properties 为其配置文件的详细路径：

```
sonar.web.host=192.168.0.1 #服务器 IP
sonar.web.port=80   #服务器端口
sonar.web.context=/sonarqube   #上下文路径
```

配置完成后，即可执行 $SONARQUBE-HOME/bin/目录下的 StartSonar.bat 或 sonar.sh 启动 SonarQube 服务。

3. SonarQube 与 Jenkins 集成

SonarQube 与 GitLab、Jenkins 的集成方案比较成熟，读者也可以使用 SonarQube 与 GitLab CI 的集成方案。不同的是，两种方案的 CI 能力分别由 GiLlab CI 和 Jenkins 提供。当使用 SonarQube与 Jenkins 集成时，主要有以下步骤。

1）SonarQube 配置。

SonarQube 配置主要是生成令牌，并通过令牌与 Jenkins 之间进行认证和授权。进入 SonarQube主界面，并选择【Administration】→【Security】→【Users】，可以看到 Administrator 用户，选择【Tokens】进入生成令牌菜单，单击生成之后，可以看到令牌信息，如图 7-13 所示。

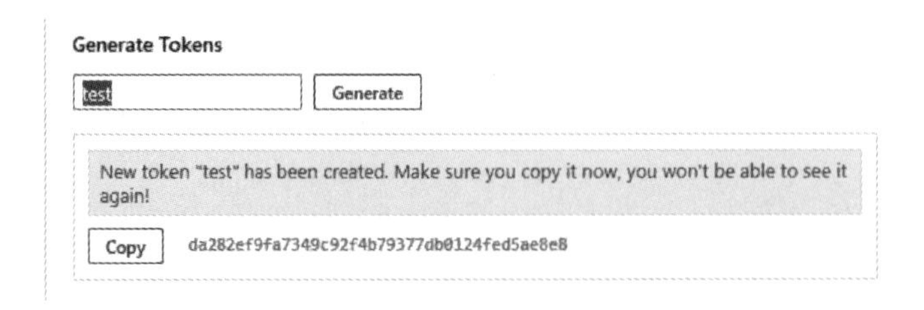

图 7-13　SonarQube 用户令牌获取

由于该令牌信息不会二次展示，因此需要将上述令牌信息复制下来并保存至安全的位置，后续在 Jenkins 配置的时候还会使用到该令牌。

2）GitLab 配置。

GitLab 配置同样是生成访问令牌，并通过令牌与 Jenkins 之间进行认证和授权。进入 GitLab主界面，选择【Setting】→【Access Tokens】，填写 Token name 并选中【api】和【read_repository】后，生成令牌信息，如图 7-14 所示。

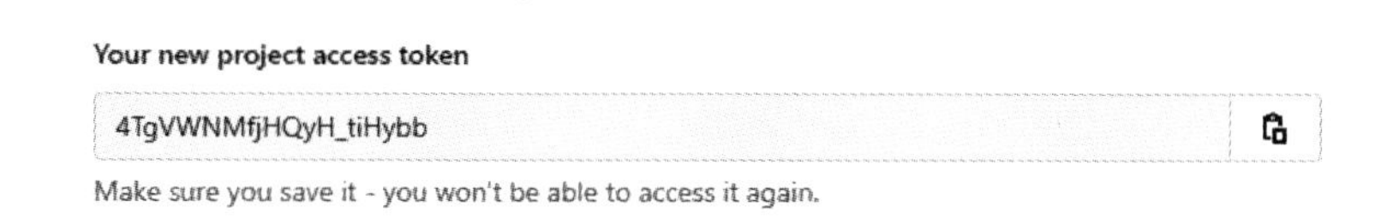

● 图 7-14 GitLab 用户令牌获取

同样需要将该令牌信息复制下来并保存至安全的位置，后续在 Jenkins 配置的时候还会使用到该令牌。

3）集成 SonarQube、GitLab 至 Jenkins 流水线。

假定使用者已完成上述 Jenkins 的基础配置，则下面只需要在 Jenkins 中完成 SonarQube 和 GitLab 的配置即可。

首先在 Jenkins 主页选择【Manage Jenkins】→【Available】，安装 SonarQube Scanner 插件，如图 7-15 所示。

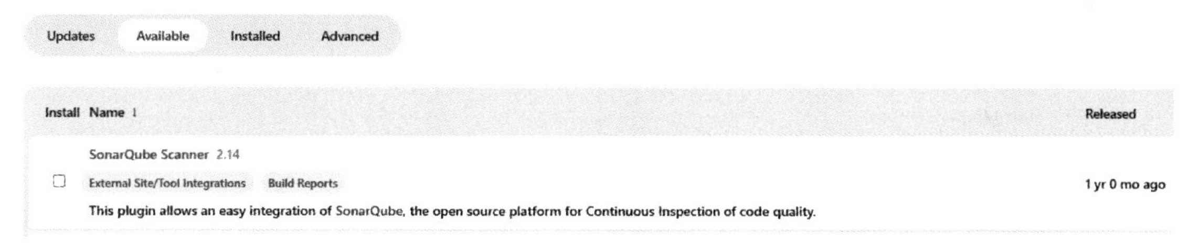

● 图 7-15 在 Jenkins 中安装 SonarQube Scanner 插件

单击重启 Jenkins 以生效 SonarQube Scanner 插件。还需要在 Jenkins 服务中单独安装 SonarQube Scanner，用于进行代码扫描，并将报告上传至 SonarQube 服务器。可以通过以下命令完成安装：

```
$wget
https://binaries.sonarsource.com/Distribution/sonar-scanner-cli/sonar-scanner-cli-3.3.0.
1492-linux.zip
$unzip sonar-scanner-cli-3.3.0.1492-linux.zip
$cd sonar-scanner-3.3.0.1492-linux $pwd
```

选择【Manage Jenkins】→【Global Tool Configuration】，选择【SonarQube servers】标签，选择 SonarQube Scanner 的安装目录，如图 7-16 所示。

最后将之前生成的 GitLab 和 SonarQube 的令牌配置到 Jenkins 中，选择【Manage Jenkins】→

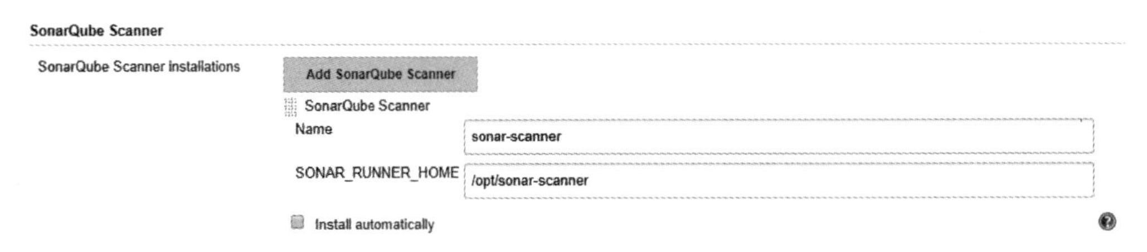

● 图 7-16　在 Jenkins 中配置 SonarQube Scanner 的安装目录

【Configure System】，选择【SonarQube servers】标签，填写 SonarQube 服务地址和用户令牌，如图 7-17 所示。

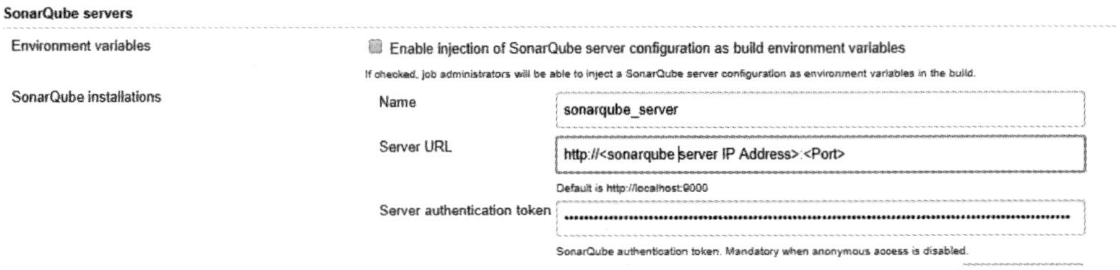

SonarQube servers
Environment variables
Enable injection of SonarQube server configuration as build environment variables
If checked, job administrators will be able to inject a SonarQube server configuration as environment variables in the build.
SonarQube installations
Name　sonarqube_server
Server URL　http://<sonarqube server IP Address>:<Port>
Default is http://localhost:9000
Server authentication token
SonarQube authentication token. Mandatory when anonymous access is disabled.

● 图 7-17　在 Jenkins 中配置 SonarQube 令牌信息

选择 GitLab 标签，选择【Add】→【Jenkins Credentials Provider：Jenkins】，填写 GitLab 用户令牌，如图 7-18 所示。

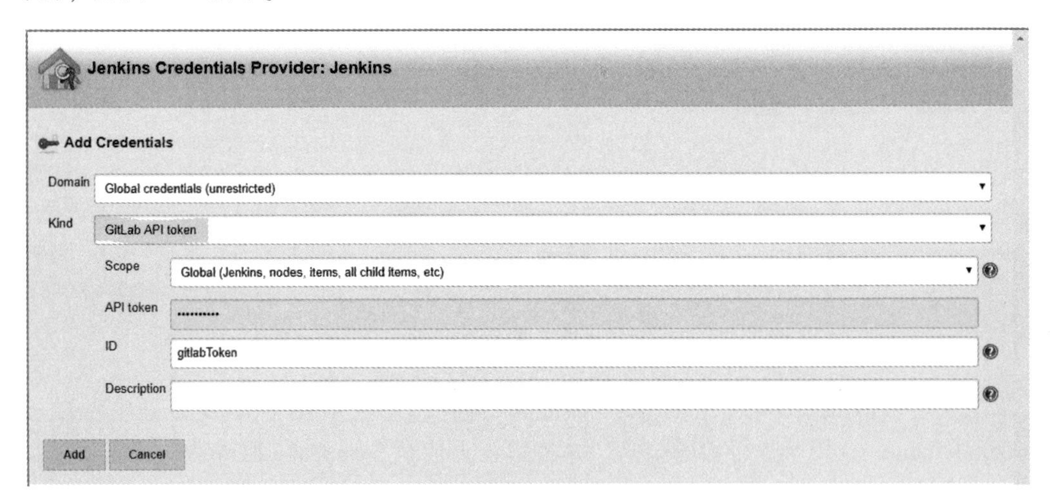

● 图 7-18　在 Jenkins 中配置 GitLab 令牌信息

通过以上三个步骤，已经完成了 SonarQube、GitLab 与 Jenkins 的集成，接下来就可以在 Jenkins 中创建任务进行构建和代码扫描。

7.3.2　Fortify 集成

Fortify 作为一款商业产品，在代码安全方面有着系统化的解决方案。这里，重点为读者讲述 Fortify SCA 与 GitLab 的集成。

1. Fortify 简介

Fortify 产品与代码安全相关的有 Fortify SCA 和 Fortify Software Security Center。Fortify SCA 读者比较熟悉，主要用来做代码静态检测和组件成分分析；Fortify Software Security Center 又称为软件安全中心，是对安全检测结果的数据化展现和跟踪，以加强过程协作，促进风险闭环。在本书中提及的 Fortify 主要指 Fortify SCA 产品。

关于 Fortify SCA 在代码安全方面的作用，在第 6 章内容中已为读者介绍过，这里就不再赘述。与开源产品相比，作为商业产品它有如下优势。

- 提供系统化的代码安全解决方案，可以与其他周边产品整合，解决代码安全多层次的问题。
- 产品的安装说明、指导手册、售后服务及问题响应能得到及时处理。
- 规则库由厂商维护更新，开源产品更多依靠自身能力。

2. Fortify SCA 与流水线集成

Fortify SCA 安装说明和网络公开资料都比较详实，这里重点介绍 Fortify 与持续集成流水线的集成。为了便于读者的理解，还是选择 Jenkins 作为持续集成流水线的调度工具给读者介绍。

Fortify SCA 与持续集成流水线的集成主要有三种方式，分别如下。

- 与编译工具集成，通过融入编译构建环节，达到融入流程的目的。
- 与持续集成调度产品融合，如 Jenkinsfile 脚本，达到融入流程的目的。
- 企业做二次开发，通过 API 接口的方式，调用 Fortify SCA，从而达到流程整合的目的。

下面，以前两种集成方式入手，为读者介绍集成过程。首先，来看看与编译工具集成的方式。

从 Fortify SCA 的静态代码检测来看，其过程主要分以下三个步骤，如图 7-19 所示。

图 7-19 Fortify SCA 静态代码检测关键步骤

在上述的三个步骤中，步骤一为 Fortify 的代码编译操作，调用各种不同的编译工具对源代码进行编译。当设计流水线时，可以在编译构建环节，嵌入 Fortify 代码安全检测卡点。这里，以 C 语言代码的编译构建为例来说明 Fortify 的集成过程。默认情况下，使用 makefile 编译安装 C 程序源代码时，使用的操作如下：

```
make clean
make
make install
```

在这段命令行脚本中，将 Fortify 的操作嵌入其中，则调整后如下所示：

```
make clean
CC="sourceanalyzer -b build_id gcc"
CXX="sourceanalyzer -b build_id g++"
sourceanalyzer -b build_id  make
sourceanalyzer -b build_id  -scan -f report.fpr
BIRTReportGenerator -template "DevSecOps Demo Report" -source report.fpr -format PDF -output D
DevSecOps-Demo-Report.pdf
make install
```

在上述代码片段中，彩色部分为新增的内容，其作用是重新定义环境变量，并使用 Fortify 的编译代替原有编译，且通过-scan 参数开始扫描并输出 PDF 格式的报告文件。这是第一种 Fortify 与 CI 的集成方式，本质上是在编译脚本中嵌入对 Fortify 的调用。

第二种集成方式是通过持续集成的调度功能，直接在流程编排中调用 Fortify。它与第一种方式的不同在于在流程编排的过程中，可以自由选择嵌入点，而不像第一种方式只能在编译脚本中嵌入。除了这个区别之外，其他的操作在本质上无特别大的变化。下面通过 Jenkins 脚本来详细看看其过程。

在 Jenkins 中，使用 Jenkinsfile 来对流程进行编排。通常，最简单的 Java 流水线文件内容如图 7-20 所示。

```
1  pipeline {
2      agent { docker 'maven:3.3.3' }
3      stages {
4          stage('Build') {
5              steps {
6                  sh 'mvn --version'
7              }
8          }
9          stage('Test') {
10             steps {
11                 echo 'Testing..'
12             }
13         }
14         stage('Deploy') {
15             steps {
16                 echo 'Deploying....'
17             }
18         }
19     }
20 }
```

● 图 7-20　Java 应用程序 Jenkinsfile 流水线样例

在这段代码中，定义了编译 Build、测试 Test、部署 Deploy 三个分段，参考上述第一种方式的集成，在 Build 脚本片段中添加对 Fortify 的调用（如图 7-20 中标注序号❶所示）。除此之外，还可以另外定义一个 stage，专门用于代码安全的检测，这就是第二种集成方式（如图 7-20 中标注序号❷所示）。按照第二种集成方式为切入点，对 Jenkinsfile 进行调整，调整后的内容如图 7-21 所示。

```
pipeline {
    agent { docker 'maven:3.3.3' }
    stages {
        stage('Build') {
            steps {
                sh 'mvn --version'
            }
        }
        stage('CodeSecurity Scan') {
            steps {
                sh 'sourceanalyzer -b build_id'
                sh 'sourceanalyzer -b build_id  -scan -f report.fpr'
                sh 'BIRTReportGenerator -template "DevSecOps Demo Report" -source report.fpr -format P
            }
        }
        stage('Test') {
            steps {
                echo 'Testing..'
            }
        }
```

● 图 7-21 添加 Fortify SCA 静态代码检测的 Jenkinsfile 流水线样例

通过上述任一种方式，都可以完成 Fortify 与流水线在代码检测方面的集成，但更好的集成是对于 Fortify 的检测结果能自动化存储，并以工单流程的方式在 DevSecOps 平台中跟踪推进，以达到漏洞运营闭环的目的。

7.4 代码安全运营与管理

介绍完代码安全工具链在 DevSecOps 流水线的集成，接下来为读者讲述基于这些安全工具，如何做代码安全的运营和管理。

7.4.1 代码安全检测的关键策略

代码是软件工程的基础，开发人员作为代码的生产者在软件工程中不断地产出代码。从生产制造的源头看，在当前的现代软件工程中，解决了开发人员编程中的代码安全问题、第三方组件或类库的安全问题，则代码安全将得到有效的保障。开发人员的安全编码能力是可以通过安全培训提升的，但为了更快捷的效率和更全面的保障，代码安全检测作为防御性手段仍是众多企业在编码开发阶段的首选措施。

当使用代码安全检测作为代码安全的首选保护措施时，为了真正地做好代码安全的管理和运营，有如下策略建议读者在落地实施时能遵循。

1. 增加对敏感信息的代码安全检测覆盖

在 7.1.2 节选择 DevSecOps 流水线上代码安全工具中，提及了敏感信息的代码安全检测的卡点设置。细心的读者如果关心网络安全动态就会发现，在过去的一段时间内因代码中敏感信息泄露导致的安全事件很多，有些事件甚至产生了全国性的恶劣影响。因此，在代码安全检测的覆盖度上，建议首先覆盖敏感信息的安全检测。在代码提交入库阶段，将敏感信息过滤，防止敏感信息通过源代码扩散。常用的开源敏感信息检测工具如表 7-5

所示。

表 7-5　常用敏感信息检测开源工具

序号	工具名称	网　址	工具描述
1	ggshield	https://github.com/GitGuardian/ggshield	使用 GitGuardian 检测代码仓库中的 350+种敏感信息
2	repo-security-scanner	https://github.com/techjacker/repo-security-scanner	专门检测 git 仓库中包含的密码、密钥相关敏感信息
3	SecretScanner	https://github.com/deepfence/SecretScanner	可以检测容器、主机文件、代码中 100+种敏感信息，如密钥、APIKEY、密码、token 等

在开展研发段的敏感信息治理时，首先通过敏感信息代码安全检测解决敏感信息硬编码问题，再对敏感信息使用的配置管理系统来管理。在代码仓库的管理上，业务源代码和配置文件类源代码分开管理，执行单独的权限控制。

2. 采用分级别、分业务优化代码安全检测策略

代码安全检测中，误报率高是众所周知的问题。为了降低误报率的问题，除了有专人去运营优化代码安全检测策略外，还可以分级别、分业务优化代码安全检测策略。

首先，来看看分级别的策略优化。对于代码的静态检测来说，从历史数据和经验看，漏洞级别越高，误报率越低。安全人员可以根据业务的实际情况，调整漏洞检测报告的漏洞级别，过滤中低漏洞中大量的误报杂音。例如，Fortify 支持通过漏洞级别的选择过滤检测报告中的内容。

其次，不同的业务开发通常使用不同的开发语言，不同的项目组编码习惯也不尽相同。在维护代码安全检测策略时，可以根据业务线的不同、项目组的不同维护一套单独的检测规则。也可以根据不同的编程语言有不同的风险偏好，调整检测规则，例如，Web 应用程序选择 OWASP TOP 10 规则集，C 语言服务器应用程序选择 SANS TOP 25 规则集。

在代码安全检测规则的运营和优化过程中，使用分级别、分业务优化代码安全检测策略通常能起到事半功倍的效果。

3. 采用新技术优化代码安全检测结果

代码安全治理过程中，对于检测出来的结果因为高误报率和无跟踪流程导致难以闭环，针对这些问题，可以采用新技术来优化检测结果，常用的方法有两个：建立检测结果缓冲池和使用机器学习过滤噪音。

对于将代码安全检测作为 CI/CD 流水线的后台调度任务，很容易建立检测结果缓冲池，在每次检测扫描后，将结果集存储入数据库，再对这些结果数据进行分析。数据分析的过程与机器学习结合起来，将误报的漏洞数据、忽略的漏洞数据从缓冲池中过滤掉，将最终需要处理的漏洞数据以工单流程的方式提交给开发人员进行处理。如图 7-22 所示。

例如，对常见的误报数据进行人工打标签，逐渐通过机器学习自动过滤同类问题；对易发的漏洞，与人员能力、编程习惯进行关联聚合，为安全编码培训的方向指引提供数据依据；将代码安全治理与 ASOC（应用安全编排与关联）理念相结合，通过流程改进综合性治理代码安全的问题。

开发人员
代码仓库
CI/CD
代码安全检测任务A
代码安全检测任务B
代码安全检测任务C
漏洞数据
分析智能系统
工单系统
漏洞修复

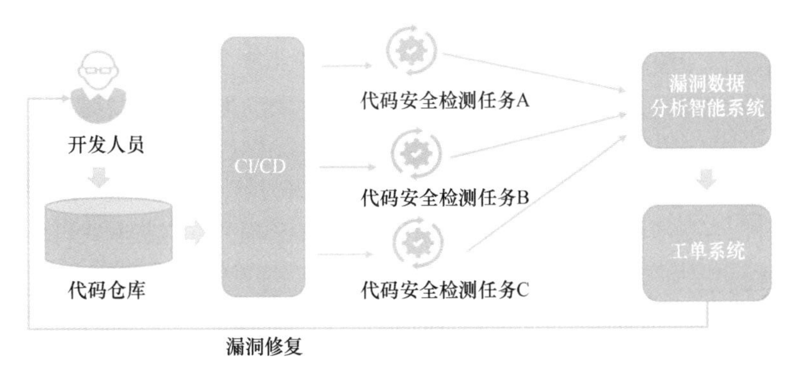

● 图 7-22　新技术在代码安全治理中的应用

7.4.2 漏洞修复的关键策略

漏洞修复是安全工作中重要的一个事项，在代码安全中也不例外。针对编码开发过程中发现的漏洞，有一些常见的漏洞修复策略有助于帮助各个角色在 DevSecOps 落地过程中抓住重点，提升漏洞修复效率，快速达到止损的目的。

1. 使用公共安全组件来修复代码漏洞

代码中的漏洞常常需要修改代码来修复。在过去的安全开发经验中，大量的安全实践表明，使用公共安全组件来修复代码漏洞有助于开发人员快速完成代码修复。

代码是由开发人员编写的，不同的开发人员有不同的编码习惯，即使在有代码安全规范的情况下，导致漏洞发生的原因仍不尽相同。同时，不同的开发人员在遇到不同的漏洞修复时，需要理解漏洞发生的机理。面对多如 OWASP TOP 10、SANS TOP 25 之类的学习材料时，很容易让开发人员、安全人员花费大量的沟通时间。即使他们弄懂了漏洞原理，编写出来的代码经常重复率比较高或达不到 100%修复的目的。为此，业界将一些通用的漏洞修复代码抽取出来，形成公共的安全组件，以便开发人员在代码编写过程中直接调用，以快速达到漏洞预防或修复的目的。ESAPI 就是一种常见的公共安全组件，它包含认证、字符转码、格式校验、访问控制等通用功能。下图为 OWASP ESAPI 的基本架构组成，如图 7-23 所示。

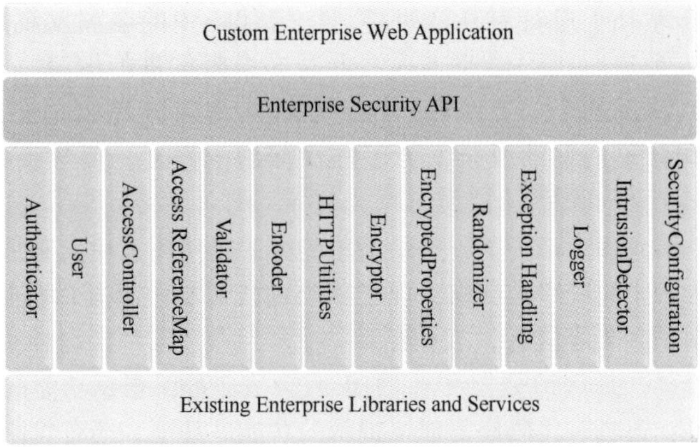

Custom Enterprise Web Application
Enterprise Security API
Authenticator
User
AccessController
Access ReferenceMap
Validator
Encoder
HTTPUtilities
Encryptor
EncryptedProperties
Randomizer
Exception Handling
Logger
IntrusionDetector
SecurityConfiguration
Existing Enterprise Libraries and Services

● 图 7-23　OWASP ESAPI 架构图

目前在 OWASP 官网上，ESAPI 有 Java 版本和 NodeJS 版本。在 GitHub 上，还有一些其他的非官方版本，如 PHP 版本、Ruby 版本、Python 版本等。这些不同版本的 ESAPI 框架，当开发人员熟悉其使用后，一旦遇到同样的漏洞类型，无论是什么样的编程开发语言，开发人员均能熟练地使用公共安全组件来快速地修复漏洞。

在实际工作中，各个企业也可以根据企业内部的编码开发特点，抽取通用的修复代码片段封装为公共安全组件，在各个不同的业务部门或项目组之间共享使用，以提升代码漏洞修复的效率。

2. 明确企业的代码漏洞修复优先级

在企业内部，修复代码漏洞是一项长期性的工作。因代码中漏洞发现的开发阶段不同，修改过程中涉及的整改成本也不尽相同。大多数情况下，漏洞是在不断地版本迭代中逐步被修复的。为此，企业根据自身的实际情况和风险接受程度，确定漏洞的修复优先级，明确修复标准，有利于漏洞修复工作的快速推动。

常见的做法是，首先明确哪些漏洞是必须立即修复的，哪些是可以暂缓修复或通过版本迭代修复的，哪些是可以忽略的。再基于这个标准之上，明确哪些版本是需要完成漏洞修复的。例如，过程迭代的版本通常不会要求立即修复，而准备上线发布的版本是必须要立即修复。这些明确了，代码安全管理的质量门禁也就清楚了。各个不同的角色在研发管理过程中，参照门禁要求，统一管理最终发布的代码质量。

对于漏洞修复的优先级顺序可以参考 CVSS 评分，确定修复的优先级，或者企业根据自身业务架构的特点，确定哪些场景下的漏洞修复优先级高。在业界，通用的漏洞修复优先级可以参考如下标准来制定。

- 优先修复资产里包含的漏洞。
- 优先修复可以被远程利用的漏洞。
- 优先修复情报中表明正在被远程利用的漏洞。
- 优先修复在生产环境中发现的正在被远程利用的漏洞。

在上述的 4 条参考标准中，从上至下优先级逐步上升，尤其是那些在生产环境中发现的正在被远程利用的漏洞，如果涉及代码的修改，即使加班加点，也要立刻去做。从攻防的视角看，这是在和黑客抢夺时间，修复越早，企业的损失越小。

3. 善于利用代码安全工具

代码中的漏洞修复与其他类型的漏洞修复存在显著的差异，例如，运维人员发现数据库漏洞，则下载数据库补丁进行更新升级即可。但代码中的漏洞发现后，通常是作为安全缺陷，交于开发人员进行代码修改，然后重新提交版本进行编译、构建、测试、发布等环节，才完成一次漏洞的全修复流程。也正是因为修复流程如此长，在任何环节出现问题，都将导致漏洞修复周期的延长，为了加快漏洞的修复，要学会善于利用代码安全的工具。

首先，要学会使用流程跟踪的工具。最简单的方式是使用工单流程或 jira 流程，将需要修复的代码缺陷作为一个流程跟踪起来，以了解当前代码缺陷修复的进展，目前谁在负责，已经在这个环节停留了多久等信息。

其次，要学会使用 IDE 代码安全插件。IDE 代码安全插件根据功能的不同，除了均具备代码安全检测功能外，还具有代码修复建议提示的功能。甚至，还有代码自动补全提示的功能，开发人员要善于利用这些工具，学习漏洞原理，快速完成漏洞修复。

最后，学会自定义代码安全检测规则。要通过规则自定义，将代码安全规范规则化。文档化的代码规范或代码安全规范难以落地或推行，而规则化的代码规范或代码安全规范则更易于改进代码质量，降低安全风险。

7.4.3 代码安全度量指标

开展代码安全治理和运营，设置度量指标是一项必不可少的工作。在 DevSecOps 中，设置代码安全的度量指标不能仅站在开发的角度或安全的角度设置指标，要站在 DevSecOps 全流程或整个流水线的角度，综合性地设置不同的度量指标。

从 DevSecOps 体系落地的角度看，大体可划分为软件开发过程指标、DevSecOps 平台指标、DevSecOps 管理指标三类度量指标。

1. 软件开发过程指标

从软件开发的角度，考虑代码安全的相关度量指标，分别如下：

- 代码评审。主要有代码评审次数、评审发现的安全缺陷数、评审覆盖度等。
- 代码安全自测。主要有安全自测覆盖率、安全自测深度（是否包含所有的功能代码）。
- 代码实现与修复。主要有修复时长、一次性修复率（是否存在反复修改）、千行安全缺陷率等。
- 代码安全检测。主要有代码安全检测频次、一次性通过率（一次性通过安全质量门禁）、发现漏洞数、漏洞等级分布、误报率等。

2. DevSecOps 平台指标

从 DevSecOps 平台建设和安全能力建设角度，需要考虑的度量指标，分别如下：

- 工具能力覆盖度。即代码安全工具是否覆盖 IDE 代码安全插件、敏感信息检测、静态代码检测等环节；工具覆盖哪些编程语言之类的覆盖程度。
- 工具可用性。即代码安全的相关工具是否可用，例如，百次检测失败率、漏洞误报率与漏报率、单次检测时长（如百万行代码单次扫描需要的时间）等。

3. DevSecOps 管理指标

站在 DevSecOps 体系建设的角度，需要设置一些管理性的指标，分别如下：

- 代码安全风险趋势。从管理角度看，代码安全趋势演进类指标，例如，中高危漏洞占比、中高危漏洞下降率、安全缺陷闭环率等。
- 过程执行情况。即在代码安全环节定义的关键卡点是否被执行。例如，一共设置了 4 个卡点，执行了 3 个卡点，则过程执行覆盖率为 75%。可以定义此指标，从管理层面看执行的情况。
- 业务部门级/项目级风险趋势。从管理视角，看各个业务部门或项目组，在不同业务、不同的项目组、不同的版本迭代过程中的总体代码安全趋势。

无论是哪类的指标，在度量时都要结合实际情况，和相关干系人一起讨论，确定指标考核的分值和区间、考核的对象、考核的周期等，要学会灵活应用，不照本宣科生搬硬套。

7.5 小结

本章从代码安全的角度，介绍在 DevSecOps 落地实施中如何结合软件工厂和软件生产流水线，制定契合企业实际需求的代码安全管控策略和运营手段，以促进企业内部代码安全水平的提升。尤其是代码安全工具类型的选择，与软件工厂流水线模板的制定，如何集成才能更便于参与 DevSecOps 建设中各个利益方使用。最后，从软件研发过程、平台建设、体系管理三个角度，给出一些常用的度量指标，以帮助读者在落地过程中，制定综合性的代码安全治理策略。

第 8 章　组件安全与持续构建

代码编写完成通过单元测试之后，在流程上将会进入代码编译构建阶段。利用编译工具将编写的源代码经过编译、打包，生成可执行应用程序或制品包。在 DevSecOps 平台中，这些操作都是自动化完成的。本章将重点介绍代码编译到生成制品过程中的安全问题，尤其是源码依赖的第三方组件或依赖库的安全。站在 DevSecOps 平台建设的角度和组件安全运营的角度，讨论如何解决代码构建阶段的安全问题。

8.1　定义安全可信的基础仓库

随着现代软件工程的发展，在软件开发中，百分之百完全自主研发的产品越来越少。大多数情况下，所生产的产品中或多或少地包含着第三方组件或开源代码，通过第三方组件和开源代码的集成来缩短软件研发周期，加快产品交付。为了保障产品的安全性，建立安全可信的第三方组件或开源代码仓库，是继代码安全之后，保障输出制品安全性的重要安全策略。

8.1.1　组件依赖仓库周边协作关系

上一章介绍软件工厂的基本概念时曾提及：无论是开发环境的代码构建还是研测环境的代码构建，都离不开基础仓库，如代码仓库、组件依赖仓库、制品仓库、公共软件仓库等。其中，组件依赖仓库作为基础仓库的一个组成部分，为软件工厂在组件层面的安全保障起到极其重要的作用。

从软件研发过程来看，下列场景与组件依赖仓库的使用有关，如图 8-1 所示。

在图 8-1 所示的软件开发过程与组件使用场景的关系图中，如下这些场景需要使用到组件依赖仓库中的组件：

- 开发人员搭建开发框架或在本地开发过程中，需要使用外部组件。
- 代码提交开发环境后，在编译构建阶段或静态检测环节，需要使用外部组件。
- 测试环境在编译构建时，需要使用外部组件。
- 部署阶段，编译安装时，需要使用外部组件。
- 运维阶段，维护更新时，需要使用外部组件。

当这些场景使用组件时，通常是从本地缓存仓库中直接获取。若本地缓存仓库不存在该组件时，则先从组件依赖仓库拉取到本地缓存仓库，再被不同的场景调用。在这些场景使用

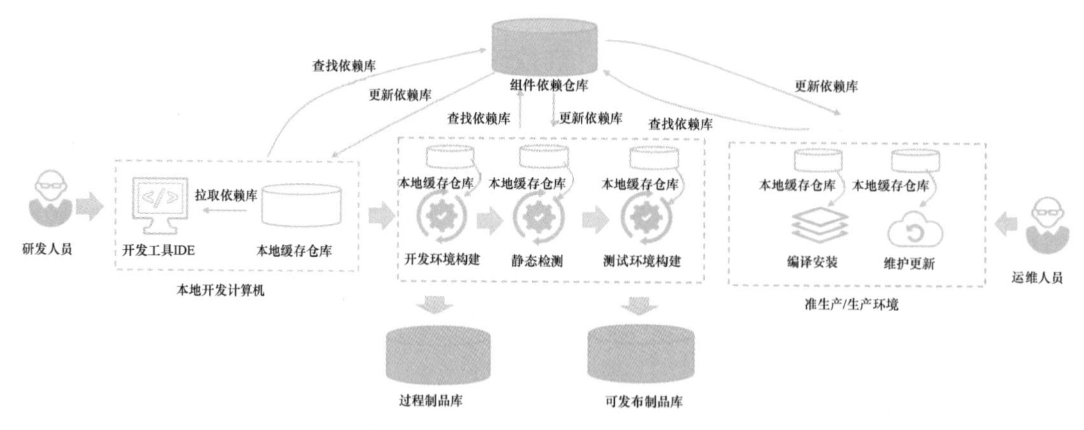

● 图 8-1　组件依赖仓库使用场景示意图

组件过程中，第三方组件的安全风险也被同时引入到软件产品中。为了持续构建和加强对第三方组件的安全引入，建立组件依赖仓库成为 DevSecOps 能力建设中很重要的一部分。通过建立组件依赖仓库，统一组件入口，控制第三方组件的不同渠道来源，仓库搭建方维护和更新组件依赖仓库，管理组件的准入，以达到组件可信、组件收敛的目的。

在企业内部，除了建立统一的组件依赖仓库之外，还有公共软件仓库、镜像仓库等，这些既是安全部门的诉求，也是研发部门的强烈诉求。组件依赖仓库解决软件开发过中的依赖库问题，公共软件仓库解决软件架构中操作系统、数据库、中间件等公共软件选型的问题，镜像仓库解决镜像的管理、存储与部署等问题。这些基础仓库的建立，是软件生产流水线得以标准化和自动化的基础。使用统一的基础仓库，方便私有化依赖包的统一管理和使用；同时也保障这些私有化依赖包在企业内部的安全，不像放在外部托管那样容易被外人获取；提高了便捷性，尤其是在全球范围内，跨国区域的网络通信环境下，速度也得到了极大的提升。

8.1.2　组件依赖仓库架构

在介绍组件依赖的基本架构之前，先来介绍一下基础仓库的构成。基础仓库作为软件工厂的基础层，为软件工厂的软件生产提供第三方组件、容器镜像、公共软件等生产物料。如果没有基础仓库，则软件工厂的生产物料来源将进入混乱无序的局面，不利于后续的运维和管理。

从整个软件产品的研发过程看，一个软件工厂的基础仓库至少包含以下内容，如图 8-2 所示。

在基础仓库中，所包含的内容因企业技术路线选型不同会存在差异。一般来说，通常包含代码仓库、组件依赖仓库、公共软件仓库、镜像库、制品库 5 个部分，其中镜像库和制品库因开发环境、研测环境、准生产环境、生产环境的不同，至少需要划分过程仓库和最终可发布仓库。过程仓库用于研发过程中各个阶段的输出产物存放，最终可发布仓库用于生产发布的产物存放。

在业界，公共软件仓库通常使用软件镜像源集成来解决。例如，国内众多企业的开源镜

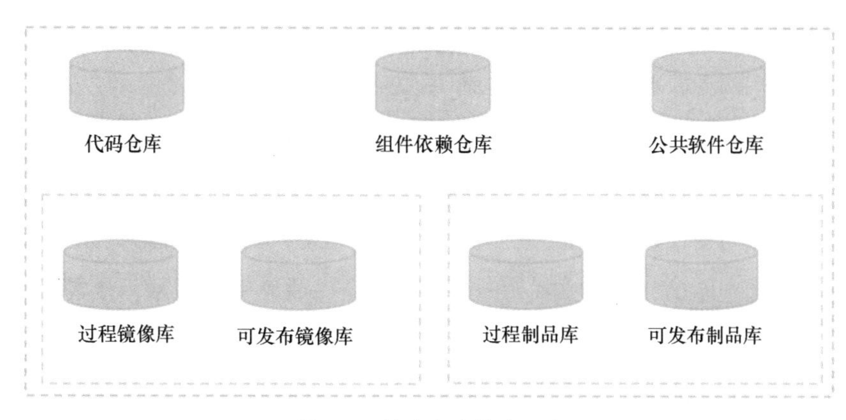

图 8-2 基础仓库构成示意图

像网站和高校镜像源均是此类。如表 8-1 所示。

表 8-1 公共软件镜像网站

序号	组织名称	网站地址
1	华为	https://mirrors.huaweicloud.com
2	阿里巴巴	https://opsx.alibaba.com/mirror
3	腾讯	https://mirrors.cloud.tencent.com
4	清华大学	https://mirrors.tuna.tsinghua.edu.cn
5	中国科技大学	https://mirrors.ustc.edu.cn
6	校园网联合镜像	https://mirrors.cernet.edu.cn

企业通过自建公共软件仓库管理软件来源，控制软件版本，维护软件补丁，从而达到公共软件的安全可信和选型收敛。而组件依赖仓库、镜像库、制品库与研发过程的耦合相比公共软件更为紧密，通常选择开源产品自建或商业解决方案统一构建一个综合性的仓库管理平台。无论是选择哪种产品，在技术架构上，仓库的典型类型通常划分为远程仓库、本地仓库、虚拟仓库三种。典型的管理平台架构如图 8-3 所示。

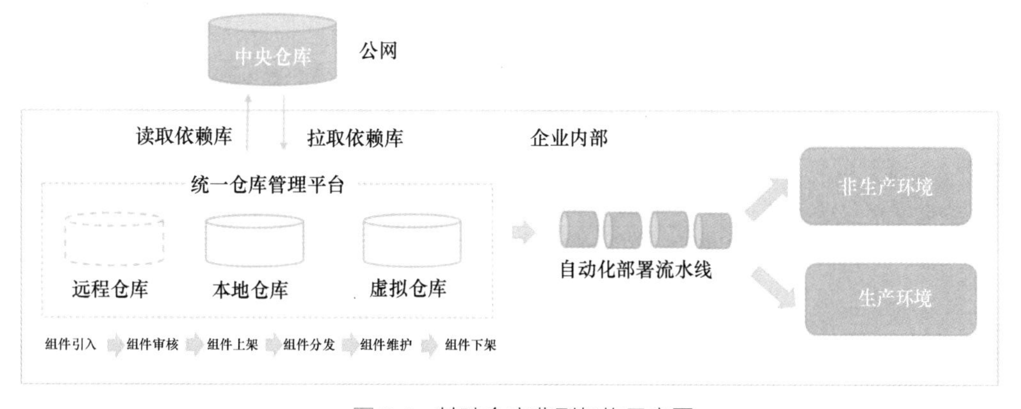

图 8-3 基础仓库典型架构示意图

建设统一的组件仓库管理平台，作为企业内部所有通过审批后的组件/软件唯一存放的仓库，通过可信源管理、准入门槛、审批规则等措施，保证仓库中组件/软件的可靠性。并通过仓库与 CI/CD 流水线的集成，完成不同运行环境的自动化部署操作。

作为包含组件依赖仓库、镜像库、制品库的统一仓库管理平台，通过对公网公共中央仓库的读取和拉取，完成企业内部的组件/软件仓库的存储，为不同的使用场景提供服务。根据服务方式的不同，在统一仓库管理平台中包含远程仓库、本地仓库和虚拟仓库，它们的含义分别是：

- 远程仓库。仓库以代理的方式访问公网中央仓库或软件源网站，按需获取组件/软件后在本地进行缓存，供企业内部使用。
- 本地仓库。仓库用来存储本地构建的输出产物，如编译构建过程中的各类制品。
- 虚拟仓库。虚拟仓库是将远程仓库和本地仓库按照权限和访问控制便捷的需要，将不同的仓库组合为一个虚拟的仓库，对外提供统一的入口。

对于组件依赖仓库的建设，规划时需要结合企业自身的技术栈，选择支持企业所使用的编程开发语言的依赖库和制品库的管理工具。一般来说，至少下列三种开发语言的制品管理功能需要被满足，如图 8-4 所示。

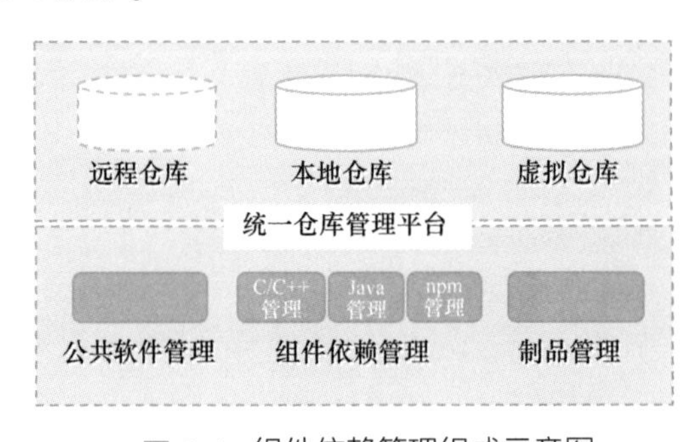

• 图 8-4　组件依赖管理组成示意图

在组件依赖管理中，C/C++语言依赖和制品管理、Java 语言依赖和制品管理、npm 依赖和制品管理是通常需要考虑建设的内容。

8.1.3　组件仓库技术选型

建设统一仓库管理依赖组件及制品是保障软件供应链安全的常见手段。在仓库软件的技术选型上，可以使用商业产品，也可以使用开源产品。本节将为读者介绍常用的仓库软件技术选型。

前文曾提及，业界的解决方案通常是将组件依赖仓库、镜像库、制品库放在一起考虑的，但也有分开提供解决方案的。在业界，Nexus、JFrog Artifactory 在仓库管理方面具有领先级优势，如 JFrog Artifactory，提供如下组件来解决三种仓库的管理问题：

- Artifactory OSS。Java 语言依赖组件和制品管理。
- Artifactory CE。C/C++语言依赖组件和制品管理。
- JFrog Container Registry。K8s、Docker 镜像管理。

除了 JFrog Artifactory 之外，还可以使用其他的产品或使用多种产品的整合来完成上述仓库的构建，如表 8-2 所示。

表 8-2　制品仓库管理软件

序号	产品名称	产品简述
1	Nexus	综合的制品和组件仓库管理软件，和 JFrog Artifactory 类似，分为专业版和 oss 版，支持 Java 制品、Docker、NuGet、npm 等
2	Harbor	VMware 公司开源的企业级 Docker 容器注册表和镜像管理软件
3	Strongbox	开源综合性制品和组件仓库管理软件

从表 8-2 这些产品的功能可以看出，真正构建企业级应用时，用户并没有多少可选择的空间，大多数情况下还是在 JFrog Artifactory 和 Nexus 之间选择其一。至于到底选择哪个产品，还需要读者结合采购预算与功能需求去做判断。仅就开源版本来说，相比之下，Nexus 要优于 JFrog Artifactory。

8.2　选择恰当的构建安全工具

为了保证构建阶段依赖组件的安全性，需要建设安全可信的基础仓库，尤其是组件依赖仓库。但仅考虑组件的安全还不够保障整个构建阶段的安全性，从构建的过程来看，至少还包含代码混淆工具的使用、编译安全参数的设置、容器镜像安全扫描、制品安全检测、制品签名等，如图 8-5 所示。

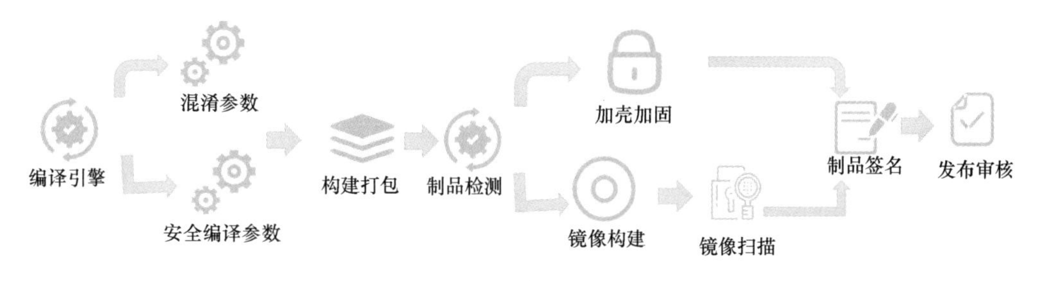

● 图 8-5　构建安全卡点示意图

在构建阶段，因编程语言的不同，使用的编译构建工具存在很大的差异，安全卡点设置大体上遵循图 8-5 的逻辑。无论是 C/C++代码、Java 代码还是 Python 等其他代码，需要在编译过程中引入混淆器和安全编译参数，以便生成可靠的制品。随后制品包执行 SCA 组件检测，根据制品最终的形态不同，有些直接对应用程序做加壳加固，有些需要构建容器镜像，并对镜像做安全扫描。以上全部通过后，对可发布的制品进行数字签名，然后走发布审批流程。

在这个过程中，涉及的安全工具类型主要有以下几类：

- 代码保护类。参考上一章代码安全工具中提及的各类工具。
- 加壳加固类。也是代码保护方式的一种，主要是通过虚拟的加壳起到保护原始应用程序的目的。
- 成分分析类。主要为组件成分分析 SCA 类产品，检测开源组件漏洞和版权协议的合规性。

- 镜像扫描类。参考第10章基线加固与容器安全章节内容。
- 数字签名类。对制品进行数字签名，通过签名校验以保证制品供应链的安全。

在这里，重点为读者介绍加壳加固类工具、成分分析类工具、数字签名类工具。

8.2.1 加壳加固类工具

对应用程序加壳或加固是保护代码的常见手段之一，根据技术实现方式的不同，主要分为以下几种：

- 压缩壳。文件级的软件保护，出现在软件保护技术早期，通过压缩的方式，解决应用程序被反汇编和反编译的问题，典型的代表产品如AsPack、UPX。
- 虚拟化壳。代码级的软件保护，将可执行程序的二进制机器码翻译为自定义的虚拟机字节码，在虚拟机中运行。该技术一直使用至今，VMProtect、Themida为此类技术的产品。
- 安全编译器。编译器级的软件保护，出现在移动端产品的安全加固上，是基于开源框架LLVM之上提出的保护设计。

到目前为止，这三种加壳技术仍被广泛地使用着。不同的是，企业会根据应用程序所需的安全级别不同，选择不同的加壳产品而已。从技术上来看，产品实现难度越高，破解和反编译难度越大，相对安全性就越高。但实现越复杂，带来的兼容性、易用性问题及成本问题通常也会越高，这些都是影响企业是否采购此类产品的因素。

表8-3为此类工具的常用开源产品，感兴趣的读者可以下载源码，了解其技术细节。

表8-3 常用开源工具

序号	产品名称	产品简述
1	UPX	支持Windows、Linux、macOS下不同类型的可执行文件的压缩加壳，兼容性较好。网址为https://github.com/upx/upx
2	LLVM	LLVM编译器，可以将C/C++、Objective-C代码通过LLVM编译为目标文件。网址为https://github.com/llvm/llvm-project
3	SwiftShield	iOS应用代码混淆器，网址为https://github.com/rockbruno/swiftshield

对于此类工具，建议企业尽可能采购商业产品，并将商业产品与CI/CD集成，达到自动化加壳加固的目的。

8.2.2 成分分析类工具

软件成分分析类工具目前主要是围绕软件物料清单SBOM开发的，重点关注依赖组件的已知安全漏洞和版本协议两个部分。在上市的产品中，以商业SCA产品为主。开源的产品也有，但总体来说，无论是实现原理不同带来的漏洞精准度，还是与企业内部的DevSecOps流程融合，均没有商业产品的功能好。其分析检测的基本原理如图8-6所示。

软件成分分析产品主要是通过分析软件包中包含的一些特征信息，结合组件漏洞库、开

图 8-6 SCA 软件成分分析与检测的基本原理

源许可协议特性来实现对软件成分的识别、管理和追踪。例如，根据源代码文件，文件相似度、hash 值、文本相似度，综合抽象语法树、语义分析、机器学习，组件依赖包追踪等手段判断所属组件和相应的版本号等。无论是哪种方式，本质都是找到组件归属和相应的版本号，再来确定已知漏洞和开源协议许可风险。

在企业开展软件成分分析落地实践时，建议先用开源产品做尝试，再采购商业产品，最后完成商业产品与企业 DevSecOps 自动化流程的整合。

常用的软件成分分析类工具如表 8-4 所示。

表 8-4 常用开源软件依赖成分离线分析工具

序号	产品名称	产品简述
1	Dependency Check	OWASP 免费开源的软件成分分析工具，除了检测项目中依赖组件的公开披露漏洞之外，还可以通过 jenkins 插件、命令行工具、maven 插件等方式与 DevSecOps 自动化流程整合
2	OpenSCA	悬镜安全推出 OpenSCA 开源版本，支持多种开发语言的安全漏洞及开源协议风险识别，并形成可视化 SBOM 清单
3	RetireJS	JavaScript 应用程序的依赖检查工具，支持 Chrome、Firefox、ZAP 和 Burp 等多种插件的整合
4	Bundler-audit	专注于 Ruby Bundler 的开源、命令行依赖检查工具

除了这些离线版本开源工具外，还有 SAAS 版本 SCA 工具，如开源网安 SourceCheck、Snyk、FOSSA 等。就 SCA 产品来说，目前市场上的商业化产品众多，企业可选择空间大，况且除了国外的知名厂商外，国产化产品在 SCA 方面也比较成熟，企业可以结合自身的实际情况，选择合适的 SCA 产品，以集成到 DevSecOps 能力中去。

8.2.3 数字签名类工具

数字签名的技术应用非常广泛，不仅仅是在制品管理上。在此阶段之所以使用制品签名主要是为了保障制品供应链的可追踪，提高制品的安全性。关于数字签名技术的基本原理，想必大多数读者非常熟悉，这里重点解释一下数字签名在制品供应链安全中的使用场景和实现原理，如图 8-7 所示。

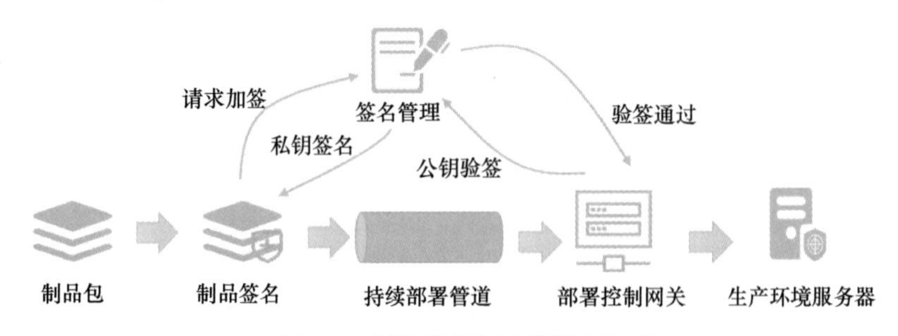

• 图 8-7　制品签名与验签基本原理

制品通常包含二进制文件、可执行应用程序、容器镜像等，无论是哪种类型的制品文件，在 DevSecOps 流水线上对数字签名的使用均需要加签和验签两个环节。不同的是，在 DevSecOps 流水线上验签的动作通常是由统一的部署控制网关去调度。只有在验签通过的情况下，才认为制品的可信的，才可以部署到生产环境中去。

关于数字签名的产品市场上很多，这里重点向读者推荐 Linux 基金会的开源项目 Sigstore，目前已集成在 GitHub、K8s、Harbor 等产品中。一个完整的 Sigstore 项目，有 Fulcio、Rekor、Cosign 三个部分组成，其工作原理如图 8-8 所示。

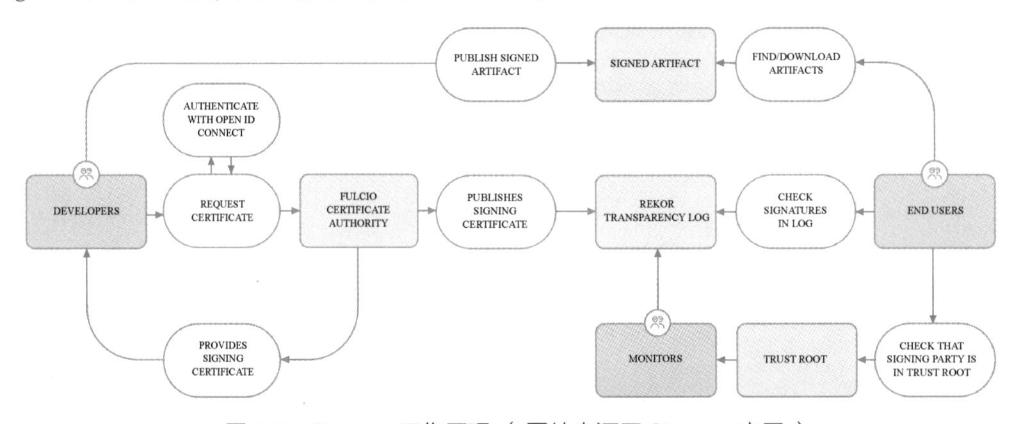

• 图 8-8　Sigstore 工作原理（图片来源于 Sigstore 官网）

- 开发人员通过 OIDC（Google、GitHub、Mircosoft 等账号）身份认证后，向 Fulcio 组件申请颁发证书。
- Fulcio 组件给开发者颁发关联用户身份的短期证书，并同步给 Rekor 组件。
- 开发人员使用 Fulcio 组件颁发的证书对制品进行签名，签名成功后发布制品，并将签名和验证证据同步给 Rekor 组件。
- 终端用户下载制品，并在使用制品前，通过 Cosign 组件调用 Rekor 数据来对制品进行验签。
- 审计人员通过 Rekor 日志对证书的颁发记录进行审计。

在整个 Sigstore 项目中，对制品供应链的管理涉及加签、验签、审计监控等环节，以保障制品在供应链层面的来源可信性。在整个操作过程中，Sigstore 不获取私钥信息，Cosign

组件创建的公钥被绑定到数字证书上，签名详细信息存储在 Sigstore 的信任根中。相当于公认的第三方角色，在制品管理过程起到检查和认证的作用。

在企业内部，也可以结合 DevSecOps 平台的流水线，整合 Sigstore 项目或类似产品，将企业已有的 PKI 体系融入其中，来提供更可信赖、更易用的软件供应链安全能力。

8.2.4 安全编译参数

安全编译参数本身不是安全工具，仅为行文需要。在源代码转化为可执行应用程序的过程中，编译构建的安全参数选择是保证制品安全的一个重要选项，但很少受到重视。这里重点为读者介绍一些常用的安全编译参数，以供读者在设置流水线模板时参考。

安全编译参数以 C 语言类程序为主，在不同的操作系统平台上，不同编译工具的参数项不同，打开或关闭将对程序的安全机制产生影响。这在 OWASP 公开的 https://wiki.owasp.org/index.php/C-Based_Toolchain_Hardening C 语言工具链加固中有详细论述。这里列举一些常见参数和选项，如表 8-5 所示。

表 8-5 gcc 常用安全编译参数

安全编译选项	描述	编译参数	编译工具
BIND_NOW	GOT 表写保护，是否启动时绑定动态符号	-Wl，-z，now	gcc/Binutils
NX	不可执行代码堆栈空间保护，将数据所在内存页标识为不可执行	-Wl，-z，noexecstack	gcc
PIC	代码段、数据段地址随机化，提高攻击难度，主要是面向.o 文件	-fpic -shared	gcc/Binutils
PIE	代码段、数据段地址随机化，提高攻击难度，主要面向二进制文件	-fpie -Wl，-pie	gcc/Binutils
RELRO	GOT 表写保护	-Wl，-z，relro	gcc
SP	是否开启栈保护检查	/GS	MS visual C++
		-fstack-protector - fstack-protector-all	gcc
NO Rpath/Runpath	动态库搜索检查，防止动态库恶意替换操作类型的攻击	-Wl，--disable-new-dtags，--rpath [path]	gcc
FS	针对字符串、内存操作函数，加强函数检查	- D_FORTIFY_SOURCE=2	gcc
Ftrapv	整数溢出检查	-Wsign-conversion	gcc
Strip	删除符号表	-Wformat = 2 -Wformat-security	gcc

基于上述参数的含义，在编写 makefile 时，将这些参数选项在其中定义好即可。而对于这些参数的检查，可以使用 GitHub 上的 CheckSec 脚本来检测。

8.3 集成构建安全工具链

介绍完了持续构建阶段的基本流程、安全工具、卡点设置之后，接下来从上述安全工具中挑选一两种有代表性的工具，讲述其与 DevSecOps 流水线的集成过程。关于安全工具与流水线的集成顺序，读者需要明白：安全工具具体在哪个环节嵌入流水线上，依赖于企业的流程定义，并不是一成不变的。例如，静态代码安全检测可以放在代码安全中，也可以放入持续构建中，没有绝对的对或错。在这里，姑且将组件安全的治理归于构建阶段。读者在实际应用中，要根据企业自身的情况做相应的调整。

8.3.1 Dependency Check 与流水线集成

上一章为读者介绍了 Jenkins 与 SonarQube 的集成，本小节将为读者介绍 Dependency Check 与 Jenkins 的集成使用。

1. Dependency Check 及集成方式简介

Dependency Check 是 OWASP 提供的开源的第三方组件依赖检测工具，虽然比不上商业 SCA 产品功能强大，但在一些安全要求不高或试点验证的场景下，可以帮助安全人员发现第三方组件安全问题，为后续商业 SCA 产品的采购打下基础。

Dependency Check 主要用于 Java 和.NET 应用程序的组件依赖检测，其基本原理是通过分析软件成分，对软件成分中依赖组件的供应商、产品、版本等数据，联合组件漏洞库对比分析，发现被检测项目中依赖组件的已知漏洞。

Dependency Check 与 Jenkins 的集成方式目前主要有两种：一种是通过 Jenkins 插件与 Jenkins 集成；另一种是在前一种的基础上，添加与 SonarQube 的集成，或直接集成到 SonarQube 中去，其本质是通过 SonarQube 读取 Dependency Check 的扫描检测结果，在 SonarQube 中展示扫描报告。在 DevSecOps 流水线建设中，可以使用任意一种方式，如果不想在平台中引入 SonarQube 等过多的外部产品，则可以直接通过 Jenkins 编排和自定义脚本的编写完成 Dependency Check 与 Jenkins 的集成。

2. Dependency Check 与 Jenkins 集成

Dependency Check 与 Jenkins 的集成比较容易，在开始集成之前，需要完成如下两个准备工作：

- 在编译执行的服务器上，提前安装好 Dependency Check 和 HTML 报告发布插件。
- 在 Jenkins 中提前安装 Dependency Check-plugin 插件。

Dependency Check 的安装非常简单，从 OWASP 官网找到 Dependency Check 的安装包，直接在服务器上解压安装即可。解压后，在 bin 目录下，有 Linux 和 Windows 操作系统下的执行脚本，分别为 dependency-check.sh 和 dependency-check.bat。通常情况下，编译服务器会选择 Linux 操作系统环境，此时执行选择 dependency-check.sh 即可。

dependency-check-plugin 插件可通过 Jenkins CLI 安装，执行的安装命令行如下所示。

```
jenkins-plugin-cli --plugins dependency-check-jenkins-plugin:5.2.0
```

安装完成后，即可以编写 dependency-check 调用脚本（含报告解析）和 Jenkins Pipline 脚本，以便在流水线中调用此 Dependency Check 安全检测功能。其调用关系如图 8-9 所示。

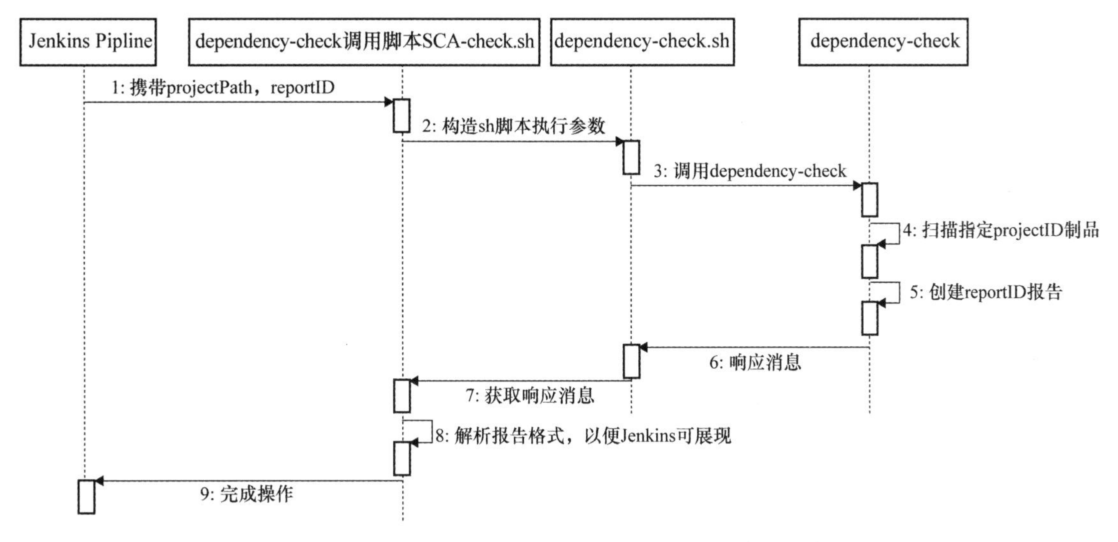

● 图 8-9　Dependency Check 与 Jenkins 集成调用流程

在图 8-9 一系列步骤中，dependency-check.sh 的参数调用可以参考官方说明来选择，例如，最简洁的命令行如下所示：

```
./dependency-check.sh -s ${projectPath}  --format HTML--out ./${reportID}.html
```

值得注意的是，这里的 projectPath 是指制品的文件路径，reportID 是指输出报告的文件名。在 DevSecOps 平台中，当整体流程与代码管理、制品管理打通时，projectPath 是可以传值获取到的，而 reportID 建议直接使用 projectID，以便扫描报告和 Project 之间建立映射关系。

对于 Dependency Check 扫描完毕后的报告，Jenkins 支持一些简单样书的报告展示，如 HTML。当以变量 reportID 为文件名的报告输出之后，如果不需要特殊解析，可以直接在 Jenkins Pipline 中注册报告，完成后即可在前端页面查看到报告。通常注册报告的语句如下：

```
publishHTML([allowMissing: true, alwaysLinkToLastBuild: true, keepAll: false, reportDir: './',
reportFiles: '${reportID}.html', reportName: '组件安全扫描报告', reportTitles: '组件安全扫描报
告'])
```

至此，Dependency Check 与 Jenkins 的简单集成就已经完毕。当再次触发 Jenkins Pipline 时，会自动进行组件安全检测并输出报告。从 Jenkins Pipline 的配置来看，整体流程调用关系如图 8-10 所示。

当然，Dependency Check 还有其他的流水线集成方式，例如，Maven 集成也可以完成此功能，读者在实际工作中，可以根据自己的需求做恰当的选择。

```
stage('Build') {
    steps {
        echo 'Build..'
    }
}
stage('CodeSecurity Scan') {
    steps {
        sh 'sourceanalyzer -b build_id'
        sh 'sourceanalyzer -b build_id  -scan -f report.fpr'
        sh 'BIRTReportGenerator -template "DevSecOps Demo Report" -source report.fpr -format PDF -output D DevSecOps-Demo-Report.pdf'
    }
}

stage('SCA Scan') {
    steps {
        sh 'bash /opt/security/SCA-check.sh ${env.projectPath} ${env.reportID}'
        publishHTML([allowMissing: true, alwaysLinkToLastBuild: true, keepAll: false, reportDir: './',
            reportFiles: '${reportID}.html', reportName: '组件安全扫描报告', reportTitles: '组件安全扫描报告'])
    }
}
```

• 图 8-10　Jenkins Pipline 调用样例

8.3.2　安全编译关键设置与流水线集成

安全编译阶段有一些非独立安全工具类型的关键设置需要与流水线集成，如 C/C++安全编译参数、编译过程的代码混淆。这一节重点为读者介绍 C/C++安全编译参数与 Java 语言源程序代码混淆如何与 DevSecOps 流水线集成。

1. C 语言安全编译参数集成到流水线

在 8.2.4 节介绍了 C 语言安全编译参数，若想要把这些安全编译参数嵌入到流水线中去是很简单的一件事情。在第 7 章中介绍的静态代码安全扫描工具与流水线集成的方式也同样适用，只要将安全编译参数添加到相应的编译脚本中即可。这里，以 makefile 为例为读者介绍如何使用。

最简单的 helloworld 程序 makefile 文件格式内容如下：

```
helloworld:helloworld.c
        echo "开始编译"
        gcc -I ${HOME} -c helloworld.c
        gcc -o helloworld helloworld.o
        rm -f helloworld.o
        echo "编译完成"
```

当使用安全编译时，只需要将安全编译参数添加到 makefile 文件中即可，添加后的文件格式内容如下所示：

```
helloworld:helloworld.c
        echo "编译参数定义"
        CFLAGS ="-Wall -Wextra -Wconversion -fPIE -Wno-unused-parameter
            -Wformat = 2 -Wformat-security -fstack-protector-all -Wstrict-overflow"
        LDFLAGS ="-pie -z,noexecstack -z,noexecheap -z,relro -z,now"
        echo "开始编译"
        gcc -I ${HOME} -c helloworld.c
        gcc -o helloworld helloworld.o
        rm -f helloworld.o
        echo "编译完成"
```

通过这样的参数设置，当程序编译完成后，安全编译的参数选项已执行完毕。当然，在实际工作中，不一定像例子中的如此简单。作为安全人员，需要联合研发部门，首先解决工程管理中的统一性问题，如 C 语言程序的工程结构定义的统一，编译工具的统一，然后才能通过统一的参数设置，达到安全编译的目的。例如，在大型的 C 或 C++项目中，统一定义安全编译参数的 makefile 文件，然后再在不同的 makefile 文件中统一 include 引用此文件。

2. Java 源程序代码混淆功能集成到流水线

为了提高 Java 可交付制品的安全级别，通常在 Java 代码编译时，对源码进行混淆操作。在 DevSecOps 中，也可以将此操作集成到流水线中。这里，以 Maven 编译过程中使用的 ProGuard 插件为例来说明如何使用。

当使用流水线自动对代码进行混淆时，首先需要完成两个准备工作：一是在 Maven 编译的 pom.xml 中添加 ProGuard 插件及相关配置；另一个是准备好 ProGuard 混淆字典。其中混淆字典经常被忽略，但混淆字典的质量，在很大程度上决定着最后的混淆效果。推荐读者在使用过程中，添加混淆字典生成器 ProguardDictionaryGenerator，以提高混淆后代码的可读难度。

添加 ProGuard 插件及相关配置的 pom.xml 文件如下，在 plugins 节点下新增了如下内容：

```
<plugin>
    <groupId>com.github.wvengen</groupId>
    <artifactId>proguard-maven-plugin</artifactId>
    <version>版本号</version>
    <executions>
        <!-- 执行 mvn 的 package 命令时调用 proguard-->
        <execution>
            <phase>package</phase>
            <goals>
                <goal>proguard</goal>
            </goals>
        </execution>
    </executions>
    <configuration>
        <!-- 输入 jar 的名称,通过代码混淆将此 jar 混淆成另一个 jar 输出-->
        <injar>${project.build.finalName}.jar</injar>
        <!-- 输出 jar 名称,混淆后的 jar -->
        <outjar>${project.build.finalName}.jar</outjar>
        <!-- 默认开启混淆功能 -->
        <obfuscate>true</obfuscate>
        <!-- proguard.cfg 配置文件位置 -->
        <proguardInclude>${project.basedir}/proguard.cfg</proguardInclude>
        <!-- 项目编译所依赖的 jar -->
        <libs>
            <lib>${java.home}/lib/rt.jar</lib>
        </libs>
        <!-- 过滤选项,例如,如下配置就是不处理 META-INFO 文件。-->
        <inLibsFilter>!META-INF/* * </inLibsFilter>
        <!-- 输出路径配置-->
        <outputDirectory>${project.basedir}/target</outputDirectory>
        <options>
            <!-- 等同于 proguard.cfg 中的配置选项 -->
```

```
            </options>
        </configuration>
    </plugin>
```

而 proguard.cfg 配置文件中，则是混淆选项的定义，典型 proguard.cfg 文件内容规则定义如下。

- 不混淆包名选项：-keeppackagenames。
- 代码优化压缩级别：-optimizationpasses 5。
- 不混淆所有特殊的类：-keepattributes Exceptions、InnerClasses、Deprecated 等。
- 不混淆 setter 和 getter 方法：-keepclassmembers public class * {void set* (***);*** get*();}。
- 指定不去忽略非公共的库类：-dontskipnonpubliclibraryclasses。
- 不显示警告信息：-dontwarn**。

这些选项的使用，读者可以查阅 ProGuard 官方手册进行更详尽的设置，在此不再赘述。通过这样的设置之后，当流水线调用 Maven 编译时，将自动触发混淆操作。

8.4 组件安全运营与管理

对持续构建过程中的组件治理，需要定义统一的安全可信基础仓库，并在这个仓库之上制定管控流程和管理策略，以开展持续性的运营，形成组件的更新、维护、下架等机制，以达到组件收敛、漏洞闭环、治理有序的局面，这是组件安全治理的总体思路。

下面将基于上述持续构建阶段安全流程和安全工具的集成知识，结合组件在软件研发生命周期中的变化，综合性地介绍组件安全的运营和管理。

8.4.1 统一网络出口和流程管控

对于组件安全的治理，定义统一的安全可信基础仓库，统一的网络出口、管理出口和流程是最有效的安全落地措施。从 DevSecOps 软件工厂的流水线来看，在软件研发的不同环节，引起组件安全风险的两个主要因素是：

- 软件研发过程中引入外部存在安全风险的组件。
- 已有的组件因时间推移，产生新的漏洞或风险。

这两个因素的存在是导致组件存在安全问题的根本原因。对于第一个因素，可以通过控制软件研发过程中对外部存在安全风险的组件的引入来控制风险；对于第二个因素，则只能通过迭代更新消除组件风险。

在很多企业内部，真实的网络情况往往是网络出口管理的混乱。不同的人员使用不同出口，不同的组件来源，即使是同一个人，在不同的运行环境中，往往也是选择不同的组件来源。这种情况会导致组件管理和使用上的混乱，无法从组件来源上对组件形成有效管控，如图 8-11 所示。

面对企业网络环境中有多个网络出口，甚至网络出口混乱、外部组件来源混杂的情况，

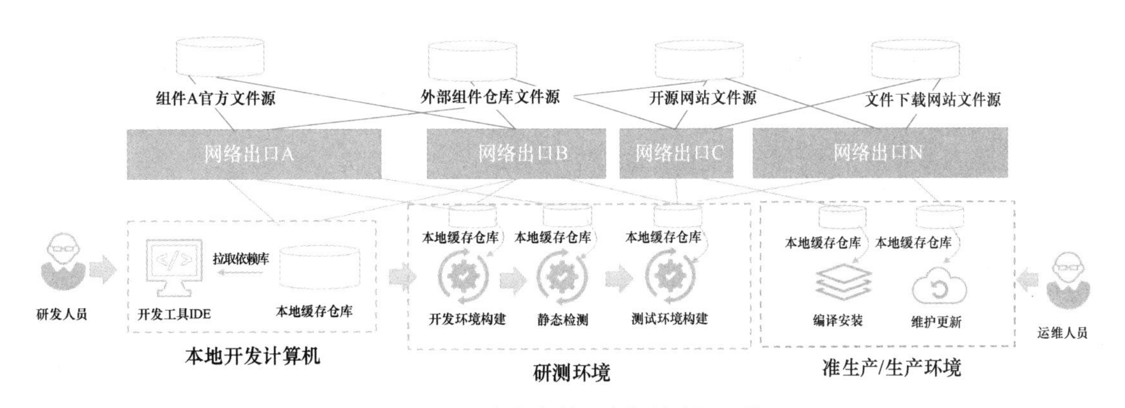

图 8-11 企业内第三方组件来源现状

想从来源着手管理第三方组件将变得难以实施。因此，规划统一的网络出口管理和建立基础仓库，就成了能做好组件安全管理的必要前提条件。只有在网络出口归集有序的基础上，切断组件来源混杂的渠道，才能以组件依赖仓库为中心，做好组件来源管理。

1. 统一网络出口

统一网络出口通常是网络维护部门的工作，但它的意义却影响着企业 IT 环境治理产生的多个方面。尤其是互联网出口的统一，对网络运维、资产管理、安全监控都是极其重要的基础。这里网络出口的统一，不是指只有一个出口，而是指出口的统一管理，例如，建立出口备案申请制度，统一公网发布管理。通过对网络出口的流程管控，保障网络管理工作的有条理化，知道哪些业务在使用这个出口，负责人都有哪些，流量的平均水平在什么区间，出口流量和入口流量分别占比多少，入口流量的 TOP 10 来源是哪些等。这些数据的来源需要在网络出口统一管理的基础上，添加网络流量监控系统才能实现。

组件安全的管理可以通过通信流量监控来分析组件下载源有哪些，并将下载源指向组件依赖仓库，阻断对外的组件下载请求。或者将组件依赖仓库当作外部下载源在企业内的镜像源，通过监控组件依赖仓库对外部的请求，记录外部文件源的下载情况；通过监控内部资产对组件依赖仓库的请求，跟踪组件在内部的资产分布情况，如图 8-12 所示。

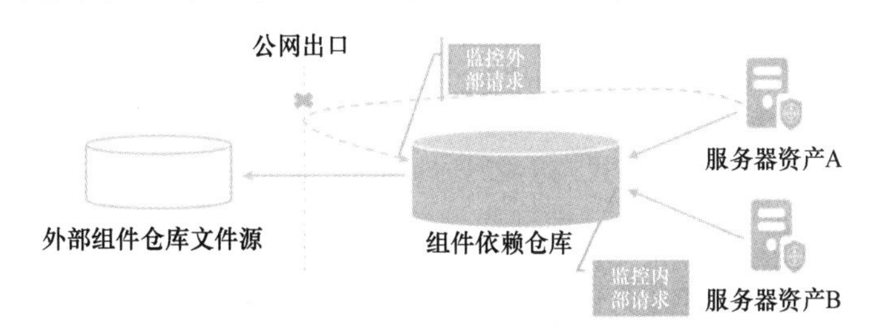

图 8-12 组件安全中的统一网络出口管理

2. 统一流程管控

当网络出口统一管理后，即可围绕组件依赖仓库建立统一的组件安全管控流程，通过建立常态化的组件依赖仓库检测机制，在 DevSecOps 流程中的设置安全质量门禁，依托流程工单推动组件安全运营，从而达到漏洞修复的闭环。

如图 8-13 所示，当组件安全风险引入点被切断后，各个环境中所使用的依赖组件主要依靠组件依赖仓库提供最基础的安全保障。开发环境、持续集成过程以及线上部署、运维时引入依赖组件都是从组件依赖仓库获取。在这个基础上，监控组件依赖仓库的请求流量，对新增的组件实施组件安全扫描与监控机制，对存在高危风险的组件实施引入告警或阻断机制，以保证制品和各个运行环境中组件的安全性。

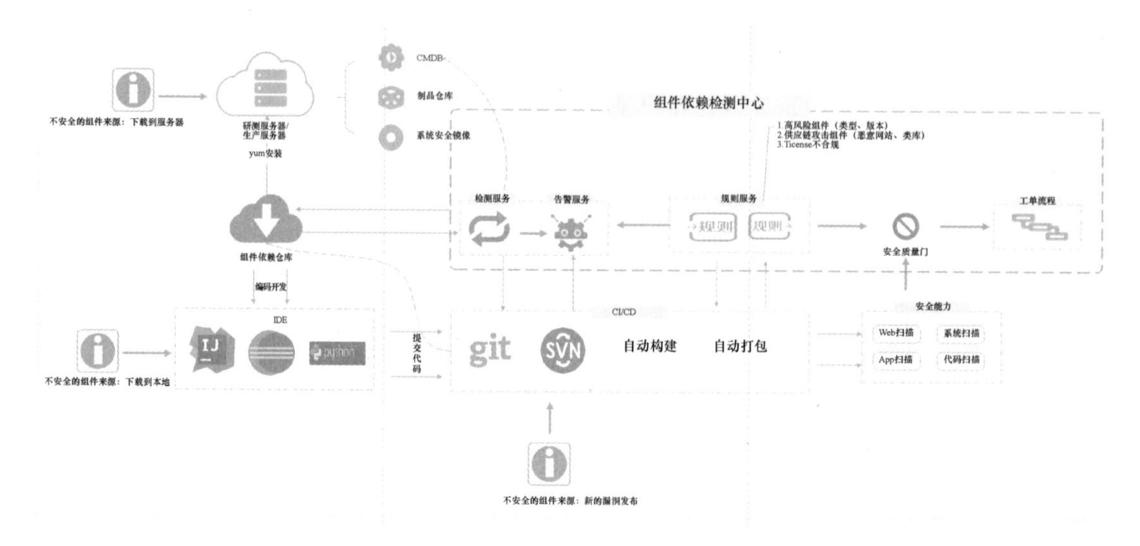

● 图 8-13　以组件依赖仓库为中心的组件安全管控机制

对于制品中已引用的组件，通过组件依赖检测中心的定时任务，全量扫描制品仓库中的制品；对有问题的制品，确认制品传播范围和影响的资产，建立漏洞修复与跟踪机制，以消除组件漏洞、License 合规、引入禁用组件等风险。

8.4.2　形成组件更新与迭代机制

讲述完组件依赖仓库的安全管理策略及运营机制之后，接下来要解决存在问题的依赖组件如何通过更新和迭代降低组件安全风险。

1. 使用 SCA 产品提高依赖组件检测能力

依赖组件存在于各种应用制品中，若想通过检测手段发现其中的安全风险，首先得了解其在制品中存在的形态。图 8-14 中表示了当前环境下依赖组件存在的基本形式，无论是 Java 开发语言还是 C++、Python 等开发语言，其存在路径基本类似。

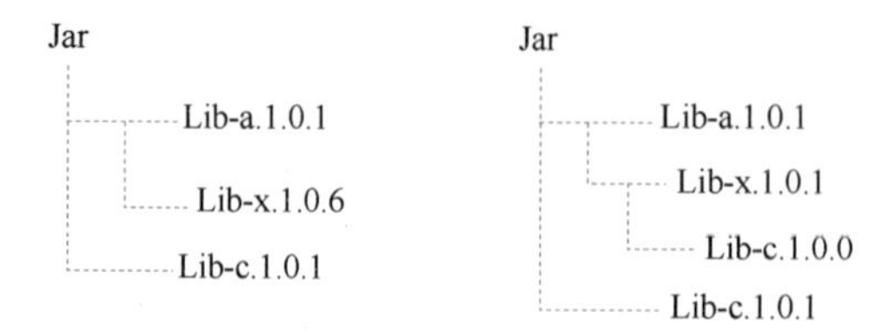

● 图 8-14　依赖组件中组件之间相互引用及引用版本示意图

在一个类库或制品包中，可能存在同一依赖组件的不同版本，也可能存在同一依赖组件在不同的依赖路径下并存的情况。当进行组件检测时，需要将每一种情况下的依赖路径都要检测出来，这样才会保证不会存在遗漏的情况。

传统方式下，检测组件漏洞有多种方式，例如，搭建一个测试环境、通过源代码分析、使用已知验证过程 POC 验证此漏洞是否存在；有的组件安装完成后，在系统特定目录或注册表存在某些特殊标志，可以扫描文件目录或注册表来检测。不同的漏洞或组件类型，可以选择的方式各不相同。这里推荐读者统一使用 SCA 软件分析来检测组件漏洞，其原理主要是对目标源代码或二进制文件进行特征提取，从而确定组件名称和版本号，再通过 CVE 与 CPE 之间的映射关系，快速检测是否存在有漏洞的组件。对安全运营人员来说，使用 SCA 的好处是屏蔽了上述不同检测方式涉及的技术细节，能保证组件漏洞发现的质量，减少漏报误报情况的发生。

在实际工作中，为了更全面地掌控组件安全风险，通常会检测代码、类库、制品，甚至某些应用程序。这些文件的大小不一，从 KB 到 GB 都很常见。文件的引用或依赖嵌套存在多个层级，同一个组件的不同版本在多个代码中被引用，非自动化工具处理效率非常低。还有很多漏洞没有 CVE 编号的，需要静态分析不同形态的文件，如 jar 包、js 文件、二进制文件等。这些问题，SCA 软件能很好地帮助安全人员去规避掉，让安全人员有更多的精力关注漏洞治理工作，加速问题的解决。

通过 SCA 软件可以快速地发现组件中的漏洞及其存在路径，以及周边的相关信息，如开源组件的协议如果是 GPL 系列，则需要关注使用的合规情况。例如检测出来的漏洞及提供相关的修复建议是建议升级补丁还是升级版本。这些信息，也是 SCA 软件提供的核心竞争力，也是帮忙我们快速达成最终目的的支撑能力。

在选择 SCA 软件时，需要关注几个关键因素，它们会直接影响组件安全运营的效率和成果，这些因素是：

- 检测与修复。SCA 软件之前的定位主要是检测，如果能提供自动化修复或者半自动化修复，即使是给出漏洞修复的最佳建议也是对漏洞处理生产力的极大提高。因此，选择产品时，除了关注检测能力外，还需要关注修复支撑能力。
- 漏洞数据库质量。前文提及了 SCA 软件的基本原理，所以漏洞库的更新频率、及时性，包含的特征、指纹信息量将关系到最终的检测质量。
- 支持的编程语言。每个 SCA 软件支持的开发语言不一样，要根据自己当前的需求，以及未来可能存在的需求选择 SCA 软件。

在 Forrester 2021 年 SCA 报告中，从 License 风险管理、漏洞识别、主动式漏洞管理、策略管理、集成等方面，对当前 SCA 市场上的产品进行象限划分，WhiteSource、Black Duck、Snyk Open Source 等名列前茅。

2. 选择可落地依赖组件修复策略

之所以进行组件漏洞检测，其目的是了解当前整体应用程序中组件带来的风险，确定哪些组件的漏洞需要立即修复，哪些组件的漏洞当前不可以修复，可以通过其他缓解措施来降低风险。

一般来说，对于组件漏洞，有如下几种修复方式：

- 升级版本。即直接升级替换组件的版本，无需过多解释。需要强调的是，开发过程中替换组件，优于版本发布后再替换；自动化方式升级组件，优于手工操作去升级组件。

- 打补丁。这里的补丁分两种，一种是官网发布的安全补丁，另一种是企业自身具备研发能力，修改开源代码开发出的升级补丁。无论是哪种，都需要关注组件的依赖路径，防止遗漏。
- 不修复。通过其他方式来消减风险，如虚拟补丁、防火墙策略调整等。

通过SCA软件与CI/CD集成，例如，通过Jenkins插件、通过API接口二次开发集成，将SCA组件风险检测整合到DevSecOps流水线上，以提高检测工作效率。常见的一种SCA使用方式是SCA检测任务与流水线主任务并行执行，异步反馈执行结果。基于扫描结果提示的组件风险数据清单，进行二次开发和封装，根据漏洞处置的策略，确定后续操作流程。常用的策略有：

- 组件黑白名单策略。黑名单是指业界公认的那些存在诸多漏洞，禁止使用的组件。白名单是指在历史的漏洞记录中，那些即使出现漏洞，利用条件也是非常苛刻，难度非常高，基本都不会去更新修复的组件。
- 优先级修复策略。是指一旦存在某个组件漏洞，必须修复，且是高优先级修复。针对此类漏洞，在二次开发时补全修复方案和建议，自动触发漏洞修复工单，跟踪漏洞闭环情况。其他优先级低的漏洞，可以关联代码仓库或迭代版本，跟踪漏洞修复情况。

此时，组件风险并行处置流程如图8-15所示。

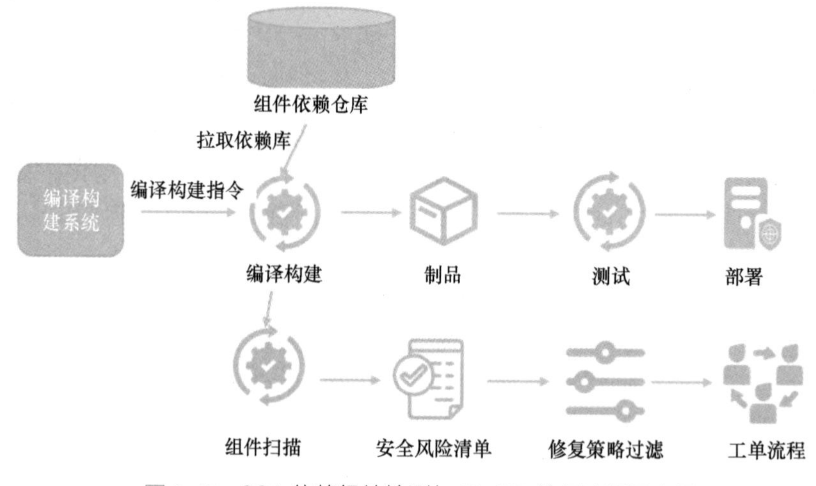

• 图8-15　SCA依赖组件检测与CI/CD并行流程示意图

除此之外，基于以上的基础架构，二次开发提供组件漏洞快速定位查询功能。例如，某个组件新出现一个漏洞，能通过此功能快速查询当前的哪些项目、什么版本、在哪些服务器上使用了带漏洞的组件。这对于组件漏洞的应急响应非常重要。

3. 学习业界优秀的组件更新与迭代机制

在落实组件更新和迭代时，要学习业界先进的经验。在前文曾提及自动化的更新迭代优于人工操作，这里为读者简单地介绍Azure依托GitHub+Dependabot组件的更新方案供读者参考。

Dependabot 于 2019 年被 GitHub 收购后，通过与 GitHub 原生集成，具备对不同开发语言的代码仓库（如 Ruby、Python、JavaScript、Java、.NET、PHP 等）的组件检测、组件安全告警或更新能力。其基本原理是：用户在 GitHub 启动自定义组件的周期性更新策略，如每天、每周、每月等。根据更新策略，Dependabot 创建 PR 去跟踪更新闭环的流程。与 Azure 的 CI/CD 流水线集成，自动更新部署包，推送到生产环境，支撑不同形式的升级方式，如蓝绿部署和金丝雀发布。

默认情况下，GitHub 上的 public 仓库会使用 Dependabot 配置文件，private 仓库用户或者仓库管理员可以添加此文件来完成授权使用。配置文件在.github 文件夹下为 dependabot.yml 文件。当这个文件存在时，将触发 Dependabot 对该仓库的组件依赖安全检测，通过读取仓库目录下的依赖配置文件并解析来检测组件的依赖情况。目前主要支持的解析格式和开发语言如图 8-16 所示。

Package manager	Languages	Recommended formats	All supported formats
Composer	PHP	composer.lock	composer.json, composer.lock
dotnet CLI	.NET languages (C#, C++, F#, VB)	.csproj, .vbproj, .nuspec, .vcxproj, .fsproj	.csproj, .vbproj, .nuspec, .vcxproj, .fsproj, packages.config
Go modules	Go	go.sum	go.mod, go.sum
Maven	Java, Scala	pom.xml	pom.xml
npm	JavaScript	package-lock.json	package-lock.json, package.json
Python PIP	Python	requirements.txt, pipfile.lock	requirements.txt, pipfile, pipfile.lock, setup.py *
RubyGems	Ruby	Gemfile.lock	Gemfile.lock, Gemfile, *.gemspec
Yarn	JavaScript	yarn.lock	package.json, yarn.lock

图 8-16 Dependabot 支持的解析格式开发语言截图

从图 8-16 可以看出，目前主流的编程开发语言 Dependabot 都能支持。当 Dependabot 检测完成后，根据配置文件中的更新策略，确定哪些组件自动触发更新流程。

在每一个更新流程中，系统会显示当前流程更新了哪些组件的哪些漏洞，当前更新补丁包的自动化测试验证情况、兼容性建议，以帮助审核人员来决定是否进行更新迭代操作。当审核人员确认修复时，系统将自动触发更新动作。其完整的流程页面如图 8-17 所示。

在此 GitHub+Dependabot 自动化检测组件风险并自动化更新升级的流程中，关键的要点如下：

- 添加人员审核机制，控制线上自动化更新带来的未知风险，将控制权交给审核人员，通过系统提示帮助审核人员做辅助判断。
- 通过配置管理，具备实时更新功能，即新的组件包发布后即时获取新的组件包。
- 具备版本自动合并功能，即发现新的组件包，自动化测试验证后，自动更新组件在仓库中的依赖组件。

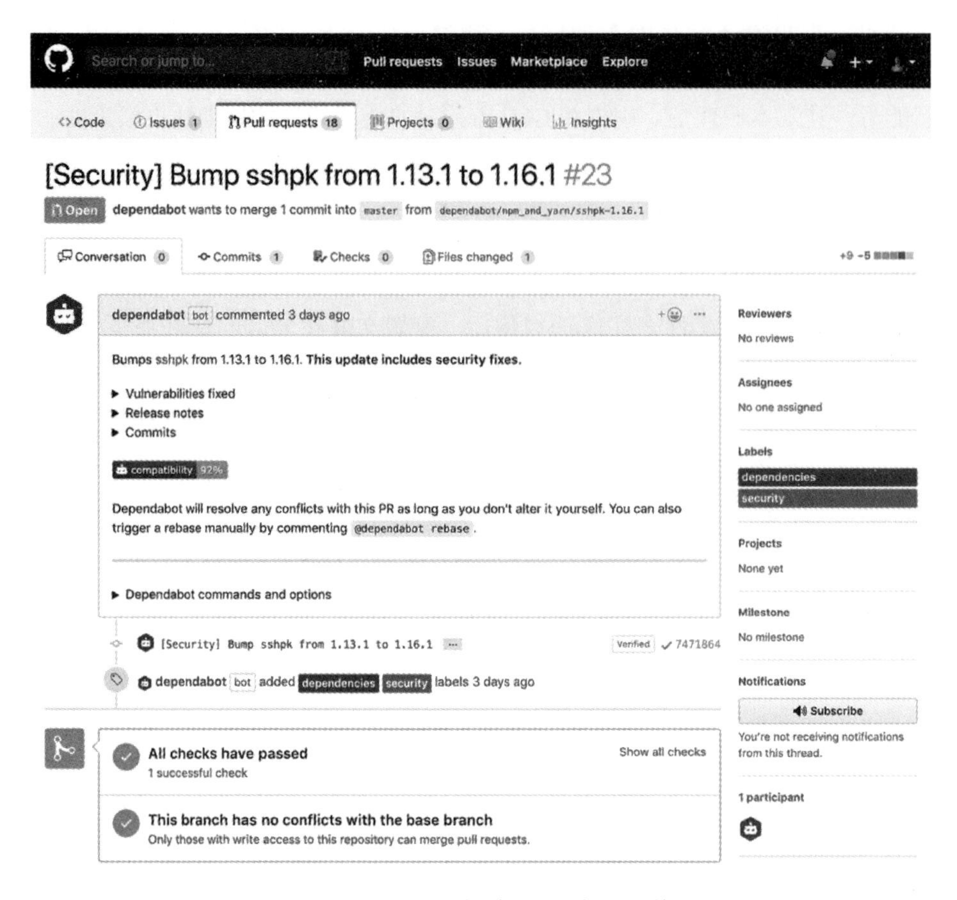

• 图 8-17　GitHub 组件漏洞更新页面截图

8.4.3　组件选型收敛和漏洞闭环

最后，来介绍组件选型的收敛、漏洞闭环在组件安全治理与运营中的意义及实践。

1. 组件选型收敛

组件选型收敛的意义主要在组件管理层面，通过控制同类组件的准入控制组件类型，通过控制同一种组件的版本型号控制组件版本的发散，从而达到组件选型收敛，可以实施标准化管理。尤其是当某个组件、某个版本存在重大风险时，可以制定统一的管理策略和修复策略，编制自动化脚本，快速地完成问题处置，节约大量的成本。这些是组件选型收敛的根本意义所在。

对于组件选型的控制，建议从架构侧抓起。梳理当前组件使用现状，制定组件选型清单。通过此清单，在架构设计中，控制组件的选型；在组件分析时，监控组件的选型是否在可选清单之列，不在清单中的组件，要通过 DevSecOps 流水线质量门禁的方式，给予禁用。对于组件选型的维护，要建立完善的组件选型新增和退出机制，以维护组件清单的准确性与适用性。组件新增或引入流程如图 8-18 所示。

如图 8-18 所示，当研发团队在架构中选择了不在选型库中的组件时，在架构评审环节

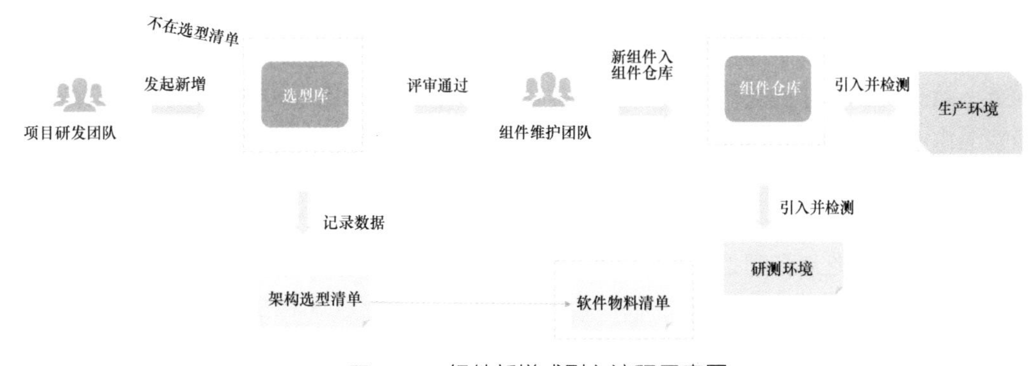

● 图 8-18　组件新增或引入流程示意图

进行评审。如果评审通过，则该组件纳入架构选型库，并通过组件维护团队，检测通过后在组件仓库中引入该组件。后续，研测环境和生产环境在引入组件时，也需要对组件做引入检测。

通过上述类似管理流程和检测手段，来管控组件的引入和退出，维护架构选型库和组件仓库的安全可用，同时也达到组件收敛的目的。

2. 漏洞闭环

组件漏洞的闭环是组件安全中占比最大的，除了组件漏洞之外，组件的 License 合规也是需要闭环的事项。闭环的含义不是指组件层面的漏洞修复，而是指基于前文提及的组件修复策略，明确风险处置方式，达到组织可接受的风险状态。

依托组件检测机制发现组件漏洞，利用工单流程跟踪问题进展，都是很好的组件漏洞闭环方式。最理想的方式是在 SCA 的检测能力之上，形成组件资产分布清单，多维度展示 License合规、漏洞对业务的影响，智能化地推荐组件修复方案，评估修复影响，及时规避已知组件漏洞，降低企业面临的组件安全风险。

综合性地审视软件分发过程，打通研发制品与部署、运行环境的通道，形成体系化的漏洞闭环方案，如图 8-19 所示。

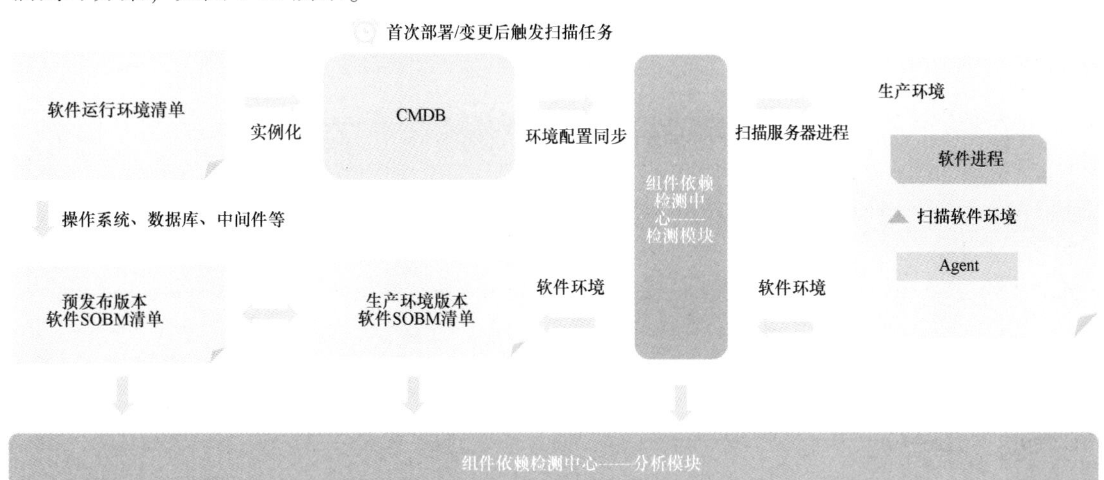

● 图 8-19　组件漏洞闭环方案

在软件研发管理过程中，首先将架构设计的技术路线选型与CMDB打通，在架构部署实例化时触发技术检测手段，确认运行环境所依赖的技术路线选型与架构设计选择的技术路线保持一致。对于软件可交付制品，根据其版本采用SCA形成SBOM清单，并同步到组件依赖检测中心。部署完成后或线上运维阶段，组件依赖检测中心通过Agent定期扫描并收集生产环境的组件信息，同步至组件依赖检测中心，通过组件数据的分析模块，发现组件存在的问题，以线上流程工单的形式，推动问题闭环。

总之，漏洞运营与管理是一项长期任务，组件漏洞更是重中之重。尤其是影响范围广、危害程度重的开源组件，要具备高优先级，限时修复。结合SCA检测的SBOM清单和PDCA循环，持续性地构建组件安全运营能力。

8.5 小结

本章主要从DevSecOps流程中持续构建的视角，重点介绍组件安全和构建安全相关安全风险、管理策略及安全工具，帮助读者建立持续构建阶段的安全全景视角，结合DevSecOps黄金管道的流水线及基础仓库、网络出口治理，综合性地介绍组件安全实践。对于实践落地来说，SCA产品是组件安全的首选；对于治理效果来说，整体的流程打通和基础仓库的完备性能起到事半功倍的效果。

第9章 安全测试与持续集成

代码完成编译构建之后，在流程上将会进入测试验证环节。在整个软件研发生命周期中，测试工作是持续迭代地在执行。例如，开发环境下，研发人员自行执行的单元测试工作；编译构建环境下，自动化代码覆盖度测试；测试环境下，自动化测试和回归测试等。安全测试作为整个测试验证的一部分，也是分阶段嵌入不同的环境中。最后等回归测试验证且通过审核确认后，产品才得以发布到生产环境。

本章将为读者重点介绍测试环境中安全测试工具的使用与 CI/CD 流水线集成，以及 DevSecOps 环境下安全测试工作的持续优化与改进思路。

9.1 定义不同的安全测试工具组合

通过前两章代码开发到编译构建的介绍，加上本章的测试验证，DevSecOps 软件生产流水线中持续集成流程中的内容已全部囊括。当我们站在测试验证的角度，综合性地审视安全测试验证能力时，发现需要使用多种安全测试工具的组合才能满足安全测试验证要求。

9.1.1 安全测试工具组合的作用

在整个持续集成流程中，不同的软件研发阶段，安全测试的内容如下。

- 代码开发阶段至少应包含单元测试用例编写和单元测试执行、SAST 客户端扫描。
- 编译构建阶段至少应包含自动化单元测试执行和覆盖度检查、SAST 服务器扫描。
- 系统测试阶段至少应包含动态 DAST 检测或交互性 IAST 检测、集成测试、系统测试。
- 发布前验证阶段至少应包含人工安全性测试、性能测试、回归测试、验收测试、基线验证、容器镜像扫描和合规性扫描等。

这些安全测试能力，通过不同的软件工厂流水线模板，被编排在 DevSecOps 平台中，供平台用户（如研发人员、测试人员、安全人员）使用。不同的角色，在软件工厂生产流水线上，依赖于这样的流水线管道，快速地完成从需求到最终产品的输出。

实际工作中，尤其是大中型企业中，通常存在多条产品线或一个产品有多种形态。例如，既有 PC 端，又有移动端，甚至还有 IOT 端。这种情况下，当我们试图把安全测试能力嵌入流水线时，时常会遇到一个无法回避的问题，即安全测试验证能力所使用的工具。单一的安全测试工具无法满足安全检测要求，必须使用多种不同检测工具组合。这时，不仅要从开发语言的角度定义流水线作业模板，还需要安全人员结合产品技术栈和产品形态确定所使用的安全检测工具的类型，通过多种工具的组合来定义流水线上安全测试工具。

在流水线上，编译构建阶段不用考虑同一种能力下的多种安全工具组合，是因为编译构建主要跟编程语言有关，只有少数同一项目中使用不同编程语言时才需要考虑多种安全工具的组合（实际上在当前市场上，一种编译阶段的安全工具，往往同时支持不同开发语言的检测）。而到了测试阶段，黑盒检测需要将产品形态、产品技术栈考虑进来，才能最大可能地发现安全风险，这也是多种安全工具组合出现的根本原因。

当在原有的流水线上嵌入安全测试工具组合之后，流水线前后则有着显著的变化差异。若以常见的互联网应用产品为例，则如图 9-1 所示。

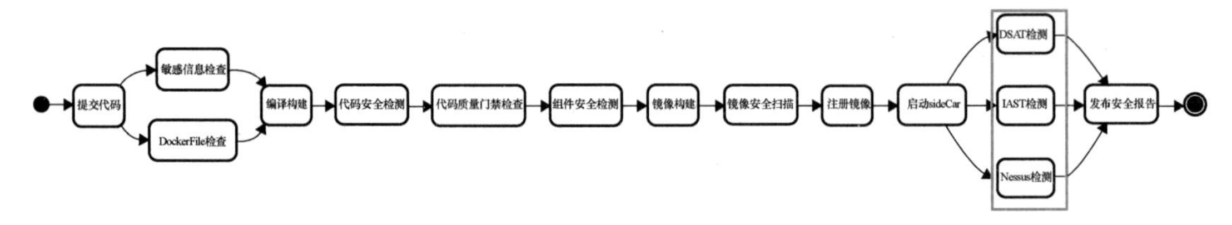

• 图 9-1　互联网产品 DevSecOps 流水线安全测试组合作业示意图

在图 9-1 的流程中，DAST 检测、IAST 检测及 Nessus 检测同时在容器运行之后组合进行，以弥补单一安全测试工具的不足。

9.1.2　安全测试工具的选择

在编排安全测试组合作业时，通常会选择不同的安全测试工具。而安全测试工具的选择跟产品形态和产品技术栈相关。基于这个特点，读者对安全测试工具的类型需要有基本的了解。

在第 6 章内容中，以安全工具链分层的方式对 DevSecOps 流程中涉及的所有安全工具作了概要性的阐述。从测试的角度来说，可以对安全工具划分为白盒测试工具、黑盒测试工具及灰盒测试工具。

- 白盒测试工具：这里主要指静态代码安全检测类，如 SAST 检测工具、SCA 软件成分分析工具。
- 黑盒测试工具：此类工具比较多，以动态检测工具 DAST 为代表，根据其检测功能的不同，可以划分为 Web 安全扫描器、系统安全扫描器、数据库安全扫描器、容器安全扫描器等。
- 灰盒测试工具：以交互性 IAST 检测工具为代表，部分新型 SCA 产品、移动 App 检测工具也属于此类。

白盒测试工具与 DevSecOps 流程的融合在前两章的内容已为读者介绍，这里重点指黑盒测试工具、灰盒测试工具与 DevSecOps 流程融合时的工具选择。当 DevSecOps 管理人员编排安全测试自动化流程时，需要结合产品技术栈和产品形态来配备相应类型的安全测试工具。

从产品技术栈和产品形态的划分来看，大体可以遵循以下选项策略：

- 传统 B/S 三层架构 Web 应用软件需要选择 Web 安全扫描器和数据库安全扫描器。

- C/S 架构的应用软件，对于服务器来说，选择 Web 安全扫描器和数据库安全扫描器；对于客户端来说，通常需要人工安全测试；服务器和客户端通信需要使用通信安全扫描工具。
- 如果产品技术栈中涉及移动 App、容器镜像、IOT 应用、API 接口，则需要添加 App 安全检测工具、容器安全扫描工具、IOT 安全扫描器及 API 接口安全扫描工具等。

使用安全测试工具组合的目的是为了发挥特定安全测试工具的优势，提高产品安全问题的检出率。但同时，DevSecOps 管理人员也应该有正确的认知：使用特定安全工具和自动化检测技术可以发现漏洞，但无法保证漏洞 100%被发现，更高的安全级别仍需要人工测试和漏洞挖掘。

9.1.3 典型安全测试工具组合流程

明白了不同安全测试工具组合的作用之后，将这些工具编排到 DevSecOps 软件工厂流水线模板中去，以形成一套标准化的作业程序。如图 9-1 所示的典型互联网产品 DevSecOps 流水线，其嵌入安全测试工具后明显比编译构建时给读者介绍的流水线复杂很多。这里，以 Jenkinsfile 为例，以伪码的形式向读者展示其典型流程设计。如下代码段所示：

```
{
...
stages {
//Docker file 检测
        stage("lint") {
            steps {
                echo 'Lint Dockerfile...'
            }
        }
//密钥、APIkey、password 等敏感信息提交检测
        stage("detect-secrets-hook") {
            steps {
                echo 'detect-secrets...'
            }
         }
//SonarQube 代码安全检测
    stage("sonarQube scanner") {
        steps {
            echo 'sonarQube scanner...'
            }
        }
//代码质量门禁检测
    stage("quality gate") {
        steps {
            echo 'quality gate...'
        }
    }
//软件组件成分分析检测
    stage("dependency check") {
```

```
            steps {
                echo 'dependency check...'
            }
        }
    //镜像构建
        stage("Build image") {
            steps {
                echo 'Build image...'
            }
        }
    //镜像注册
        stage("Push to registry"){
            steps {
                echo 'Push to registry...'
            }
        }
    //镜像安全扫描
        stage("Scan container") {
            steps {
                echo 'Trivy Scan...'
            }
        }
    //启动边车服务
        stage("Launch sidecar") {
            steps {
                echo 'Start sidecar container...'
            }
        }
    //系统安全扫描
        stage("Nessus") {
            steps {
                echo 'Start Nessus scan...'
            }
        }
    //Web 安全扫描
        stage("OWASP ZAP") {
            steps {
                echo 'OWASP ZAP scan...'
            }
        }
    }
    ...
        post {
            always {
                //安全扫描报告发布,多种扫描类型发布多个报告
                    publishHTML([
                        allowMissing: true,
                        alwaysLinkToLastBuild: true,
                        keepAll: false,
                        reportDir: "reports",
                        reportFiles: "dependency-check-report.html",
```

```
                reportName: "Dependency Check Report"
            ])
            publishHTML([
                allowMissing: true,
                alwaysLinkToLastBuild: true,
                keepAll: true,
                reportDir: "reports",
                reportFiles: "zap-report.html",
                reportName: "OWASP ZAP Scan report"
            ])
            …
        }
}
```

在这个样例中，抛开了代码单元测试、编译构建、功能测试等研发环节，从 DevSecOps 的视角整理了与安全测试相关的所有工具的使用，以及安全卡点设计。它包含了 Docker file 检测、APIkey 等敏感信息检测、SonarQube 代码安全检测、软件组件成分分析检测、镜像安全扫描、系统安全扫描、Web 安全扫描等，为读者提供了一个全量的持续集成段的安全检测能力视图，供读者在设计 DevSecOps 流程时参考。

9.2 集成黑盒安全检测工具

在实际的安全测试过程中，通常会引入一些自动化安全测试工具，降低人力资源的投入，提高安全测试的效率。在这些安全测试工具中，目前自动化程度最高、最容易和 DevSecOps 流水线集成的是动态安全检测工具，本节将介绍一些典型的开源和国内商业动态安全检测工具的安装和使用，以及这些安全工具与流水线的集成方式。

9.2.1 动态安全检测工具集成特点

动态安全检测工具，即第 6 章提到的 DAST，典型的应用场景分为主机和 Web 应用的安全检测。它是一种黑盒测试方法，也是目前业界用得最多、使用相对而言最简单的安全测试方法。在整个 DevSecOps 中，它是重要的组成部分之一。使用 DAST 检测工具与 DevSecOps 流水线集成，具有巨大潜力和优势，具体原因有以下 4 点：较低的误报率、接近真实场景、开发人员易用及易于 CI/CD 集成。

1. 较低的误报率

DAST 通过爬虫探测整个被测系统的结构，并试图像黑客一样主动发起攻击。DAST 的扫描结果一般都会将整个攻击链暴露出来，如攻击的 URL、Payload、数据包等，因此扫描出来的结果有相当概率被认定为存在安全漏洞，即误报率低。此外，发现安全漏洞的概率还有一种认定方式，即安全漏洞被利用的概率。例如，XSS 漏洞的某些利用场景需要攻击者对受害者执行操作，那么与黑客可以直接利用的漏洞相比，这种漏洞的被利用概率将更低。图 9-2 为某商业 DAST 的扫描结果。

在图 9-2 中可以看到，DAST 漏洞扫描结果会按照优先级对漏洞进行排序，同时也需要

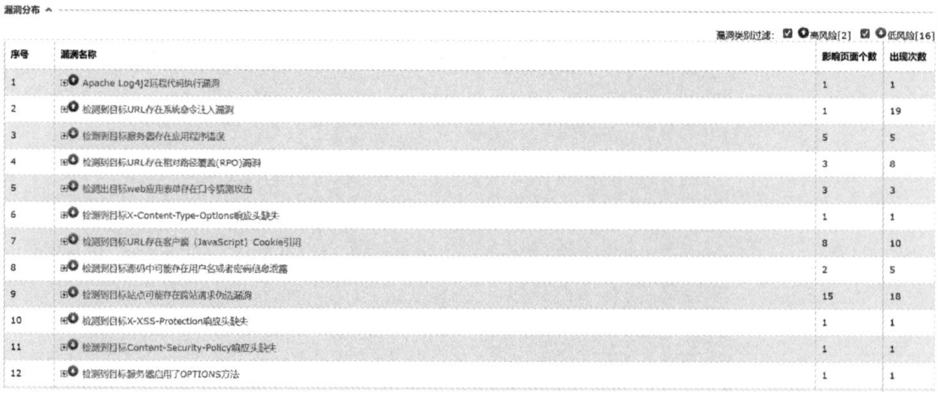

漏洞分布

漏洞类别过滤：高风险[2] 低风险[16]

序号	漏洞名称	影响页面个数	出现次数
1	Apache Log4j2远程代码执行漏洞	1	1
2	检测到目标URL存在系统命令注入漏洞	1	19
3	检测到目标服务器存在应用程序错误	5	5
4	检测到目标URL存在相对路径覆盖(RPO)漏洞	3	8
5	检测出目标web应用表单存在口令猜测攻击	3	3
6	检测到目标X-Content-Type-Options响应头缺失	1	1
7	检测到目标URL存在客户端（JavaScript）Cookie引用	8	10
8	检测到目标源码中可能存在用户名或者密码信息泄露	2	5
9	检测到目标站点可能存在跨站请求伪造漏洞	15	18
10	检测到目标X-XSS-Protection响应头缺失	1	1
11	检测到目标Content-Security-Policy响应头缺失	1	1
12	检测到目标服务器启用了OPTIONS方法	1	1

● 图 9-2　DAST 扫描结果概览

从多个维度考虑绘制漏洞的整体风险图。例如，这里可以看到将远程代码执行和命令注入列为高风险漏洞，理由就是被利用的可能性很高，并且一旦被利用，影响和危害都比较大。这使得使用 DAST 的开发人员能够优先处理风险最高的漏洞。

2. 接近真实场景

应用程序通常可能使用多种编程语言、多个组件构建，并且开发者团队可能来自不同的团队和公司。DAST 使用安全测试用例来对应用程序的 Web 接口进行检测，来运行安全测试，并发起攻击尝试，例如，在请求的表单中添加攻击特征数据，根据业务系统的返回结果判定是否存在漏洞，这种方式非常接近真实的攻击场景。

使用 DAST 这种测试方法，操作人员不需要了解应用的内部逻辑、业务的实现方式甚至无须具备编程能力，操作人员完全站在攻击者的视角。除此之外，DAST 不关注应用程序采用哪种语言编写，不需要事先知道应用程序的各个组件和应用系统的内部工作情况，只需要测试不同组件在应用程序中的交互方式，就可以发现漏洞。

3. 开发人员易用

DAST 的扫描结果可以直接演示问题并提供漏洞证据，这一能力使得 DAST 扫描器受到开发人员的青睐。开发人员可以很容易看到漏洞的上下文，基于此，可以复现漏洞，并且 DAST 工具也为开发人员提供了一些漏洞修复的方法。图 9-3 为 DAST 发现并展示的漏洞详情。

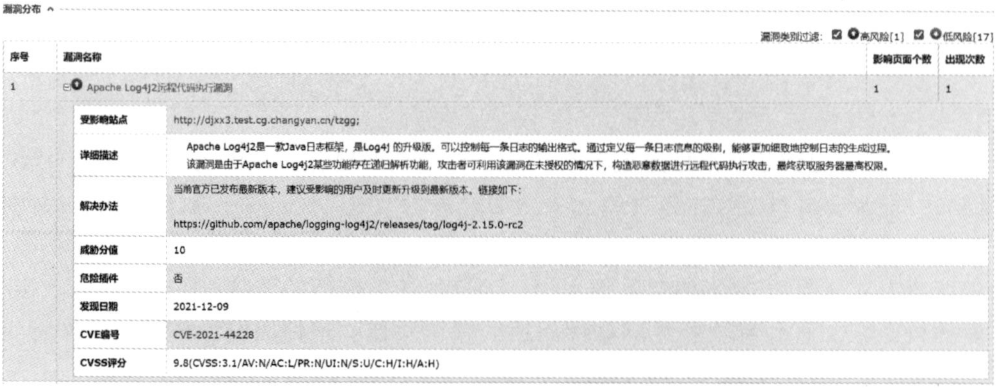

漏洞分布

漏洞类别过滤：高风险[1] 低风险[17]

序号	漏洞名称	影响页面个数	出现次数
1	Apache Log4j2远程代码执行漏洞	1	1

受影响站点	http://djxx3.test.cg.changyan.cn/tzgg;
详细描述	Apache Log4j2是一款Java日志框架，是Log4j 的升级版。可以控制每一条日志的输出格式。通过定义每一条日志信息的级别，能够更加细致地控制日志的生成过程。 该漏洞是由于Apache Log4j2某些功能存在递归解析功能，攻击者可利用该漏洞在未授权的情况下，构造恶意数据进行远程代码执行攻击，最终获取服务器最高权限。
解决办法	当前官方已发布最新版本，建议受影响的用户及时更新升级到最新版本。链接如下: https://github.com/apache/logging-log4j2/releases/tag/log4j-2.15.0-rc2
威胁分值	10
危险插件	否
发现日期	2021-12-09
CVE编号	CVE-2021-44228
CVSS评分	9.8(CVSS:3.1/AV:N/AC:L/PR:N/UI:N/S:U/C:H/I:H/A:H)

● 图 9-3　DAST 展示的漏洞详情

图 9-3 详细地展示了 Log4j2 漏洞的影响站点、漏洞描述、解决方法等，这样就为开发人员提供了很多关于该漏洞的有用信息，可以迅速定位到问题点，然后进行修复，为开发人员节省了大量时间和精力。

4. 易于 CI/CD 集成

DAST 引入到软件开发生命周期中，可以让开发人员在黑客利用漏洞之前将漏洞修复。DAST 一般都提供完整的 API 接口，可以与 CI/CD 过程更容易结合，当然这种结合方式可以是多样的，通常需要考虑实际的业务场景，这里介绍两种结合方式。图 9-4 为 DAST 工具集成至 CI/CD 流水线的一种方式。

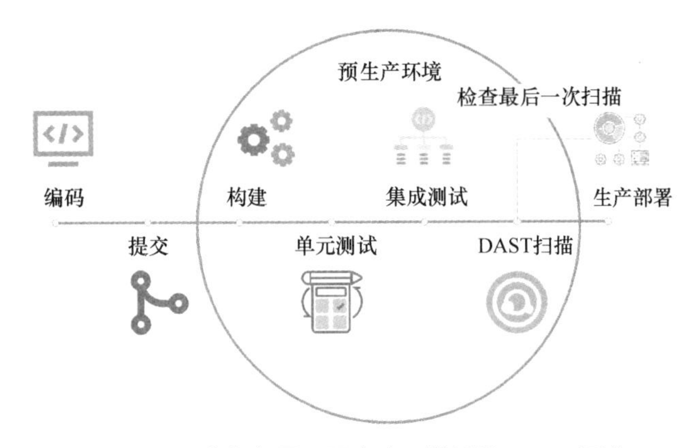

• 图 9-4 业务部署至预生产环境触发 DAST 扫描

从图 9-4 可以看出，在 CI/CD 过程中，集成 DAST 扫描的一种方式就是只要有服务部署至预生产环境，就会自动化触发 DAST 扫描。因此，一旦单元测试和集成测试完成，进入预生产环境，将自动触发 DAST 扫描。此外，还可以根据漏洞的等级，卡点后续的发布流程。如果只发现低危漏洞，那么可以自动推送至生产环境，如果存在中高危漏洞，可以阻止推送或者需要人工审核后再手动推送至生产环境。具体选择哪种方式取决于公司文化、承担风险的能力和应用的性质。

DAST 工具集成至 CI/CD 流水线的另一种方式如图 9-5 所示。

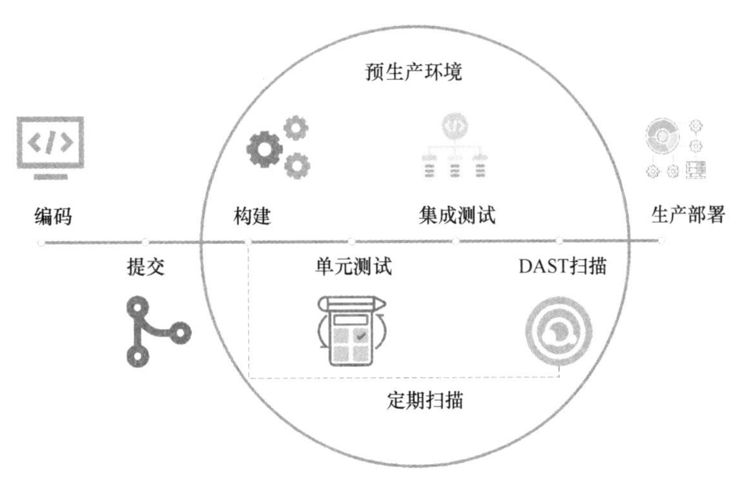

• 图 9-5 预生产环境定期触发 DAST 扫描

在图 9-5 中，另一种集成方式是在预生产环境定期触发 DAST 扫描，周期可以是每周、每两周，甚至每晚进行扫描。DAST 扫描可能需要一段时间，一般建议在晚上进行扫描，可以将这些扫描结果作为推送至生产的要求。

9.2.2 OWASP ZAP 流水线集成与使用

OWASP Zed Attack Proxy（ZAP）是一款开源的 Web 安全检测工具，由 OWASP 组织开发、维护和更新，简单易用。ZAP 是目前世界上最受欢迎的免费动态安全测试工具，本节简单地为读者介绍 ZAP 原理和安装过程。

1. OWASP ZAP 简介

ZAP 支持多种扫描模式，比较突出的是 ZAP 能够以代理的形式来实现渗透性测试，当 OWASP ZAP 被设置为代理服务器之后，工作原理如图 9-6 所示。

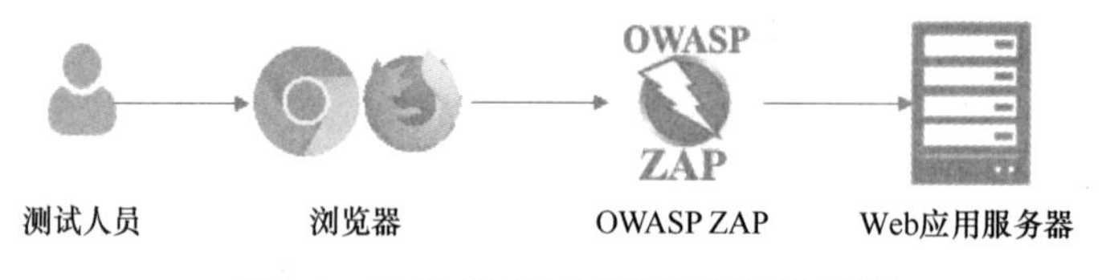

● 图 9-6　OWASP ZAP 代理扫描工作原理

从图 9-6 可以看出，ZAP 将自己置于用户浏览器和服务器中间，充当一个中间人的角色，用户浏览器与服务器的任何交互都将经过 ZAP，ZAP 可以抓取网络数据包进行分析和扫描。这里可以总结一下 ZAP 的主要功能：

- 代理。OWASP ZAP 代理工具是以拦截代理的方式，拦截所有通过代理的网络流量，如客户端的请求数据、服务器端的返回信息等。
- 数据拦截修改。OWASP ZAP 主要拦截 HTTP 和 HTTPS 的流量，通过拦截，以中间人的方式，可以对客户端请求数据、服务器返回做各种处理，以达到安全评估测试的目的。
- 主动扫描。主动扫描探测网站应用，同时进行漏洞测试。
- 被动扫描。通过代理方式，被动式在后端获取人工访问的应用，同时进行漏洞测试。
- 爬虫。自动识别和爬取网站代码中的链接，不测试漏洞。
- Fuzzing。大量无效或构造特殊的测试数据提交到服务器，根据应用响应情况判断是否存在漏洞。
- 端口扫描。扫描当前服务器开放的端口，以及各端口对应的服务。
- 目录扫描（暴力）。扫描当前服务器敏感目录，通过字典形式暴力获取服务器可能存在的敏感目录。
- 报告。根据扫描结果定制所需内容生成漏洞报告。

OWASP ZAP 支持代理、主动扫描、被动扫描、Fuzzing 和暴力破解等丰富的功能，并且提供 API，可以与 CI/CD 流程结合。同时，ZAP 适用于所有的操作系统，支持 Docker 部署，而且简单易用，拥有强大的社区和丰富的功能插件。

2. OWASP ZAP 安装

OWASP ZAP 是使用 Java 语言开发的，所以先要安装 JDK，同时配置 Java 的开发环境，这里需要注意的是目前最新版本 ZAP 2.12.0，Windows 和 Linux 版本需要运行 Java 11 或更高版本 JDK，macOS 的版本已经具备了 Java 11 的环境。这里认为 JDK 和 Java 开发环境已安装完毕。从官网（https://www.zaproxy.org/download/）下载 OWASP ZAP 安装包。

ZAP 2.12.0

Windows (64) Installer	Download
Windows (32) Installer	Download
Linux Installer	Download
Linux Package	Download
macOS Installer	Download
Cross Platform Package	Download
Core Cross Platform Package	Download

● 图 9-7　OWASP ZAP 安装包下载

这里选择 Windows 的安装程序，后续的安装步骤与普通软件安装类似，只需要一直单击 Next 按钮，并接受软件相关协议就可以完成安装，这里不再赘述安装过程。安装完成后，启动的界面如图 9-8 所示。

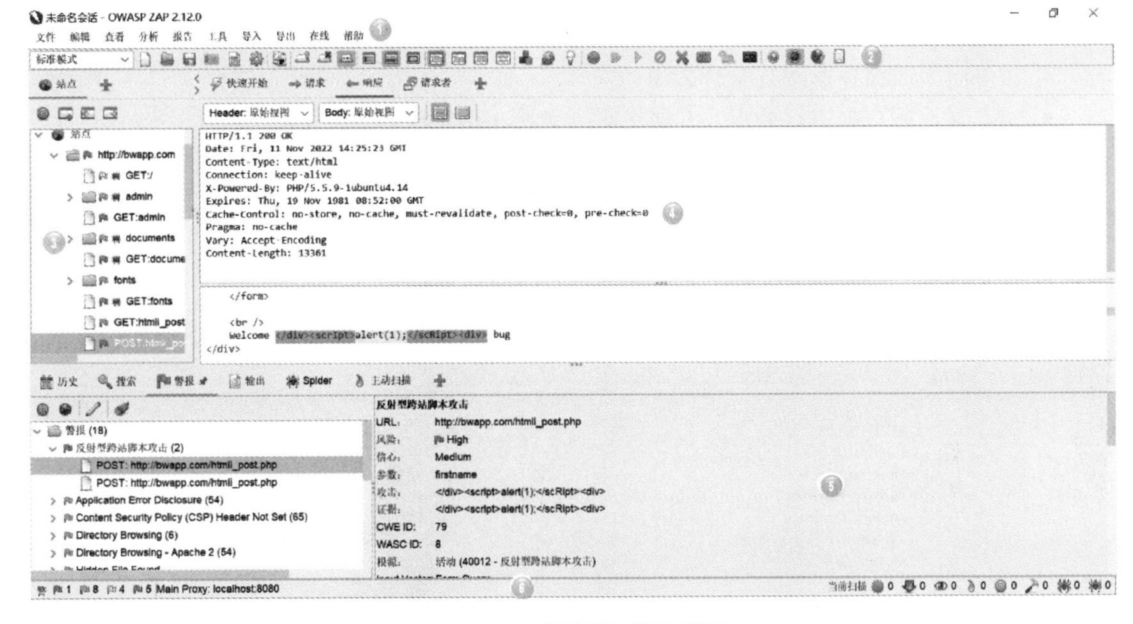

● 图 9-8　OWASP ZAP 界面

在图 9-8 中可以看到，ZAP 的桌面主要由以下 6 个部分组成：菜单栏提供工具入口的快速导航；工具栏提供访问最常用功能的按钮；站点栏显示站点树和脚本树；工作栏窗口显示请求、响应和脚本详情，并可以对其进行编辑；标签栏显示工具扫描结果的详细信息；页脚栏窗口显示告警摘要信息和自动化工具的状态。

3. ZAP Jenkins 插件与 Jenkins 集成

OWASP ZAP 可以通过 ZAP Jenkins 插件将安全扫描过程集成至 Jenkins 中，这样 ZAP 就作为 Jenkins 的一部分，从而实现自动化安全扫描。其工作流程如图 9-9 所示。

从图 9-9 可以看出，OWASP ZAP 整个工作流程共分为以下几个环节：

- 在 Jenkins 管理系统中安装 ZAP Jenkins 插件，并在 Jenkins 构建配置中初始化 ZAP，例如，配置被测应用的会话信息、认证信息、扫描模式、报告生成格式等。

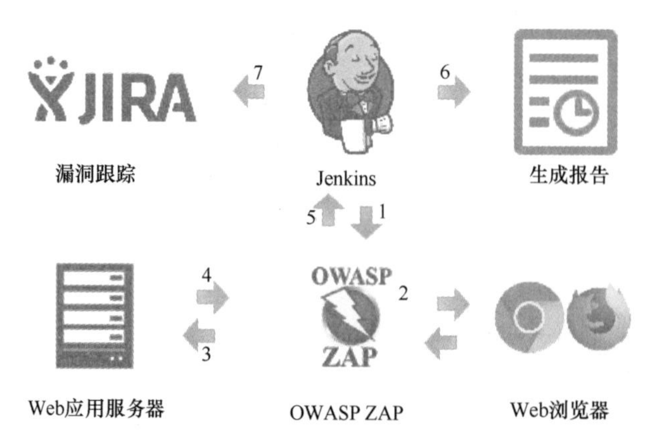

● 图 9-9　OWASP ZAP 集成至 Jenkins 工作流程

- Jenkins 在构建过程中触发测试流量经过 ZAP 代理。
- ZAP 修改接收到的请求，并模拟攻击测试，将请求发送至被测应用或服务。
- 被测应用或服务返回数据给 ZAP。
- ZAP 对返回数据进行分析，并将结果上传至 Jenkins。
- Jenkins 展示 ZAP 的安全扫描结果。
- Jenkins 在 JIRA 中创建漏洞并进行跟踪。

熟悉 OWASP ZAP 集成至 Jenkins 工作流程后，接下来可以尝试在 Jenkins 中搭建自动化安全扫描的环境，主要分为以下几个步骤。

1）启动 ZAP，访问被测网站，进行登录、操作、退出等操作，单击【文件】菜单→【Persist Session】保存会话信息指定目录，如图 9-10 所示。

zap demo.session.tmp	2022/11/12 16:27	文件夹	
zap demo.session	2022/11/12 16:27	SESSION 文件	1 KB
zap demo.session.data	2022/11/12 16:27	DATA 文件	16,384 KB
zap demo.session.lck	2022/11/12 16:27	LCK 文件	0 KB
zap demo.session.log	2022/11/12 16:27	文本文档	2 KB
zap demo.session.properties	2022/11/12 16:27	PROPERTIES 文件	1 KB
zap demo.session.script	2022/11/12 16:27	SCRIPT 文件	8 KB

● 图 9-10　保存会话信息

2）登录 Jenkin 控制台，选择【Jenkins】→【Plugin Manager】，在 Jenkins 中安装 Official OWASP ZAP Jenkins Plugin，如图 9-11 所示。

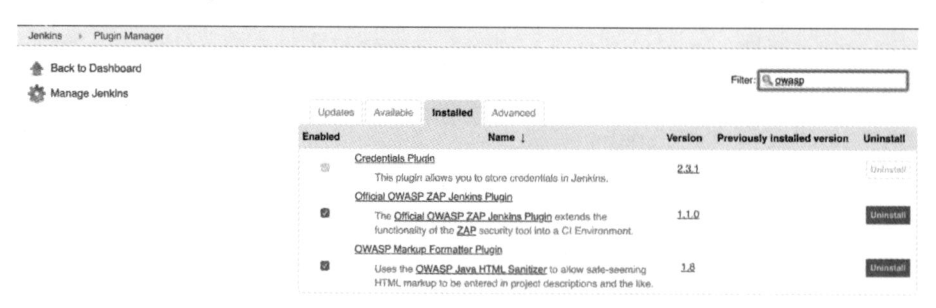

● 图 9-11　安装 Official OWASP ZAP Jenkins Plugin

3）选择【Jenkins】→【Global Tool Configuration】，可以在 Jenkins 节点（主节点或从节点）安装 ZAP，可以指定工具的地址和子目录，如图 9-12 所示。

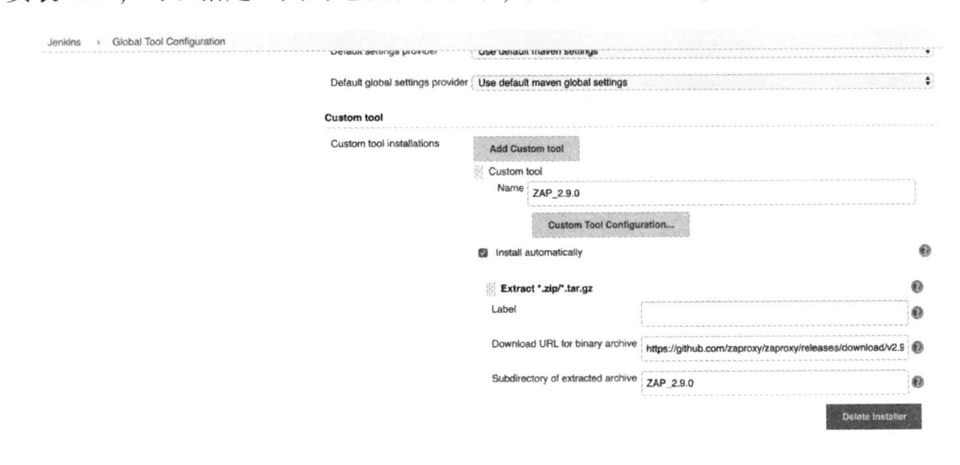

● 图 9-12 在 Jenkis 节点上安装 ZAP

4）选择【Jenkins】→【configuration】，设置 ZAP 运行的地址、端口和环境变量，如图 9-13 所示。

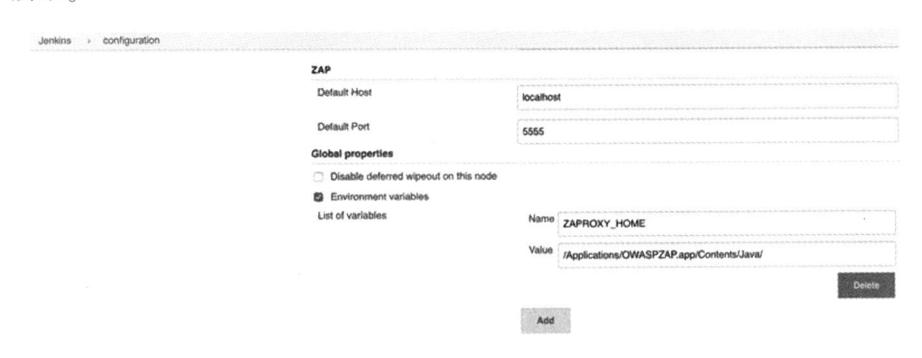

● 图 9-13 在 Jenkis 中设置 ZAP 运行的地址、 端口和环境变量

5）基本配置完成后，可以创建检测任务。此时，在 Jenkins 控制台中选择【Jenkins】→【New Item】，创建一个 ZAP DEMO 任务，如图 9-14 所示。

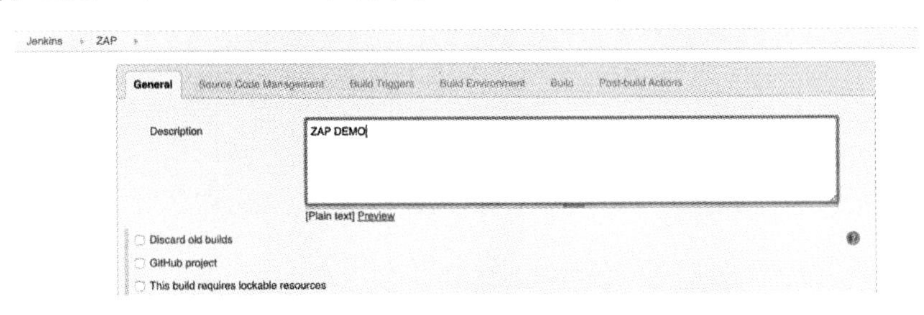

● 图 9-14 新建 ZAP DEMO 任务

6）选择【Build Environment】选项卡→【Install custom tools】→【Tool selection】，可以看到安装的 ZAP 详细配置信息，如图 9-15 所示。

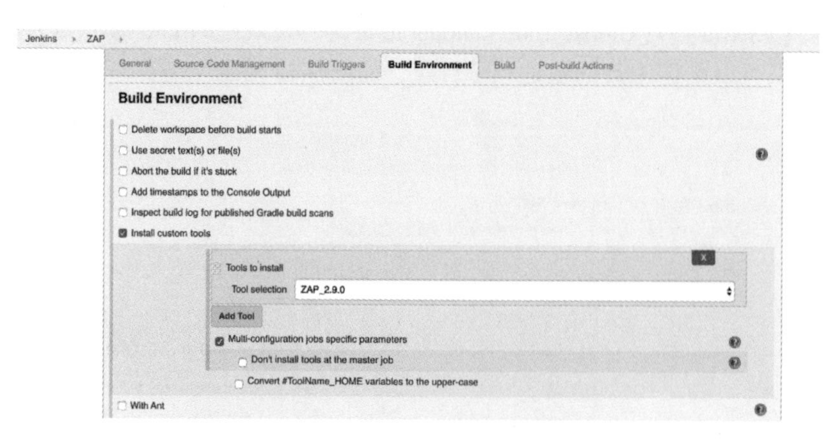

● 图 9-15　查看 ZAP 详细配置信息

7）选择【Build】选项卡，设置配置信息，如 ZAP 的系统安装目录、ZAP 地址、被测目标的会话信息（步骤 1 中保存的会话信息）、扫描模式等，如图 9-16 所示。

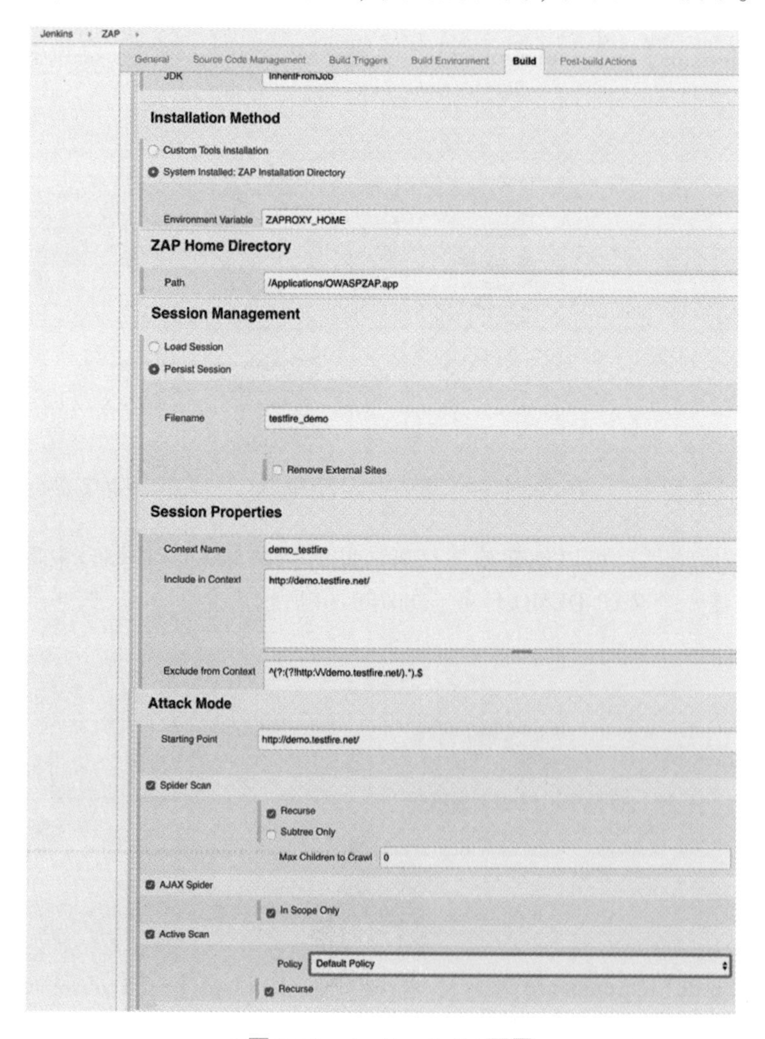

● 图 9-16　Jenkins Build 配置

8）选择【Post-build Actions】选项卡，可以在配置扫描完成后自动生成报告格式等，如图 9-17 所示。

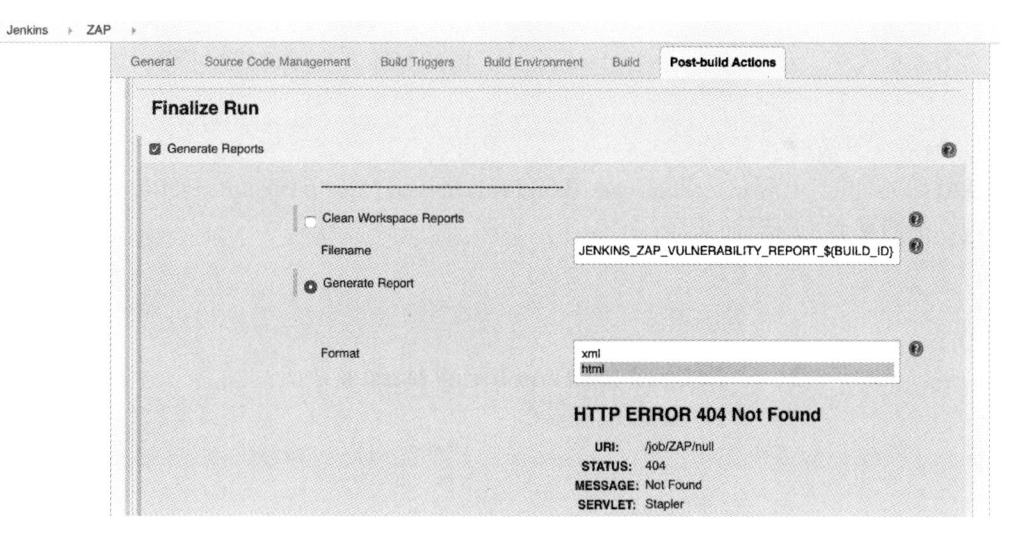

● 图 9-17 Jenkins 构建结束操作配置

9）构建完成后可以查看结果，单击 zap.log 和 html 文件查看详细的扫描过程和扫描结果，如图 9-18 所示。

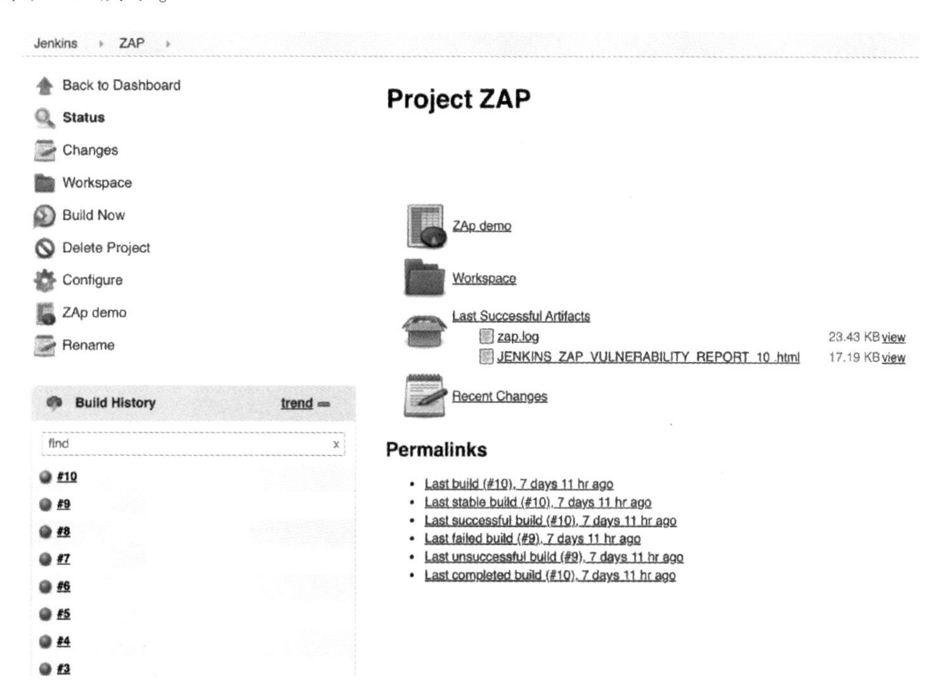

● 图 9-18 Jenkins 集成 ZAP 扫描结果查看

经过上述几个简单步骤后，就完成了 ZAP Jenkins 插件与 Jenkins 集成，将自动化安全扫描能力集成到 CI/CD 管道中，实现了对系统的持续性安全扫描。

9.2.3 Nessus 流水线集成与使用

在 6.3.5 节中，已经详细介绍过 Nessus 工具的基本架构和扫描过程，本节介绍安装过程。

1. Nessus 安装

从官网（https://www.tenable.com/downloads/nessus? loginAttempted = true）下载 Nessus 安装包，如图 9-19 所示。

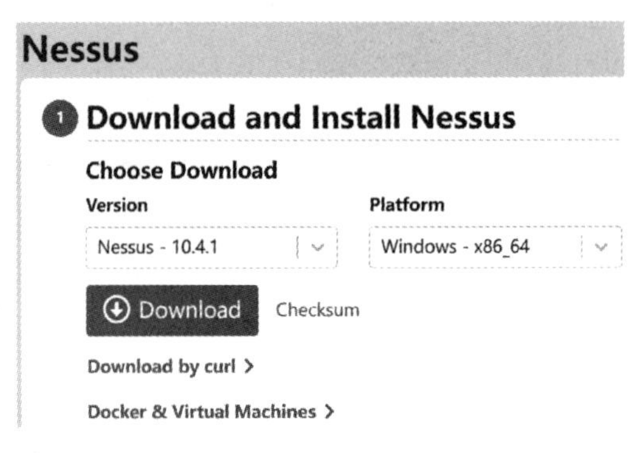

● 图 9-19　Nessus 安装包下载

Nessus 的安装分为安装和激活两个环节，这里选择 Windows 的安装程序，下载之后双击可执行程序，选择 Nessus 的免费版本，此版本主要是面向教育工作者、学生和爱好者，如图 9-20 所示。

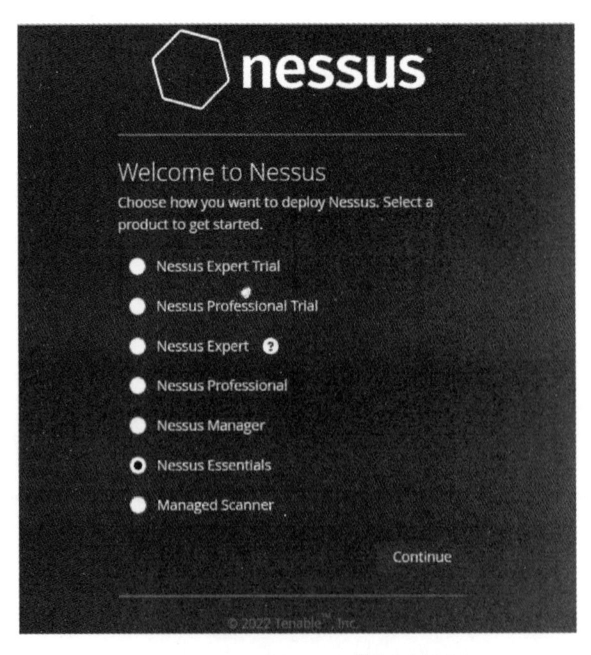

● 图 9-20　Nessus 安装版本选择

接着填写用户名和邮箱信息，提交后官方会往所填的邮箱中发一封附带激活码的邮件，之后录入激活码并设置用户名和密码，过程比较简单不再赘述。安装完成后选择新建任务，界面如图 9-21 所示。

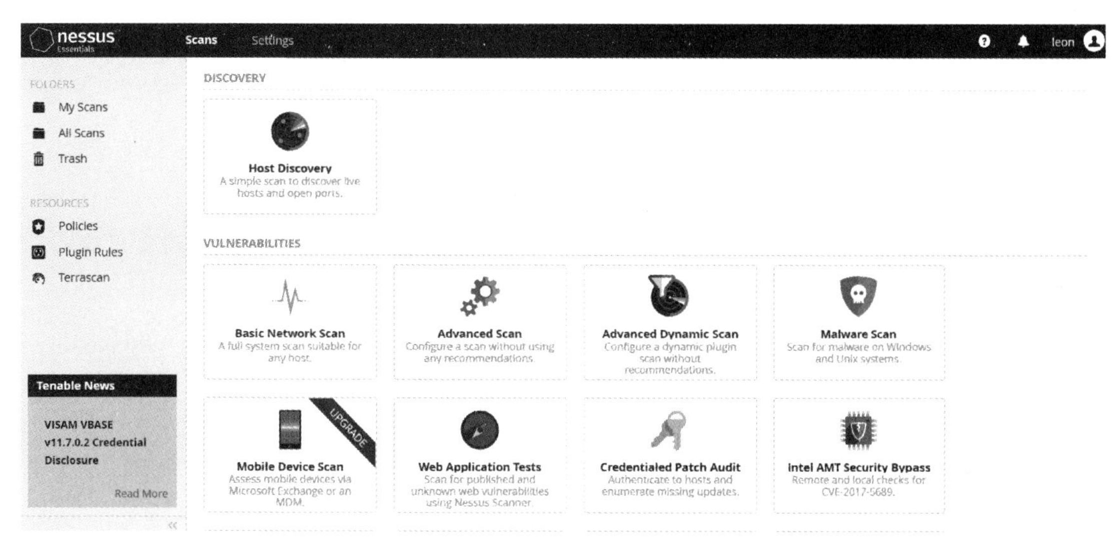

● 图 9-21　Nessus 安装完成界面

在图 9-21 中可以看到，Nessus 默认支持基本网络扫描、恶意软件扫描等 20 余种策略类型，功能还是比较丰富的。

2. Nessus 安装与 Jenkins 集成

Jenkins 本身并不提供 Nessus 插件，不能像 ZAP 那样直接在 Jenkins 的配置页面进行集成，但 Nessus 提供了 API 功能，因此可以支持自动化调用。选择【Settings】→【My Account】→【API Keys】，可以生成 API Key 并查看 API 文档，如图 9-22 所示。

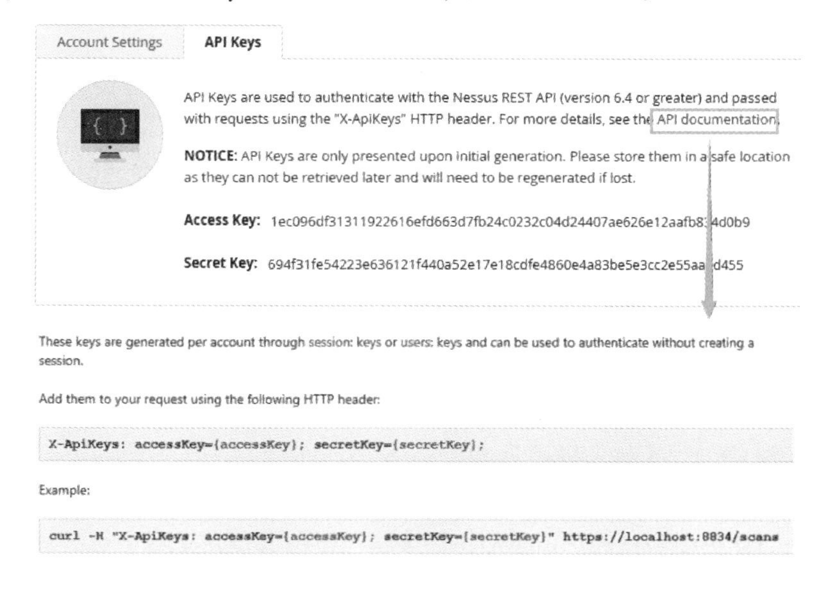

● 图 9-22　Nessus API 文档

基于 Nessus 的官方 API 文档，可以通过编写 Python 脚本 nessusScan.py 调用 Nessus 的 API，自动化调用 Nessus 能力，图 9-23 展示的是调用代码 Demo。

```python
#!/usr/bin/python
import requests, json
accesskey = 'your_accesskey'
secretkey = 'your_secretkey'
header = {'X-ApiKeys': 'accessKey={accesskey};secretKey={secretkey}'.format(accesskey=accesskey,secretkey=secretkey),
          'Content-type': 'application/json',
          'Accept': 'text/plain'}
def get_scans_list():
    result = ''
    url = "https://localhost:8834/scans"
    respon = requests.get(url, headers=header, verify=False)
    if respon.status_code == 200:
        result = json.loads(respon.text)
    return result
def get_scan_id(scanname):
    scan_id = 1
    scans_list = get_scans_list()['scans']
    if scans_list != '':
        for scan in scans_list:
            if scan['name'] == scanname:
                scan_id = scan['id']
                break
    return scan_id
def scan(iplist):
    url = 'https://localhost:8834/scans/{scan_id}/launch'.format(scan_id=get_scan_id('default'))
    data = {
        'targets': iplist
    }
    respon = requests.post(url, headers=header, data=data, verify=False)
    if respon.status_code == 200:
        return True
    else:
        return False
scan(['127.0.0.1', '192.168.1.1'])
```

● 图 9-23　调用代码 Demo

最后在 Jenkins 的配置页面，选择【Build】选项卡，编译后的动作即执行 nessusScan.py，如图 9-24 所示。

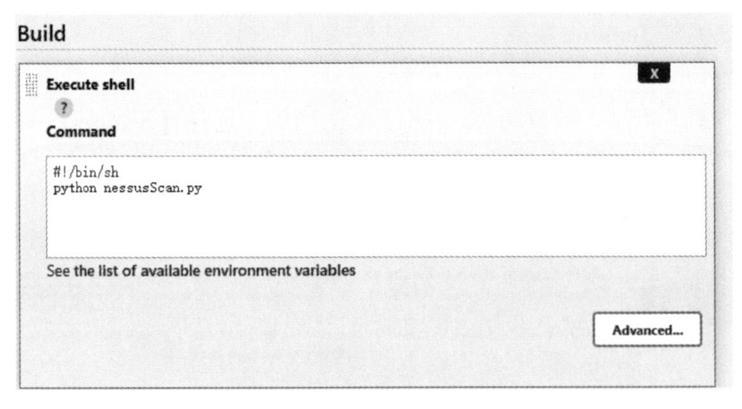

● 图 9-24　Jenkins 配置构建后执行 Python 脚本

最后，只需要执行构建任务，就可以触发 Nessus 安全扫描，这里不再赘述。至此已经完成了 Nessus 与 Jenkins 的集成。

9.3　整合安全工具与漏洞运营

当完成不同的安全工具与流水线的集成之后，可以开展持续集成段的漏洞运营与管理工作。

9.3.1 持续集成中安全工具的整合

从前文中典型安全测试工具组合流程的例子可以看出，在整个持续集成阶段，涉及的安全工具很多，它们在不同的研发环节切入主流程，为整体的产物质量提供安全保障。但随着研发技术的发展，尤其是以 JavaScript 为主的 MVVM 架构、微服务架构、Serverless 架构的广泛使用，传统的安全测试工具在漏洞检测方面越来越跟不上节奏。例如，白盒测试工具在安全漏洞方面的高误报率，DAST 因爬虫技术、应用认证授权方式的限制而无法执行全面的扫描，API 接口、Serverless 难以发现等问题。提高自动化安全测试过程中漏洞的检出率和降低漏洞的误报率，成为 DevSecOps 流程中安全自动化能力中亟须解决的刚需问题。因此，考虑持续集成中所有安全工具的整合，关联业务流程和漏洞上下文关系，成了目前提高漏洞扫描覆盖率和检出率的唯一可达路径。

在传统的安全检测中，各个不同的安全工具各司其职，SAST 负责代码安全的检测，DAST 负责运行时的漏洞发现与验证，SCA 负责组件依赖的漏洞发现。这些工具之间互不关联，但每一种工具在当前的领域也无法做到高效的安全保障。在实际工作中，为了解决这些工具的运营问题，往往需要很大的人力投入却产出不高，导致安全工具购买之后，慢慢就成了摆设或者应付检查的道具。站在 DevSecOps 管理和漏洞管理的角度，结合现代数据分析和人工智能研判的思路，开展安全工具整合是每一个 DevSecOps 运营者需要认真开展的安全实践。安全工具整合运营思路如图 9-25 所示。

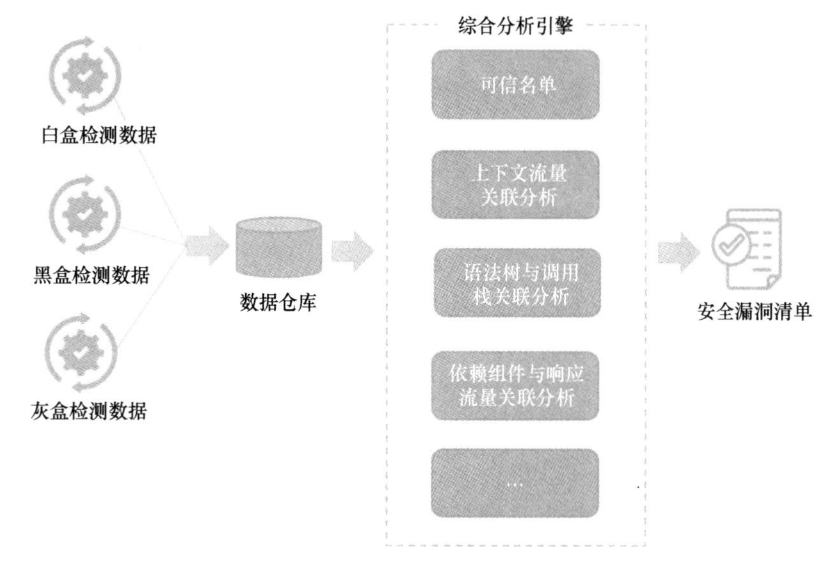

● 图 9-25　安全工具整合运营思路

当把三类安全检测工具的数据汇集之后，可以基于这些数据做二次数据分析与运营，从而解决误报、漏报的问题。例如，对于很少存在误报漏报的场景，直接设置可信名单，进入安全漏洞清单列表，以工单的方式发起漏洞处置流程；对于白盒无法确认的问题，可以结合 IAST 的调用堆栈和白盒的语法树日志，关联分析确认是否存在问题；对于逻辑类漏洞，通过不同权限的账号，请求上下文流量关联前后对比，IAST 调用栈前后对比分析等，确定漏洞存在的可能性。基于这些因子综合分析出来的安全漏洞清单相比之前单点输出的漏洞清单，数据更为精准。有了这个清单，后续的运营跟踪通过工单系统去推进将变得条理有序。

9.3.2 安全漏洞收敛与度量

经过上述安全工具整合分析后，进入工单系统的数据，至少在 DevSecOps 安全人员眼里认为是需要整改的安全缺陷，因此纳入流程跟踪。但实际上，是否真的是安全缺陷，是否需要立即修复，仍需要流程的流转和确认才能闭环。这些就是 DevSecOps 中漏洞运营的工作内容。

针对这些漏洞，在漏洞修复策略上要首先明确大的规则。从实践经验来看，首先需要明确的是漏洞修复与版本迭代的关系。一般来说，对于过程迭代的版本存在漏洞无须跟踪和强制修复，而对于 release 版本若存在安全漏洞，则需要修复。

在 release 版本中，无论是通过什么方式发现的漏洞，都需要制定闭环策略。这里的闭环不一定是漏洞修复，要根据漏洞的危害等级和企业可接受的风险偏好来确定是否在此版本中修复。大的原则是 CVSS 评分中判定为高危及致命的漏洞必须修复；低危漏洞根据情况通过下次版本迭代要修复；中危漏洞要根据应用系统部署环境的不同，危害涉及范围来判断是否在此版本中修复，如果修复不了，替代性的补偿措施是什么，都要在工单系统中记录做闭环处理。

DevSecOps 平台中的安全漏洞处置和收敛有一个很大的优势就是流水线模板，使用同一个流水线模板的项目或产品，往往技术栈和产品形态类似，可以横向对比各部门、各项目之间的漏洞差异情况，如漏洞总数、漏洞危害等级、漏洞变化趋势等，从这些数据中分析出可能导致漏洞存在的原因。例如，多个项目或产品之间，复用了某个公共组件，则很容易识别出来是这个组件的问题。解决了这个组件的安全问题，漏洞收敛趋势将变得很明显。这比单点地解决某个项目或产品的问题，效率要提升很多。

DevSecOps 平台做漏洞收敛的另一个优势是平台中包含的各种数据，通过漏洞数据与项目组、技术栈、人员、人员职级等相关联，可以识别出来导致漏洞的原因到底是技术问题还是人员能力问题，抑或是人员编码习惯、使用习惯问题。基于识别出来的根因制定提升策略。如果是人员能力问题，可以制定培训计划；如果是技术组件选型的问题，可以升级、替换或禁用该组件。

为了达到漏洞收敛的目的，通常在管理策略上会制定一系列的度量指标来衡量当前漏洞管理的运营状况，以便促进下一步改进。这些指标通常和第 7 章中代码安全的度量指标类似，读者可以参考原来的指标，在此不再赘述。这里重点从漏洞运营的角度介绍一下这些指标的选择和应用。

对于指标的选择，可以参考第 7 章的样例，重点关注那些大家都认可、公认性的指标，通常这些指标是经过长期验证的，也是易于操作和关注成果的指标，而不是给大家带来压迫感和难以度量的指标，这样的指标无法评判实际效果，反而带来团队之间的冲突。设置指标的价值在于量化展示，通过数据展现取得的成果，提高大家信心，促进团队成长。在指标设置的过程中，要多方参与，达成共识，这样有利于指标后期的跟踪和运营。

对于指标的应用，根据各个企业的实际情况，可以与项目绩效、个人绩效关联，比较好的指标应用是再次做指标的二次分解，不同的角色承担不同的指标，做到真实有效。在运营过程中，要周期性地对指标进行跟踪，并和相关方确认，再通过公开晾晒的方式，促进大家互相竞赛，共同提升安全能力。对于指标很差的情况，要深入分析实际原因，是指标制定的问题，运营管理的问题，还是平台工具的问题，分析清楚之后再根据绩效做出相应的处理。切忌不问青红皂白，搞一刀切。DevSecOps 运营本身就是很烦琐、细致的工作，运营者要深入到业务流程中去，才能把运营工作做得更好。

9.4 小结

本章从安全测试的视角，综合性地介绍了持续集成中所有安全工具的作用和集成卡点，并向读者讲述为什么在测试环节需要使用多种安全测试工具的组合，以及典型的多种安全测试工作组合后的流程样例是什么样子的。

对于黑盒安全检测工具，分别以 OWASP ZAP 和 Nessus 为例，为读者介绍其与 Jenkins 的流水线集成的过程。最后，从漏洞管理与运营的角度，介绍如何做更高效的漏洞发现与运营闭环。明确漏洞修复策略、制定度量指标都是以提高整体安全水平为目标的手段，只有正确地运用，才能取得最好的效果。

第 10 章 基线加固与容器安全

从事企业安全建设的读者，日常的安全工作中，很多事项都是围绕着漏洞在做持续性的运维工作，漏洞修复工作即成为安全运维中占比很大的一部分。在 DevSecOps 流程中，持续交付、持续部署、持续运维也离不开漏洞的修复。本章将从技术路线选型的基线加固开始，讲述 DevSecOps 自动化中基线加固和容器安全的实现，从传统的技术路线选型和容器化两个方面，为了读者展现其中的技术细节。

10.1 定义基线加固和安全镜像

在传统的企业 IDC 环境中，网络、存储、主机等在数据中心中大多数是一个设备一个设备组装和集成起来的；而在云环境和容器环境中，网络和存储在底层集成上与传统形式变化不大，在其他资源的使用、分配、调度等方面存在着很大的差异。这种差异导致安全基线的操作形式与传统 IDC 环境下有很大的不同。

10.1.1 安全基线的选择

传统的信息化项目建设中，为了保障网络设备、虚拟化设备、主机、数据库等运行的安全性，通常在项目正式交付前，对这些资源进行安全加固操作，这是安全基线加固的由来。

很多读者可能在不同的场合下，见到过不同形式的安全基础加固手册或基线加固标准文档。在互联网上，这样的文档也可以通过搜索引擎搜索到，其中业界比较著名的基线加固标准为 CIS Benchmarks，其官方网站如图 10-1 所示。

在这个网站上，把 IT 资源按照操作系统、服务器软件、公有云资源、移动设备、网络设备、桌面软件等进行划分，分别提供每一种资源的安全基线加固标准，如图 10-2 所示为 MongoDB 的加固基线标准文档的不同版本。

从图 10-2 可以看出，就 MongoDB 而言，分别针对 MongoDB 3.x、MongoDB 4、MongoDB 5 等设计了不同的基线版本。这种版本的差异通常跟软件本身版本迭代过程中架构、功能、安全配置等发生的大的更新有关。

基于这些加固基线标准文档，运维人员和安全人员在实际的落地过程中，常常要做很多烦琐的重复性工作。例如，同时对 100 台 Windows 11 办公计算机进行基线加固，则同一个动作要执行 100 遍。为了解决这个问题，逐步出现了安全基线加固脚本和安全基线稽核系统等自动化安全基线工具，如图 10-2 推荐的 CIS CAT。近些年，随着虚拟化和容器化技术的发

● 图 10-1 CIS Benchmarks 官方网站

● 图 10-2 MongoDB 加固基线标准文档的不同版本

展，也出现了安全基线加固镜像。至此，我们对安全基线再次做正式定义：安全基线是指在 IT 项目建设和运维过程中，通过安全基线标准文档、自动化安全基线工具、安全基线加固镜像等方式，为保障线上 IT 资产满足基本的、底线型的安全要求所提供的安全保护策略和措施。

下面，就安全基线标准文档、自动化安全基线工具、安全基线加固镜像三种类型基线加固操作的优缺点，分别展开讨论，以帮助读者在实际工作中正确地选择合适的基线类型，减少基线落地的时间成本和实施阻力，如表 10-1 所示。

表 10-1 不同类型安全基线加固优缺点分析

分析维度	加固方式		
	安全基线标准文档	自动化安全基线工具	安全基线加固镜像
初始化难度	三者之间最简单的一种，企业有熟悉相关技术栈的人即可定制，业界有很多成熟的标准可以参考，如 CIS Benchmarks	很少有企业自研，大多数都是采购成熟的产品。在公有云厂商或大型 IT 企业中，采取自研的方式，与其他 IT 系统融合，如与入侵检测系统、运维监控系统融合	比较简单，基于安全基线标准文档完成加固后构成镜像文件即可
实施难度	安全人员：实施难度取决于企业的 IT 技术栈的标准化程度，技术栈收敛越好则难度低 运维人员：难度一般，重复烦琐的工作始终存在	实施难度取决于脚本或工具的适配性是否满足企业的技术栈，适配性好，实施简单；适配性差，则难以推广；同时实施难度与企业资产规模呈线性关系。落地过程中，需要运维人员做二次交互操作，无法做到全量自动化	实施难度取决于企业的虚拟化和容器化程度，程度越高，越简单；反之，则越难
维护难度	定期维护，难度低	定期维护，无论是依赖厂商还是企业自身，成本和难度均高	仅是镜像维护，难度一般；结合实施一起，则取决于企业资产规模和自动化程度
前置条件	熟悉某个产品，掌握加固方式和要点	需要准备采购费用或工具开发费用	企业容器化程度高，有基本的 CI/CD 流程
落地主要成本构成	主要包含标准文档开发和维护成本，以及大量的基于文档做人工基线加固操作的成本	采购成本、维护成本、基于工具做基线加固操作的成本	镜像制作和镜像维护成本、少量自动化流程维护成本

从表 10-1 可以看出，安全基线标准文档、自动化安全基线工具、安全基线加固镜像这三者之间适用的前提各有不同，但从总体的落地成本来看，安全基线加固镜像的成本最低，但前置条件要求最高。读者可以根据这些差异点，根据企业的当前现状，选择合适的基线类型。

10.1.2 安全基线和镜像的维护

明白了安全基线标准文档、自动化安全基线工具、安全基线加固镜像三种不同的基线类型之间的差异和特点后，接下来再和读者一起来看看基线要求和镜像的维护。

从安全基线标准文档、自动化安全基线工具、安全基线加固镜像三者之间的差异可以看出，他们是逐步递进的过程。先有安全基线标准文档，再基于文档之上开发出自动化安全基线工具。而安全基线加固镜像是基于安全基线标准文档之上，通过人工加固操作或者安全基线脚本完成加固后构建的静态镜像文件。当在实际项目中使用时，再将镜像文件实例化，以达到安全加固的目的。如图 10-3 所示为不同加固形式之间的成本差异。

无论是哪一种基线类型，在实际使用过程中，随着外部环境的变化，如设备的更新升

● 图 10-3 不同基线类型加固 Tomcat 过程和成本差异

级、软件的版本迭代、新漏洞的产生，通常都需要对基线进行维护。其中基线文档、基线工具的维护参照常规的运维流程即可，这里将结合 DevSecOps 的各个流程重点介绍加固镜像维护。

首先，我们从镜像容器分层的角度，看看镜像维护的对象是什么。

在 5.2.1 节镜像容器管理系统中介绍过镜像容器是存在分层的。有些镜像仅包含操作系统，有些镜像除了操作系统还包含运行环境，如 JDK、Tomcat、数据库等。还有一些，除了包含上述的内容外，还包含应用程序，如开发完成的 war 包、可执行.so 文件、脚本等。这些内容，在没有容器化之前，基线加固是通过不同的基线标准来执行的，如 Oracle 数据库是通过 Oracle 10g 数据库安全基线标准，Linux 操作系统是通过 CentOS 9 操作系统安全基线标准……当这些不同的分层被容器化打包成一个整体的镜像之后，镜像的基线就是这些分层基线的累加。例如，若镜像仅包含数据库，则镜像的基线就是数据库的基线；若镜像中包含操作系统、MySQL、JDK、Nginx 等，则镜像的基线就是这些基线的总和。

明白了这些，接着再来看看安全基线的构成到底包含哪些内容，如图 10-4 所示。

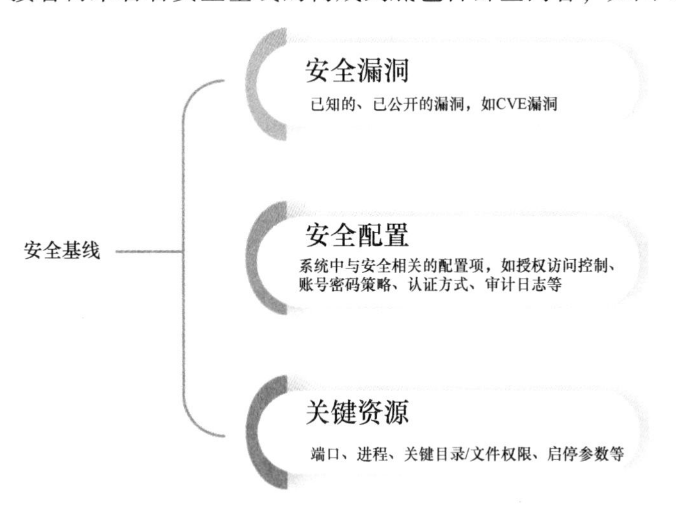

● 图 10-4 安全基线内容的构成

从图 10-4 可以看出，一个安全基线主要包含安全漏洞、安全配置、关键资源三个部分，其中：

- 安全漏洞是指已知的、已公开的漏洞，如 CVE 漏洞。
- 安全配置是指系统中与安全相关的配置项，如授权访问控制、账号密码策略、认证方式、审计日志等。
- 关键资源是指端口、进程、关键目录/文件权限、启停参数等。

这三部分是安全基线的主要构成，包含在大多数设备或组件的安全基线中。但因为设备类型或组件类型的不同，基线的内容仍存在较大的差异，如操作系统的基线主要关注的内容有账号、口令、目录权限、访问控制、日志审计、防火墙配置、网络配置、系统参数、用户与分组、补丁与升级等，而 Docker 基线主要关注的内容有容器自身配置、Docker daemon 配置、Docker 镜像配置、Docker 运行配置、Docker 运营安全配置等。理解这些差异是做好安全基线维护的基本前提。

了解了安全基线包含的内容，最后再来看看当使用镜像时，如何维护镜像基线。

当一个镜像制作完成后，一般会放在镜像仓库统一存储，通过镜像容器管理系统来管理。当业务部门需要使用镜像时，直接从镜像仓库拉取即可（在企业内部，具体到某个镜像的管理和维护通常是由镜像的创建部门在管理，安全基线的定义通常是由安全部门在管理。本节在假定不区分部门分工的前提下，来讨论镜像基线的维护流程）。从镜像的生命周期去看，主要包含镜像的创建、上架、维护、下架 4 个阶段，镜像基线的维护主要集中在维护阶段。

从安全的角度看，一个基线需要发起维护流程主要来源于以下几个方面：

- 公开漏洞。当某个组件出现新的公开漏洞，需要在基线中打补丁，完成升级。
- 版本更新。当某个组件在技术路线选型中使用，已经无法满足当前架构设计的诉求，需要升级基线版本。
- 安全检测。在一个企业内部，如果基线的使用和维护管理有序，理论上不会出现不安全的组件进入技术路线选型中。但实际上，很少有企业能做到管理有序，所以常见的操作是安全动作后置，某个产品已经进入提测阶段或已上线试运行，再返回头检测产品是否安全。当检测出安全问题时，需要对原有镜像采取基线加固。

无论是哪个方面的原因，基线维护的大体步骤是：先修订安全基线标准文档，再升级安全基线脚本或工具，最后更新安全基线加固镜像。

10.1.3 镜像制作与镜像仓库

在企业安全建设中，确定使用镜像的方式落地安全基线时，可以与 DevSecOps 平台的 CI/CD 黄金管道相融合，完成安全镜像的持续交付和部署。下面，首先来看一下镜像的制作。

在 DevSecOps 环境中，安全基线的镜像化主要是基于 OS 层及以上分层（OS 层以下的安全基线主要依靠安全运维的自动化能力），它包含的内容主要有操作系统、数据库、服务器中间件、Web 应用服务器、应用系统等。考虑到制作的安全镜像的最大可复用性，在镜像制作过程中，当前比较多的选择是操作系统、数据库分别单独制作镜像，应用系统及应用系统运行所依赖的 Web 应用服务器、开发语言运行环境等放在一起制作成镜像。从分层的视角看，镜像制作时的分层如图 10-5 所示。

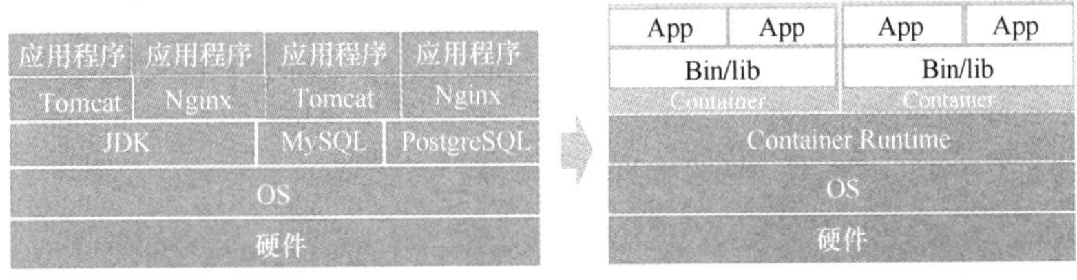

传统应用部署模式　　容器化应用部署模式

● 图 10-5　容器化部署分层及包含的内容

这样分层的好处是在操作系统和数据库的安全镜像，在使用到对应的操作系统和数据库时，可以直接复用，也为运维基础设施标准化提供可达成路径。而应用系统因为其包含运行环境、应用程序、数据、配置文件等诸多内容，一直难以标准化，以容器镜像的方式将它们制作在一起，为持续交付、持续部署的自动化提供了技术支撑。

当前在公有云市场上，各个公有云厂商对操作系统、数据库、应用服务器的安全镜像已有很好的支撑，这点从 CIS 的官方推荐里也可以看到，如图 10-6 所示。

cisecurity.org/cis-hardened-image-list/

CIS Hardened Images® are securely configured according to applicable CIS Benchmarks™. They are available on these top cloud providers. Read more about CIS Hardened Images. Request more information →	**AWS Marketplace** Launch on AWS Available on AWS Marketplace including the AWS GovCloud (US) region. Also available on AWS for the IC where indicated below.	**Azure Marketplace** Deploy on Azure Available in the Azure Marketplace and Azure Government.	**Google Cloud Platform** Deploy on GCP	**Oracle Cloud Marketplace** Deploy on Oracle
NGINX				
CIS NGINX on Centos Linux 7 Benchmark Webserver	✓ Launch	✓ Deploy	✓ Deploy	
CIS NGINX on Ubuntu Linux 18.04 LTS Benchmark Container	✓ Launch			
PostgreSQL				
CIS PostgreSQL 11 on CentOS Linux 7 Benchmark	✓ Launch (Also AIC)	✓ Deploy	✓ Deploy	
CIS PostgreSQL 10 on Ubuntu Linux 18.04 LTS Benchmark Container	✓ Launch (Also AIC)			
AlmaLinux OS				
CIS AlmaLinux 8 Benchmark	✓ Launch (Also AIC)	✓ Deploy		
Microsoft Windows Server Showing : Level 1 | Level 2 | STIG				
CIS Microsoft Windows Server 2019 Benchmark	✓ Launch (Also AIC)	✓ Deploy	✓ Deploy	✓ Deploy
CIS Microsoft Windows Server 2016 Benchmark	✓ Launch (Also AIC)	✓ Deploy	✓ Deploy	✓ Deploy

● 图 10-6　公有云厂商对安全镜像的支持情况

图 10-6 显示的为 CIS 网站上亚马逊云、微软云、谷歌云、Orace 云 4 家公有云提供的 Nginx、PostgreSQL、Linux OS、Windows Server 安全镜像页面，这些安全镜像在各个公有云应用市场上，云上用户可以根据自己的需要，付出一定的费用，选择想使用的镜像。而在国内的公有云厂商也是如此，并有更多的本地适用性定制，如阿里云提供的等保 2.0 三级 Linux 基线镜像如图 10-7 所示。

在这些公有云上，公有云厂商提供镜像存储和管理功能，充当镜像仓库和镜像容器管理系统的作用。镜像的创建、维护、使用由公有云厂商统一管理，其相应的流程如图 10-8 所示。

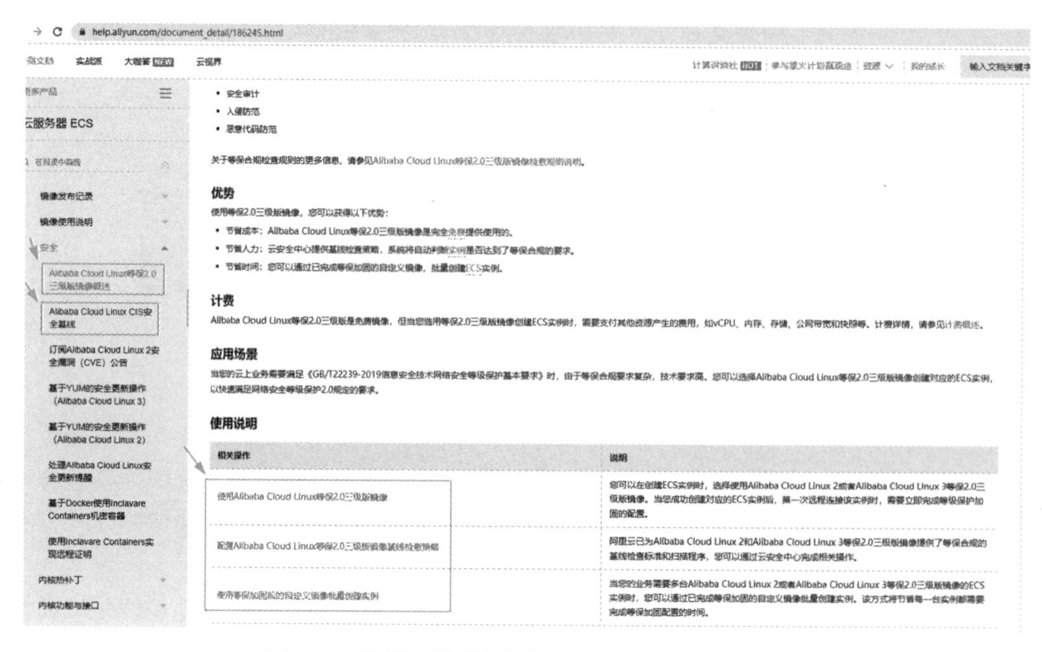

● 图 10-7　阿里云提供的等保 2.0 三级 Linux 基线镜像

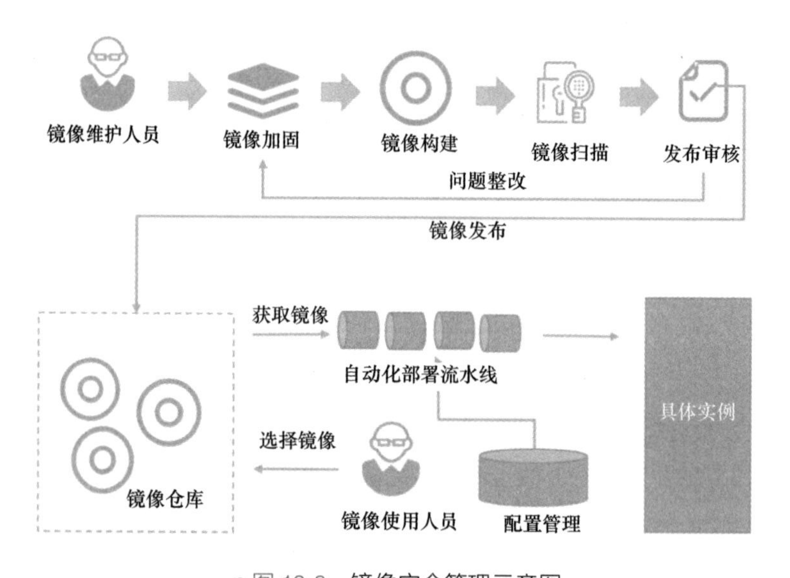

● 图 10-8　镜像安全管理示意图

在企业内部，如果使用私有云，则安全镜像需要参考基线文档自己去制作，制作完成后通过安全检测确认无问题后存储在镜像仓库，使用时通过容器镜像管理系统去统一调用，如图 10-9 所示。

当在使用这些镜像做应用部署时，会以此镜像为模板创建对应的实例。实例运行之后的基线维护监测，一般在安全运维阶段去维护，这将在下一章基础设施与安全运营中详细介绍。对于镜像仓库中存储的镜像，需要定期地开展安全检测工作，以便及时发现镜像中的安全问题，做出升级或更新策略。

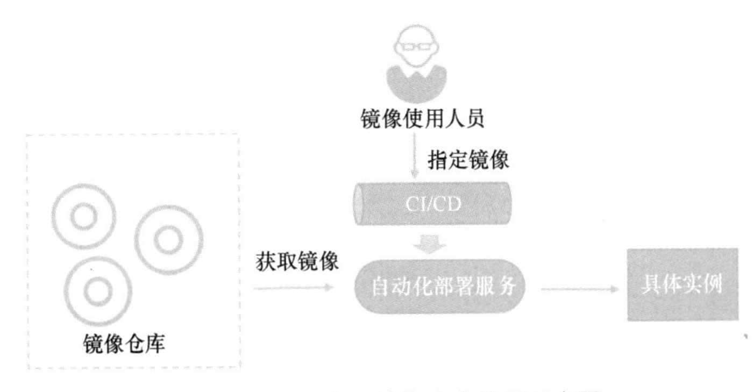

图 10-9 私有云镜像安全使用示意图

10.2 集成容器安全工具链

了解了安全基线和镜像的使用流程后，下面重点来介绍 DevSecOps 环境下以镜像类型为主的基线落地过程中涉及的安全检测工具。

按照镜像制作时对镜像分层的理解，如果在镜像制作时每一层组件能完成基线加固的保障，则最终构建出来的镜像需要关注的安全内容主要与 Docker 容器相关；若每一层组件的基线加固无法保障，则最终关注的安全内容是各个分层的内容和容器安全的叠加。在落地实践过程中，这一点是需要安全工程师重点关注的。这里，我们重点关注容器安全。

与容器安全相关的安全检测工具，市场上虽没有主机检测、Web 检测的工具那样丰富，但仍有一些不错的产品。本节重点为读者介绍 Trivy 和 Kubesec 两款工具，分别介绍 Docker 部署和 K8s 集群部署环境下的使用。

10.2.1 Trivy 容器镜像扫描工具

Trivy 是安全公司 Aquasecurity 开发的一款云原生场景下的新型漏洞扫描器，主要用来检测容器镜像、文件系统、Git 仓库、K8s 节点中的安全漏洞和安全配置错误项两类问题。在 DevSecOps 场景下，它可以方便地与 CI/CD 集成，用来检测容器和容器构建依赖关系中的安全问题。

1. Trivy 简介

作为一款云原生场景下的安全扫描器，Trivy 的主要特点有：

- 多种漏洞检测，主要有操作系统镜像漏洞，如 Alpine、Red Hat Enterprise Linux、CentOS、AlmaLinux、Rocky LinuxOracle Linux、Debian、Ubuntu 等；开发语言及依赖包检测，如 Maven、Composer、Pipenv、npm、NuGet 等，同时，可形成软件物料清单 SBOM。
- 开箱即用的 IaC 配置错误检测，如 K8s、Docker、Terraform 等。
- 符合用户习惯，容易上手，对操作系统的漏洞有高的准确性。
- 易于与 DevSecOps 黄金管道集成，如 Travis CI、Jenkins、GitLab CI 等。

- 支持多种格式的文件检测，如 Docker 镜像、本地文件系统、Git 仓库及公有云容器镜像管理系统 Docker Hub、ECR、GCR、ACR 等。

正是 Trivy 的这些特性，使得它被广泛地使用于云原生环境中。其产品的功能和特性概览如图 10-10 所示。

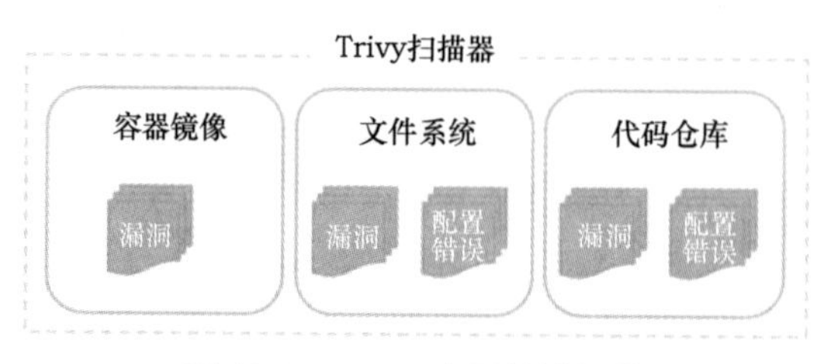

● 图 10-10　Trivy 产品特性概览图

Trivy 支持两种模式，单机模式和 C/S 模式，其中 C/S 模式工作原理如图 10-11 所示。

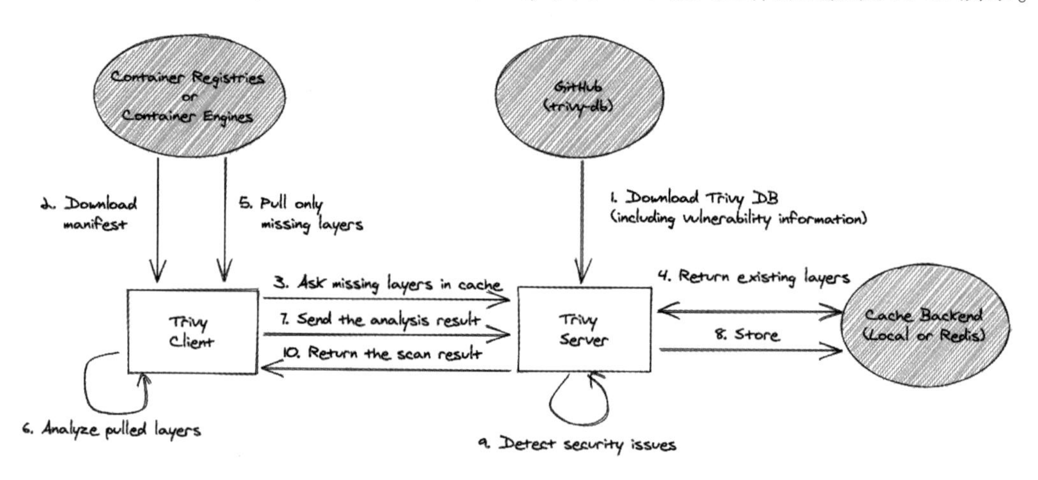

● 图 10-11　Trivy C/S 模式工作原理（来自 Trivy 官方图）

其主要步骤如下：

1）当启动 Trivy 服务器时，服务器端开始更新。

2）在客户端执行命令，客户端从容器镜像管理系统或容器注册表中下载 mainfest 文件。

3）客户端向服务器请求缓存信息，比对镜像分层信息是否一致。

4）缓存返回已经存在的分层信息。

5）从容器镜像管理系统或容器注册表拉取不在缓存的信息。

6）客户端分析镜像。

7）同步分析结果至服务器端。

8）服务器端开始安全分析。

9）返回检测结果给客户端。

2. Trivy 安装

Trivy 安装比较简单，访问其在 GitHub 的网址 https://github.com/aquasecurity/trivy 后，可以看到有多平台下的安装方式，如 RHEL、CentOS、macOS、Docker 等。这里以 CentOS 环境下 yum 安装为例，介绍其安装过程。

1）添加 yum 源，如下所示：

```
RELEASE_VERSION=$(grep -Po '(?<=VERSION_ID=")[0-9]' /etc/os-release)
cat << EOF | sudo tee -a /etc/yum.repos.d/trivy.repo
[trivy]
name=Trivy repository
baseurl = https://aquasecurity.github.io/trivy-repo/rpm/releases/$RELEASE_VERSION/\$basearch/
gpgcheck=0
enabled=1
EOF
```

2）使用 yum 命令行执行安装：

```
sudo yum -y update
sudo yum -y install trivy
```

安装过程如图 10-12 所示，显示 Complete 则表示已安装完毕

```
trivy-0.34.0.el7.x86_64.rpm                                    | 50 MB  00:00:40
Running transaction check
Running transaction test
Transaction test succeeded
Running transaction
  Verifying  : trivy-0.34.0-1.x86_64                                          1/1

Installed:
  trivy.x86_64 0:0.34.0-1

Complete!
```

● 图 10-12　Trivy 安装过程截图

当执行 trivy --help 命令，出现如图 10-13 所示的内容时，表示已安装成功。

```
[root@20-no ~]# trivy --help
Scanner for vulnerabilities in container images, file systems, and Git repositories, as well as
for configuration issues and hard-coded secrets

Usage:
  trivy [global flags] command [flags] target
  trivy [command]

Examples:
  # Scan a container image
  $ trivy image python:3.4-alpine

  # Scan a container image from a tar archive
  $ trivy image --input ruby-3.1.tar

  # Scan local filesystem
  $ trivy fs .

  # Run in server mode
  $ trivy server

Available Commands:
  aws         scan aws account
```

● 图 10-13　Trivy 安装成功验证

3. Trivy 使用

安装完 Trivy 之后，即可开始使用。Trivy 的使用方式与扫描的对象类型有关，这里分别以扫描 Docker 镜像、扫描文件系统、扫描 Git 仓库为例，向读者介绍其使用方法。

（1）扫描 Docker 镜像

扫描镜像时，只需要简单地执行 trivy image 加带 tag 的镜像名即可，如图 10-14 所示。

```
[root@20-no ~]# trivy image redis:6.0.8
2022-11-21T15:42:11.917+0800    INFO    Vulnerability scanning is enabled
2022-11-21T15:42:11.917+0800    INFO    Secret scanning is enabled
2022-11-21T15:42:11.917+0800    INFO    If your scanning is slow, please try '--security-checks vuln' to disable secret scanning
2022-11-21T15:42:11.917+0800    INFO    Please see also https://aquasecurity.github.io/trivy/v0.34/docs/secret/scanning/#recommendation for faster secret detecti
2022-11-21T15:42:22.991+0800    INFO    Detected OS: debian
2022-11-21T15:42:22.991+0800    INFO    Detecting Debian vulnerabilities...
2022-11-21T15:42:23.005+0800    INFO    Number of language-specific files: 0

redis:6.0.8 (debian 10.5)

Total: 180 (UNKNOWN: 3, LOW: 82, MEDIUM: 31, HIGH: 46, CRITICAL: 18)
```

Library	Vulnerability	Severity	Installed Version	Fixed Version	Title
apt	CVE-2020-27350	MEDIUM	1.8.2.1	1.8.2.2	apt: integer overflows and underflows while parsing .deb packages https://avd.aquasec.com/nvd/cve-2020-27350
	CVE-2011-3374	LOW			It was found that apt-key in apt, all versions, do not correctly... https://avd.aquasec.com/nvd/cve-2011-3374
bash	CVE-2022-3715	MEDIUM	5.0-4		bash: a heap-buffer-overflow in valid_parameter_transform https://avd.aquasec.com/nvd/cve-2022-3715
	CVE-2019-18276	LOW			bash: when effective UID is not equal to its real UID the... https://avd.aquasec.com/nvd/cve-2019-18276
bsdutils	CVE-2021-37600		2.33.1-0.1		util-linux: integer overflow can lead to buffer overflow in get_sem_elements() in sys-utils/ipcutils.c... https://avd.aquasec.com/nvd/cve-2021-37600
	CVE-2022-0563				util-linux: partial disclosure of arbitrary files in chfn and chsh when compiled... https://avd.aquasec.com/nvd/cve-2022-0563
coreutils	CVE-2016-2781		8.30-3		coreutils: Non-privileged session can escape to the parent session in chroot https://avd.aquasec.com/nvd/cve-2016-2781
	CVE-2017-18018				coreutils: race condition vulnerability in chown and chgrp https://avd.aquasec.com/nvd/cve-2017-18018
dpkg	CVE-2022-1664	CRITICAL	1.19.7	1.19.8	Dpkg::Source::Archive in dpkg, the Debian package management system, b ... https://avd.aquasec.com/nvd/cve-2022-1664
e2fsprogs	CVE-2022-1304	HIGH	1.44.5-1+deb10u3		e2fsprogs: out-of-bounds read/write via crafted filesystem https://avd.aquasec.com/nvd/cve-2022-1304

● 图 10-14　Trivy 镜像扫描

从图 10-14 可以看出 Trivy 的扫描结果。如果扫描时，想将扫描结果保存起来，可以在上述命令行的基础上，添加-f json -o output 参数，其中-f 是指定输出结果文件的格式，-o 是指定输出的文件位置，如图 10-15 和图 10-16 所示。

```
[root@20-no ~]# trivy -f json -o output image redis:6.0.8
2022-11-21T15:45:27.492+0800    INFO    Vulnerability scanning is enabled
2022-11-21T15:45:27.492+0800    INFO    Secret scanning is enabled
2022-11-21T15:45:27.492+0800    INFO    If your scanning is slow, please try '--security-checks vuln' to disable secret scanning
2022-11-21T15:45:27.492+0800    INFO    Please see also https://aquasecurity.github.io/trivy/v0.34/docs/secret/scanning/#recommendation for faster secret detection
2022-11-21T15:45:27.502+0800    INFO    Detected OS: debian
2022-11-21T15:45:27.502+0800    INFO    Detecting Debian vulnerabilities...
2022-11-21T15:45:27.511+0800    INFO    Number of language-specific files: 0
```

● 图 10-15　指定输出报告时 Trivy 镜像扫描

（2）扫描文件系统

除了扫描镜像，Trivy 也可以直接扫描文件系统。扫描文件系统时，主要是扫描本地与云原生应用相关的配置文件，如 dockerfile、K8s 配置文件、Terraform 文件等。当单机模式时，执行命令行 trivy config 加文件目录即可，如图 10-17 所示。

当使用 C/S 模式时，需要先启动服务器端。首先需要查询当前 Java 服务进程所在端口，然后通过 trivy 启动服务端并监听 Java 进程的端口，如图 10-18 所示。

随后在客户端执行时需要指定 Java 服务端地址、端口和 pom.xml 文件，客户端扫描样例如图 10-19 所示。

```
{
  "SchemaVersion": 2,
  "ArtifactName": "redis:6.0.8",
  "ArtifactType": "container_image",
  "Metadata": {
    "OS": {
      "Family": "debian",
      "Name": "10.5"
    },
    "ImageID": "sha256:84c5f6e03bf04e139705ceb2612ae274aad94f8dcf8cc630fbf6d91975f2e1c9",
    "DiffIDs": [
      "sha256:07cab433985205f29909739f511777a810f4a9aff486355b71308bb654cdc868",
      "sha256:45b5e221b6729773b50b4fc89e83a623f9f63ddf37e37078d5f197811db6177d",
      "sha256:7fb1fa4d4022ba2387d0df7820fa41c797eeda6f1192920da8cb99c6475dd9d1",
      "sha256:47d8fadc671445422662d5a25e09b2fabd2a77c7da4338ab3f817592fd60c84b",
      "sha256:ea96cbf71ac4d770813f8fd209a20ddb3b81c69992be2c0c3e1d1a4b9fb0da1a",
      "sha256:2e9c060aef92b6b958bee61fbf5f239443c629e6a62f1103c3ada7deb10aa543"
    ],
    "RepoTags": [
      "redis:6.0.8"
    ],
    "RepoDigests": [
      "redis@sha256:1cfb205a988a9dae5f025c57b92e9643ec0e7ccff6e66bc639d8a5f95bba928c"
    ],
    "ImageConfig": {
      "architecture": "amd64",
      "container": "01e8a1053cea8d8adc30b6f9c0e1d84a9c76535f6b0896c8fcff25d54c9c0429",
      "created": "2020-09-10T19:14:19.090647481Z",
      "docker_version": "18.09.7",
      "history": [
        {
          "created": "2020-09-10T00:23:29Z",
          "created_by": "/bin/sh -c #(nop) ADD file:e7407f2294ad23634565820b9669b18ff2a2ca0212a7ec84b9c89d8550859954 in / "
        },
        {
          "created": "2020-09-10T00:23:30Z",
          "created_by": "/bin/sh -c #(nop)  CMD [\"bash\"]",
          "empty_layer": true
        },
        {
          "created": "2020-09-10T19:12:55Z",
          "created_by": "/bin/sh -c groupadd -r -g 999 redis \u0026\u0026 useradd -r -g redis -u 999 redis"
        },
        {
          "created": "2020-09-10T19:12:56Z",
"output" 9349L, 493810C
```

图 10-16　Trivy 镜像扫描输出报告

```
[root@20-no home]# ls ./build/
bucket.yaml  deployment.yaml  Dockerfile  main.tf  variables.tf
[root@20-no home]# trivy config ./build
2022-11-22T13:43:24.833+0800    INFO    Misconfiguration scanning is enabled
2022-11-22T13:43:26.715+0800    INFO    Detected config files: 5

Dockerfile (dockerfile)

Tests: 22 (SUCCESSES: 20, FAILURES: 2, EXCEPTIONS: 0)
Failures: 2 (UNKNOWN: 0, LOW: 1, MEDIUM: 0, HIGH: 1, CRITICAL: 0)

HIGH: Specify at least 1 USER command in Dockerfile with non-root user as argument
════════════════════════════════════════
Running containers with 'root' user can lead to a container escape situation. It is a best practice to run containers as non-root users, which can be done by adding a 'USER' statement to the Dockerfile.

See https://avd.aquasec.com/misconfig/ds002
────────────────────────────────────────


LOW: Consider using 'COPY dummy.txt .' command instead of 'ADD dummy.txt .'
════════════════════════════════════════
You should use COPY instead of ADD unless you want to extract a tar file. Note that an ADD command will extract a tar file, which adds the risk of Zip-based vulnerabilities. Accordingly, it is advised to use a COPY command, which does not extract tar files.

See https://avd.aquasec.com/misconfig/ds005
────────────────────────────────────────
 Dockerfile:4
────────────────────────────────────────
   4 [ ADD dummy.txt .
────────────────────────────────────────


bucket.yaml (cloudformation)

Tests: 12 (SUCCESSES: 5, FAILURES: 7, EXCEPTIONS: 0)
Failures: 7 (UNKNOWN: 0, LOW: 0, MEDIUM: 2, HIGH: 5, CRITICAL: 0)

HIGH: Public access block does not block public ACLs
════════════════════════════════════════

S3 buckets should block public ACLs on buckets and any objects they contain. By blocking, PUTs with fail if the object has any public ACL a.
```

图 10-17　Trivy 文件系统扫描

```
[root@20-no home]# ps -aux|grep cj-sec-gateway.jar
root      5245  0.4  2.8 4270840 462432 ?      Sl   Nov08  99:07 java -Duser.timezone=GMT+08 -Xms512m -Xmx512m -jar cj-sec-gateway.jar --spring.prof
iles.active=test --jasypt.encryptor.password=${JASYPT} --jasypt.encryptor.algorithm=${ALGORITHM}
root     23778  0.0  0.0 110512   920 pts/1    S+   10:38   0:00 grep --color=auto cj-sec-gateway.jar
[root@20-no home]# netstat -anp |grep 5245
tcp6       0      0 :::8280                 :::*                    LISTEN      5245/java
tcp6       0      0 172.31.131.183:59836    172.31.10.118:8848      ESTABLISHED 5245/java
tcp6       0      0 172.31.131.183:59908    172.31.10.118:8848      ESTABLISHED 5245/java
tcp6       0      0 172.31.131.183:59750    172.31.10.118:8848      ESTABLISHED 5245/java
udp6       0      0 :::25122                :::*                                5245/java
unix  2      [ ]         STREAM     CONNECTED     425131903 5245/java
unix  2      [ ]         STREAM     CONNECTED     425131963 5245/java
[root@20-no home]# trivy server --listen 127.0.0.1:59836
2022-11-22T10:39:23.864+0800    INFO    Listening 127.0.0.1:59836...
```

图 10-18　Trivy C/S 模式下文件系统扫描-启动服务端

```
[root@20-no home]# ls ./pom/
pom.xml
[root@20-no home]# trivy fs --server http://127.0.0.1:59836 ./pom/
2022-11-22T10:40:40.005+0800    INFO    Vulnerability scanning is enabled
2022-11-22T10:40:40.005+0800    INFO    Secret scanning is enabled
2022-11-22T10:40:40.005+0800    INFO    If your scanning is slow, please try '--security-checks vuln' to disable secret scanning
2022-11-22T10:40:40.005+0800    INFO    Please see also https://aquasecurity.github.io/trivy/v0.34/docs/secret/scanning/#recommendation for faster s
ecret detection

pom.xml (pom)

Total: 1 (UNKNOWN: 0, LOW: 0, MEDIUM: 0, HIGH: 1, CRITICAL: 0)
```

Library	Vulnerability	Severity	Installed Version	Fixed Version	Title
com.itextpdf:itextpdf	CVE-2017-9096	HIGH	5.3.0	5.5.12, 7.0.3	itext: External entities not disabled https://avd.aquasec.com/nvd/cve-2017-9096

● 图 10-19　Trivy C/S 模式下文件系统扫描-启动客户端

在这里需要注意的是，trivy fs 表示扫描文件系统，--server 参数跟的值为服务器端。

（3）扫描 Git 仓库

扫描 Git 仓库是 Trivy 一项重要的功能，它可以通过仓库地址开始执行远程仓库的扫描，如图 10-20 所示。

```
[root@20-no home]# trivy repo https://gitee.com/        /trivy-ci-test
2022-11-22T10:50:16.617+0800    INFO    Vulnerability scanning is enabled
2022-11-22T10:50:16.617+0800    INFO    Secret scanning is enabled
2022-11-22T10:50:16.617+0800    INFO    If your scanning is slow, please try '--security-checks vuln' to disable secret scanning
2022-11-22T10:50:16.617+0800    INFO    Please see also https://aquasecurity.github.io/trivy/v0.34/docs/secret/scanning/#recommendation for faste
ecret detection
Enumerating objects: 24, done.
Counting objects: 100% (24/24), done.
Compressing objects: 100% (16/16), done.
Total 24 (delta 3), reused 22 (delta 3), pack-reused 0
2022-11-22T10:50:17.364+0800    INFO    Number of language-specific files: 2
2022-11-22T10:50:17.364+0800    INFO    Detecting cargo vulnerabilities...
2022-11-22T10:50:17.365+0800    INFO    Detecting pipenv vulnerabilities...

Cargo.lock (cargo)

Total: 10 (UNKNOWN: 0, LOW: 0, MEDIUM: 2, HIGH: 3, CRITICAL: 5)
```

Library	Vulnerability	Severity	Installed Version	Fixed Version	Title
ammonia	CVE-2019-15542	HIGH	1.9.0	2.1.0	Uncontrolled recursion in ammonia https://avd.aquasec.com/nvd/cve-2019-15542
	CVE-2021-38193	MEDIUM		2.1.3, 3.1.0	An issue was discovered in the ammonia crate before 3.1.0 for Rust.... https://avd.aquasec.com/nvd/cve-2021-38193
openssl	CVE-2018-20997	CRITICAL	0.8.3	0.10.9	Use after free in openssl https://avd.aquasec.com/nvd/cve-2018-20997
	CVE-2016-10931	HIGH		0.9.0	Improper Certificate Validation in openssl https://avd.aquasec.com/nvd/cve-2016-10931

● 图 10-20　Trivy 远程 Git 仓库扫描

注意这里使用的命令是 trivy repo，在这个命令行下，Trivy 也可以执行某个分支版本、某个 Tag 的扫描，如图 10-21 所示。

```
[root@20-no home]# trivy repo --commit bc965                990cffbc17d2 https://gitee.com/        /trivy-ci-test
2022-11-22T10:55:59.515+0800    INFO    Vulnerability scanning is enabled
2022-11-22T10:55:59.515+0800    INFO    Secret scanning is enabled
2022-11-22T10:55:59.515+0800    INFO    If your scanning is slow, please try '--security-checks vuln' to disable secret scanning
2022-11-22T10:55:59.515+0800    INFO    Please see also https://aquasecurity.github.io/trivy/v0.34/docs/secret/scanning/#recommendation for faster secret detection
Enumerating objects: 113, done.
Total 113 (delta 0), reused 0 (delta 0), pack-reused 113
2022-11-22T10:56:00.832+0800    INFO    Number of language-specific files: 2
2022-11-22T10:56:00.832+0800    INFO    Detecting cargo vulnerabilities...
2022-11-22T10:56:00.834+0800    INFO    Detecting pipenv vulnerabilities...

Cargo.lock (cargo)

Total: 10 (UNKNOWN: 0, LOW: 0, MEDIUM: 2, HIGH: 3, CRITICAL: 5)
```

Library	Vulnerability	Severity	Installed Version	Fixed Version	Title
ammonia	CVE-2019-15542	HIGH	1.9.0	2.1.0	Uncontrolled recursion in ammonia https://avd.aquasec.com/nvd/cve-2019-15542
	CVE-2021-38193	MEDIUM		2.1.3, 3.1.0	An issue was discovered in the ammonia crate before 3.1.0 for Rust.... https://avd.aquasec.com/nvd/cve-2021-38193

● 图 10-21　Trivy 指定扫描 Git 仓库中某个版本

以上就是 Trivy 常见的三种扫描方式。但在实际应用中，对于扫描的结果和漏洞报告，用户常常有自己的自定义需求。这里，Trivy 支持一些个性化的参数，主要如下。

1）漏洞过滤。主要是过滤一些已知误报的漏洞、暂时无法处置的漏洞及本次不想扫描的漏洞，这时就可以使用以下几种方式。

- 镜像扫描时，添加--ignore-unfixed 参数。如下所示：

  trivy image --ignore-unfixed ruby：2.4.0

- 扫描时，只输出中危以上的漏洞，如下所示：

  trivy image --severity HIGH，CRITICAL ruby：2.4.0

- 指定仅扫描操作系统层的漏洞，如下所示：

  trivy image --vuln-type os ruby：2.4.0

- 忽略某个文件目录，如下所示：

  trivy image --skip-dirs /var/lib --skip-dirs /var/log   ruby：2.4.0

- 仅扫描漏洞，不扫描安全配置项及其他，如下所示。

  trivy image --security-checks vuln alpine：3.15

2）报告格式。默认情况下，Trivy 的检测结果以 table 的形式在控制台输出，如图 10-22 所示。

flower	CVE-2022-30034	HIGH	0.9.3	1.2.0	Flower OAuth authentication bypass https://avd.aquasec.com/nvd/cve-2022-30034
httplib2	CVE-2021-21240		0.12.1	0.19.0	python-httplib2: Regular expression denial of service via malicious header https://avd.aquasec.com/nvd/cve-2021-21240
	CVE-2020-11078	MEDIUM		0.18.0	python-httplib2: CRLF injection via an attacker controlled unescaped part of uri for... https://avd.aquasec.com/nvd/cve-2020-11078
jinja2	CVE-2020-28493		2.10.1	2.11.3	python-jinja2: ReDoS vulnerability in the urlize filter https://avd.aquasec.com/nvd/cve-2020-28493
py	CVE-2020-29651	HIGH	1.8.0	1.10.0	python-py: ReDoS in the py.path.svnwc component via mailicious input to blame functionality... https://avd.aquasec.com/nvd/cve-2020-29651
	CVE-2022-42969				The py library through 1.11.0 for Python allows remote attackers to co... https://avd.aquasec.com/nvd/cve-2022-42969
pygments	CVE-2021-20270		2.3.1	2.7.4	python-pygments: Infinite loop in SML lexer may lead to DoS https://avd.aquasec.com/nvd/cve-2021-20270
	CVE-2021-27291				python-pygments: ReDoS in multiple lexers https://avd.aquasec.com/nvd/cve-2021-27291
pyjwt	CVE-2022-29217		1.7.1	2.4.0	python-jwt: Key confusion through non-blocklisted public key formats https://avd.aquasec.com/nvd/cve-2022-29217
pyyaml	CVE-2019-20477	CRITICAL	5.1	5.2b1	PyYAML: command execution through python/object/apply constructor in FullLoader https://avd.aquasec.com/nvd/cve-2019-20477
	CVE-2020-14343			5.4	PyYAML: incomplete fix for CVE-2020-1747 https://avd.aquasec.com/nvd/cve-2020-14343
	CVE-2020-1747			5.3.1	PyYAML: arbitrary command execution through python/object/new when FullLoader is used https://avd.aquasec.com/nvd/cve-2020-1747
sqlparse	CVE-2021-32839	HIGH	0.3.0	0.4.2	python-sqlparse: ReDoS via regular expression in StripComments filter https://avd.aquasec.com/nvd/cve-2021-32839
urllib3	CVE-2019-11324		1.24.1	1.24.2	python-urllib3: Certification mishandle when error should be thrown https://avd.aquasec.com/nvd/cve-2019-11324
	CVE-2021-33503			1.26.5	python-urllib3: ReDoS in the parsing of authority part of URL https://avd.aquasec.com/nvd/cve-2021-33503
	CVE-2019-11236	MEDIUM		1.24.3	python-urllib3: CRLF injection due to not encoding the '\r\n' sequence leading to... https://avd.aquasec.com/nvd/cve-2019-11236
	CVE-2020-26137			1.25.9	python-urllib3: CRLF injection via HTTP request method https://avd.aquasec.com/nvd/cve-2020-26137

图 10-22 Trivy 默认扫描报告输出样例

在实际使用中，用户可以根据自己的需要，指定输出格式。Trivy 支持的格式有 JSON、Sarif、模板三种格式，其中模板格式需要先定义或使用公有云的模板格式，根据模板格式的不同，可以输出 XML、ASF、HTML 三种类型的文件，以便于 Trivy 在 DevSecOps 中的集成。图 10-23 为 HTML 模板格式的使用方式。

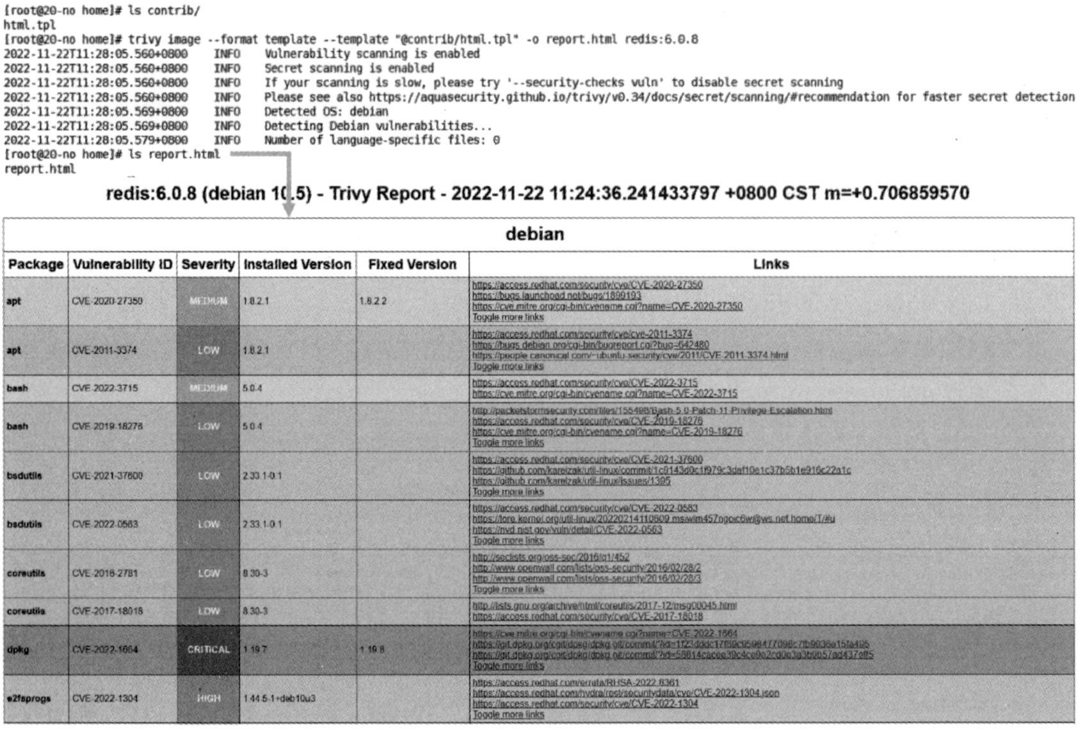

```
[root@20-no home]# ls contrib/
html.tpl
[root@20-no home]# trivy image --format template --template "@contrib/html.tpl" -o report.html redis:6.0.8
2022-11-22T11:28:05.560+0800    INFO    Vulnerability scanning is enabled
2022-11-22T11:28:05.560+0800    INFO    Secret scanning is enabled
2022-11-22T11:28:05.560+0800    INFO    If your scanning is slow, please try '--security-checks vuln' to disable secret scanning
2022-11-22T11:28:05.560+0800    INFO    Please see also https://aquasecurity.github.io/trivy/v0.34/docs/secret/scanning/#recommendation for faster secret detection
2022-11-22T11:28:05.569+0800    INFO    Detected OS: debian
2022-11-22T11:28:05.569+0800    INFO    Detecting Debian vulnerabilities...
2022-11-22T11:28:05.579+0800    INFO    Number of language-specific files: 0
[root@20-no home]# ls report.html
report.html
```

redis:6.0.8 (debian 10.5) - Trivy Report - 2022-11-22 11:24:36.241433797 +0800 CST m=+0.706859570

debian					
Package	**Vulnerability ID**	**Severity**	**Installed Version**	**Fixed Version**	**Links**
apt	CVE-2020-27350	MEDIUM	1.8.2.1	1.8.2.2	https://access.redhat.com/security/cve/CVE-2020-27350 https://bugs.launchpad.net/bugs/1899193 https://cve.mitre.org/cgi-bin/cvename.cgi?name=CVE-2020-27350 Toggle more links
apt	CVE-2011-3374	LOW	1.8.2.1		https://access.redhat.com/security/cve/cve-2011-3374 https://bugs.debian.org/cgi-bin/bugreport.cgi?bug=642480 https://people.canonical.com/~ubuntu-security/cve/2011/CVE-2011-3374.html Toggle more links
bash	CVE-2022-3715	MEDIUM	5.0.4		https://access.redhat.com/security/cve/CVE-2022-3715 https://cve.mitre.org/cgi-bin/cvename.cgi?name=CVE-2022-3715
bash	CVE-2019-18276	LOW	5.0.4		http://packetstormsecurity.com/files/155498/Bash-5.0-Patch-11-Privilege-Escalation.html https://access.redhat.com/security/cve/CVE-2019-18276 https://cve.mitre.org/cgi-bin/cvename.cgi?name=CVE-2019-18276 Toggle more links
bsdutils	CVE-2021-37600	LOW	2.33.1-0.1		https://access.redhat.com/security/cve/CVE-2021-37600 https://github.com/karelzak/util-linux/commit/1c9143d0c1f979c3daf10e1c37b5b1e916c22a1c https://github.com/karelzak/util-linux/issues/1395 Toggle more links
bsdutils	CVE-2022-0563	LOW	2.33.1-0.1		https://access.redhat.com/security/cve/CVE-2022-0563 https://lore.kernel.org/util-linux/20220214110609.msiwlm457ngoic6w@ws.net.home/T/#u https://nvd.nist.gov/vuln/detail/CVE-2022-0563 Toggle more links
coreutils	CVE-2016-2781	LOW	8.30-3		http://seclists.org/oss-sec/2016/q1/452 http://www.openwall.com/lists/oss-security/2016/02/28/2 http://www.openwall.com/lists/oss-security/2016/02/28/3 Toggle more links
coreutils	CVE-2017-18018	LOW	8.30-3		http://lists.gnu.org/archive/html/coreutils/2017-12/msg00045.html https://access.redhat.com/security/cve/CVE-2017-18018
dpkg	CVE-2022-1664	CRITICAL	1.19.7	1.19.8	https://cve.mitre.org/cgi-bin/cvename.cgi?name=CVE-2022-1664 https://git.dpkg.org/cgit/dpkg/dpkg.git/commit/?id=1f23dddc17f59c9598477098c7fb9936e15fa495 https://git.dpkg.org/cgit/dpkg/dpkg.git/commit/?id=58814cacee39c4ce9e2cd0e3a3b9b57ad437eff5 Toggle more links
e2fsprogs	CVE-2022-1304	HIGH	1.44.5-1+deb10u3		https://access.redhat.com/errata/RHSA-2022:8361 https://access.redhat.com/hydra/rest/securitydata/cve/CVE-2022-1304.json https://access.redhat.com/security/cve/CVE-2022-1304 Toggle more links

• 图 10-23　Trivy 扫描 HTML 报告输出样例

执行 trivy image --format template --template "@contrib/html.tpl" -o report.html redis:6.0.8 命令，其中--format template 表示使用模板格式，--template "@contrib/html.tpl" 表示使用的模板文件的存放路径，-o report.html 表示输出报告的文件名。

10.2.2　K8s 基线检测工具

在使用 K8s 管理 Docker 容器的环境下，除了需要关注 Docker 镜像安全外，还需要关注 K8s 集群自身的安全，而 Kube-Bench 就是这样的一款安全扫描工具。

Kube-Bench 是由 GO 语言编写、参考 CIS Kubernetes Benchmark 完成技术实现的 K8s 安全基线检测工具，在云原生环境下被广泛使用。本节将从基线检测的角度介绍 Kube-Bench 的使用。

1. Kube-Bench 简介

作为 K8s 安全基线检测工具，Kube-Bench 有如下主要特点：

- 参考 CIS Kubernetes Benchmark 完成技术实现脚本工具，是一组安全推荐标准和实践操作项的集合。

- 自动检测 K8s 安全配置是否满足 CIS Kubernetes Benchmark 要求并生成检测报告。
- 不会像 Trivy 那样主动检测存在的安全漏洞。
- 使用时，需要根据当前环境中的 K8s 版本和 CIS 基线版本选择 Kube-Bench 版本。

当使用 K8s 作为容器集群管理系统来实现 Docker 容器的自动化部署、集群扩展、运营维护时，能大大地提供对 Docker 容器的管理效率。但新系统的引入，增加了新的安全风险点，因此使用 Kube-Bench 来检测 K8s 集群安全基线落实情况是提高整个系统安全保障的有效手段。

2. Kube-Bench 安装

Kube-Bench 有多种安装方式，总体来说，主要有以下几种：

- 容器内安装，即将 Kube-Bench 安装在 K8s 容器集群管理系统内部。
- 容器化安装，即在 K8s 宿主机上，安装 Docker 化的 Kube-Bench。
- 二进制安装，即和操作系统上其他软件的安装类似，通过二进制安装包直接安装，如 RedHat 下的 rpm 包安装。
- 编译安装，即通过源代码编译安装。

这几种安装方式各有不同，读者使用时可以根据自己的喜好或实际需求来选择安装方式。建议读者使用 Kube-Bench 时选择容器内安装或容器化安装，值得注意的是，当使用容器内安装时，检测功能依赖于 K8s 集群中的 kubectl 工具。这里为读者简单演示容器内安装和二进制安装。

当使用容器内安装方式时，其本质是在集群中启动 Kube-Bench，Kube-Bench 作为容器的一部分在集群中运行，如图 10-24 所示。

```
[root@20-no kube-bench]# docker run --rm -v `pwd`:/host aquasec/kube-bench:latest install
Unable to find image 'aquasec/kube-bench:latest' locally
latest: Pulling from aquasec/kube-bench
213ec9aee27d: Pull complete
5328d28ab11c: Pull complete
1f3b1efaf3c1: Pull complete
3c0a822b020c: Pull complete
c83a0d69c6e7: Pull complete
83c091453b64: Pull complete
0b5b7126dda6: Pull complete
1704c9748626: Pull complete
7993615ceff3: Pull complete
37ae8d2a963b: Pull complete
3d9a6fd6858a: Pull complete
Digest: sha256:23d4ae0566b98dfee53d4b7a9ef824b6ed1c6b3a8f52bab927e5521f871b5104
Status: Downloaded newer image for aquasec/kube-bench:latest
WARNING: IPv4 forwarding is disabled. Networking will not work.
===============================================
kube-bench is now installed on your host
Run ./kube-bench to perform a security check
===============================================
```

图 10-24　Kube-Bench 容器内安装样例

当使用二进制手工安装方式时，读者直接在 Linux 终端命令行中执行如下命令，Kube-Bench 以普通安装包的形式呈现：

```
#下载文件
curl -L
https://github.com/aquasecurity/kube-bench/releases/download/v0.6.10/kube-bench_0.6.10_
linux_amd64.tar.gz -o kube-bench_0.6.10_linux_amd64.tar.gz
#解压文件
tar -xvf kube-bench_0.6.10_linux_amd64.tar.gz
```

当解压完成后，进入解压目录，运行 kube-bench，如图 10-25 所示。

```
[root@20-no home]# ./kube-bench --help
This tool runs the CIS Kubernetes Benchmark (https://www.cisecurity.org/benchmark/kubernetes/)

Usage:
  ./kube-bench [flags]
  ./kube-bench [command]

Available Commands:
  completion  Generate the autocompletion script for the specified shell
  help        Help about any command
  run         Run tests
  version     Shows the version of kube-bench.

Flags:
      --alsologtostderr                log to standard error as well as files
      --asff                           Send the results to AWS Security Hub
      --benchmark string               Manually specify CIS benchmark version. It would be an error to specify both --version and --benchmark flags
  -c, --check string                   A comma-delimited list of checks to run as specified in CIS document. Example --check="1.1.1,1.1.2"
      --config string                  config file (default is ./cfg/config.yaml)
  -D, --config-dir string              config directory (default "/etc/kube-bench/cfg")
      --exit-code int                  Specify the exit code for when checks fail
  -g, --group string                   Run all the checks under this comma-delimited list of groups. Example --group="1.1"
  -h, --help                           help for ./kube-bench
      --include-test-output            Prints the actual result when test fails
      --json                           Prints the results as JSON
      --junit                          Prints the results as JUnit
      --log_backtrace_at traceLocation when logging hits line file:N, emit a stack trace (default :0)
      --log_dir string                 If non-empty, write log files in this directory
      --logtostderr                    log to standard error instead of files (default true)
      --noremediations                 Disable printing of remediations section
      --noresults                      Disable printing of results section
      --nosummary                      Disable printing of summary section
      --nototals                       Disable printing of totals for failed, passed, ... checks across all sections
      --outputfile string              Writes the results to output file when run with --json or --junit
      --pgsql                          Save the results to PostgreSQL
      --scored                         Run the scored CIS checks (default true)
      --skip string                    List of comma separated values of checks to be skipped
      --stderrthreshold severity       logs at or above this threshold go to stderr (default 2)
      --unscored                       Run the unscored CIS checks (default true)
  -v, --v Level                        log level for V logs
      --version string                 Manually specify Kubernetes version, automatically detected if unset
      --vmodule moduleSpec             comma-separated list of pattern=N settings for file-filtered logging

Use "./kube-bench [command] --help" for more information about a command.
```

● 图 10-25 Kube-Bench 二进制手工安装样例

3. Kube-Bench 使用

安装完成后，即可开始使用 Kube-Bench 来检测 K8s 集群了。在检测前，需要确认使用哪一个基线标准的版本。Kube-Bench 官网上，有 K8s CIS Benchmark、Kube-Bench 与 K8s 之间的版本映射表，主要内容如表 10-2 所示。

表 10-2 K8s CIS Benchmark、 Kube-Bench 与 K8s 之间的版本映射关系

序号	K8s CIS Benchmark 版本	Kube-Bench 检测基线版本	K8s 版本
1	1.5.1	cis-1.5	1.15
2	1.6.0	cis-1.6	1.16-1.18
3	1.20	cis-1.20	1.19-1.21
4	1.23	cis-1.23	1.22-1.23
5	GKE1.0.0	gke-1.0	GKE
6	GKE1.2.0	gke-1.2.0	GKE
7	EKS1.0.1	eks-1.0.1	EKS
8	ACK1.0.0	ack-1.0	ACK
9	AKS1.0.0	aks-1.0	AKS

如果不指定版本，Kube-Bench 则根据检测到的节点类型和集群运行的 Kubernetes 版本自动选择使用哪个版本。确认完版本后，即可开始检测。

Kube-Bench 的检测比较简单，常用的命令有如下几种。

- kube-bench node --version 1.15：使用 Kubernetes 1.15 版本检测 node 节点。
- kube-bench node --benchmark cis-1.5：使用 CIS 1.5 版本检测 node 节点。
- kube-bench --benchmark cis-1.5 run --targets master，node，etcd，policies：使用 CIS 1.5 版本检测 master，node，etcd，policies 节点。

需要注意的是，--version 参数和--benchmark 参数不可以同时使用。使用 kube-bench 扫描 master 节点可以执行命令行：./kube-bench --config-dir =./cfg --config =./cfg/config.yaml run --targets=master，当检测结束完成后，会有如图 10-26 所示的提示。

```
== Summary master ==
31 checks PASS
22 checks FAIL
12 checks WARN
0 checks INFO

== Summary total ==
31 checks PASS
22 checks FAIL
12 checks WARN
0 checks INFO
```

● 图 10-26 Kube-Bench 检测结果

这 4 种的含义分别是：

- PASS 表示测试成功并通过检测。
- FAIL 表示测试成功但检测未通过，可以通过控制台的提示更正配置。
- WARN 表示该测试成功，但这些信息需要进一步关注。
- INFO 表示测试成功，仅是提示信息。

对于 FAIL 的检测项，根据详细的提示信息，找到相应的配置项，完成修复即可。如图 10-27 所示。

```
[root@h0082062 kube-bench]# ./kube-bench --config-dir=./cfg --config=./cfg/config.yaml run --targets=master
[INFO] 1 Master Node Security Configuration
[INFO] 1.1 Master Node Configuration Files
[FAIL] 1.1.1 Ensure that the API server pod specification file permissions are set to 644 or more restrictive (Scored)
[FAIL] 1.1.2 Ensure that the API server pod specification file ownership is set to root:root (Scored)
[FAIL] 1.1.3 Ensure that the controller manager pod specification file permissions are set to 644 or more restrictive (Score
[FAIL] 1.1.4 Ensure that the controller manager pod specification file ownership is set to root:root (Scored)
[FAIL] 1.1.5 Ensure that the scheduler pod specification file permissions are set to 644 or more restrictive (Scored)
[FAIL] 1.1.6 Ensure that the scheduler pod specification file ownership is set to root:root (Scored)
[PASS] 1.1.7 Ensure that the etcd pod specification file permissions are set to 644 or more restrictive (Scored)
[PASS] 1.1.8 Ensure that the etcd pod specification file ownership is set to root:root (Scored)
[WARN] 1.1.9 Ensure that the Container Network Interface file permissions are set to 644 or more restrictive (Not Scored)
[WARN] 1.1.10 Ensure that the Container Network Interface file ownership is set to root:root (Not Scored)
[FAIL] 1.1.11 Ensure that the etcd data directory permissions are set to 700 or more restrictive (Scored)
[FAIL] 1.1.12 Ensure that the etcd data directory ownership is set to etcd:etcd (Scored)
[FAIL] 1.1.13 Ensure that the admin.conf file permissions are set to 644 or more restrictive (Scored)
[FAIL] 1.1.14 Ensure that the admin.conf file ownership is set to root:root (Scored)
[FAIL] 1.1.15 Ensure that the scheduler.conf file permissions are set to 644 or more restrictive (Scored)
[FAIL] 1.1.16 Ensure that the scheduler.conf file ownership is set to root:root (Scored)
[FAIL] 1.1.17 Ensure that the controller-manager.conf file permissions are set to 644 or more restrictive (Scored)
[FAIL] 1.1.18 Ensure that the controller-manager.conf file ownership is set to root:root (Scored)
[FAIL] 1.1.19 Ensure that the Kubernetes PKI directory and file ownership is set to root:root (Scored)
[WARN] 1.1.20 Ensure that the Kubernetes PKI certificate file permissions are set to 644 or more restrictive (Not Scored)
[WARN] 1.1.21 Ensure that the Kubernetes PKI key file permissions are set to 600 (Not Scored)
[INFO] 1.2 API Server
[PASS] 1.2.1 Ensure that the --anonymous-auth argument is set to false (Not Scored)
[PASS] 1.2.2 Ensure that the --basic-auth-file argument is not set (Scored)
[FAIL] 1.2.3 Ensure that the --token-auth-file parameter is not set (Scored)
[PASS] 1.2.4 Ensure that the --kubelet-https argument is set to true (Scored)
[PASS] 1.2.5 Ensure that the --kubelet-client-certificate and --kubelet-client-key arguments are set as appropriate (Scored)
[PASS] 1.2.6 Ensure that the --kubelet-certificate-authority argument is set as appropriate (Scored)
[PASS] 1.2.7 Ensure that the --authorization-mode argument is not set to AlwaysAllow (Scored)
[PASS] 1.2.8 Ensure that the --authorization-mode argument includes Node (Scored)
[PASS] 1.2.9 Ensure that the --authorization-mode argument includes RBAC (Scored)
[WARN] 1.2.10 Ensure that the admission control plugin EventRateLimit is set (Not Scored)
```

● 图 10-27 Kube-Bench 检测未通过项的详细信息

对于 FAIL 和 WARN 的安全问题，Kube-Bench 在扫描结束之后也给出了参考的修复方式，如图 10-28 所示。

```
== Remediations master ==
1.1.1 Run the below command (based on the file location on your system) on the
master node.
For example, chmod 644 /etc/kubernetes/manifests/kube-apiserver.yaml

1.1.2 Run the below command (based on the file location on your system) on the master node.
For example,
chown root:root /etc/kubernetes/manifests/kube-apiserver.yaml

1.1.3 Run the below command (based on the file location on your system) on the master node.
For example,
chmod 644 /etc/kubernetes/manifests/kube-controller-manager.yaml

1.1.4 Run the below command (based on the file location on your system) on the master node.
For example,
chown root:root /etc/kubernetes/manifests/kube-controller-manager.yaml

1.1.5 Run the below command (based on the file location on your system) on the master node.
For example,
chmod 644 /etc/kubernetes/manifests/kube-scheduler.yaml

1.1.6 Run the below command (based on the file location on your system) on the master node.
For example,
chown root:root /etc/kubernetes/manifests/kube-scheduler.yaml

1.1.9 Run the below command (based on the file location on your system) on the master node.
For example,
chmod 644 <path/to/cni/files>

1.1.10 Run the below command (based on the file location on your system) on the master node.
For example,
chown root:root <path/to/cni/files>

1.1.11 On the etcd server node, get the etcd data directory, passed as an argument --data-dir,
from the below command:
```

• 图 10-28　Kube-Bench 检测未通过项推荐修复方式

10.3　融入 DevSecOps 黄金管道

介绍完 Trivy、Kube-Bench 在 Docker 环境、K8s 集群环境下的使用后，接着来看看如何将这两款工具融入 DevSecOps 的黄金管道中，嵌入 DevSecOps 的管理流程中去。通过流程控制对 Docker 安全、K8s 安全提供安全保障。

10.3.1　Trivy 与流水线集成

作为云原生的产品，Trivy 与市场上 CI/CD 产品有着良好的集成，除了前文提及的 Travis CI、Jenkins、GitLab CI 外，还支持 GitHub Actions、AWS CodePipline、Bitbucket Pipline 等产品的集成。这里以 GitLab CI 为例，帮助读者快速熟悉其集成过程。

1. 方案选择

从前文对安全基线和镜像的维护中读者可以看到，在整个 DevSecOps 管道流程中，使用到基线检测的卡点主要有两个。

- 构建阶段：创建镜像时，需要保证基线镜像的安全性。
- 发布阶段：从静态镜像模板转为发布的镜像实例时，需要检测其安全性。

所以当使用 Trivy 和 GitLab CI 集成时，需要在 CI/CD 流程中引入 Trivy 的调用，依据 Trivy 的检测结果，判断流程是否可以流转到下一步。其流程图如图 10-29 所示。

图 10-29 中箭头标识的为容器安全检测的卡点，在此方案中，需要将安全基线的检测能力嵌入这些卡点环节，以补全 DevSecOps 容器安全能力。

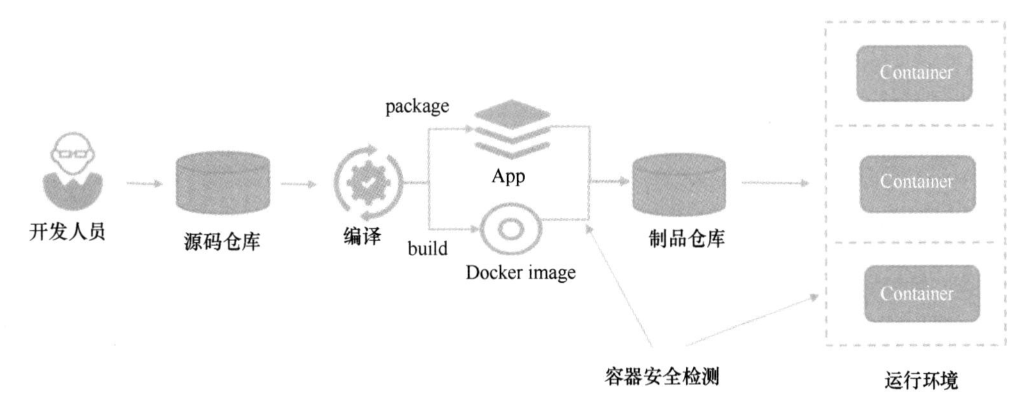

● 图 10-29 镜像安全检测卡点设计

2. CI/CD 流程集成

Trivy 与 GitLab CI 集成比较简单，从代码安全工具、组件安全工具的流水线集成想必读者也能看出来：无论是哪个工具与流水线集成，都是通过 Jenkinsfile 和 gitlab-ci.yml 的定制编排形成管道化作业任务。在 GitLab 15.0 以后的版本中，默认支持 Trivy 的功能集成。

使用 GitLab CI 集成时，首先需要在 gitlab-ci.yml 添加容器安全检测功能的 yml 文件引用，如 Security 文件夹下 Container-Scanning.yml 文件，则 gitlab-ci.yml 中添加的引用为：

```
include:
- template: Security/Container-Scanning.yml
```

添加完毕后，需要自定义 Container-Scanning.yml 中的内容。在 Trivy 的官方文档网页上，给出了 Container-Scanning.yml 的模板，这里提取其中关键的信息向读者介绍，如下所示：

```
stages:
  - test

trivy:
  stage: test
  image: docker:stable
  services:
    - name: docker:dind
      entrypoint: ["env", "-u", "DOCKER_HOST"]
      command: ["dockerd-entrypoint.sh"]
  variables:
  …
    IMAGE: trivy-ci-test: $CI_COMMIT_SHA
  …
  script:
    # Build image
    - docker build -t $IMAGE .
    # Build report
    - ./trivy image --exit-code 0 --format template --template "@contrib/gitlab.tpl" -o gl-con-
tainer-scanning-report.json $IMAGE
    # Print report
    - ./trivy image --exit-code 0 --severity HIGH $IMAGE
```

```
    # Fail on severe vulnerabilities
    - ./trivy image --exit-code 1 --severity CRITICAL $IMAGE
  cache:
    paths:
      - .trivycache/
    ...
  artifacts:
    reports:
      container_scanning: gl-container-scanning-report.json
```

在这段脚本语言中，读者看到了熟悉的 trivy image 命令行的调用。script 节点下的配置是整个脚本的核心所在，接连使用 3 个 trivy image 命令行来执行扫描，其中需要读者注意的是，流程失败的退出条件是--exit-code 的 0 或 1。0 的含义是扫描出来致命性漏洞将以 exit -code 0 方式退出；1 的含义是如果扫描出来严重性漏洞将以 exit -code 1 的方式退出。它们的不同在于退出是否对整个构建动作产生影响，当使用 0 时，有了这个配置，DevSecOps 流水线才能正常地往下流转，而不会对整个流程产生影响。

除了上述方式外，在 build Docker image 之前，也可以使用 Trivy 进行扫描。此时需要修改 build 命令，添加的内容如下所示：

```
...
COPY --from=aquasec/trivy:latest /usr/local/bin/trivy /usr/local/bin/trivy
RUN trivy rootfs --exit-code 1 --no-progress /
...
```

对于发布阶段的检测，所使用的脚本语言片段与上述类似，不同的是所扫描的容器通常在容器注册表或 K8s 集群中。对于 K8s 扫描，直接添加 trivy k8s 相关命令行到 Container-Scanning.yml 即可。例如，trivy k8s --report = summary cluster。而对于容器注册表的扫描，如果是使用 AWS ECR、Docker hub、Harbor 则可以集成扫描。当容器注册表不支持集成扫描时，建议先将镜像下载到 GitLab Runner 所在的服务器上，再执行镜像扫描。

10.3.2 Kube-Bench 与流水线集成

当使用 K8s 管理 Docker 容器时，K8s 作为集群管理系统为用户提供编排、管理、调度的功能，业务的架构比单纯性使用 Docker 容器发生了变化，集群通过 Master 节点（管理节点）和 Node 节点（计算节点）完成上述功能的提供，其架构图如图 10-30 所示。

在 K8s 集群中，用户容器 Container 位于 Pods 中，K8s 集群作为基础设施管理工具，管理集群中的网络、服务、资源等。为了保障新引入的 K8s 集群系统的安全性，可以使用安全基线的方式，提高集群的基础安全水位。

1. 方案选择

在 K8s 集群中 Pods 中所使用的容器镜像模板已在上一节 Trivy 的集成中涉及，故在此处重点考虑 K8s 集群的安全基线，主要涉及的安全卡点如下。

- 创建阶段：集群创建时，需要保证 K8s 基线的符合 CIS 基线要求。
- 维护阶段：当集群中需要新增节点时，检测新增的节点和新增节点所涉及的服务是否满足 CIS 基线要求。

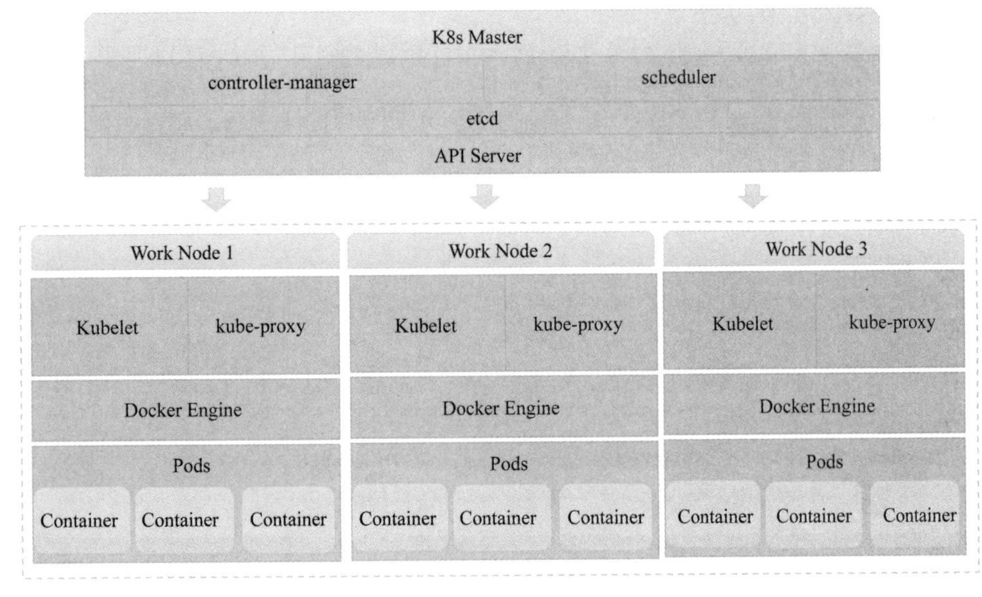

图 10-30 K8s 集群管理系统架构示意图

这两种场景下，除了前文提及使用 Trivy 进行安全扫描外，还可以使用 Kube-Bench 作为满足安全基线要求的基准检测使用。通过基准检测结果、问题修正消除基础的安全问题。

当使用 K8s 进行持续部署时，其流程图如图 10-31 所示。

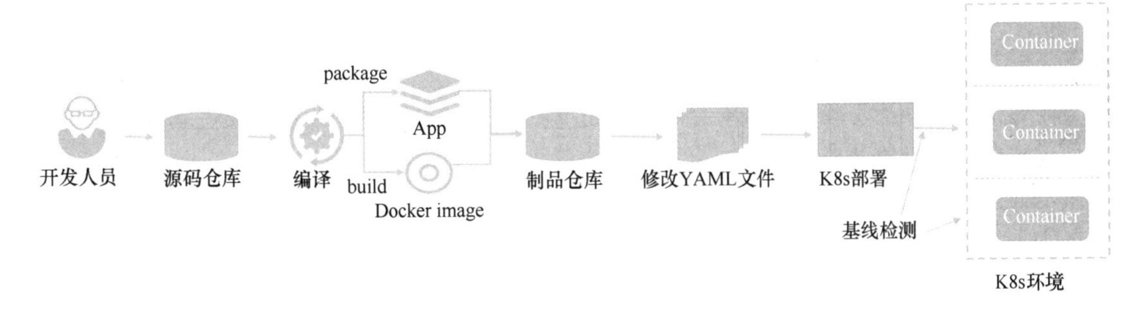

图 10-31 K8s 持续部署流程示意图

Kube-Bench 在流程中的安全卡点如图 10-31 中所示，基线检测动作执行在 K8s 部署动作完成之后和 K8s 运行时，以起到基线保障的作用。

2. CI/CD 流程集成

使用 Kube-Bench 检测 K8s 集群的安全基线时，需要在 Master 和 Work Node 节点上均安装 Kube-Bench。只有在已安装的前提下，才可以执行安全检测。Kube-Bench 工具本身与 CI/CD 产品默认情况下无法集成，需要编写脚本以便在 Jenkins 或 GitLab CI 中调用。这里以 Jenkinsfile为例，为读者介绍 Pipline 的流程入口，其脚本代码片段如下所示：

```
...
stage('Build Docker Image') {
    sh "docker build -t harbor-k8s.devsecops.com/devsecops-demo:${build_tag} ."
}
```

```
stage('Push Image to harbor') {
    withCredentials([usernamePassword(credentialsId: 'harborID', passwordVariable: 'harbor-
Password', usernameVariable: 'harborUser')]) {
        sh "docker login -u ${harborUser} -p ${harborPassword} harbor-k8s.devsecops.com"
        sh "docker push harbor-k8s.devsecops.com/devsecops-demo: ${build_tag}"
    }
}
stage('YAML config') {
    ...
    sh "sed -i 's/<PORT>/${port}/' devsecops-demo-deploy.yaml"
    sh "sed -i 's/<PORT>/${port}/' devsecops-demo-ingress.yaml"
    ...
}
stage('Deploy to k8s') {
    sh "kubectl apply -f devsecops-demo-deploy.yaml -n ${namespace}"
    sh "kubectl apply -f devsecops-demo-ingress.yaml -n ${namespace}"
}
stage('Security Baseline Check') {
    sh 'kube-bench node --include-test-output --junit > /opt/kube-bench/sec_check.html'
  publishHTML([allowMissing: true, alwaysLinkToLastBuild: true, keepAll: false, reportDir:
'/opt/kube-bench', reportFiles: 'sec_check.html', reportName: 'k8s 安全扫描报告', reportTitles:
'k8s 安全扫描报告'])
}
  ...
```

这段脚本的流程是从 Docker 镜像构建到镜像上传 Harbor，再到 YAML 文件配置，直至 K8s 部署后的 Kube-Bench 基线检测。在脚本中，直接调用 kube-bench 开始检测，并将结果存入 sec_check 报告文件中去。

而对于 K8s 维护阶段的基线安全检测，从实践落地来说，更建议读者通过基础设施即代码和运维自动化的角度来制定技术方案，这将是下一章为读者介绍的内容。

10.4 小结

本章重点从安全基线的角度介绍云原生环境下 DevSecOps 能力的实现。依托 CIS 安全基线标准和 Docker 容器技术、K8s 容器集群管理技术，介绍在 CI/CD 流程中，通过安全工具 Trivy、Kube-Bench 的引入，解决 Docker 容器安全、K8s 集群中的安全检测问题。有了这些实践，读者可以了解 Docker 容器技术、K8s 容器集群管理技术实现 DevSecOps 流程时，如何去整合安全工具融入当前流程，掌握解决容器安全的基本思路，也为其他安全工具的引入提供参考样例。

容器安全的内容中，除了本章介绍的容器安全基线、容器镜像安全、容器管理系统或容器注册表安全，以及容器编排管理的安全之外，还有容器在运行时的安全监控、线上运行维护、入侵检测等内容，这些内容将在下一章结合基础设施和安全运营一并为读者介绍。

第 11 章　基础设施与安全运营

上一章使用了 Docker 容器化技术解决 DevSecOps 中 OS 层以上的安全能力构建，但这些分层镜像被实例化之后的线上安全运营，以及 OS 层以下的基础设施安全仍未解决。从资产管理的角度，可以把 DevSecOps 在部署阶段和运维阶段所涉及的资产按照类型的不同划分为以下三类：

- 硬资产。主要是指物理机器、硬件设备、终端设备等，如路由器、交换机、负载均衡设备等。
- 虚拟化资产。主要是指虚拟主机、虚拟网络、虚拟存储等。
- 容器化资产。主要是指使用 Docker 容器创建的各种实例。

本章内容主要从基础设施即代码、基础设施安全自动化工具、安全运营与 DevSecOps 能力建设三个方面，阐述如何构建上述三类资产的安全自动化能力。

11.1　基础设施即代码（IaC）

当企业应用越来越多，IT 信息化规模越来越大，基础设施的维护和管理将变得越来越复杂，成本也越来越高。业界使用容器技术和虚拟化技术，选择应用上云，推广标准化的软件工程管理，加快 IT 服务治理，采用 IaC 理念来解决这些问题，成为众多企业的首选。

11.1.1　通过配置管理消减基础设施风险

对于基础设施的管理和运维，资产管理一直是最大的难点。在 DevSecOps 环境中，想要实现基础设施的自动化管理和自动化运维，配置管理是必不可少的一个重要环节。上一章介绍了容器管理系统对容器化资产的管理和运维，以及容器镜像、容器实例与 CI/CD 流程的融合。对于虚拟化资产同样可以采用 IaC 理念，通过配置管理和自动化脚本来代替人工操作，完成基础设施环境的创建、更新与维护，并在环境可视化的基础上，完成环境状态的监控、变化与追踪；而对于硬资产则相对复杂一些，基础设施环境的上架和创建难以通过配置管理和自动化脚本来替代，仍需要人工操作，更新与维护操作可以通过模板化实现配置管理和自动化脚本的替代。

当如此管理基础设施时，重点需要先解决以下两个问题：

- 配置管理系统与基础设施适配。
- 形成标准化的配置管理流程。

1. 配置管理系统与基础设施适配

配置管理系统与基础设施适配主要是指为了管理这些不同类型的资产，配置管理系统中的代码模板或脚本需要与之适配，以达到方便管理的目的。而不是每一个人来使用系统、每一次来操作这个系统，都需要很熟练的代码技术来重新编写大量代码或脚本，这样的系统则难以使用，也无法达到 IaC 的目标。正常的适配模板，如图 11-1 所示。

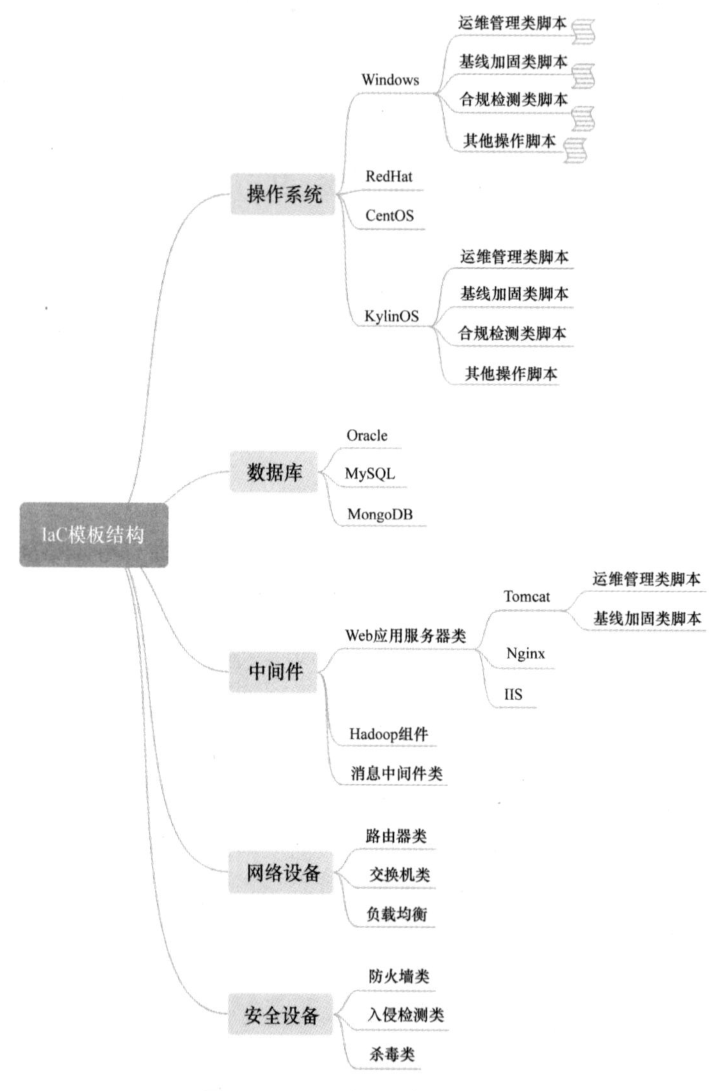

● 图 11-1　IaC 代码模板适配分类

一般来说，每一种资产的代码模板可以划分为以下三类：

- 运维管理类代码模板，即为了维护和管理基础设施完成任务所需要的代码模板。
- 安全基线配置类代码模板，即为了完成基线加固操作所执行的代码提炼出来的共性模板。
- 合规类代码模板，即很多企业或行业有一定的合规性要求，对于这些合规要求需要执行的落地策略所提供的代码模板。

当然，对基础设施管理所需要提供代码模板的适配是一项烦琐、复杂的工作，是不断积累的结果。当企业内对基础设施的管理所积累的代码模板越丰富，适配的基础设施类型越多，不同的管理策略均能得到代码化，则运维的自动化、安全的自动化及 IaC 的落地都将会变得水到渠成。当有新的风险出现时，通过代码化可以快速、批量地修复问题，降低风险。值得注意的是，在选择配置管理系统时，常常结合资产类型的不同、使用开发语言的难易程度，选择多种配置管理工具组合使用。

2. 形成标准化的配置管理流程

如此众多的代码模板和管理基础设施的代码实例可以对不同的环境进行操作。为了规范使用，需要使用配置管理系统将它们管理起来。业界比较标准的管理流程如图 11-2 所示。

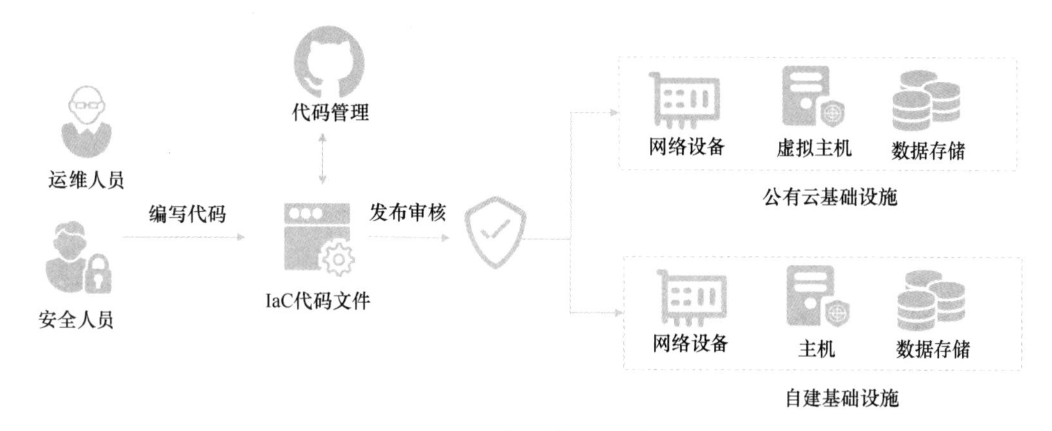

• 图 11-2 IaC 代码模板配置管理流程

在这个管理流程中，有几个关键点需要注意，它们会直接影响到这些代码实例的使用，如基础设施是否适配可用、更新发布是否可回滚。主要如下：

- 版本控制。为了维护和管理这些代码模板和代码实例，通过版本控制管理工具，如 SVN、Git 等将它们管理起来，这和其他的源代码管理是一样的。
- 发布审核。无论是代码模板还是针对某个具体的基础设施的代码实例，在正式发布时，都需要通过审核，以保障代码的可用性，减少不必要的生产事故的发生。
- 流程集成。在 DevSecOps 环境中，这些代码模板和代码实例的使用是从人工执行到自动化执行逐步演进的。在管理它们时，要建立总体的规划思路，从流程集成的角度，考虑它们与 CI/CD 的融合。

上述三点中，每一点都非常重要，而流程集成更是整个配置管理系统中所有代码是否发挥最大价值的核心。唯有完成基础设施运维管理的自动化，才能为自动化安全运营提供基础。

11.1.2 遵循基础设施安全最佳实践

无论是哪种类型的资产，当使用 IaC 进行管理时，都需要对管理策略进行代码化或代码模板化。在将这些策略转换为可用的代码时，最好的方式是遵循基础设施安全最佳实践。

在资产自动化管理能力构建的过程中，可以根据使用公有云或私有云来选择基础设施安全最佳实践路径。在当前市场上，如果使用的是知名的公有云厂商的资产，则公有云厂商通常会有自己的基础设施安全最佳实践样例，如亚马逊 AWS、微软 Azure、阿里巴巴 AliCloud，如表 11-1 所示。

表 11-1　部分公有云厂商基础设施安全最佳实践参考文档

序号	公有云厂商	基础设施安全最佳实践文档网址
1	亚马逊 AWS	https://docs.aws.amazon.com/zh_cn/securityhub/latest/userguide/securityhub-standards-fsbp.html
2	微软 Azure	https://learn.microsoft.com/zh-cn/azure/security/fundamentals/best-practices-and-patterns
3	阿里巴巴 AliCloud	https://help.aliyun.com/document_detail/257799.html

使用公有云基础设施时，可以参考表 11-1 中的这些文档打通公有云 API 接口，完成 CI/CD 整合，实现资产自动化管理能力构建。

若是使用私有云，可以参考公有云的安全最佳实践来落地，也可以制定企业自己的安全标准。在制定的过程中，以下几点需要重点关注。

1.网络区域划分和边界安全

无论是否在云环境下，区域划分与边界隔离始终是最基础的安全策略。在传统的硬资产组成的 IDC 环境中，通过子网划分、防火墙隔离、物理隔断等手段来划分网络区域；在云环境中，通过隔离虚拟化网络、隔离租户来达到遏制云上攻击的目的。当使用 IaC 代码化安全策略时，应优先考虑此条策略在代码中的实现。

2. 采用零信任架构或统一 IAM

在基础设施环境中，尤其是多云环境中，因资产分布的区域分散，资产类型多，用户授权管理和访问控制一直是个难题。例如，账号种类和用户凭据的管理，既有云控制台、网络设备、主机、数据库的账号，也有应用程序的用户账号，还有 API 接口的接入凭据，如果没有统一的 IAM 管理，用户、授权管理和访问控制很难管理。如此众多的资产，网络层的准入和访问控制也是管理的难题。对基础设施的运维人员来说，使用零信任架构可以减少资产暴露带来的风险。

3. 使用 KMS 或安全可信根

加密、解密是网络安全的基础，当企业的安全建设到一定程度之后，基于硬件安全模块的 KMS 密钥管理系统将成为安全基础设施。通过 KMS 密钥管理系统管理加密算法、托管密钥可以提高整个平台的安全性。依托集中式密钥管理和 API 集成可以方便地为数据、对象存储、数据库、云硬盘等提供加密特性。当 IaC 中涉及密钥管理、加密、解密等场景时，使用 KMS 为代码模板、代码块提供安全保障。

4. 监控基础设施运行环境

对于基础设施的安全监控是保障基础设施安全的重中之重。在不同的公有云上，有 AWS Security Hub、Azure 的 Microsoft Sentinel 和 Defender for Cloud。在私有云中，企业的 SOC 平台、主机层的 HIDS 和云安全中心等均是 DevSecOps 在部署时需要考虑接入的安全系统。没有这些安全监控，线上应用程序的运行状态将无法感知。云上服务被入侵后也无法及时告警和处置。对基础设施、云原生环境、容器环境、应用程序等实施全方位的监控，构建纵深的安全监测与防护体系是构建自动化安全运营能力的前提。

11.1.3 保障 IaC 自身安全

IaC 自身安全在 DevSecOps 中也是一项基础能力，当越来越多的基础设施、云原生环境、容器等通过代码化的配置文件来管理时，IaC 自身的安全就变得越来越重要。当 IaC 出现安全问题时，会出现“千里之堤，毁于蚁穴”的局面，从 IaC 平台或配置管理系统迅速地扩散到其他各个环境。

为了防止 IaC 自身安全风险的发生，除了上文提及的使用版本管理工具管控 IaC 代码外，还有以下最佳实践建议读者遵从。

1. 规范 IaC 代码开发过程

把 IaC 将各种策略转化为代码的过程等同于其他应用软件开发过程，使用 DevSecOps 或 SDL 理念，管控其研发过程的安全，遵从安全开发的最佳实践，从规划、设计、编码、测试、集成等方面，保障 IaC 的代码质量。例如，使用代码安全检测工具或 IDE 插件检查代码的安全性；代码中使用的各个基础设施的密钥、凭据使用配置文件和 KMS 维持密钥和凭据动态分发和变更；严控代码仓库的管理，遵循最小权限原则管理脚本的创建、维护、调用、删除等；监控代码模板或代码块的调用，通过日志保存代码模板或代码块的调用和执行情况，确保过程被记录、可审计、可追踪。

2. 使用 IaC 安全工具

使用代码安全工具可以检测 IaC 代码的安全性问题，而 IaC 安全工具可以从基础设施技术特性或基础设施配置文件特性的角度专门用来检测 IaC 的安全性。表 11-2 为常用 IaC 安全工具 Terrascan、Kics、Checkov、TFsec，分别从产品功能特性、CI/CD 集成、易用性等方面进行对比分析。

表 11-2 常用 IaC 安全工具对比分析

产品/比较项	功能特性	CI/CD 集成	易用性	License 及其他
Terrascan	开源 IaC 安全扫描工具，它支持扫描 IaC 错误配置代码，检测安全漏洞和不合规行为	易于集成，并提供最佳实践指导文档	易于上手使用，方便集成，支持命令行和服务器模式两种使用方式	Tenable 开源产品，文档齐全，支持多种方式集成，项目地址为 https://github.com/tenable/terrascan
Kics	Checkmarx 公司的开源产品，支持漏洞检测、合规检查、IaC 配置错误检测的扫描脚本工具	易于集成，支持的集成产品非常丰富，主流云厂商和主流 CI/CD 产品均支持	易于使用，支持对 Terraform、Kubernetes、Docker、CloudFormation、Ansible、Open API 等检测	开源产品，项目地址为 https://github.com/Checkmarx/kics
Checkov	通过扫描 Kubernetes、Terraform 和 Cloudformation 中管理的云基础设施 IaC 的静态代码来检测云配置错误	易于集成，支持 Jenkins、CircleCI、GitLab、GitHub 集成	易于安装，可检测 Terraform\CloudFormation\K8s\Helm\AWS 等，输出报告格式有 Text、JSON、Junit 等多种格式	开源，文档齐全，项目地址为 https://github.com/bridgecrewio/checkov

（续）

产品/比较项	功能特性	CI/CD集成	易用性	License及其他
TFsec	专门针对 Terraform 代码的安全扫描工具，对 Terraform 模板执行静态扫描分析，并检查出潜在的安全问题，是否违反 AWS、Azure 和 GCP 安全最佳实践	易于集成，支持 CircleCI \GitHub 集成	支持 Docker 方式运行，输出报告有 JSON、CSV、Checkstyle、Sarif、Junit 等数据格式	开源产品，无需费用，项目地址为 https://github.com/tfsec/tfsec

表 11-2 中对常见的 4 种 IaC 安全工具做了简要的对比分析，主要从产品的检测功能，尤其是对主流的公有云基础设施、主流的配置管理工具或开发语言、主流的 CI/CD 产品集成进行对比，以帮助读者在选择 IaC 安全工具时，根据企业自身的技术特性，选择合适的产品。同时，也应该关注这些工具所包含的开源策略及二次开发的技术成本，真正做到覆盖配置管理的各个角落。

11.2 集成基础设施安全工具链

站在 DevSecOps 角度去考虑基础设施和安全运营时，基础设施自动化管理和安全运营自动化将是无法绕过的关卡，这也是近些年 IaC 理念深入人心的一个重要原因。通过配置管理代码化来实现基础设施自动化管理和安全运营自动化是 IaC 在落地中实践出来的可达成路径。

当把 IaC 和 DevSecOps 黄金管道相结合之后，其安全工具链的集成点和普通的代码开发流程卡点非常类似，不同的是，这里的很多安全工具更偏向于对 IaC 配置管理工具的支持和代码模板的支持，如图 11-3 所示。

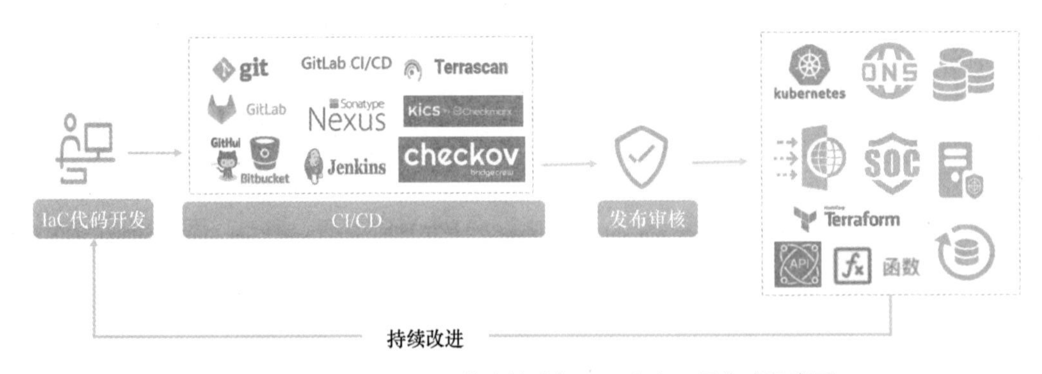

● 图 11-3　DevSecOps 黄金管道与 IaC 安全工具集成示意图

从图 11-3 中可以看到，IaC 安全的重点和基础设施的安全息息相关，主要集中在不同基础设施 IaC 代码适配的安全功能支持上。IaC 安全作为整个基础设施安全的一部分，依托配置管理的代码化和自动化，保障基础设施安全的自动化。

11.2.1 基础设施安全自动化工具简介

无论是在 DevSecOps 中，还是在其他的安全管理框架中，企业若想实现基础设施的安全自动化，一定是将安全策略的落地技术建立在运维技术之上，否则则会出现运维部门有一套技术框架，安全部门有一套技术框架，且这两者还不一定相融合。这对企业来说，无论是管理成本还是维护成本都非常大，且存在着重复建设的成本浪费。

业界基础设施安全自动化的工具或平台很多，大多数是基于配置管理之上，依托现有的研发、运维通道，构建基础设施安全自动化能力。这里面，典型的产品有红帽 Ansible Automation 和 Chef Automate，下面为读者做简要的介绍。

1. 红帽 Ansible Automation

Ansible Automation 是红帽公司基于 Ansible 实现的自动化平台，通过对不同厂商、不同安全产品的集成来达到安全自动化。而使用 Ansible 本身也能实现诸多安全运营过程中的管理和维护操作，这就是使得红帽 Ansible Automation 在同类产品中脱颖而出。

通过 Ansible 能解决以下安全运营和运维管理过程中的问题：

- 基线加固。基线加固是基础设施运维和基础设施安全中必不可少的一个部分，通过复用不同的 Ansible 基线剧本，可以方便地实现基线加固的自动化操作。
- 安全合规。安全合规也是一项常规性的安全工作，它和基线一样，除了初始化操作之外，还具备持续地运营能力。保证持续合规是众多企业安全运营的刚需。
- 漏洞修复和补丁升级。基础设施的漏洞修复和补丁升级一直是安全运营工作的难点，它不在于技术有多难，而在于当基础设施达到一定的数量级之后给运维人员带来的工作量。尤其是需要反复验证、确保对现网环境的无侵害的情况下，漏洞修复和补丁升级的工作更加复杂。通过自动化工具，可以在不同的环境下，自动化实施验证，并通过审核后同步更新到现网环境去。
- 安全编排和自动化响应。要想实现安全编排和自动化响应，需要具备两个基本前提，一个是对不同类型的安全产品的兼容集成，另一个是提供剧本编写能力。恰好红帽 Ansible Automation 这两点都满足。通过上述两种能力，实现了威胁发现和数据集成，打通安全基础设施之间的相互关系，从而实现自动化的应急响应。

从红帽 Ansible Automation 对上述 4 类常规安全问题的解决实现，想必读者基本了解了它的功能特性和适用场景。红帽 Ansible Automation 比较全面的能力概览如图 11-4 所示。

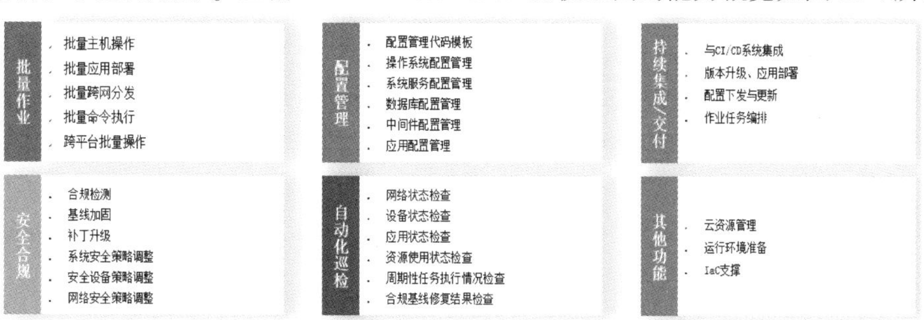

● 图 11-4 红帽 Ansible Automation 能力概览和适用场景

2. Chef Automate

Chef Automate 是基于自动化配置管理工具 Chef 之上的综合性产品，是从企业 IT 合规自动化管理角度，将 Chef Infra、Chef Inspec、Chef Automate 集成后的新的解决方案，它主要适用于以下场景：

- 基础设施安全合规。通过合规能力，自动化基础设施的安全合规操作，如端口、SSL 协议、防火墙规则等。
- 基线加固。跨平台和多云混合环境的支持，可持续性的满足 CIS 标准，发现错误的安全配置、未授权访问、恶意行动等。
- 安全审计或安全评估。可持续地审计合规问题、CVE 漏洞、基线加固情况，为安全审计提供自动化能力。
- 补丁升级。与 CI/CD 流程融合，可自动化升级系统补丁和应用程序补丁，依托管道流程，验证补丁的正确性。

使用 Chef Automate 及其周边组件可以在企业内部，在不同的组织之间，如运维部门、开发部门、安全部门等，使用统一通道，完成不同分工的协作，其核心构成如图 11-5 所示。

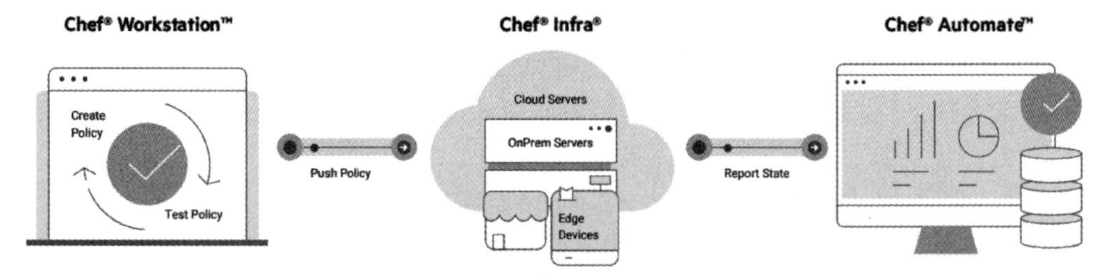

• 图 11-5　Chef Automate 安全自动化能力实现原理（图片来源于 Chef 官网）

11.2.2　使用 Ansible Automation 实现私有云基础设施安全自动化

要想解决基础设施的安全自动化，在前文中已提及需要解决两个方面的问题：一个是安全基线、安全合规在基础设施层的自动化，并提供可持续运营的能力，另一个是对线上运行的各类资产完成集成与整合，并通过流程编排对线上发现的攻击行为做出响应。下面就从这两个方面介绍 Ansible Automation 在私有云环境中对基础设施安全自动化的技术实现。

1. 总体架构简介

在业务层面，要在 DevSecOps 中整合运维通道，并完成流程的融合，其产品架构图如图 11-6 所示。

在这图 11-6 中，将整个架构分成 3 层，其中应用层主要是为安全人员、运维人员、DevOps布道师等不同的角色提供用户界面；能力层主要是为应用层提供能力支撑，如作业能力、配置管理能力、流程调度能力等，同时能力层通过文件管道、命令管道、数据管道等不同的管道来管理资源层不同的资源，如虚拟机、交换机、防火墙等；资源层是被管理的基础设施对象，主要有私有云的各类资产和物理裸机的各类资产。

当使用 Ansible Automation 作为解决方案时，在技术上是满足这些要求的。Ansible Automation 的技术架构如图 11-7 所示。

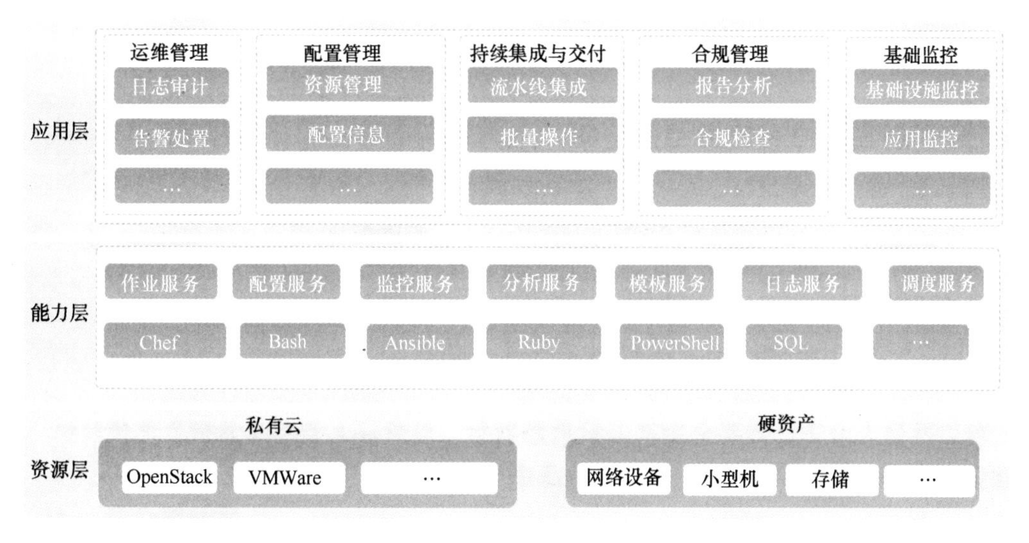

● 图 11-6 Ansible Automation 与 DevSecOps 融合的产品架构图

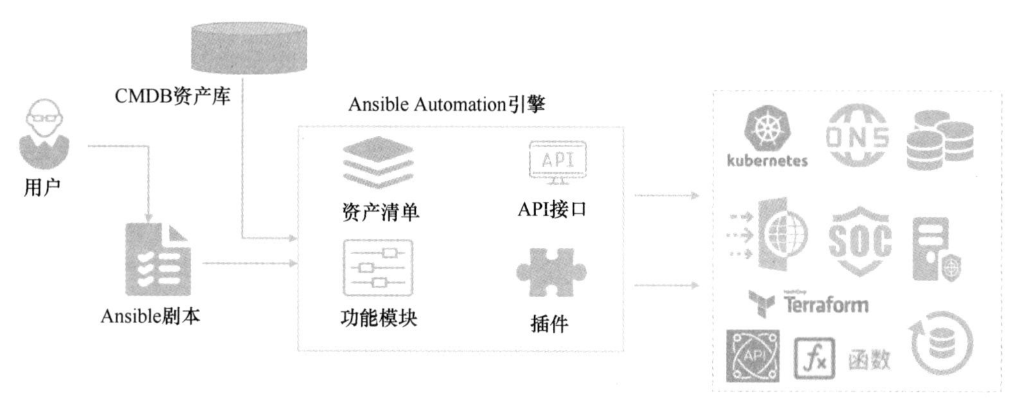

● 图 11-7 Ansible Automation 技术架构图

在图 11-7 中，当用户完成安全类剧本定制，以自动化任务或流程的形式固化在系统中，Ansible Automation 引擎负责具体任务的执行与跟踪，在具体的资源上（如主机、网络设备）执行操作。在 Ansible Automation 中，可以根据不同的资源，定义不同的角色，使用不同剧本，来完成需要执行的任务。其结构关系如图 11-8 所示。

从图 11-8 中读者可以看到 Ansible Automation 为什么可以实现基础设施的安全自动化，它与前文提及的 IaC 及配置管理的代码化本质如出一辙的，这也就顺理成章了。

2. 基线与合规问题的解决

Ansible Automation 对基线加固和安全合规的实现主要是靠通用标准的支持，如 CIS 基线、FIPS 系列标准。典型的场景是将 CIS 基线中的每一个检查项转化为 Ansible 剧本来完成安全相关的操作。这里给读者推荐几个剧本库，这些剧本库都存储在 GitHub 上。

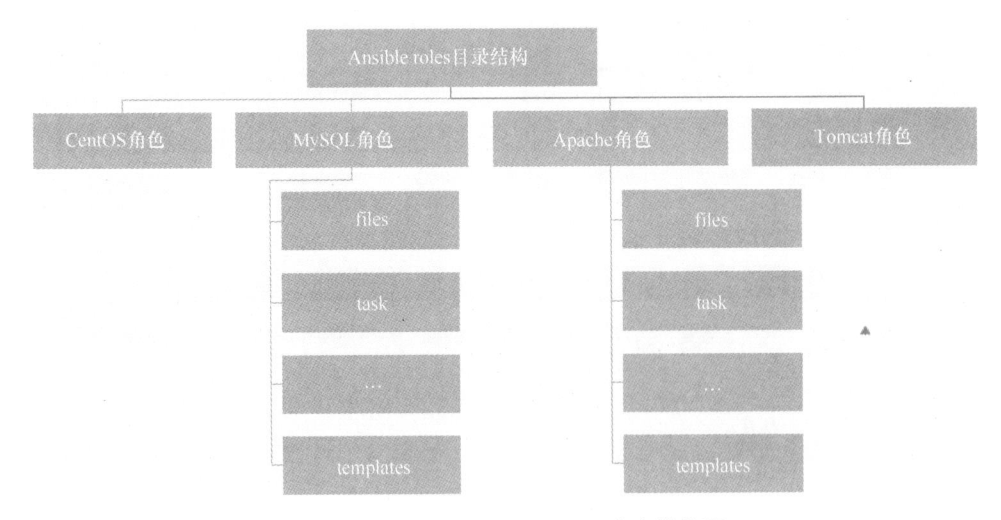

● 图 11-8 Ansible Automation 脚本结构图

通过表 11-3 中对剧本库的描述，读者可以看出其中的差异性。剧本库 ansible-lockdown 适应于操作系统层面的自动化操作；ansible-role-cis 对操作系统层的基线使用 Docker 镜像的方式来解决，对于中间件层面的基线使用 Ansible 基线剧本的方式来解决；devsec 则更为体系化，对操作系统和中间件基线满足其安全要求之上，实现了不同配置管理工具的支撑。如图 11-9 所示为其官网对 Apache 基线不同工具的支撑的页面截图。

表 11-3 常用 Ansible 安全剧本库推荐

序号	剧本库名称	剧本库网址	剧本库描述
1	ansible-lockdown	https://github.com/ansible/ansible-lockdown	提供 Linux 操作系统、Windows 操作系统 Ansible 基线剧本
2	ansible-role-cis	https://github. com/robertdebock/ansible-role-cis	提供 Docker 基线镜像、中间件类 Ansible 基线剧本
3	devsec	https://galaxy.ansible.com/devsec/hardening	提供 Linux 操作系统、MySQL、Nginx 等 Ansible 基线剧本，如 CentOS、Ubuntu、Amazon Linux、MariaDB 等
4	cis-security	https://github.com/dsglaser/cis-security	和 ansible-lockdown 类似
5	ansible-security	https://github.com/ansible-security	Ansible 官方的安全剧本库

从图 11-9 可以看出，DevSec 官网对 Apache 基线支持 Inspec、Ansible、Chef、Puppet 四种方式，可以满足不同运维工具的使用场景。

当剧本确定之后，则可以由 Ansible Automation 统一执行操作。例如，Linux 主机基线中每 90 天批量修改 root 密码的操作，使用如下剧本即可：

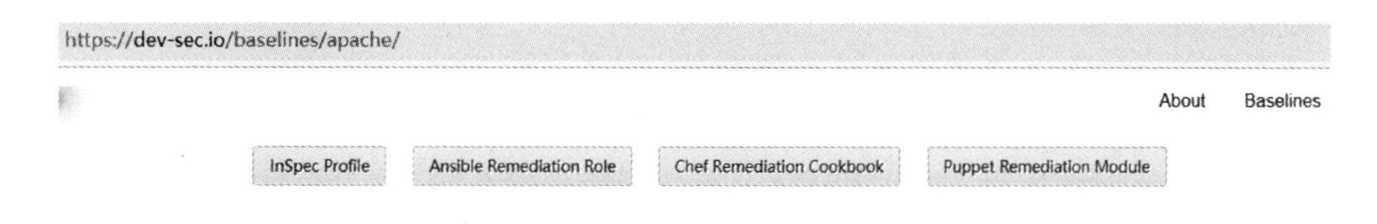

DevSec Apache Baseline v2.1.0

Search controls...

NAME	IMPACT unfold_more
Apache should be running apache-01	critical (10.0)
Apache should be enabled apache-02	critical (10.0)
Apache should start max. 1 root-task apache-03	major (5.0)

图 11-9 DevSec 官网 Apache 基线 Inspec、 Ansible、 Chef、 Puppet 支撑截图

```
name: Change CentOS root password
hosts: all
become: yes
vars:
root_password: "{{ root_password_value }}"
root_password_salt: "{{ root_password_salt_value }}"
tasks:
- name: Change CentOS root password
user:
name: root
password: "{{ root_password | password_hash(salt=root_password_salt) }}"
```

再结合统一 yum 源和 yum 安装的基础上，也可以支持批量 CVE 漏洞检测、基线加固、补丁更新等操作。当然这些操作也可以与 CI/CD 打通。Ansible Automation 提供 Webhook 的方式与 Jenkins、GitHub、GitLab 融合，形成统一的 DevSecOps 流程。如图 11-10 所示。

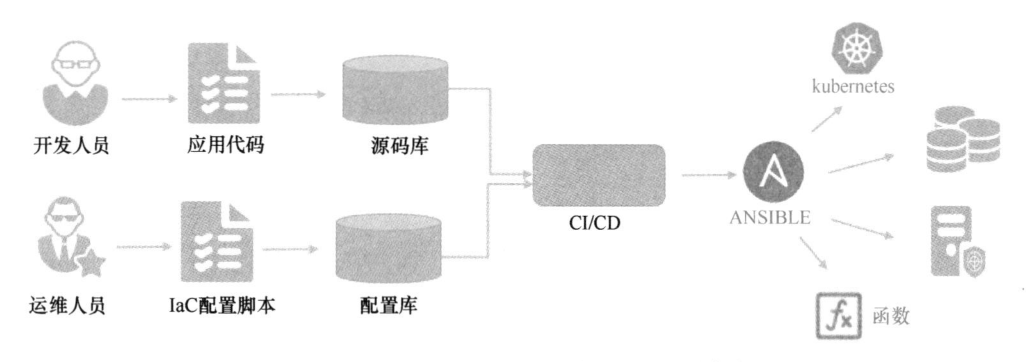

图 11-10 Ansible Automation 与 CI/CD 融合流程图

3. 安全集成与 SOAR

Ansible Automation 对安全产品的集成有防火墙，IDS、IPS，SIEM，安全 Web 网关等，如图 11-11 所示。

● 图 11-11　Ansible Automation 集成安全产品类型

这些安全产品因类型和版本的不同，在集成时有些需要做客户定制化开发，这是集成过程中的难点，如果是默认已经支持的安全产品则相对简单得多。当完成集成后，则可以通过编排形成类似 SOAR 的安全自动化与应急响应流程，如图 11-12 所示。

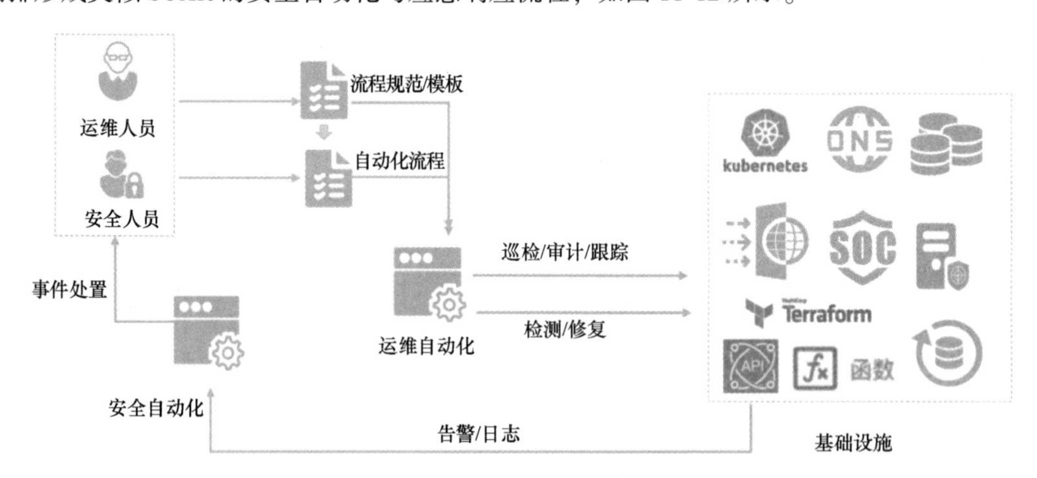

● 图 11-12　安全自动化与应急响应流程

依托这套流程，可以完成不同类型的安全运营工作。例如，当发现外部利用 Log4j 漏洞对企业开始攻击时，通过设置 Snort 规则，对攻击行为进行自动化响应，则此时的剧本如下所示：

```
#剧本定义
name: add Snort rule
hosts: snort
```

```
become: yes

#变量定义
  vars:
    ids_provider: snort

#任务定义
  tasks:
    - name: add snort Log4jShell Exploitation rule
      include_role:
        name: "ansible_security.ids_rule"
      vars:
         ids_rule: ' alert tcp any any -> any any (msg: "CVE-2021-44228 Exploitation Attempt
(Log4Shell)"; sid: 10018; flow: to_server, established; content:" |20 |HTTP |2f |"; offset: 0;
nocase; content:" |0d0a |"; distance:3; within:2; content:" |247b |"; pcre:"/[: \w \d \. \-\{ \}: \$ \/
\/]+: \/ \/[ \w \d \. \/ \-= _ % \?] +}/iR"; reference: url, https://github.com/tangxiaofeng7/CVE-
2021-44228-Apache-Log4j-Rce; rev:1;)'
        ids_rules_file: '/etc/snort/rules/local.rules'
        ids_rule_state: present
```

11.2.3 使用 Chef Automate 实现混合云基础设施安全自动化

在前文中已向读者介绍过，对于硬资产使用配置管理来解决，对于虚拟化资产可以使用安全镜像解决基线加固问题，对于应用安全的基线可以使用容器化镜像进行流程化管理来解决。其中虚拟化资产和容器化资产可以通过 CI/CD 流程实现自动化，但硬资产的自动化和其他两类资产上线后的自动化运维、安全运营工作，仍需借助自动化工具来帮助 DevSecOps 平台用户快速完成合规检测、配置缺陷、补丁升级等日常性运营工作。因各大公有云厂商对 Chef 支持度较好，如 AWS、Azure、GCP 等，故在这里向读者介绍 Chef Automate 混合云场景下的使用。

1. Chef Automate 整体架构概览

Chef 作为企业级的自动化配置管理工具，对基础设施的安全自动化和合规自动化是 CIS 官方推荐的主要软件，如图 11-13 所示。

从 CIS 官网上对 Chef 独立且详细的介绍读者可以看出 CIS 对 Chef 的认可。当企业做配置管理或自动化运维时，对基础设施的安全操作可以通过 Chef 来实现。同样，在 GitHub 上也有很多现成 Chef 的安全剧本，感兴趣的读者可以自行搜索。

在前文中已为读者介绍了 Chef Automate 实现配置管理自动化的基本原理，当使用 Chef Automate 作为基础设施安全自动化的解决方案时，其基本架构如图 11-14 所示。

从图 11-14 可以看出，Chef Automate 与 Ansible Automation 在架构上最大的区别是资源层需要安装 Chef Client 的客户端。在业务侧很难接受一个资产上安装多个客户端，这是企业在做基础设施安全自动化的解决方案时，需要结合运维通道的现状去综合考虑工具选型的一个很重要的原因。

Chef Automate 与 Ansible Automation 之间除了架构上的不同，在业务层面也存在差异。Chef Automate 作为自动化的安全合规和安全运维解决方案，提供了混合云和多云环境的支

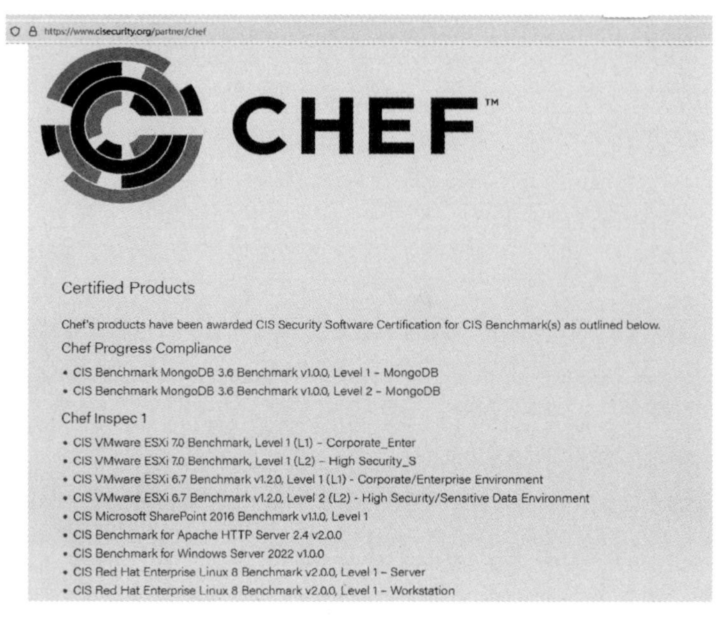

● 图 11-13　CIS 官网上 Chef 介绍页面

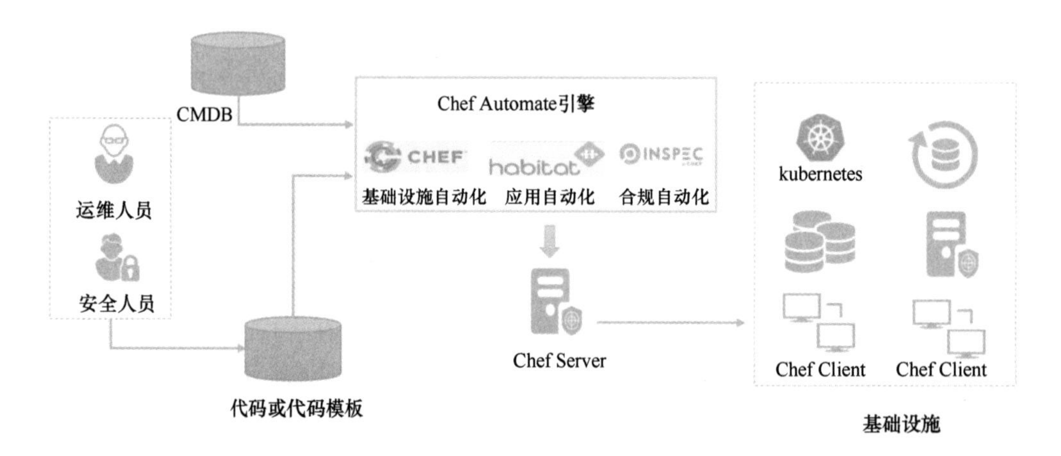

● 图 11-14　Chef Automate 架构图

持，还具备动态观察的视角，为管理员提供进展报告，有利于 DevOps 团队中不同的角色参与持续合规审计和漏洞修复的过程，通过自动化、流程化的监控和改进，持续地交付更安全的基础设施运行环境。

2. Chef Automate 的使用

Chef Automate 作为自动化的安全能力主要依赖 Chef Infra 和 Chef Inspec 来实现，对于基线加固和合规检测，默认情况下在 Chef Inspec 中已经集成，读者可以直接使用。同时，读者也可以集成外部的剧本来丰富 Chef Inspec 的功能，上文提及的 devsec 剧本库也提供 Chef 的剧本。因私有云下它们的使用方式类似，且国内的公有云厂商主要支持 Terraform 自动化配置管理工具，故在这里重点为读者介绍公有云厂商 AWS 云上 Chef Inspec 的使用。

亚马逊云 AWS 是公有云厂商中对 Chef 支持最好的厂商，其产品 AWS OpsWorks 底层使用了 Chef Inspec，尤其是 AWS Systems Manager 中的合规能力是和 Chef Inspec 相兼容的。AWS 的用户有两种方式可以使用 Chef Inspec，一种是控制台调用，另一种是命令行调用。

当使用服务台调用方式时，用户需要登录 AWS 的控制台，打开如下网址 https://console.aws.amazon.com，进入 AWS Systems Manager 控制台后，依次找到状态管理器、创建关联，并在文档列表中，选择 AWS-RunInspecChecks，再指定 Chef Inspec 配置文件的路径即可。例如，配置文件存放在 GitHub 上，则地址输入 GitHub 的网址即可。最后在配置合规检测的对象（如哪些资产在检测范围内）、合规检测的执行计划（检测任务以什么样的频次执行）、报告输出的形式。完成以上操作后，等任务执行完成，在控制台中即可以看到合规检测的结果。这里，合规检测的剧本是关键，例如，若检测 22 端口是否开放，则剧本样例如下所示：

```
control 'Linux port 22 check' do
  title 'SSH check
  desc 'SSH port should not be open to the world'
  impact 1.0
  require 'rbconfig'
  is_windows = (RbConfig::CONFIG['host_os'] =~ /mswin |mingw |cygwin/)
  if !is_windows
    describe port (22) do
      it { should be_listening }
      its (' addresses') {should_not include '0.0.0.0'}
    end
  end
end
```

而使用命令行方式执行 Chef Inspec 则更为简单，在 AWS CLI 下执行如下命令行即可：

```
aws ssm send-command
    --document-name "AWS-RunInspecChecks"
    --targets '[{"Key":"tag:tag_name","Values":["tag_value"]}]'
    --parameters '{"sourceType":["GitHub"],"sourceInfo":["{\"owner\":\"owner_name\", \"re-
pository\":\"repository_name\", \"path\": \"Inspec.yml_file"}"]}'
```

在这条命令行中，通过命令行接口直接调用 Systems Manager 的 send-command 命令，其中--targets 参数值是设置检测的资产范围，--parameters 参数值即是上文中所指定的 Chef Inspec 配置文件路径。

11.3 不同组织类型的安全运营

通过上文对基础设施类型、IaC、配置管理工具及基础设施安全自动化的介绍读者可以看出，基础设施安全自动化的本质是通过配置管理工具的代码化，与 CI/CD 流程融入实现流程调度和自动化管理。而安全基础设施的建设，安全策略代码化的运营和维护仍建立在安全运营组织的能力之上。下面介绍不同组织类型下的基础设施的安全运营及其能力构建。

11.3.1 防守型组织的安全运营

防守型组织在这里的含义是相对于传统型企业或安全建设处于建设初期的企业而言的，此期间企业的安全建设方向以救火为主，人员能力比较单薄，难以展开体系化安全能力建设。这个阶段，开展安全运营工作以务实为主，如果精力上还有富余，则可以开展长远规划，但不要安全团队自己去建设，尽最大可能地横向拉通研发侧、运维侧、质量部侧等，统一规划技术路线的迭代和演进，通过统一的规划部径为后续的 DevSecOps 自动化能力建设打下基础。

此期间，安全运营工作重点应该是抓合规、立规矩、筑基线。这三者之间，抓合规是整个安全工作的抓手，没有合规和监管要求的推动，很多安全工作难以贯穿。在开展合规治理的过程中，顺便立规矩，解决职责分工和边界问题。最后，为了防止问题的扩散和进一步恶化，需要明确一定的基线或底线要求，解决后顾之忧的防范问题。抓合规重点需要解决的是当前已发生的或存在高风险的合规项，如数据合规监管通报问题、公网漏洞问题。首先需要将相关资产梳理清楚，形成周期性的监控和巡检机制，及时发现问题并推动问题的闭环。为了提升问题闭环的效率，需要明确不同角色、不同部门的职责分工，建立问题流转和处置流程，设置考核标准和绩效，这些就是立规矩。当上述事项运行一段时间后，流程能正常运转起来，则需要考虑线上系统的长期更新问题，这时候就需要筑基线。例如，统一技术路线组件选型、统一技术路线版本，建立各类资产的安全基线要求，让业务部门去执行，安全角色站在审计和巡查的角度去验证基线的落实情况。

这个阶段，安全运营工作与整体的 DevSecOps 能力建设是割裂的。当然，从长远规划上来说，也可以说是 DevSecOps 能力的分段建设，它仅仅是在基础设施运维层面做一些基础性的工作，如资产梳理、安全基线、镜像制作等。安全运营所有工作的重点，还是在解决救火急需解决的监管通报问题、外部入侵事件及公网漏洞治理上，应急响应在这个阶段的核心能力。

11.3.2 对抗型组织的安全运营

当一家企业的安全组织运转相对比较成熟时，安全工作的开展已经初步形成体系化，这个阶段也是 DevSecOps 建设的重点阶段，安全运营工作由救火逐步走向精细化治理。

在这个阶段，安全运营工作重点是构建纵深型的安全防御架构。这里的安全防御架构不仅包含技术的纵深，也包含管理的纵深。从 DevSecOps 的角度去看，在 DevSecOps 流程中持续运营、持续监控是第一道防线，以生产环境及基础设施安全运营为主；持续集成、持续部署是第二道防线，以安全开发为主。从管理上看，制度规范是第一道防线，以 DevSecOps 流程的线上平台化为主；绩效指标是第二道防线，它是以 DevSecOps 过程中的数据指标化为主。

对于持续运营、持续监控的第一道防线，其能力建设主要解决两个问题：一个是内外部新的攻击行为的及时发现和阻断问题，另一个是现网存量资产安全风险的看得见问题。对于持续集成、持续部署的第二道防线，其能力建设是解决新开发的应用程序的安全性，不会带

"病"到生产环境的问题，切断安全问题的增量；制度规范这道防线解决的是角色分工、责任边界、流程流转、绩效考核等管理层面的问题，为实际操作提供规范指引，并通过平台化实现，提高运营效率和响应速度；而绩效指标是对上述各个防线落地效果的保障机制，通过指标分解，生成过程型指标、结果型指标，为人力配备、资源投入、建设进度提供组织保障。

这个阶段，前期建设的流程或 SOP 也需要不断地根据实际情况进行优化，标准化工作尤其是统一技术路线、标准化产品工具包、标准化运维工具包仍是持续性的工作内容。DevSecOps 的自动化和攻防对抗中的响应速度都依赖于企业在 IT 治理中的标准化能力。这些，光靠技术路线的统一是不够的。例如，即使是同一个版本的 Tomcat，同时在几百个项目中部署，每个项目中的部署路径也是不一样的。这样的情况下，自动化工作难以大面积推广并覆盖。即使能做到高覆盖率，投入的成本也是巨大的。为此，这部分工作需要持续地去做。同时，这些工作做好了，当开展实战时，应急发现、应急遏制、应急处置的效率会成倍提升。再退一步说，即使不用考虑安全，标准化后对运维工作的提升也是巨大的。高价值的工作应该持续地做。

只有这些基础性的工作做好，形成标准，运维自动化和安全自动化才能做好，持续运营、持续监控的第一道防线才能做到名副其实，才能在运维自动化和安全自动化的基础之上，整合防火墙、HIDS、SOC、SOAR 等技术与平台，当威胁发生时，能及时、非人工地做出响应。

11.3.3 实战型组织的安全运营

实战型组织主要是企业具备红蓝对抗实战能力的企业安全组织，相比前两类组织，其体系化安全能力已基本完成构建，安全流程运转有序，安全组织内部开始有明确的分工，如有专门的应急响应组、策略制定组、SOC 运营组等。各个不同的组织之间，互相协同，有效合作。在这些基础上，为了验证这些技术或流程的有效性，建立红蓝对抗实战演练机制，来不断自我促进，从"有效"走向"高效"，逐步提升企业安全实战水平。

作为实战型组织，首先考虑的是安全运营的响应速度。例如，当 Log4j 被爆出新的 CVE 漏洞，如何快速定位哪些环境中的哪些资产上存在这个漏洞，使用 CI/CD 流程多久能完成自动化更新。如果外部黑客通过此 CVE 攻击生产环境，多久能发现攻击行为，多久能遏制或阻断这些攻击行为，是否可以通过威胁情报达成反制等。它会站在整个攻击链上，考虑每一个环节的纵深和相关机制的有效响应。其次是验证安全策略的有效覆盖面，是全部覆盖还是部分覆盖，无法全部覆盖时补救措施是否有效，系统解决不了的问题人力保障是否到位等。

其次是检验安全运营流程中各个不同的组织或角色之间的协作效率，不但有安全组织与周边组织的协作效率，也包含安全组织内部的协作效率。例如，当 HIDS 告警通知某个主机上发现挖矿病毒，是否能通过资产库定位到资产属主；如果没有资产库，运维组织响应速度怎么样，多久能定位到具体的人；在运维组织寻找资产属主的同时，安全运营组织对挖矿病毒采取什么样的遏制策略，为了防止病毒扩展，对现网环境采取什么样的加固策略；如何能在最短的时间、最短的处理路径上，以最小的投入，达到问题处置的闭环。这些都是通过不断地实战与演练，慢慢磨合，慢慢积累起来的。各个组织之间的互相信任，人员能力的提升，处理经验的积累，都不是一天就能形成的。

最后是通过实战来检验IT基建的治理能力，IT基建的治理能力在一家企业内部关乎着业务、运维、安全、质量、财务等多个领域。好的IT基建治理具备全流程的贯穿能力，能为其他各个领域提供基础数据。例如，还以资产管理为例，好的IT基建治理是资产管理的过程，贯穿人员的选育用离，从招聘入职的流程开始，这个人创建了哪些账号，申请了哪些资产，资产在哪些机房、哪些云上，人员换岗离职时账号、权限能否及时回收或变更。IT基建方面的不足可以通过实战来发现，以提升治理水平。

作为DevSecOps平台，它能为实战型组织解决流程管理、沟通协作、工具能力等方面的问题，但它解决不了实战环境中人员素养、复杂场景决策、新技术引入等问题。对于实战型组织，把DevSecOps平台作为一个辅助性的工具，依靠实战不断地打磨DevSecOps平台，优化DevSecOps平台，增补能力缺失。通过实战检验平台能力的完备性，促进平台能力建设。平台能力的建设正向地促进安全运营的效率和水平的提升。它们两者相辅相成、互相促进，共同推进企业整体安全水平不断地提高，以应对内外部未知的安全风险。

11.4 小结

本章以基础设施安全与安全运营为主线，讲述IaC及配置管理在基础设施层安全自动化的技术实现，通过配置管理的代码化管理，完成基础设施、基础设施安全基线、安全基础设施的自动化能力集成与实现，保障IaC自身和基础设施的安全。并以Ansible Automation和Chef Compliance两款自动化工具为例，从技术架构、工具使用、工具集成等方面，介绍其如何融入DevSecOps体系能力建设中。最后，从安全运营的角度，结合三种不同类型的安全组织，介绍该阶段下安全运营能力建设在DevSecOps中关注的重点内容。

通过本章内容的阅读，读者基本掌握基础设施安全自动化的实践思路和技术概览，也知道如何结合企业的安全运营现状，去规划、去思考如何建设企业的安全自动化能力。

第 12 章 移动App与合规治理

近年来，随着移动互联网技术的飞速发展，移动 App 已经遍布各个领域。人们的工作、生活、社交、娱乐、沟通和商务等活动均离不开智能手机及其承载的移动 App，并且其种类和数量获得爆发式增长，极大地改变了人们的日常生活，在数字经济发展中凸显的作用日益明显。在移动 App 发展的同时，各种问题也随之而出。例如，违规收集用户信息、泄露用户信息、频繁骚扰用户等侵害用户个人信息权益的行为频出，移动 App 作为用户数据收集的主要入口之一，消费者对上述问题存在诸多担忧，但缺乏足够有效的应对手段。开展移动 App 个人信息保护与合规治理已成为国家和社会重点关注、经济发展迫切需要、国际社会普遍推进的议题。

与此同时，随着国家对个人信息和隐私合规的愈发重视，中华人民共和国国家互联网信息办公室（以下简称国家网信办）、中华人民共和国工业和信息化部（以下简称工信部）、中华人民共和国公安部（以下简称公安部）和中华人民共和国国家市场监督管理总局（以下简称国家市场监管总局）联合相关行业陆陆续续出台了一系列的法律法规和行业规范，用于管理和规范移动 App 的个人信息收集。这些法律法规和行业规范为监管机构和检测机构给出了合规检测的标准，也为自动化检测工具的研发提供了检测依据。此外，在自动化合规检测工具的基础上，衍生出了基于 DevSecOps 的移动 App 个人信息保护与合规治理解决方案，以保证移动 App 合规治理的高效性。

12.1 移动 App 合规需求来源

在国际上，2018 年欧盟颁布了《通用数据保护条例》（GDPR）并开始正式生效，GDPR 明确了对公民隐私权的获取、修改、删除等方面的保护要求，引入了惩罚机制。欧盟的监管机构目前已处罚包括脸书、谷歌和抖音国际版在内的将近 1000 起案件，累计金额超过 13 亿欧元。

在国内，国家网信办、工信部、公安部和国家市场监管总局四部委高度重视移动 App 个人信息保护工作。《网络安全法》《数据安全法》《个人信息保护法》等法律法规的快速完善，进一步激发企业、消费者、媒体等相关方的关注，对移动 App 个人信息保护的合规具有深远的影响。

12.1.1 移动 App 个人信息保护历程

近年来，随着国家对个人信息保护的重视，在国家网信部门的统筹下，国家有关主管部门、监管机构、相关行业持续推动和完善法律法规和标准体系，自 2019 年以来，连续开展多次 App 侵害用户权益的专项整治活动，并取得了阶段性的明显成效，具体发展和完善历程如图 12-1 所示。

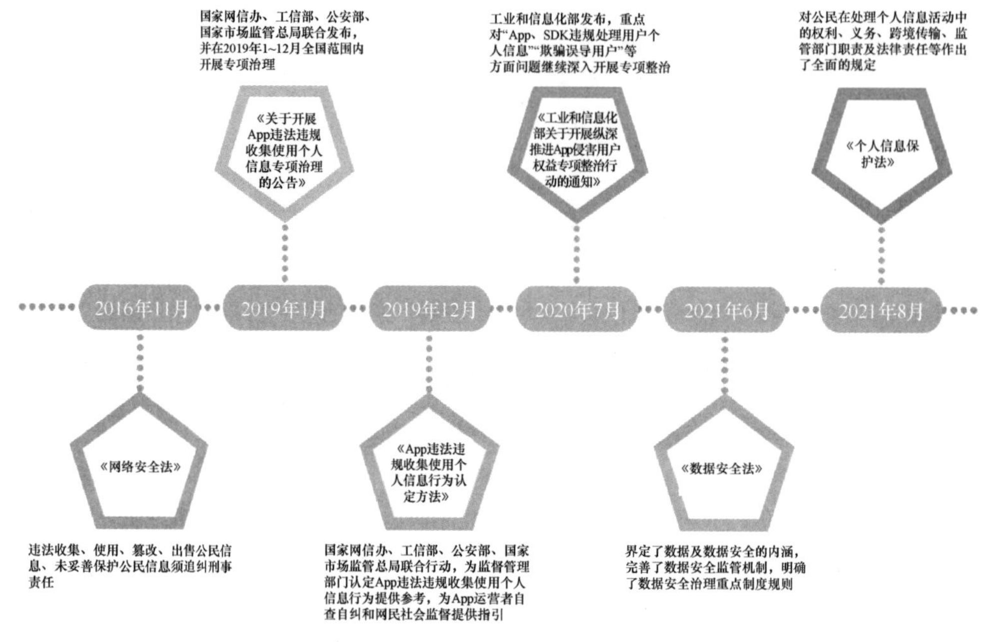

图 12-1 个人信息保护的发展历程

2016 年 11 月，中华人民共和国全国人民代表大会常务委员会（以下简称全国人大常委会）通过的《网络安全法》，在“网络信息安全”章节中对个人信息保护问题做出了较为全面的规定，明确了我国个人信息保护的基本原则和基础制度规则，为开展个人信息保护执法监督工作提供了法律依据。

2019 年 1 月，国家网信办、工信部、公安部、国家市场监管总局联合发布《关于开展 App 违法违规收集使用个人信息专项治理的公告》，决定自 2019 年 1~12 月，在全国范围组织开展 App 违法违规收集使用个人信息专项治理。公告的发布推动了 App 个人信息保护治理进入了快速发展的阶段。

2019 年 12 月，国家网信办、工信部、公安部、国家市场监管总局联合制定了《App 违法违规收集使用个人信息行为认定方法》（国信办秘字〔2019〕191 号），为监督管理部门认定 App 违法违规收集使用个人信息行为提供参考，为 App 运营者自查自纠和网民社会监督提供指引。

2020 年 7 月，工信部再次发布《工业和信息化部关于开展纵深推进 App 侵害用户权益专项整治行动的通知》（工信部信管函〔2020〕164 号），重点对“App、SDK 违规处理用户个人信息”“欺骗误导用户”等方面问题继续深入开展专项整治。

2021 年 6 月，全国人大常委会审议通过《数据安全法》，界定了数据及数据安全的内涵，完善了数据安全监管机制，明确了数据安全治理重点制度规则。

2021 年 8 月，全国人大常委会审议通过《个人信息保护法》，对公民在处理个人信息活动中的权利、义务、跨境传输、监管部门职责及法律责任等做出了全面的规定，为深入开展我国个人信息保护工作提供了坚实有力的法律保障。

上述相关法律法规的出台，为移动应用开展业务的同时，对如何收集、使用、存储、传输、销毁个人信息数据进行了规定。同时定义了个人信息安全条款的必要标准和格式，以及在第三方使用数据时必要的流程。

12.1.2 相关政策和法律法规

在上一节中我们回顾了移动 App 个人信息保护的历程，本节将重点解读《国信办秘字〔2019〕191 号》、《工信部信管函〔2020〕164 号》和《个人信息保护法》中的监管依据和方法，分析移动 App 隐私合规的详细需求来源。

（1）国信办秘字〔2019〕191 号文

国信办秘字〔2019〕191 号文共分为 6 大类，其中包括：未公开收集使用规则；未明示收集使用个人信息的目的、方式和范围；未经用户同意收集使用个人信息；违反必要原则，收集与其提供的服务相关的个人信息；未经同意向他人提供个人信息；未按法律规定提供删除或更正个人信息功能或未公布投诉、举报方式等信息。此外规定了 App 收集个人信息应当严格遵守用户知情、用户同意、最少必要、权利保障、数据安全等规则。

国信办秘字〔2019〕191 号文的出台，为众多企业进行自我排查、整改及相关执法部门认定 App 违法违规收集使用个人信息的行为，提供参考意见，统一标准。

（2）工信部信管函〔2020〕164 号文

工信部信管函〔2020〕164 号文开展的整治任务包含以下四个方面：

- App、SDK 违规处理用户个人信息方面。违规收集个人信息、超范围收集个人信息、违规使用个人信息和强制用户使用定向推送功能。
- 设置障碍、频繁骚扰用户方面。App 强制、频繁、过度索取权限，App 频繁自启动和关联启动。
- 欺骗误导用户方面。欺骗误导用户下载 App、欺骗误导用户提供个人信息
- 应用分发平台责任落实不到位方面。应用分发平台上的 App 信息明示不到位，应用分发平台管理责任落实不到位。

中国信息通信研究院联合部分互联网企业组织开展移动互联网应用个人信息保护自动化监测检测公共服务能力和全国 App 技术检测平台建设工作，并在 2020 年 7 月上线运行全国 App 技术检测平台管理系统，该自动化检测系统是集成工信部信管函〔2020〕164 号文配套标准规范开发的引擎，具备大规模 App 的自动化检测能力。12 月 10 日前完成覆盖 40 万款主流 App 检测工作。截至目前，整治行动共开展 16 批次，针对 4867 款 App 下发整改通知，公开通报 1904 款应用，下架 529 款应用。

在专项整治行动中共开展 16 批次，针对 4867 款 App 下发整改通知，公开通报 1904 款应用，下架 529 款应用，极大净化了 App 应用空间。

（3）个人信息保护法

2021 年 8 月，全国人大常委会审议通过《个人信息保护法》，并于 2021 年 11 月 1 日正式生效施行，其中对 App 个人信息保护治理工作更是提出了新的要求。

对履行个人信息保护职责的部门而言，在 App 个人信息保护治理方面，需要进一步加

强部门协调，重点需要完善以下治理机制：主管部门间协调治理机制；中央和地方之间建立部省联动治理机制；专项治理和长效治理相结合的治理机制。

12.1.3 移动 App 生命周期

2022 年 1 月 26 日，市场监管总局、国家标准委联合发布的《信息安全技术　移动互联网应用程序（App）生命周期安全管理指南》（征求意见稿），对于 App 的生命周期给出了详细的界定，将 App 的生命周期分为 7 个阶段：需求分析阶段、开发设计阶段、测试验证阶段、上架发布阶段、安装运行阶段、更新维护阶段和终止运营阶段，文件认为各个阶段都可能存在安全风险，因此为了降低风险需要在各阶段开展不同的管理或技术活动，具体见图 12-2 移动 App 生命周期安全保证框架。

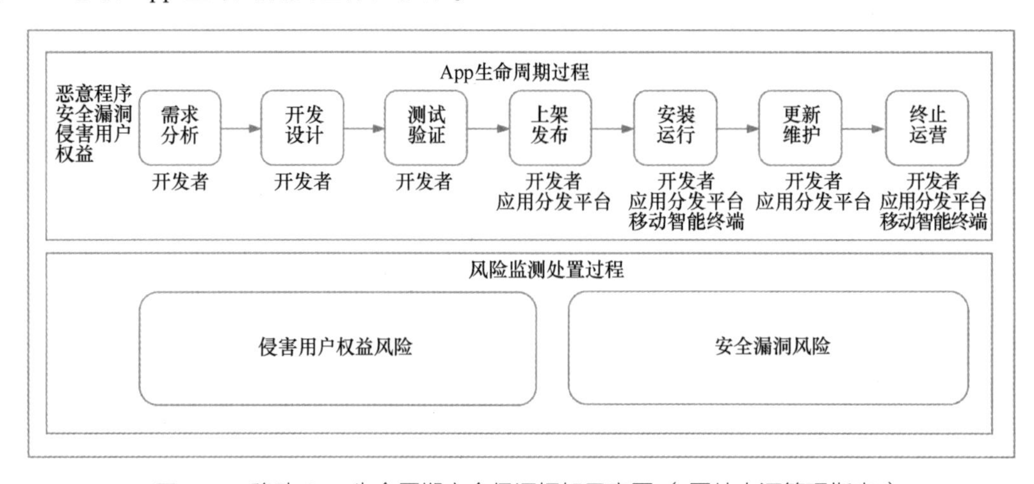

● 图 12-2　移动 App 生命周期安全保证框架示意图（图片来源管理指南）

从图 12-2 可以看出，整个移动 App 生命周期安全保证框架包含两个过程：App 生命周期过程和风险监测处置过程。风险监测处置过程主要是解决移动 App 的两大类风险问题：侵害用户权益的风险和安全漏洞风险。在 App 上架发布前的几个阶段需要对 App 进行动态和静态行为分析，根据分析结果判定是否存在侵害用户权益的风险，并进行风险处置，降低被监管通报和下架的风险。针对安全漏洞的风险，在移动 App 生命周期安全保证框架的 7 个阶段，每一个阶段具体是含义如下：

- 需求分析阶段。在 App 设计前进行安全需求分析和评审，需求来源主要是法律法规、标准约束和客户的安全需求，评审内容包括但不限于隐私合规、访问控制、身份认证等。
- 开发设计阶段。开发设计阶段根据安全需求分析进行安全设计和评审，过程中可以使用威胁建模等工具对安全问题进行分析，最后形成安全解决方案，评审需要制定一套标准，包括安全需求的一致性、安全方案的可行性、稳定性和安全性等。
- 测试验证阶段。测试验证阶段执行安全测试，验证安全需求和方案中的各个要素是否都已经满足，并形成安全测试报告。
- 上架发布阶段。上架发布阶段，移动应用分发平台需要对开发者身份资质和信誉进行管理，减少虚假身份信息和信誉不良等问题，对 App 上架进行审核，包括 App 安装包的完整性、来源可靠性及具体 App 行为等。

- 安装运行阶段。安装运行阶段，智能设备对 App 进行安全检测，识别是否存在安全风险、包含恶意程序及侵害用户权益等风险，如果发现风险则展示详细说明和处置建议等。
- 更新维护阶段。更新维护阶段主要是安全维护和安全更新，安全维护需要保护 App 运行过程中产生的日志信息，设置保存时间，并且日志信息最好使用日志平台进行集中管理。在更新前，校验客户端完整性、检测更新包是否包含漏洞、恶意代码等。
- 终止运营阶段。终止运营阶段需要开发者终止运营相关的管理工作，并明确告知用户 App 停止运营，停止收集和使用个人信息等，并进行下架。

可以看到在移动 App 生命周期安全保证框架中，在需求阶段就已经将安全需求纳入到 App 的开发需求中，这也符合 SDL 的基本思想，越在软件开发早期发现并处理风险，越能降低上架运行时发生风险的概率。

12.2 移动 App 隐私合规检测

随着 App 个人信息保护治理工作的深入推进，推动了相关标准体系的持续完善，只有标准化，才能实现监管检测的自动化、智能化。同时在 2020 年 7 月上线的全国 App 技术检测平台管理系统，集成了 164 号文配套标准规范开发的引擎，具备大规模 App 的自动化检测能力。本节将重点介绍如何构建自动化移动 App 隐私合规检测能力。

12.2.1 检测逻辑剖析

基于我们对移动 App 隐私合规相关政策和法律法规解读的基础，可以从技术上实现合规行为的检测，检测内容包括以下几个部分：基础信息检测，如应用名称、包名等信息；App 行为分析，SDK/App 申请权限的使用情况及隐私调用行为，如读取 SIM 卡、IP、MAC 地址等；App 是否申请与业务无关的权限，如获取录音、位置等；App 是否传输或存储敏感信息，如身份证、手机号等。最终可以得出构建移动 App 隐私合规核心检测能力的技术需求：

- 网络传输。获取 App 运行过程中 HTTP/HTTPS/TCP/UDP/IP 信息，用于分析网络传输过程中的收集个人信息行为和数据跨境传输行为。
- 数据存储。获取 App 运行过程中存储行为和信息，用于分析个人信息泄露行为。
- 权限调用。获取 App 运行过程中获取权限行为，用于分析敏感权限和个人信息类权限收集个人信息的行为、权限过度申请行为。
- 函数调用栈。获取 App 运行过程中的权限调用、数据存储和网络传输过程中的函数调用栈，通过调用栈识别应用本身/第三方 SDK 行为。

实现上述需求，就可以在 App 运行过程中发现可能存在的个人信息的安全、合规风险，同时可以准确定位问题出现的根源。因此可以将整个移动 App 隐私合规检测逻辑分为两个部分：服务端和移动端，如图 12-3 所示。

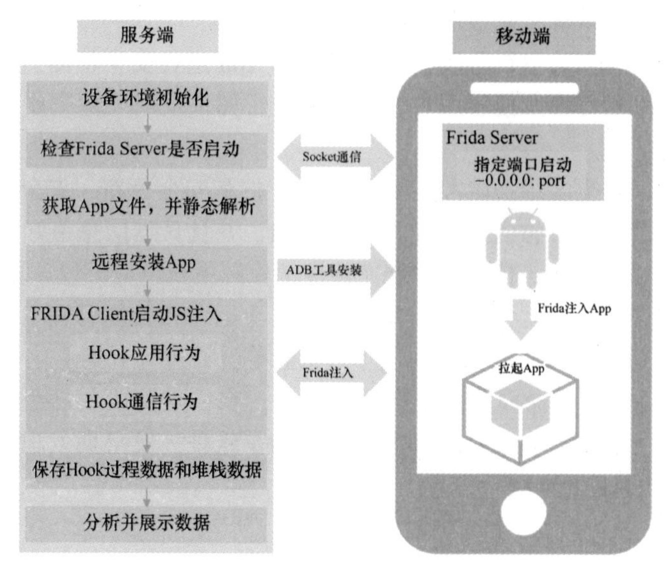

● 图 12-3　移动 App 隐私合规检测逻辑

从图 12-3 可以看出，移动端是用于执行 App 的运行环境，该运行环境主要对 App 进行动态分析，可以检测 App 运行过程中的应用行为、权限调用、传输行为和存储行为；服务端支持对 App 进行静态分析，获取 App 的基本信息，同时对动态分析的数据进行分析并展示，除此之外还需要具备基本的任务管理、报告管理、规则管理等。

从以上分析可以看出，整个移动 App 隐私合规解决方案中，核心是合规检测能力，即如何通过动态和静态分析方法识别 App 的基本信息、权限声明和使用、应用行为、传输行为、存储行为和使用到的 SDK 信息，本节剩余部分将重点介绍如何从这些方面构建移动 App 合规检测能力。

12.2.2　基本信息检测

移动 App 基本信息检测主要是通过静态分析的方法，这里以 Android 应用为例（下同）。静态分析是指采用一些逆向分析的工具或方法对 Android apk 文件进行解码，并对解码后的文件进行解析得到 apk 的基本信息，表 12-1 详细列举了静态分析的技术选型。

表 12-1　Android 静态分析技术选型

技术选型	版　本	描　述
Apktool	2.5.0	Android 的.apk 文件逆向工具，能完整的从 apk 安装包中提取出 resource、dex、manifest、xml 等文件，同时支持将解包后的零散文件再次打包成 APK 文件
Jadx	1.3.0	Android 的.apk 文件逆向工具，可以从 APK、dex、aar、aab 和 zip 文件将 Dalvik 字节码反编译为 Java 源码，支持命令行和图形化界面

使用 Apktool 对 apk 文件进行解码，可以得到明文的 manifest 文件，对 manifest 文件进行

解析就可以获取该文件中存放的权限声明、版本、包名等信息，再使用 Jadx 将 dex 文件反编译为 Java 源码文件，对源码文件进行解析可以获取第三方 SDK 等信息。图 12-4 为获取到的某 APK 的部分信息。

检测项	检测结果
软件名称	drozer Agent
类型	Android
包名	com.mwr.dz
软件大小	0.6MB
软件版本	2.3.4
加固	
安装包文件名	drozer-agent-2.3.4.apk
安装包MD5	6e6ba57a704c5a0895ac9a152d4cc399
安装包SHA-1	8d928d13ac153f7733aaa833f10e46ccd19d542b
安装包SHA-256	dd75b4a4e6c296cb0f95d86b40b4de62acc8043537bf5b983d3a76c569d85741
签名信息	所有者: C=US, O=Android, CN=Android Debug 发布者: C=US, O=Android, CN=Android Debug
targetSdkVersion	18
minSdkVersion	7
检测时间	2022-01-18 13:38:19

● 图 12-4　静态分析某 APK 信息

通过静态分析方法可以获取的 App 信息包括：App 名称、声明权限、包名、软件大小、版本、签名信息、第三方 SDK、targetSdkVersion、minSdkVersion、安装包 MD5、加固信息。这些基本信息为后续的合规分析提供了依据，例如，App 运行过程中使用未声明的权限，就可以认定 App 存在不合规行为，即“尝试使用未声明权限”。

12.2.3　应用行为检测

移动 App 应用行为的检测主要是通过动态分析的方法，动态分析方法是指在 App 运行过程中，通插桩方法，抓取 App 运行过程中的数据并分析应用行为，表 12-2 详细列举了 Android 动态分析的技术选型。

表 12-2　Android 动态分析技术选型

技术选型	版　本	描　述
Frida	15.1.8	Frida 是一种动态二进制插桩框架，可以在程序运行时插入一些代码和数据，动态地监视和修改应用程序行为，支持 Windows、macOS、Linux、Android 或者 iOS 应用
Frida-server	15.1.8	Frida-server 是 Frida 的服务器安装的执行文件，需要用 JavaScript 代码注入目标进程，操作内存数据，给客户端发送消息等操作。可以把服务器理解成被控端
Frida-tool	10.4.1	Frida-tool 提供 CLI 命令，和 Frida-server 做交互，编写 Python 代码，用于连接远程设备，提交要注入的 JavaScript 代码到服务器，并接受服务器发来的消息等。可以把客户端理解成控制端
adb	1.0.41	adb 就是连接 Android 手机与 PC 端的桥梁，借助 adb 工具，可以管理设备或手机模拟器的状态，还可以进行很多手机操作，如安装软件、系统升级、运行 shell 命令等，可以让用户在计算机上对手机进行全面的操作

从表 12-2 可以看出，Frida 是基于 Python+JavaScript 的 Hook 框架，并且支持主流的平台，满足我们进行动态行为分析的基本需求，接下来的重点就是找到应用行为对应的方法，然后通过 Hook 这些方法就可以检测到应用行为。其中 Android 涉及隐私合规的应用行为方法可以从 Android 官方的 API 指南中查找，总共 182 种行为，表 12-3 列出了部分应用行为、权限和方法对照表。

表 12-3 Android 应用行为关系对照表

行为名称	权限	方法
获取设备 IMEI	READ_PHONE_STATE	android.telephony.TelephonyManager.getImei android.telephony.TelephonyManager.getDeviceId
获取 MAC 地址	—	java.net.NetworkInterface.getHardwareAddress android.net.wifi.WifiInfo.getMacAddress
获取 Android ID	WRITE_SETTINGS	android.provider.Settings $NameValueCache.getStringForUser
获取设备 IMSI	READ_PHONE_STATE	android.telephony.TelephonyManager.getSubscriberId
设备硬件序列号	—	android.os.Build.getSerial
监听通话状态	READ_PHONE_STATE	android.telephony.TelephonyManager.listen
获取设备传感器	—	android.hardware.SensorManager.getSensorList

表 12-3 列出了部分 Android 隐私合规应用行为、权限和应用方法的对应关系，其实也就构成了前文提到的应用行为检测规则库。下面以检测 Android ID 的应用行为例，编写 Hook 的 JavaScript 代码 hook_Android_ID.js，代码片段如图 12-5 所示。

```
var targetMethod = 'android.provider.Settings$NameValueCache.getStringForUser';
var delim = targetClassMethod.lastIndexOf(".");
if (delim === -1) return;
var targetClass = targetClassMethod.slice(0, delim);
var targetMethod = targetClassMethod.slice(delim + 1, targetClassMethod.length);
var hook;
try {
    hook = Java.use(targetClass);
} catch (e) {
    console.log(e);
}
if (hook === undefined)
    return;
var overloadCount = 0;
try {
    overloadCount = hook[targetMethod].overloads.length;
} catch (e) {
    console.log(e);
}
if (overloadCount === 0)
    return;
console.log("Tracing " + targetClassMethod + " [" + overloadCount + " overload(s)]");
for (var i = 0; i < overloadCount; i++) {
    // hook方法
    hook[targetMethod].overloads[i].implementation = function () {
        // 打印参数
        var param = [];
        for (var j = 0; j < arguments.length; j++) {
            param.push(arguments[j])
        }
        // print backtrace, 打印调用堆栈
        var stack = printStack();
        var out = {'type': 1001, 'timestamp': new Date().getTime(), 'param': param, 'stackFlow': stack};
        // 打印返回值
        var retval = this[targetMethod].apply(this, arguments); // rare crash (Frida bug?)
        if (retval !== undefined) {
            out['ret'] = retval;
        }
        send(JSON.stringify(out));
        return retval;
    }
}
```

● 图 12-5 检测 Android ID 应用行为的 Hook 代码片段

执行命令 frida -H ip：port -f com.xxx.xxx -l hook_Android_ID.js --no-pause，这里需要将过

程数据进行整理以方便阅读，整理后的数据如图 12-6 所示。

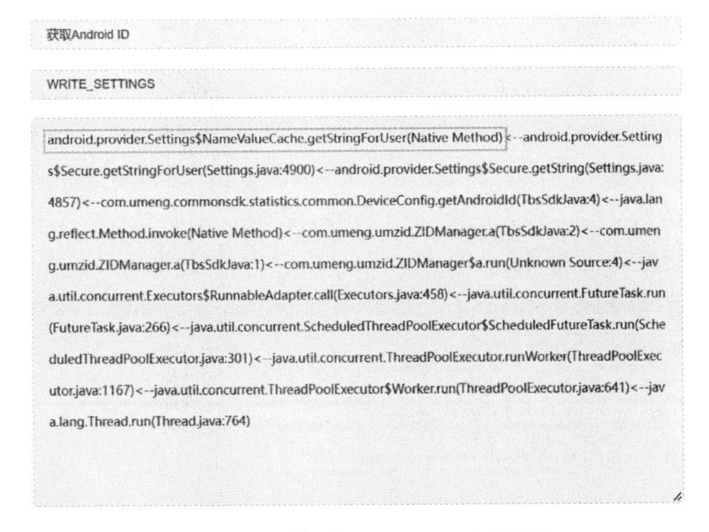

获取Android ID
WRITE_SETTINGS
android.provider.Settings$NameValueCache.getStringForUser(Native Method)<--android.provider.Setting
s$Secure.getStringForUser(Settings.java:4900)<--android.provider.Settings$Secure.getString(Settings.java:
4857)<--com.umeng.commonsdk.statistics.common.DeviceConfig.getAndroidId(TbsSdkJava:4)<--java.lan
g.reflect.Method.invoke(Native Method)<--com.umeng.umzid.ZIDManager.a(TbsSdkJava:2)<--com.umen
g.umzid.ZIDManager.a(TbsSdkJava:1)<--com.umeng.umzid.ZIDManager$a.run(Unknown Source:4)<--jav
a.util.concurrent.Executors$RunnableAdapter.call(Executors.java:458)<--java.util.concurrent.FutureTask.run
(FutureTask.java:266)<--java.util.concurrent.ScheduledThreadPoolExecutor$ScheduledFutureTask.run(Sche
duledThreadPoolExecutor.java:301)<--java.util.concurrent.ThreadPoolExecutor.runWorker(ThreadPoolExec
utor.java:1167)<--java.util.concurrent.ThreadPoolExecutor$Worker.run(ThreadPoolExecutor.java:641)<--jav
a.lang.Thread.run(Thread.java:764)

● 图 12-6　检测 Android ID 应用行为

从图 12-6 中标记的堆栈数据可以看到已经 Hook 到行为方法，根据表 12-3 中的对应关系就可以知道行为方法对应的应用行为名称为获取 Android ID。

可以看到堆栈信息完整地复现了移动 App 在运行过程中的调用链，根据调用链的信息还可以识别该应用行为是 App 本身触发的还是第三方 SDK 触发的，在图 12-6 中可以看到第三方 SDK 的调用，因此该行为是第三方 SDK 触发的。此外根据前文提到的 SDK 合规库，从堆栈数据匹配 SDK 合规库，还可以检测第三方 SDK 信息。

12.2.4　传输行为检测

移动 App 在运行过程中会与外界进行网络通信传输，如果出现敏感数据的传输，那么也会有很大的合规风险，因此需要对 App 的传输行为及传输的数据内容进行检测。

传输行为检测的主要技术手段是通过抓包的方式分析数据。通常是抓取 HTTP/HTTPS 这两种类型的数据包。HTTP 数据包是明文传输可以直接进行抓包，但 HTTPS 已经是加密数据包了，理论上不存在明文传输问题，为何还需要抓包分析，原因是针对个人信息相关的数据，在传输过程中要求进行字段加密，因此仍然需要对 HTTPS 的数据包进行分析，如传输身份证号码信息，需要对身份证号码进行加密后，再通过 HTTPS 协议传输。针对 HTTPS 协议的抓包，有以下两种方式：

- “中间人”+“伪造证书”。使用 Burpsuite、Fiddler 等抓包工具拦截 HTTPS 请求时，抓包软件的证书在中间冒充服务器接收客服端的请求，然后又冒充客户端，发送请求给服务器，在这中间获取传输数据。但这种方式无法获取堆栈信息，识别不了是应用本身还是第三方 SDK 的行为，无法抓 TCP 和 UDP 的包，而且自动化程度偏低。
- 系统框架层 Hook。考虑到数据传输最终都是调用系统或者第三方的库，因此直接 Hook 系统源码发送数据的地方，不需要考虑应用层使用的网络框架。这种方式无需证书、支持 TCP/IP 模型应用层的所有协议，可以打印堆栈回溯请求触发的函数，定位传输行为的触发主体，自动化程度高，提高分析的效率。

综合以上两种抓包方式，采用系统框架层 Hook 的方式抓包，这里的核心是找到 HTTP/HTTPS 的 Hook 点，思路就是跟踪 Android 的发包流程，跟踪至 native 层的位置，最终可以找到 Hook 点：

```
Http: java.net.SocketOutputStream
Https: com.android.org.conscrypt.NativeCrypto.SSL_write
Https:com.android.org.conscrypt.NativeCrypto.SSL_do_handshake
```

采用 Frida 编写 Hook 的 JavaScript 代码 hook_https_http.js，代码片段如图 12-7 所示。

```
function hook_SSL_write() {
    var targetClassMethod = 'com.android.org.conscrypt.NativeCrypto.SSL_write';
    var delim = targetClassMethod.lastIndexOf(".");
    if (delim === -1) return;
    var targetClass = targetClassMethod.slice(0, delim)
    var targetMethod = targetClassMethod.slice(delim + 1, targetClassMethod.length)
    var hook = Java.use(targetClass);
    var overloadCount = hook[targetMethod].overloads.length;
    console.log("Tracing " + targetClassMethod + " [" + overloadCount + " overload(s)]");
    for (var i = 0; i < overloadCount; i++) {
        // hook方法
        hook[targetMethod].overloads[i].implementation = function () {
            var retval = this[targetMethod].apply(this, arguments); // rare crash (Frida bug?)
            var startIndex = 0;
            if (arguments.length === 8) {
                startIndex = 1;
            }
            var msg = printHttpsAddress(arguments[startIndex + 1]);
            var byteArray = Java.array('byte', arguments[startIndex + 3]);
            var content = '';
            for (var i = 0; i < arguments[startIndex + 5]; i++) {
                if (isprintable(byteArray[i])) {
                    content = content + String.fromCharCode(byteArray[i]);
                }
            }
            if (content) {
                msg['content'] = content;
                msg['type'] = 1003;
                msg['stackFlow'] = printStack();
                msg['timestamp'] = new Date().getTime();
                send(JSON.stringify(msg));
            }
            return retval;
        }
    }
}
function capture() {
    hook_SSL_write();
    var SocketOutPutStreamClass = Java.use('java.net.SocketOutputStream');
    SocketOutPutStreamClass.socketWrite0.implementation = function (arg0, arg1, arg2, arg3) {
        var result = this.socketWrite0(arg0, arg1, arg2, arg3);
        var bytearray = Java.array('byte', arg1);
        var content = '';
        for (var i = 0; i < arg3; i++) {
            if (isprintable(bytearray[i])) {
                content = content + String.fromCharCode(bytearray[i]);
            }
        }
        var message = {};
        message["src_addr"] = (this.socket.value.getLocalAddress().toString().split(":")[0]).split("/").pop();
        message["src_port"] = parseInt(this.socket.value.getLocalPort().toString());
        message["dst_addr"] = (this.socket.value.getRemoteSocketAddress().toString().split(":")[0]).split("/").pop();
        message["dst_port"] = parseInt(this.socket.value.getRemoteSocketAddress().toString().split(":").pop());
        message['content'] = content;
        message['stackFlow'] = printStack();
        message['timestamp'] = new Date().getTime()
        message['type'] = 1002;
        send(JSON.stringify(message));
    }
}
```

• 图 12-7　Hook 抓取 HTTP/HTTPS 明文流量代码片段

执行命令 frida -H ip：port -f com.xxx.xxx -l hook_https_http.js --no-pause，这里同样需要将过程数据进行整理以方便阅读，整理后的数据如图 12-8 所示。

从图 12-8 中可以看到，抓到的都是明文的数据包，接下来将数据包中的内容和敏感信息规则库进行匹配，就可以判断传输行为是否涉及敏感信息，从堆栈数据匹配 SDK 合规库，可以识别该应用行为是 App 本身触发的还是第三方 SDK 触发，通过这种方式来完成传输行为的检测。

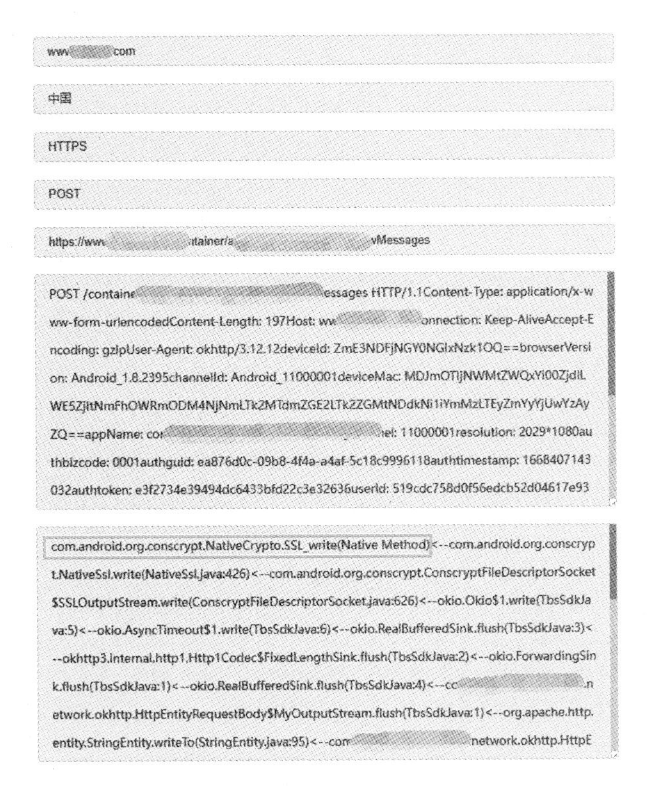

● 图 12-8 Hook 抓取 HTTPS 明文流量

12.2.5 存储行为检测

移动 App 在运行过程中会往本地存储空间写一些数据，在应用程序结束后数据仍旧会保存，数据通常是以 XML 文件格式保存在 Android 手机系统想要的目录下，如 SharedPreferences 存储。如果出现敏感数据的存储，同样也会存在合规风险，因此需要对 App 的存储行为及存储的数据内容进行检测。

这里采用 Hook 的方式检测存储行为，需要找到存储文件的 Hook 点：

```
存储行为:java.io.FileOutputStream
```

可以看到，存储数据的 Hook 点比较单一，接着采用 Frida 编写 Hook 的 JavaScript 代码 hook_store.js，代码片段如图 12-9 所示。

```
var FileOutputStream = Java.use("java.io.FileOutputStream");
FileOutputStream.$init.overload('java.io.File', 'boolean').implementation = function (str, str2) {
    var File = Java.use('java.io.File');
    var Java_File = Java.cast(arguments[0], File);
    var args = Java_File.getAbsolutePath();
    var stack = printStack();
    var out = {'type': 1001, 'timestamp': new Date().getTime(), 'param': args, 'stackFlow': stack};
    send(JSON.stringify(out));
    return this.$init(str, str2);
};
```

● 图 12-9 Hook 抓取存储行为代码片段

执行命令 frida -H ip：port -f com.xxx.xxx -l hook_store.js --no-pause，这里同样需要将过程数据进行整理以方便阅读，整理后的数据如图 12-10 所示。

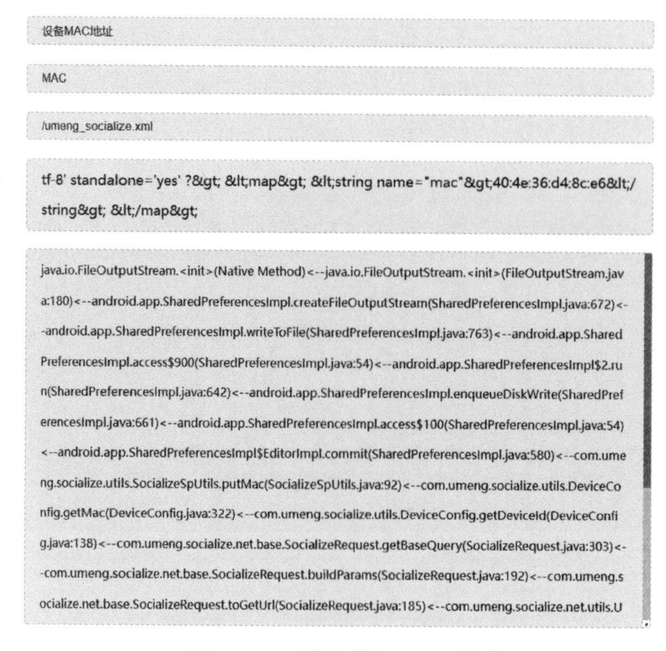

● 图 12-10　存储行为 Hook 检测

从图 12-10 中可以看到检测出存储了设备的 Mac 地址，首先 Hook 存储方法的输入就可以得到存储位置，接着通过位置找到相应的文件进行解析，最后将解析的数据内容和敏感信息规则库进行匹配，就可以判断存储行为是否涉及敏感信息，通过这种方式来完成了存储行为的检测。

12.3　与 DevSecOps 流水线集成

上一节详细地介绍了移动 App 隐私合规的检测技术和实现方式，但移动 App 隐私合规的治理光靠产品和工具是不够的，还需要体系制度管理的支撑才有可能实现落地。本节将介绍基于 DevSecOps 平台的移动 App 隐私合规实践，具体介绍移动 App 隐私合规解决方案与 DevSecOps 流水线的集成落地方式。

12.3.1　集成概览

整个移动 App 隐私合规解决方案主要从两个方面考虑，第一从技术角度给予 App 数据安全的运营环境，此方面工作主要紧紧围绕 App 生命周期，通过技术手段将检测能力与 DevSecOps 平台等上下游流程打通，保障数据的安全；第二从数据合规体系制度建设角度给予 App 数据合规的制度保障生态。具体移动 App 隐私合规解决方案如图 12-11 所示。

从图 12-11 可以看出，整个解决方案主要围绕 App 生命周期进行合规管理，具体建设环

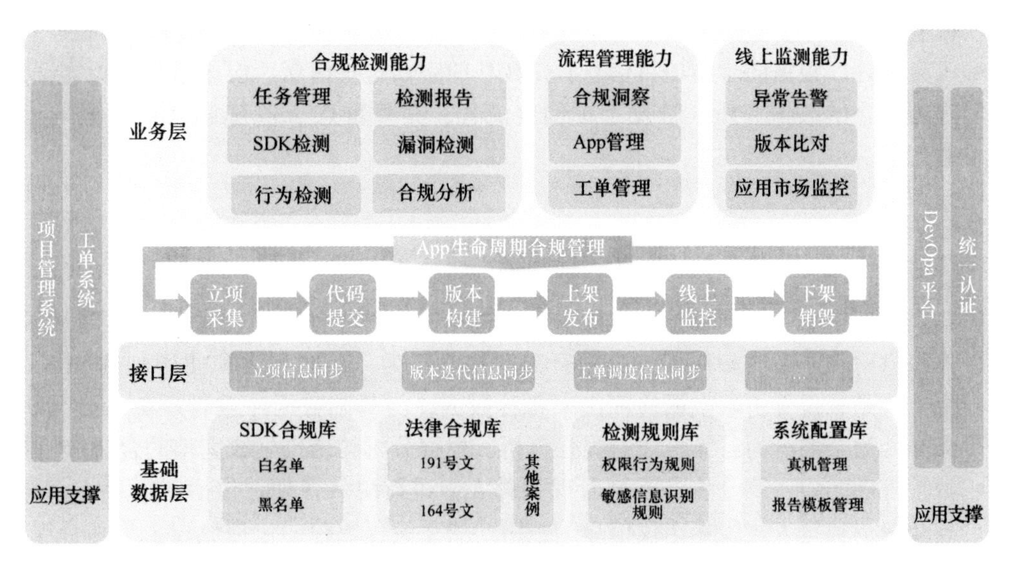

● 图 12-11 移动 App 隐私合规解决方案概览

节可以分为：基础数据层、接口层和业务层，下面进行详细介绍。

1. 基础数据层

基础数据层包含四个模块：SDK 合规库、法律合规库、检测规则库、系统配置库。

- SDK 合规库主要是用于收集第三方 SDK，收集的信息包含 SDK 名称、SDK 包名、SDK 开发者、隐私协议网址、SDK 描述、SDK 类型、SDK 声明权限，收集 SDK 数据的目的是为进行 App 中 SDK 的识别做数据准备。
- 法律合规库包含 191 号文、164 号文等检测依据，并在检测结果中进行合规标注，不合规项具体是违背检测依据中的哪一条原则，如“违规收集个人信息”等，给检测人员提供具体的合规指引，方便定位合规问题。
- 检测规则库检测规则库主要是检测 App 运行过程中的通信行为、存储行为、应用行为和权限，它包含权限规则库、行为规则库、敏感信息规则库。权限规则库收集的信息包含权限名称、权限等级、敏感等级、权限描述；行为规则库收集的信息包含行为名称、行为方法、行为权限、敏感等级、是否个人信息相关；敏感信息规则库收集关键词、类型、敏感等级、特征。
- 系统配置库包含远程云真机的配置规则、报告模板规则，主要是进行远程云真机的管理。

2. 接口层

接口层主要是打通一些上下游信息化系统的流程，如项目管理平台、持续集成平台、安全平台等，核心思想就是基于 DevSecOps 平台实现落地，具体如下：

- 项目管理平台。同步立项信息，从项目管理的角度去感知新项目的 App 信息，重点 App 的数据同步，同时可以获取整个 App 的开发计划、发布时间等里程碑信息，可以更好地管控 App 隐私合规的检测过程。
- 持续集成平台。将合规检测能力与 CI/CD 接口打通，并集成至 DevOps 流水线，将能力融入 CI/CD 流程可以更好地实现隐私合规的检测自动化，同时流水线可编辑、配置。

- 安全平台。根据同步的项目信息、CI/CD 的版本迭代信息、应用市场的检测信息等，进行综合的数据分析，触发工单调度流程，完整重点 App 隐私合规流程的线上化管理。

3. 业务层

业务层包含三大块：合规检测能力（即核心的检测引擎）、流程管理能力和线上监测能力。

- 合规检测能力。第一块是合规检测：通过动态和静态的分析方法分析移动 App 的基本信息、权限声明和使用、应用行为、传输行为、存储行为和使用到的 SDK 信息；第二块是合规分析：根据检测出来各种数据，与基础数据库进行匹配综合分析，判断是否为合规行为；第三块是报告分析，根据分析的结果生成完整的合规分析报告。
- 流程管理能力。第一块是 App 管理：对 App 进行统一管理，包括 App 基本信息、所属业务、负责人、版本迭代信息等；第二块是流程跟踪，包括流程工单和合规态势。流程工单主要是触发工单进行安全合规扫描，并跟踪工单的闭环，具体到 App 的某个版本；合规态势主要是展示当前不同业务单元、不同版本的合规趋势，同时提示未纳入合规管理平台的 App 列表。
- 线上监测能力。第一块是应用市场监控，主要是通过第三方服务或爬虫定期获取各个渠道的应用信息；第二块是版本对比和异常告警，主要是从应用渠道获取到的应用信息和已发布的 App 进行指纹对比，如果发现不匹配则进行告警，触发工单流程，并通知负责人。

移动 App 隐私合规治理的解决方案落地可以分步骤实施：第一步，打通上下游的系统的流程，完成重点 App 数据同步，并利用数据分析，完成重点 App 流程管理线上化；第二步，核心是合规检测能力的建设，即如何通过动态和静态分析方法识别 App 的基本信息、权限声明和使用、应用行为、通信行为、存储行为和使用到的 SDK 信息；第三步，整合外部第三方服务，监控各大应用市场，重点 App 应用市场监控、版本比对、异常告警，完成线上监测的自动化。

12.3.2 关键安全卡点设置

移动 App 隐私合规管理解决方案从移动 App 生命周期管理角度出发，重点聚焦于 App 立项、版本迭代、上架发布、线上运营等阶段，为业务单元提供包含移动 App 研发过程跟踪、合规检测、上架卡点、线上监控等功能，结合 DevSecOps 流水线，提高合规管理效率。为了更好地贯彻落实 DevSecOps 流水线各个阶段的执行，需要对关键安全卡点进行设置。首先需要知道各个阶段的含义，图 12-12 为流水线各个阶段的示意图。

从图 12-12 可以看出，基于 DevSecOps 的移动 App 隐私合规治理流程可以分为四个阶段：立项阶段、开发阶段、发布阶段、运营阶段，在 App 生命周期过程中，各阶段开展不同的管理或技术活动，应对可能出现的风险，降低出现隐私合规风险的可能性。各阶段的具体含义如下：

- 立项阶段主要是解决“哪些项目里包含移动 App”的问题，以立项流程为抓手，从

● 图 12-12　基于 DevSecOps 的移动 App 隐私合规治理流程

项目管理系统收集移动 App 信息，并将信息同步至安全平台，安全人员可以感知项目中移动 App 的信息，可以及时进行隐私合规安全需求分析等，从源头管控移动 App 的合规开发。

- 开发阶段主要是解决“哪些版本做过合规检测”的问题，结合 CI/CD 数据，代码提交记录、构建记录，跟踪移动 App 开发版本迭代信息，并将这些过程数据同步至安全平台中进行分析，跟踪各个版本的合规检测情况。
- 发布阶段主要是解决“是否满足合规检测要求”的问题，根据开发阶段数据分析结果，触发自动化合规检测工单，跟踪流程闭环；对于重点 App 设置卡点，如果发现构建的版本未进行合规检测，则进行告警甚至禁止其发布至应用市场。
- 运营阶段主要是解决“漏网之鱼的发现”的问题，监控应用市场发布情况，通过第三方服务或爬虫的方式定期从应用市场获取安装包，进行指纹对比，发现漏网之鱼并预警，及时触发工单流程并跟踪流程闭环。

在 App 隐私合规治理的四个阶段，相对应设置 4 个安全卡点。在立项阶段，收集 App 的基本；在开发阶段，分析 App 的 CI/CD 过程数据，感知各个版本的迭代情况和合规检测情况，如果发现未进行合规检测的版本则进行风险提示；在发布阶段，完善自动化合规检测过程，根据合规检测的情况，进行上线前的卡点；在运营阶段，对 App 应用市场进行监测，发现违规发布的 App，触发线上合规检测工单并推动闭环，降低 App 被通报或者下架的可能性，依托平台运营驱动业务隐私合规。

12.3.3　隐私合规管理工作流程

在前面章节中已经把基于 DevSecOps 的移动 App 隐私合规治理的框架、过程参考等梳理清楚，如果要实现该框架的落地，还需要具体的操作流程和指南，结合整个 App 隐私合规治理的框架，围绕技术和管理的两个角度来明确落地实施的管理流程，如图 12-13 所示。

从图 12-13 可以看出，落地实施的管理流程整个过程由多个角色参与，其包含的主要内容如下：

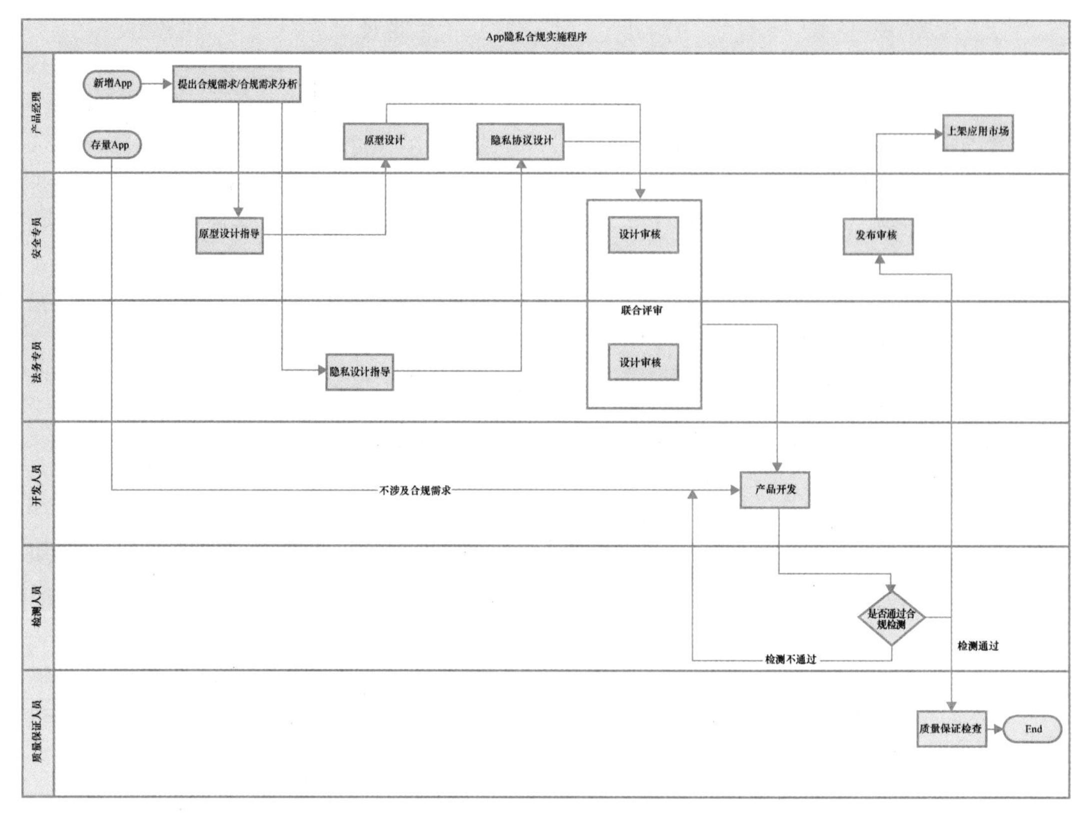

● 图 12-13　移动 App 隐私合规落地实施管理流程示意图

1）需求阶段。当业务单元新增 App 时，在规划设计前，由产品经理提出合规需求。如果业务单元存量 App 进行版本更新，不涉及合规需求时，则直接从步骤“7）研发阶段”开始实施。

2）原型设计指导和审核。安全专员接到合规需求后，根据 App 功能特点，对原型设计中涉及隐私合规的部分进行指导和审核。

3）完成原型设计。产品经理根据安全专员的指导完成原型设计工作。

4）拟定隐私政策。产品经理根据 App 功能特点和企业要求隐私政策模板（可联系企业法务专员获取），初步拟定隐私政策文本内容，发送至法务专员进行内容审核。

5）隐私政策审核。法务专员对隐私政策内容进行反馈和审核。

6）隐私政策定稿。产品经理根据法务专员意见，对隐私政策内容进行定稿。

7）研发阶段。研发人员根据原型设计进行研发，并将定稿后的隐私政策集成至 App 中。研发完成后，提交至测试人员进行合规检查。

8）合规检查。测试人员根据《××　App 个人信息安全合规检测指南》对 App 进行合规检查，输出检查报告至安全专员。

9）合规终审。安全专员根据测试人员的合规检查报告对 App 进行合规终审，如果审核通过，出具“×××移动应用隐私合规审计报告”至产品经理，同时抄送质量保证专员（QA），后续由业务单元相关人员安排 App 上线。如果审核不通过，安全专员反馈违规项至产品经理，按要求进行整改后，重新进行合规终审，直至通过。

10）上线阶段。App 合规终审通过后，App 按正常流程安排上线。

11）质量保证。质量保证专员接收“×××移动应用隐私合规审计报告”，作为质量保证审查的一部分。

落实企业移动 App 隐私合规的管理流程要求，可以规范企业移动 App 隐私合规管理工作，指导业务单元快速熟悉新增和存量移动 App 在全生命周期中如何满足隐私合规基本要求，并固化隐私合规实施流程，规范过程自查自检，从而减少被监管部门通报的风险。

12.3.4 运营管理难点与策略

和所有的平台系统一样，要想完美地实现落地少不了运营工作，基于 DevSecOps 的移动 App 隐私合规平台的运营同样也是如此。本节我们首先介绍运营整个合规治理的过程，然后再剖析其中的运营难点及应对方式。

首先，要做好 App 的基本信息管理。这个过程需要运营人员梳理业务包含的 App 信息，然后在平台录入或从项目管理系统同步 App 的基本信息，图 12-14 列举了录入的基本信息。

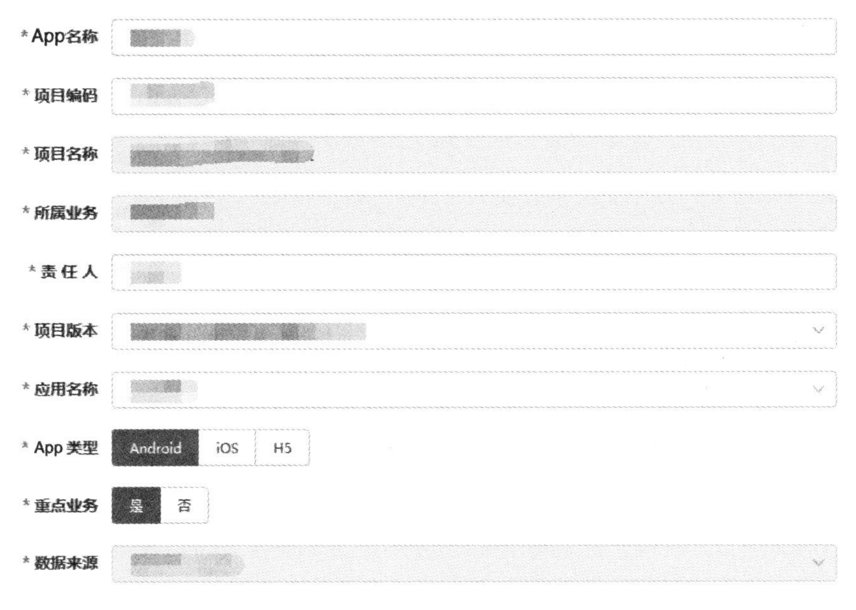

图 12-14 App 基本信息录入

图 12-14 中录入的信息包含 App 的项目信息、版本信息等，对于数据的来源一般为 DevOps平台和项目管理平台。通过录入 App 的信息，运营人员可以清晰地知道业务单元有哪些 App，以及需要进行隐私合规治理的有哪些。

接着，甄别需要合规治理的 App 版本。在日常的 App 开发中，版本会快速迭代，但并不是每个版本都需要进行合规检测，但同时也不能遗漏重点版本，因此需要根据流水线 CI/CD 的版本迭代信息构建 App 的合规透视图，如图 12-15 所示。

在图 12-15 的合规透视图中可以看到，在多个 App 的迭代版本中可以识别无需检测版本、检测合规/不合规版本，以及待跟踪版本，同时可以看到各个版本的提交记录，方便运

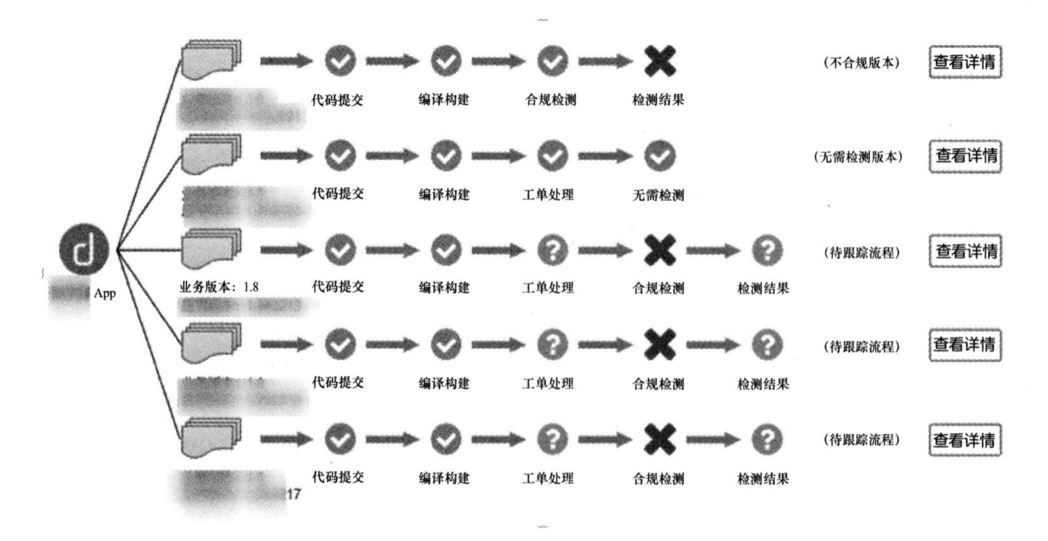

● 图 12-15　移动 App 合规透视图

营人员掌握当前各个版本的合规治理情况，保证不会遗漏当前版本的信息。对于待跟踪的版本，运营人员可以选择工单的处理的方式直接通知 App 负责人，发起合规测试。

最后，掌握业务整体合规风险情况。在进行隐私合规治理过程中，数据积累到一定程度，需要对业务的合规风险情况有个大致的判断，既方便运营人员对策略进行调整，又能满足汇报需求，因此需要构建业务合规态势图，具体如图 12-16 所示。

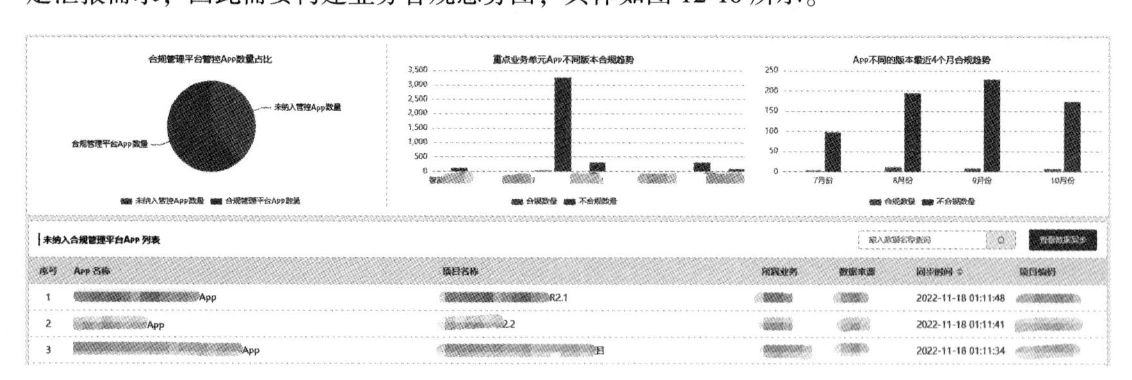

● 图 12-16　移动 App 合规态势图

图 12-16 的合规态势图中，运营人员可以掌握重点业务单元 App 不同版本的合规趋势、App 最近一段时间的合规趋势，此外还可以看到未纳入隐私合规平台管理的 App，这个很重要，方便运营人员及时处理未受管控的 App。

以上就是移动 App 隐私合规平台的运营难点与应对策略，主要就是做好 App 的管理、甄别需要合规治理的 App 版本，以及掌握业务整体合规风险，此外运营的过程中还会涉及与多方角色进行沟通协作，例如，推动移动 App 隐私合规风险的修复需要与开发人员进行沟通处理，收集 App 的信息需要与产品经理等进行拉通，这个时候就需要考验运营人员的沟通协作能力。

12.4 小结

本章围绕移动 App 的个人信息保护与隐私合规治理，讲述移动 App 个人信息保护的历程，并重点解读国家相关法律法规和发文，阐述监管依据和方法，分析移动 App 隐私合规的详细需求来源。随后从移动 App 的整个生命周期的角度分析如何从各个阶段进行隐私合规治理，并重点讲述了如何构建自动化移动 App 隐私合规检测的核心能力，最后结合 DevSecOps 流水线谈如何落地移动 App 合规解决方案。

通过本章内容的阅读，读者基本掌握基于 DevSecOps 流水线的移动 App 隐私合规治理方案及详细的管理工作流程，同时也知道在运营管理过程中面对难点该如何制定策略应对。

参考文献

[1] 张涛. 悬镜安全：2020 DevSecOps 行业洞察报告 [EB/OL]. (2021-01-07) [2022-04-20]. https://www.freebuf.com/articles/paper/260137.html.

[2] Microsoft. Microsoft Threat Modeling Tool [EB/OL]. (2018-09-07) [2022-04-20]. https://docs.microsoft.com/en-us/azure/security/develop/threat-modeling-tool.

[3] OWASP. OWASP Threat Dragon [EB/OL]. (2020-09-04) [2022-04-20]. https://owasp.org/www-project-threat-dragon.

[4] Microsoft. Microsoft Threat Modeling Tool threats [EB/OL]. (2018-09-07) [2022-04-20]. https://docs.microsoft.com/en-us/azure/security/develop/threat-modeling-tool-threats.

[5] VENKATESH J. DREAD (Risk Assessment Model) [EB/OL]. (2021-12-17) [2022-04-20]. https://owasp.org/www-pdf-archive/AdvancedThreatModeling.pdf.

[6] SANKARAPANDIAN S. Detecting Exploitable Vulnerabilities in Android Applications [D]. University of Waterloo, 2021.

[7] PISKACHEV G, KRISHNAMURTHY R, BODDEN E. SecuCheck: Engineering configurable taint analysis for software developers [C]. 2021 IEEE 21st International Working Conference on Source Code Analysis and Manipulation (SCAM). IEEE, 2021: 24-29.

[8] 邱若男，胡岸琪，彭国军，等. 基于 RASP 技术的 Java Web 框架漏洞通用检测与定位方案 [J]. 武汉大学学报（理学版），2020，66 (3)：285-296.

[9] WAVSEP. The Web Application Vulnerability Scanner Evaluation Project [EB/OL]. [2022-04-20]. https://github.com/sectooladdict/wavsep.

[10] BEDIRHAN U, ANDRES R. WIVET (Web InputVector Extractor Teaser) [EB/OL]. [2022-04-20]. https://github.com/bedirhan/wivet.